Gerhard Müller
Erich Wittmann

Der Mathematikunterricht in der Primarstufe

AF809337

Gerhard Müller
Erich Wittmann

Der Mathematikunterricht in der Primarstufe

Ziele · Inhalte
Prinzipien · Beispiele

Mit 295 Abbildungen

Springer Fachmedien Wiesbaden GmbH

Dr. Gerhard Müller und Dr. Erich Wittmann sind o. Professoren für Didaktik der Mathematik an der Pädagogischen Hochschule Ruhr Dortmund

CIP-Kurztitelaufnahme der Deutschen Bibliothek

Müller, Gerhard
Der Mathematikunterricht in der Primarstufe:
Beispiele, Ziele, Inhalte, Prinzipien / Gerhard Müller;
Erich Wittmann. – 1. Aufl.
ISBN 978-3-528-08391-5 ISBN 978-3-322-93809-1 (eBook)
DOI 10.1007/978-3-322-93809-1
NE: Wittmann, Erich:

Verlagsredaktion: Alfred Schubert

1977

Alle Rechte vorbehalten
© Springer Fachmedien Wiesbaden 1977
Ursprünglich erschienen bei Friedr. Vieweg & Sohn Verlagsgesellschaft mbH, Braunschweig 1977

Die Vervielfältigung und Übertragung einzelner Textabschnitte, Zeichnungen oder Bilder auch für die Zwecke der Unterrichtsgestaltung gestattet das Urheberrecht nur, wenn sie mit dem Verlag vorher vereinbart wurden. Im Einzelfall muß über die Zahlung einer Gebühr für die Nutzung fremden geistigen Eigentums entschieden werden. Das gilt für die Vervielfältigung durch alle Verfahren einschließlich Speicherung und jede Übertragung auf Papier, Transparente, Filme, Bänder, Platten und andere Medien.

Satz: Vieweg, Braunschweig

Graphische Zeichnungen: Manfred Garske, Braunschweig
Umschlaggestaltung: Peter Morys, Wolfenbüttel

ISBN 978-3-528-08391-5

Unseren lieben Frauen

Waltraud

und

Brigitte

Vorwort

Nach einer stürmischen Bewegung in den sechziger und Anfang der siebziger Jahre befindet sich der Mathematikunterricht in der Grundschule seit etwa zwei Jahren zweifellos in einer Phase der Konsolidierung, mit der eine kritische Revision der bisherigen didaktischen Entwicklungen und eine Trennung von Spreu und Weizen einhergehen.

Es mag manchem Kollegen im gegenwärtigen Zeitpunkt als zu früh erscheinen, wenn wir mit dem vorliegenden Buch eine „Didaktik" des Mathematikunterrichts in der Grundschule vorlegen. Auch wir selbst sind uns sehr bewußt, daß unsere Konzeption nicht in dem Umfang erprobt und überarbeitet ist, wie man es wünschen möchte und wie es z.B. bei den traditionellen Rechendidaktiken in der Regel der Fall war. Wir haben uns aber trotzdem aus drei Gründen zu einer Publikation entschlossen.

Erstens halten wir es für notwendig, daß die Lehrerschaft am Prozeß der weiteren Konsolidierung mitarbeiten kann, und glauben, daß dazu Orientierungsrahmen angeboten werden müssen, innerhalb deren experimentiert und diskutiert werden kann. Das vorliegende Buch entwickelt einen solchen Rahmen.

Zweitens sind die traditionellen Didaktiken insofern nur beschränkte Vorbilder, als sich der Unterricht lediglich zu einem gewissen Teil in der Weise methodisch analysieren läßt, wie es bei den traditionellen Lernzielen des Rechenunterrichts vielleicht möglich war. Für einen großen Teil gerade der besten Themen des modernen Mathematikunterrichts liegt das didaktische Hauptproblem nämlich nicht in der didaktischen „Klärung", sondern in der Erschließung des Problemgehalts und der Anregung der Kinder. Nicht dienlich wären hier Vorlagen, in denen das Thema methodisch „geklärt" (vielleicht sogar „totgeklärt") ist. Die beste Vorbereitung des Lehrers besteht vielmehr in der *eigenen* Erforschung des Themas und seines weiteren Umfeldes, die von Problemen ausgeht und über eine mathematische Aktivität mit der ihr eigenen Heuristik (Vermuten, Testen, Beweisen, Widerlegen, Verallgemeinern, Spezialisieren, Auffinden neuer Aufgaben usw.) zu Erkenntnissen führt. Wir haben diesen – u.E. nicht nur für die Lehrerausbildung, sondern auch für die Lehrer*fort*bildung zentralen – Gesichtspunkt, der vom obigen Einwand überhaupt nicht berührt wird, in unserem Buch besonders betont.

Drittens halten wir es auch für nützlich, das Konzept, das der Mathematiklehrerausbildung an der Pädagogischen Hochschule Ruhr zugrundeliegt, in Einzelheiten mitzuteilen, weil dadurch vielleicht die weitere Diskussion um den Mathematikunterricht in der Grundschule und um die Lehrerausbildung und die Lehrerfortbildung belebt wird.

Führendes Kriterium bei der Auswahl des Materials war für uns der Gehalt an mathematischer Substanz. Daraus ergaben sich einige gewichtige Folgerungen. Die zentrale Rolle spielen in unserer Konzeption die klassischen Gebiete Arithmetik und Geometrie mit ihren Anwendungen. Dem gegenüber messen wir der vor einigen Jahren noch als wesentlich angesehenen „Mengenlehre" als „Mengensprache" nur sekundäre Bedeutung bei. Wir halten es aus verschiedenen Gründen insbesondere nicht für sinnvoll, die „Schicht der Zahlen" auf die „Schicht der Mengen" zu gründen. Der didaktische Spielraum, der sich so ergibt, erlaubt es, den Arithmetikunterricht an bewährte Methoden der traditionellen und operativen Rechendidaktik anzuschließen und damit den Bruch zu vermeiden, den die „Neue Mathematik“ u. E. völlig unnötigerweise herbeigeführt hat. Die Betonung der mathematischen Substanz zieht es weiter nach sich, daß die mathematischen Erfordernisse erheblich höher sind, als es vielfach für nötig gehalten wird. Die Lektüre des Buches setzt daher ein solides Studium der Elementarmathematik voraus.

In der allgemeinen mathematikdidaktischen Konzeption stützen wir uns auf die ebenfalls bei Vieweg erschienenen „Grundfragen des Mathematikunterrichts“, ohne daß jedoch Verweise auf die „Grundfragen“ immer in expliziter Form gegeben werden. Umgekehrt kann natürlich das vorliegende Buch auch als Referenztext für die „Grundfragen“ angesehen werden, weil die dort dargestellten Methoden für didaktische Analysen hier erstmalig in größerem Umfang angewandt werden.

Es ist in den letzten Jahren vielfach geklagt worden, daß auf die Schule eine zu große Fülle von Anregungen hereingebrochen sei. Diese Klagen sind bei dem einen oder anderen Schulbuch vielleicht berechtigt. Dagegen scheint es uns bei einem *Buch für Lehrerinnen und Lehrer* unbedingt notwendig, ein möglichst reichhaltiges Angebot zur Verfügung zu stellen, damit bei der Diskussion über Unterricht und im Unterricht aus dem Vollen geschöpft werden kann.

Bei der Abfassung des Buches haben wir besonderen Wert darauf gelegt, den Mathematikunterricht in der Grundschule von verschiedenen Seiten her anzugehen: vom einzelnen *Unterrichtsbeispiel*, von der *Gesamterscheinung*, von der *didaktischen Analyse* der wesentlichen Themen und von *sporadischen Ideen* her. Wir glauben, daß diese Anlage den wechselnden Anforderungen in den verschiedenen Phasen der Lehrerausbildung und in der Lehrerfortbildung am besten entgegenkommt. Zur Anregung einer aktiven Auseinandersetzung mit der Thematik sowohl der einzelnen Leserin und des einzelnen Lesers als auch – und noch besser – von Gruppen angehender oder praktizierender Lehrer haben wir zahlreiche Aufgaben mathematischer und didaktischer Art aufgenommen.

Die Lösungen der nicht mit einem Stern versehenen Aufgaben sind in einem Anhang zusammengestellt.

Es ist für uns unmöglich, die verschiedenen Einflüsse zu rekonstruieren, auf denen das vorliegende Buch aufbaut. Zweifellos aber haben wir das meiste von der englischen Schule um die Autoren der „Modelle für den Mathematikunterricht in der Grundschule“ und in Deutschland von Heinrich Winter gelernt, der zu jedem der zentralen Gebiete des Mathematikunterrichts in der Grundschule mindestens einen fundamentalen didaktischen Beitrag geleistet hat.

Zahlreiche Anregungen haben wir während der Arbeit an diesem Buch von unseren Dortmunder Kollegen und Mitarbeitern erhalten, wofür an dieser Stelle herzlich gedankt sei. Unser Dank gilt nicht zuletzt auch Fräulein M. Möller für die Erstellung der Reinschrift.

Dortmund 1977 G. M. und E. W.

Intention und Anlage des Buches

Mit dem vorliegenden Buch wollen wir eine *handlungsorientierte* Einführung in das Feld der Tätigkeiten geben, das die Lehrerin im Mathematikunterricht der Primarstufe beherrschen sollte. Wir stellen uns dabei als Ziel eine Lehrerpersönlichkeit vor, die von einem informierten Standpunkt aus selbständig begründete Entscheidungen treffen und kritisch-konstruktiv an der Innovation des Unterrichts vor Ort mitwirken kann.

Nach einem bekannten Sprichwort steht man, wenn man als Lernender mit einem neuen Aufgabenbereich konfrontiert ist, immer in der Gefahr, vor lauter Bäumen den Wald nicht zu sehen und umgekehrt vor lauter Wald nicht die Bäume. Diese Gefahr besteht auch für eine angehende Mathematiklehrerin und zwar in der Weise, daß sie hinter einzelnen Unterrichtsbeispielen nicht die Gesamtkonzeption des Unterrichts sehen könnte und umgekehrt vielleicht nicht in der Lage wäre, eine verfügbare Gesamtkonzeption in einzelnen Beispielen zu konkretisieren. Um dieser Gefahr zu begegnen, führen wir in den Mathematikunterricht der Primarstufe von verschiedenen Seiten aus ein.

Im Kapitel 1 werden *Unterrichtsbeispiele* aus den verschiedenen Themenkreisen des Primarstufenunterrichts behandelt. Im Vordergrund stehen dabei didaktische Ideen, Materialien und Problemsammlungen. Die Beispiele sind unmittelbar auf eine praktische Realisierung im Unterricht zugeschnitten und durchweg erfolgreich erprobt.

Das zweite Kapitel bringt eine *globale Sicht des Unterrichts.* Im Anschluß an eine sehr grobe Skizze der geschichtlichen Entwicklung im 20. Jahrhundert wird eine Übersicht über die gegenwärtigen *Ziele, Inhalte und didaktischen Prinzipien* gegeben. Der augenblickliche Stand der Diskussion wird an einigen wichtigen Papieren dokumentiert. Schließlich wird auch noch auf Probleme hingewiesen, die noch zu lösen sind.

Die wechselseitige Sicht zwischen erstem und zweitem Kapitel wird dadurch vorbereitet, daß durch die Beispiele schon allgemeine Aspekte hindurchschimmern und bei der Schilderung der Gesamtkonzeption auf die Beispiele des ersten Kapitels zurückgegriffen wird. Die Komplementarität von Beispiel und Gesamtkonzeption wird im dritten Kapitel voll expliziert, wo nach dem Rahmen der „Grundfragen" *didaktische Analysen* der zentralen Themenkreise des Mathematikunterrichts in der Primarstufe durchgeführt werden.

Es ist unser besonderes Anliegen gewesen, ein aktives Verhältnis der Lehrerin zu ihrem Beruf anzuregen (in bewußtem Gegensatz zu einer bloßen Konsumentenhaltung gegenüber der Lehrbuchindustrie), weil wir der festen Überzeugung sind, daß eigene Untersuchungen und Reflexionen der Lehrerin im Umkreis der Unterrichtsthemen oder ein Stockwerk darüber eine wesentliche Voraussetzung für die Führung eines intelligenten und anregenden Unterrichts sind, wie wir ihn für alle Kinder wünschen. Zur Anregung entsprechender Aktivitäten sind einmal besondere Aufgaben mathematischer und didaktischer Art einbezogen worden. Noch deutlicher dokumentiert wird unsere Absicht durch das Kapitel 4 *Didaktische Fragmente,* in dem wir eine Sammlung von unfertigen Entwürfen zur Bearbeitung und Diskussion anbieten. Wir hoffen, daß daraus schöne Unter-

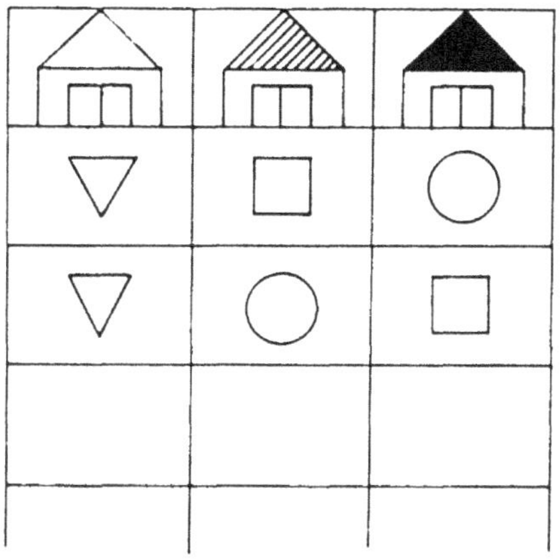

Bild 6

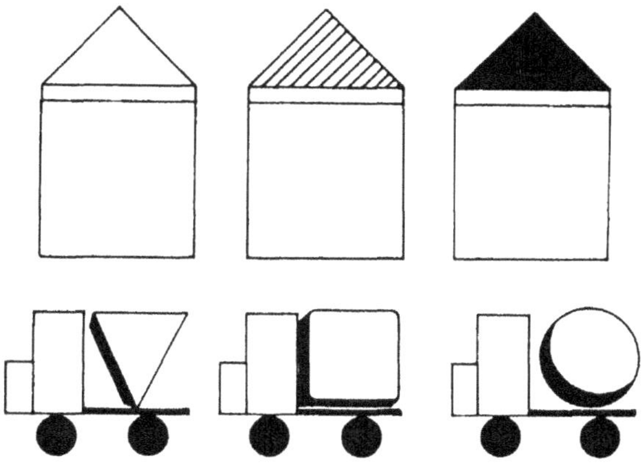

Bild 7

3. Grundaufgabe

Bei dieser Aufgabe beobachten die Kinder unserer Geschichte Autos, die in Garagen parken sollen. Durch aufgelegtes strukturiertes Material (Dächer der Garagen, Aufbauten der Lastwagen) wird den Schülern wieder ein aktives Zuordnen ermöglicht (Bild 7).

Es geht dabei um die Fragestellung:
Wie können die Autos parken?

Variationsmöglichkeiten:

a) Der Kipper parkt in der gelben Garage.
b) Man nehme eine weitere Garage hinzu.

Man kann sich leicht weitere Aufgaben dieses Typs überlegen, wobei zweckmäßigerweise die entsprechenden Materialien auf die Figuren gelegt werden.

Bild 8

Bild 9

4. Grundaufgabe

Hole bei vier Kindern (Bild 9) Paare zum Tanzen zusammen!

Die Paare werden durch aktives Legen auf Bild 8 zusammengestellt und tabelliert.

Variationsmöglichkeiten:

Nun ein Dreiertanz! (Bild 10)

Bild 10

5. Grundaufgabe

Binde aus den vorgegebenen Blumen zwei Blumensträuße (Bild 11)! Eine Blume ist für einen richtigen Strauß zu wenig.

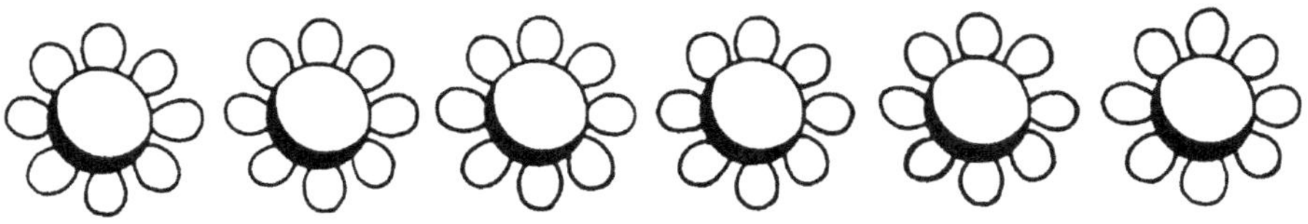

Bild 11

Variationsmöglichkeiten:
Man gebe durch teilstrukturierte Materialien (z.B. 3 gelbe und 3 rote Plättchen) zwei verschiedene Blumensorten vor.

Zielsetzung

Die Tätigkeiten der Kinder (wie z.B. Legen als aktives Zuordnen von homogenen, teilstrukturierten und strukturierten Materialien, zeichnerisches Zuordnen durch Strichverbindungen, Anfertigen von Strichlisten, Ausfüllen von Tabellen) sollen nach einer Experimentierphase langsam auf ein systematisches Vorgehen hinführen. Die Verwendung von Materialien unterschiedlichen Strukturierungsgrades entspricht natürlicherweise verschiedenen kombinatorischen Fragestellungen, bei denen es manchmal auf die Unterscheidbarkeit bzw. Ununterscheidbarkeit der Elemente ankommt. Gegenüber einer Beschränkung auf die Untersuchung der Existenz einer bijektiven oder injektiven Abbildung, wie sie bei den monotonen Seilchenspielen verschiedener Schulbücher zu finden ist, versuchen wir hier, die mögliche mathematische Vielfalt von Zuordnungen voll zu erfassen.

Auch die erste sorgfältige Verwendung von Quantoren zur Beschreibung eines Problemzusammenhangs (z.B. *jedes* Kind hatte *mindestens* einen Luftballon) ergibt sich hier in natürlicher und sinnvoller Weise.

Mathematischer Hintergrund

Bei den Aufgabenstellungen fällt auf, daß je zwei Mengen (Ausgangsmenge, Bildmenge) einander zugeordnet werden müssen. Dabei beschränkt man sich nicht nur auf strukturierte Mengen, die individuell unterschiedene Elemente besitzen, und auf umkehrbare eindeutige Zuordnungen (Mächtigkeitsvergleich), sondern behandelt ebenso homogene Mengen, deren Elemente keine individuellen Unterschiede aufweisen, und Zuordnungen verschiedenster Art. Wenn man in der Mathematik zu aufwendig strukturiert, muß man oft, um eine unerwünschte Unterscheidbarkeit von mathematischen Objekten abzubauen, an späterer Stelle eine abstrakte Klasseneinteilung vornehmen und wieder identifizieren. Deshalb erfordert *gerade der Anwendungsaspekt* der Mathematik eine Behandlung von strukturierten, teilstrukturierten und homogenen Materialien.

Zu Aufgabe 1: Beide Mengen sind hier strukturiert. Will man die Häuser den Kindern zuordnen, so wird die Zuordnung mehrdeutig. Macht man es umgekehrt, so erhält man eindeutige Zuordnungen (Abbildungen). Bei k Kindern und h Häusern gibt es jeweils h^k (in unserem Fall: $2^3 = 8$) Möglichkeiten.

Die Bedingung „In jedem Haus wohnt mindestens ein Kind" schränkt die Anzahl der Abbildungen ein. Gefragt wird nun nach den Abbildungen, in denen jedes Element der Bildmenge mindestens ein Urbild besitzt (*surjektive Abbildungen* oder „*Abbildungen auf*"). Durch geschicktes Abzählen nach der „Ein- und Ausschaltformel" läßt sich in der Kombinatorik die Anzahl der surjektiven Abbildungen bestimmen. In unserem Fall gibt es bei k Kindern und h Häusern

$$\sum_{n=0}^{h} (-1)^n \binom{h}{n} (h-n)^k$$

Möglichkeiten. Überträgt man den Beweis auf unseren Fall, so gibt es unter allen acht Möglichkeiten genau zwei, in denen in einem Haus kein Kind wohnt, also $8 - 2 = 6$ Möglichkeiten.

Zu Aufgabe 2: Ordnet man die nicht unterschiedenen Luftballons den Kindern zu, so ergeben sich genau so viele Möglichkeiten, wie sich die Zahl 5 in die Summanden größer gleich 0 zerlegen läßt. Die Zerlegung der Zahl 5 in die Summanden größer gleich 1 entspricht nun einer Verteilung, bei der jedes Kind mindestens einen Luftballon hat. In diesem Fall sind es sechs Möglichkeiten [1]),

$5 = 2 + 2 + 1$	$5 = 1 + 1 + 3$
$5 = 2 + 1 + 2$	$5 = 1 + 3 + 1$
$5 = 1 + 2 + 2$	$5 = 3 + 1 + 1$

Die Beweisidee erkennt man, wenn man $5 = 1 + 1 + 1 + 1 + 1$ schreibt. Eine Zerlegung der 5 in drei Summanden größer gleich 1 erhält man, wenn man von den 4 Pluszeichen 2 auswählt und durch Trennungsstriche ersetzt, also z.B. $1 + 1/1 + 1/1$, insgesamt also $\binom{4}{2} = 6$ Möglichkeiten (Baumdiagramm!)

Zu Aufgabe 3: Hier werden zwei gleichmächtige Mengen eindeutig einander zugeordnet. Wie man sich leicht am Baumdiagramm verdeutlicht, gibt es bei n Autos mit n Garagen jeweils $1 \cdot 2 \cdot 3 \cdot \ldots \cdot n$ Möglichkeiten. In unserem Beispiel also $1 \cdot 2 \cdot 3 = 6$ Möglichkeiten.

Zu Aufgabe 4: Die Zweiermengenbildung kann man sich leicht an einem Graphen verdeutlichen. Allgemein gibt es bei einer n-elementigen Menge

$$\binom{n}{2} = \frac{n(n-1)}{2} = (n-1) + (n-2) + \ldots + 1$$

Möglichkeiten.

Zu Aufgabe 5: Hier gibt es zunächst nur 2 Möglichkeiten, nämlich

3-er Strauß, 3-er Strauß
und 4-er Strauß, 2-er Strauß.

---

1) Allgemein gibt es bei l Luftballons und k Kindern $\binom{l-1}{k-1}$ Möglichkeiten.

Bei dieser Problemstellung werden die arithmetischen Zerlegungen $6 = 2 + 4$ und $6 = 4 + 2$ nicht unterschieden. Bindet man jedoch zwei verschiedene Blumenarten (teilstrukturiert), so ergeben sich wieder mehr Möglichkeiten (Bild 12):

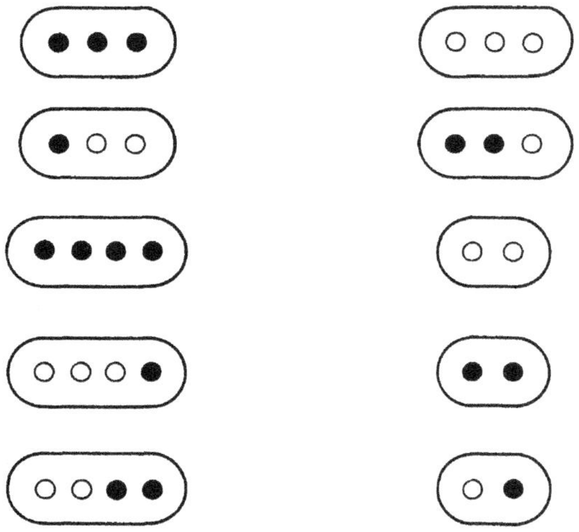

Bild 12

Aufgaben für die Leserin

1. Gegeben seien nun die Häuser H_1, H_2, H_3 und 4 Kinder K_1, K_2, K_3, K_4.
   a) Zeigen Sie mit Hilfe eines Baumdiagramms: Es gibt insgesamt $81 = 3^4$ verschiedene Möglichkeiten, wie die Kinder wohnen können.
   b) Es gibt $16 = 2^4$ verschiedene Möglichkeiten, bei denen jeweils das Haus H_i ($i = 1, 2, 3$) von keinem Kind bewohnt wird.
   c) Es gibt jeweils nur eine Möglichkeit, bei denen zwei Häuser von keinem Kind bewohnt werden.
   d) Um jetzt die Möglichkeiten abzuzählen, bei denen in jedem Haus mindestens ein Kind wohnt, zähle man geschickt ab.
   Vorsicht: Nicht doppelt zählen! Benutzen Sie ein Venndiagramm! Orientieren Sie sich gegebenenfalls bei dem Themenkreis „Erschwerte Addition".
2. Wieviel Zahlen kleiner als 1000 mit Quersumme 5 gibt es? Was hat diese Aufgabe mit der 2. Aufgabe für die Schüler zu tun?
3. Wieviel verschiedene dreistellige Zahlen können Sie aus den Ziffern 3, 4 und 9 bilden? Wieviel Prozent dieser Zahlen sind durch 3 (durch 9) teilbar?

4*. a) Herr Saubermann putzt seinen Volkswagen (Vierzylinder). Dabei verschont er auch nicht den Motor und zieht die Zündkabel von den Kerzen. Auf wieviel Arten kann er sie wieder aufstecken (Bild 13)? Entwickeln Sie hieraus ein Baumdiagramm!

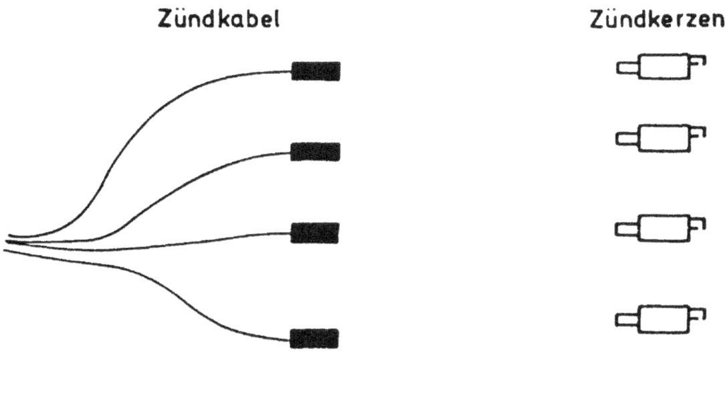

Bild 13

b) Wieviel schlechter ergeht es Mr. Cleany aus den USA, der einen Ford (Sechszylinder) fährt?

5*. Gegeben seien sechs Punkte der Zeichenebene, so daß keine drei auf einer Geraden liegen. Man zeige:

a) Es entstehen 15 Verbindungsgeraden.

b) Wieviel Dreiecke entstehen?

c) Färbt man die Verbindungsgeraden beliebig mit zwei Farben, so gibt es stets ein Dreieck mit gleich gefärbten Seiten. *Tip:* Von jedem Punkt gehen immer mindestens drei gleich gefärbte Geraden aus. Betrachten Sie nun das Dreieck der Endpunkte: Entweder sind diese Dreiecksseiten gleich gefärbt oder ... .

d) Was hat diese Aufgabe mit der 4. Grundaufgabe zu tun?

6*. a) Entwerfen Sie weitere kombinatorische Aufgaben für das 1. Schuljahr, z.B. Bild 14. Verteile die Vögel auf die Käfige! Bleiben welche leer? Ist für jeden Vogel ein Käfig da?

Bild 14

b) Überlegen Sie sich Möglichkeiten, diese Unterrichtsinhalte in den folgenden Schuljahren fortzusetzen.

Literatur

Floer, J., Schipper, W., Fünf Bonbons in der Tasche: Zahlspiele für Vorschulkinder. In: Welt des Kindes, 52, 1974, 5, S. 228–235; 271–281.

Floer, J., Schipper, W., Offen oder zu – entscheide du: Topologische Spiele für Vorschulkinder. In: Welt des Kindes, 52, 1974, 5, S. 236–243; 282–288.

1.2. Beispiele zur Arithmetik

Der Themenkreis „Natürliche Zahlen" ist der wichtigste und umfangreichste Themenkreis des Mathematikunterrichts in der Grundschule. In der Frühphase der Reform, Ende der sechziger Jahre, bei der in Bezug auf den traditionellen Rechenunterricht die trennenden Aspekte mehr betont wurden als die verbindenden, gab es Tendenzen zu einer Schwächung der Position der Arithmetik. Diese Tendenzen haben sich nicht durchgesetzt. Man kann den Arithmetikunterricht heute in beschränktem Umfang als Weiterentwicklung des traditionellen Rechenunterrichts sehen, wobei allerdings durch eine erhebliche Steigerung der mathematischen Substanz und Verbreiterung des didaktischen Instrumentariums bewußt versucht wurde, die thematische und methodische Enge des traditionellen Unterrichts zu überwinden. In dieser Anreicherung des Themenkreises „Natürliche Zahlen" ist sogar einer der markantesten Reformansätze zu sehen.

Die folgenden Unterrichtsbeispiele versuchen über das Spektrum der heute praktizierten und diskutierten Einzelthemen einen gewissen Eindruck zu vermitteln.

1.2.1. Der Zehnerübergang

Vorbemerkung

Das beste Verständnis für die Art und Weise, wie Kinder Zahlen, ihre Beziehungen untereinander und ihre Verwendung erlernen, erzielt man, wenn man sich die entsprechenden Lernfortschritte – und die geistige Entwicklung überhaupt – als ein geistiges Wachsen vorstellt, das durch eine aktive Auseinandersetzung des Kindes mit neuen, immer komplexeren Situationen in Gang gehalten wird.

Die Eroberung des Zahlraums beginnt mit der Erarbeitung kleiner Zahlen und der noch unscharfen Erfassung einzelner markanter großer Zahlen (die zunächst gleichsam im „Niemandsland" angesiedelt sind). Durch verschiedene Verfahren werden aus kleinen Zahlen zunehmend größere konstruiert. Die sich ergebenden immer größeren Zahlräume werden strukturiert, indem Zahloperationen und -relationen von kleineren Räumen aus entsprechend erweitert werden. Gleichzeitig wächst auch der Anwendungsbereich der Zahlen mit.

Die Eroberung eines neuen Raumes erfolgt natürlich nicht schlagartig: am Anfang stehen testende, „unreife" Versuche, die erst mit wachsender Vertrautheit zu Konsolidierung und Vervollkommnung führen [1]).

Das folgende Beispiel behandelt einen typischen Erweiterungsprozeß: nämlich die Ausdehnung der Addition vom Zehnerraum auf den Zwanzigerraum, deren schwierigster Schritt der sogenannte „Zehnerübergang" ist, d.h. die Addition einstelliger Zahlen mit einer Summe größer als 10.

Mathematischer Hintergrund

Bei der Erweiterung des Zehnerraumes zum Zwanzigerraum werden die Zahlen 11, 12, ..., 19 entsprechend dem dekadischen System als Zusammensetzungen von 10 mit 1, 2, ..., 9, d.h. 11 als Abkürzung von $10 + 1$, 12 als Abkürzung von $10 + 2$ usw. eingeführt. Die Zahl 20 wird gewonnen, indem man durch „Bündeln" von 10 zur neuen Einheit 1 Zehner übergeht und mit Hilfe der schon verfügbaren kleinen Zahl 2 einfach 2 Zehner bildet. Dies führt zu der Abkürzung 20 für $10 + 10$ und $10 \cdot 2$.

---

[1]) Da neues Wissen sich immer auf altes abstützt, kann die anfängliche Unsicherheit im neuen Bereich übrigens auch leicht zu einer vorübergehenden Erschütterung schon endgültig gesichert scheinender Fähigkeiten führen.

Begrifflich gesehen ist die Addition eine Verknüpfung. Sie ordnet je zwei Zahlen eine dritte Zahl, genannt Summe der beiden Zahlen, zu. Wichtig ist es, zwei Aspekte einer Verknüpfung und des zugehörigen Verknüpfungszeichens zu sehen, nämlich einen *dynamischen* und einen *statischen* Aspekt. So dient das Pluszeichen zur Bezeichnung der *Handlung* des Addierens und zur Bezeichnung des *Resultats.*

Beispiel: Aus „5 + 3" läßt sich die Handlungsanweisung „erst 5, dazu noch 3" ablesen, andererseits stellt „5 + 3" eine Zahl dar.

Was hat es nun mit einer Additionsaufgabe, z.B 8 + 5 = ... , auf sich?

In dynamischer Interpretation bedeutet eine Gleichung, z.B. 5 + 3 = 4 + 4, daß zwei Handlungsanweisungen zur „Herstellung" (Konstruktion) einer Zahl dieselbe Zahl ergeben. In der statischen Deutung der Logik sind linke und rechte Seite der Gleichung Namen für ein und dasselbe Objekt. Aufgaben, wie 8 + 5 = ... , fordern in der Regel nicht dazu auf, *irgendeine* andere äquivalente Handlungsanweisung oder *irgendeinen* anderen Namen zu finden, sondern sie fragen nach der *dekadischen Darstellung* der Summe, weil diese Darstellung in der Regel am informativsten ist. Bei dem Zehnerübergang geht es somit um ein *Darstellungsproblem,* nämlich um die Überführung von Summen einstelliger Zahlen in die dekadische Darstellung.

Betrachten wir nun das Beispiel 8 + 5 = ... Die Lösung der Aufgabe in der Form

$$8 + 5 = 8 + (2 + 3) = (8 + 2) + 3 = 10 + 3 = 13$$

beinhaltet eine Reihe von Umstrukturierungen, welche eine Reduktion der Aufgabe auf die schon gelösten Aufgaben 8 + 2 = 10, 5 = 2 + 3, 10 + 3 = 13 erlauben. Die beiden ersten Aufgaben sind vom Zehnerraum her bekannt, letztere diente zur „Definition" (Konstruktion)der Zahlen 11, 12, ... , 19.

Aus der Analyse wird die Heuristik erkenntlich, auf die man die Kinder beim Zehnerübergang einstellen muß, nämlich: *Wie kann man bekannte Aufgaben zur Lösung der neuen Aufgabe einsetzen?*

Die Analyse zeigt aber auch, daß die Zerlegung von Zahlen im Zehnerraum in Summanden als inhaltliches Vorwissen für den Zehnerübergang flexibel eingespielt sein muß.

Der Zehnerübergang im Unterricht

(1) *Additionsaufgaben der Form* 10 + 3 = , 10 + 8 = , usw.

(2) *Zusammensetzen von Aufgaben*

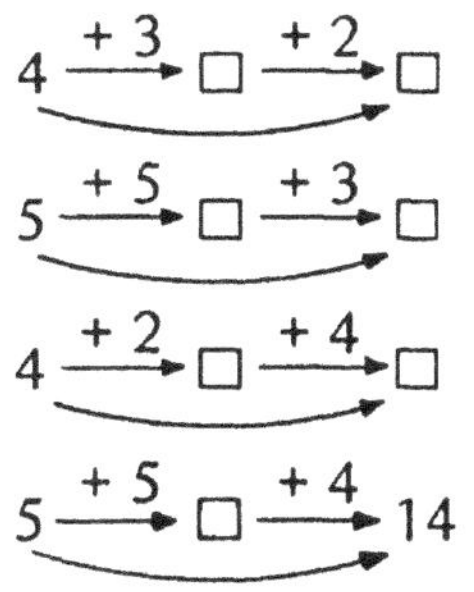

(3) *Gleitendes Überschreiten der Zehner* (vgl. *Oehl* 1962, S. 54–55)

Beispiele:	7 + 2	7 + 2
	8 + 2	7 + 3
	9 + 2	7 + 4
	....	....

(4) *Zehnerübergang mit Zerlegen*

Präsentierung einer schweren Aufgabe, z.B. 8 + 6 = ... Die Kinder erhalten den Hinweis, daraus zwei Aufgaben zu machen. Gute Hilfen sind die Operatordarstellung und Modellierungen mit Plättchen

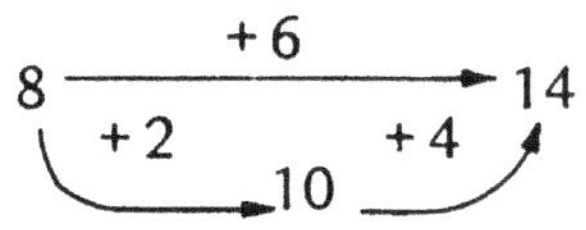

Empfohlen wird die Schreibweise 8 + 6 = 10 + 4 = 14.
(6 zerlegt in 2 + 4)

Mit wachsender Vertrautheit kann die nötige Aufspaltung im Kopf durchgeführt werden. Die Schreibweise

$$8 + 6 = 8 + (2 + 4) = (8 + 2) + 4 = 10 + 4 = 14,$$

die man in einigen neueren Schulbüchern findet, ist unnötig kompliziert.

Im Hinblick auf die Zerlegung von Additionsaufgaben in leichte Teilaufgaben hat sich eine heuristische Analogie bewährt, die Kindern vom Wandern her geläufig ist: Wenn ein Kind über ein Bächlein kommen möchte und ein einziger Schritt über das Bächlein nicht möglich ist, kann es einen Zwischenstein legen.

Aufgaben für die Leserin

1. Welche „Zwischensteine" benützt man gewöhnlich, um die Differenz zwischen 6^{53} Uhr und 13^{19} Uhr zu berechnen?
2. Welches didaktische Prinzip steht hinter dem gleitenden Zehnerübergang?
3. Es ist empfehlenswert, dann, wenn der Zehnerübergang beherrscht wird, Aufgaben folgender Art anzuschließen:

   7 Zehner + 6 Zehner =
   7 Hunderter + 6 Hunderter =
   7 Mill. + 6 Mill. =

   Auf welche didaktischen Prinzipien kann man sich dabei berufen?
4. Warum führt man die Aufgabe 3 + 9 auf die Aufgabe 9 + 3 zurück?
5. Welches algebraische Gesetz wird beim Zehnerübergang stillschweigend verwendet?

1.2.2. Der „Minicomputer" von F. Papy

Der belgischen Mathematikpädagogin *Fréderique Papy* verdankt die Mathematikdidaktik eine Reihe pionierhafter didaktischer Erfindungen. Eine der originellsten davon soll im folgenden vorgestellt werden: der *Minicomputer*. Es handelt sich dabei um ein spezielles Rechenbrett, das eine Synthese zwischen Zweier- und Zehnersystem darstellt.

Die einzelnen Teile des Minicomputers sind quadratische Platten, die von rechts nach links angeordnet sind. Je mehr Platten man verwendet, desto größere Zahlen lassen sich darstellen. Der Minicomputer kann also mitwachsen. Jede Platte ist in vier Teilquadrate unterteilt. Die Wertigkeit eines Spielsteines auf den einzelnen Teilquadraten geht aus Bild 1 hervor.

Bild 1

Danach ist in Bild 2 die Zahl 6479 dargestellt.

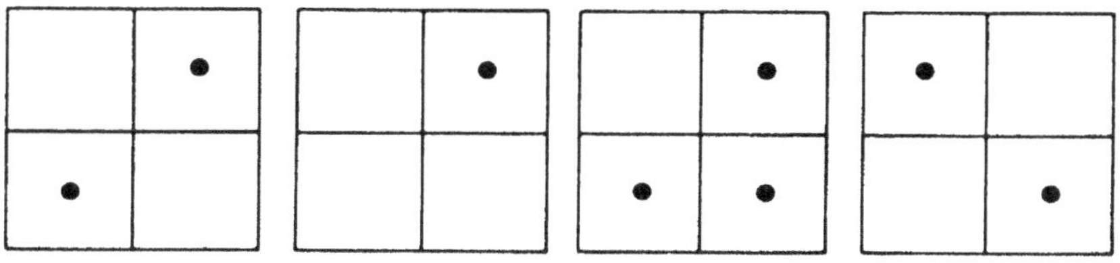
Bild 2

Die Veranschaulichung einer Zahl ist keineswegs eindeutig, 6479 läßt sich z.B. auch gemäß Bild 3 darstellen.

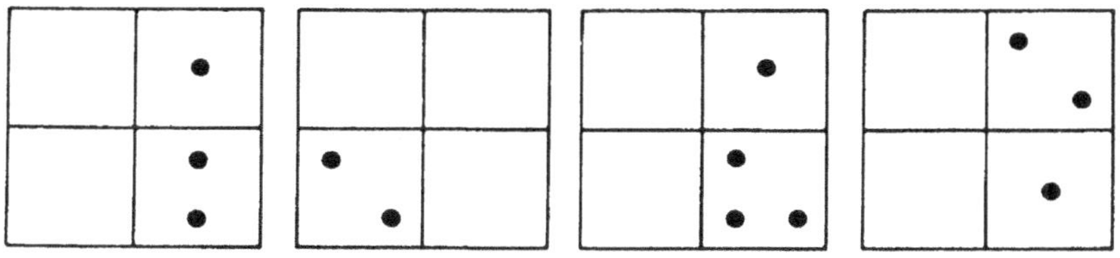
Bild 3

Man erkennt bei dem Vergleich der beiden Darstellungen einige Wechselmöglichkeiten. Die erste Darstellung ist insofern besonders ausgezeichnet, weil möglichst hohe Wertigkeiten der Steine gewählt wurden. Man nennt solche Darstellungen *Normaldarstellungen.* Bei ihnen wird auf jeder Platte eine Ziffer der Dezimalschreibweise der Zahl dargestellt.

Besonders einprägsam werden die Wertigkeiten der verschiedenen Felder einer Platte, wenn man die Felder in den Farben entsprechender Cuisinaire-Stäbe färbt [1]).

weiß — rechts unten
rot — links unten
violett — rechts oben
braun — links oben

---

[1]) Diese Färbung tragen die von der Firma KLETT vertriebenen Minicomputer, die es im Kleinformat für die Hand der Schüler und im Großformat (mit Magnettafeln) als Demonstrationsmodelle gibt. Man kann sich Minicomputer aber leicht selbst herstellen.

Da zwei weiße Einerwürfel zusammen äquivalent dem roten Zweierstab sind usw., ergeben sich auch die Wechselmöglichkeiten leicht in der Analogie zu den Stäben (Bild 4).

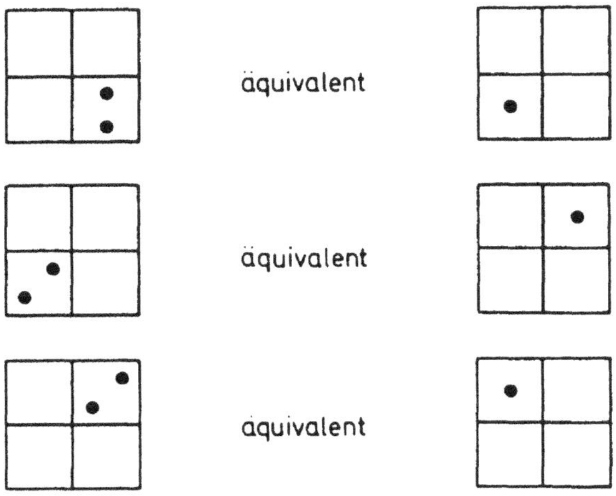

Bild 4

Weitere Wechselmöglichkeiten bei zwei nebeneinanderliegenden Platten ersieht man aus Bild 5.

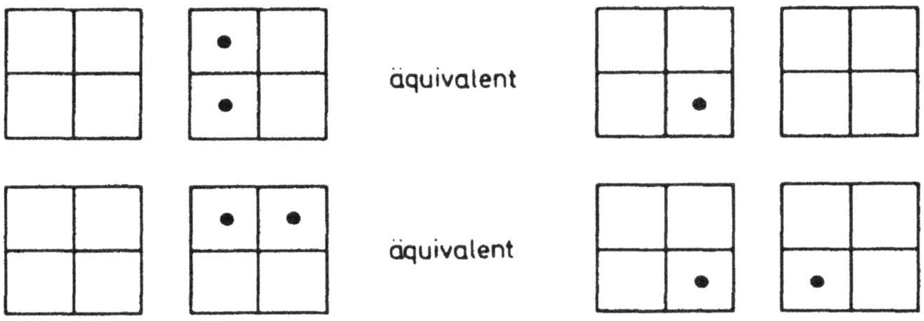

Bild 5

Folgende Problemfelder können am Minicomputer untersucht werden:

1. *Funktionsweise der „Maschine"*, wie sie von den Cuisinaire-Stäben her suggeriert wird.
2. *Darstellung von Zahlen* am Minicomputer (Veränderung von Steinen – Wie ändert sich die Zahl? Wann bleibt sie invariant?)
3. *Überführung in Normaldarstellung*
4. *Addition von Zahlen*

Man wird dabei bei einer Platte beginnen und weitere Platten, sobald nötig und möglich, hinzunehmen.

Mathematischer Hintergrund

Der Minicomputer stellt mathematisch gesehen einen *Kalkül* dar: Die „Figuren" des Kalküls sind Konfigurationen von Spielsteinen auf den Feldern, die durch Hinzulegen, Wegnehmen oder Verlagern von Steinen verändert werden können. Der Kalkül wird beherrscht von einer Reihe von *Regeln* zur äquivalenten Umformung der „Figuren". Ziel von äquivalenten Umformungen sind insbesondere Normaldarstellungen.

Zielsetzung

Operative Erforschung des Minicomputers (Was geschieht mit der dargestellten Zahl, wenn Steinchen dazugelegt, weggenommen oder umgesetzt werden?); Operieren nach Regeln (bei denen sich die dargestellte Zahl nicht ändert); Wertigkeitsprinzip.

F. Papy verwendet den Minicomputer sehr früh, nämlich bereits im ersten Schuljahr. Sinnvoll ist auch eine spätere Einführung unter dem Gesichtspunkt einer Stabilisierung des Zahlverständnisses. Der Minicomputer stellt dann einen neuen Kontext dar, in dem Schüler ihre Zahlkenntnisse anwenden und dadurch festigen können (insbesondere Begründung der Wechselregeln). Dieser Wechsel des Kontextes ist lernpsychologisch wesentlich wertvoller als das ständige Verweilen in ausgetretenen Pfaden (vgl. „Grundfragen", Prinzip der Stabilisierung).

Genauere Hinweise, wie der Minicomputer in den Unterricht eingeführt werden kann, liefert das Protokoll eines Unterrichts von *F. Papy* in Papy 1973, S. 73 ff. Bei „älteren" Kindern ist die Kenntnis der Cuisinaire-Stäbe nicht unbedingt nötig. Die Wertigkeit der Felder kann auch von der Lehrerin mitgeteilt werden. Hilfreich ist es, wenn auf die ersten neugierigen Blicke und Fragen der Kinder hin schon eine grobe Information gegeben wird, was man mit dem Gerät machen kann, nämlich Zahlen darstellen und rechnen.

Literatur

Papy, F., Minicomputer. Educ. Studies in Math. 1 (1970), S. 201–213.

Papy, F., 1973.

Matros, N., Abakus-Rechnen in der Grundschule. Die Schulwarte 26 (1973), H. 8/9, S. 103–121.

Aufgaben für die Leserin

1*. Führen Sie am Minicomputer die Addition und Subtraktion der Zahlen 5954 und 3235 durch, indem Sie die Zahlen mit Steinen verschiedener Farben darstellen und die Normaldarstellung der Summe und Differenz aufsuchen.

2. Auf wieviele verschiedene Weisen läßt sich die Zahl 13 am Minicomputer darstellen? Wie oft die Zahl 12? Betrachten Sie entsprechend die Zahlen 4 und 5, sowie 6 und 7. Was fällt auf? Was vermuten Sie? Beweis?!

   Die Benutzung von Steinen möglichst hoher Wertigkeit führt nicht notwendig zu einer minimalen Zahl von Steinen. Beispiel?

3*. Wie erkennt man an Darstellungen am Minicomputer, ob eine Zahl gerade oder ungerade ist? Welche Handlungen auf dem Minicomputer beschreiben die Operationen „Verdoppeln", „Halbieren", „Verzehnfachen"?

4. Der Minicomputer kann auch zur Darstellung von Dezimalbrüchen ausgebaut werden. Wie?

5*. Der Ternär-Dezimal-Abakus (TDA). Die Platten dieses Rechenbretts (Abakus) sind gleichseitige Dreiecke, die durch Strecken vom Mittelpunkt zu den Ecken in drei kongruente Felder zerlegt werden (Bild 6). Die Wertigkeit des unteren Feldes ist 1, die des rechten Feldes 3, die des linken Feldes 9. Die Felder erhalten, wenn man sich an die Cuisinaire-Farben hält, die Farben weiß, grün, blau. Wie beim Minicomputer ist die zweite Platte die Zehnerplatte, die dritte die Hunderterplatte usw.

   a) Stellen Sie auf einem Din A 4-Blatt einen TDA her.
   b) Welches sind die Wechselregeln?
   c) Berechnen Sie die Summe 3235 + 5956 am TDA!

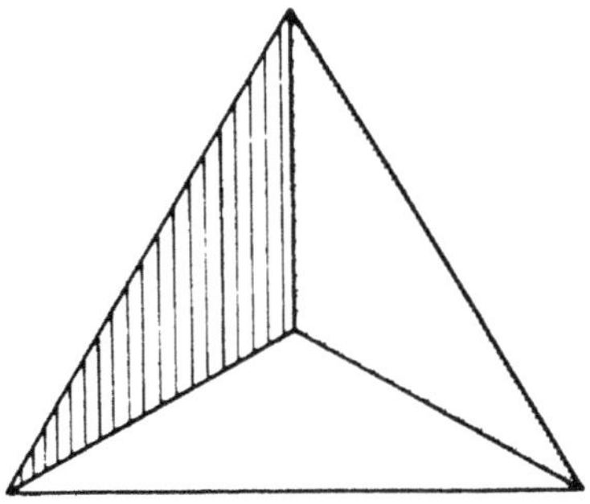

Bild 6

1.2.3. Erschwerte Addition und Subtraktion

Problematik

Ein Hund hat zwei Vorderbeine, zwei Hinterbeine, zwei linke Beine und zwei rechte Beine; dennoch behauptet keiner, daß der Hund acht Beine besitzt. Schwieriger wird die Sache, wenn jemand erzählt: „Zwei Männer gehen mit ihren Vätern spazieren, es sind aber nur 3 Personen". Die Beschreibung mit Großvater, Vater und Sohn löst dieses Problem. Kaum einer der Leser nimmt jedoch Anstoß daran, wenn der Reporter einer Kleinstadt erregt berichtet, daß es im letzten Jahr 207 Unfälle mit verletzten Autofahrern, 151 Unfälle mit verletzten Radfahrern und 97 Unfälle mit verletzten Fußgängern, also 455 Unfälle mit Personenschaden gab. Hier lügt eben die Statistik, denn es wurden Daten in einen einfachen Zusammenhang gebracht, obwohl ein komplizierter Zusammenhang vorliegt. Unfälle mit einem verletzten Auto- *und* Radfahrer usw. sind ja leider möglich. Beispiele dieser Art findet man im öffentlichen Leben sehr oft. So läßt sich z.B. auch die Anzahl der Rentner in der BRD nicht aus der Anzahl der gezahlten Altersrenten (Betriebsrenten, Angestelltenrenten, Arbeiterrenten, Kriegsopferrenten, Unfallrenten usw.) ermitteln, ebensowenig wie das durchschnittliche Einkommen eines Rentners aus der Durchschnittsrente.

Der Ansatz der neuen Mathematik und seine Schwierigkeiten

In der Schulbuchliteratur findet man derartige Fragestellungen im Zusammenhang mit mengentheoretischen Operationen und Begriffsbildungen (Vereinigungsmenge, Schnittmenge, Restmenge).

Zur ikonischen Darstellung werden Venndiagramme, Karnaughdiagramme, Straßenkreuzungen usw. benutzt.

Illustration am Beispiel der Strummitierchen (vgl. 1.4.1):

Wieviel Strummitierchen haben weder einen schwarzen Kopf noch einen schwarzen Bauch?

Lösung:

8 Strummis haben einen schwarzen Kopf,
8 Strummis haben einen schwarzen Bauch,
4 Strummis haben einen schwarzen Kopf und schwarzen Bauch.

Also haben 12 Strummis einen schwarzen Kopf *oder* einen schwarzen Bauch.

Durch Einordnen in das Venndiagramm (Bild 1) läßt sich diese Situation übersichtlich darstellen; man erkennt, daß von allen 16 Strummitierchen genau 4 weder einen schwarzen Kopf noch einen schwarzen Bauch besitzen.

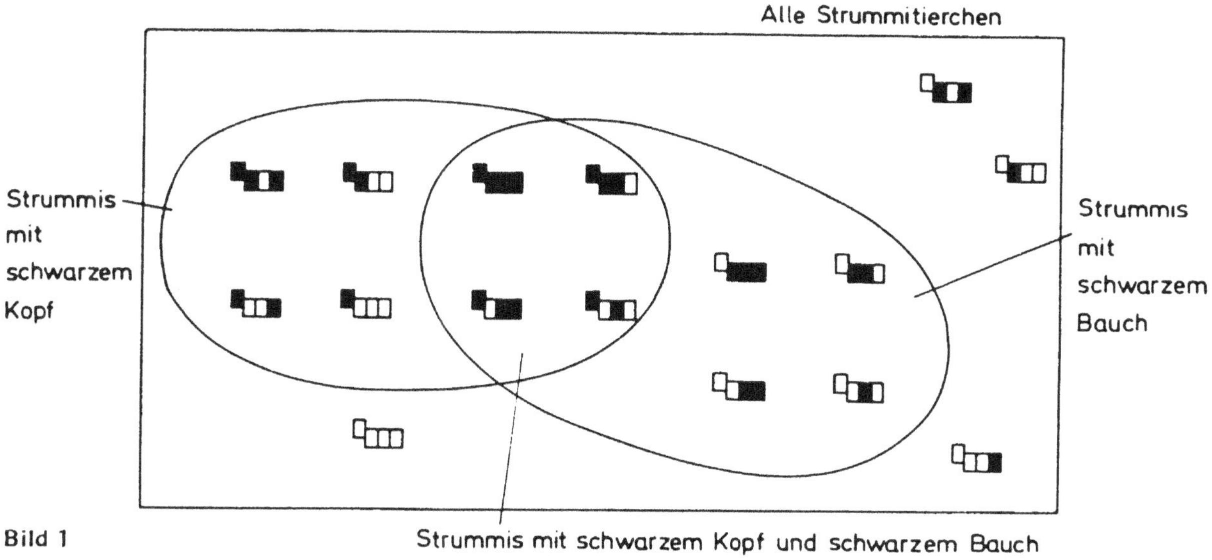

Bild 1

Leider scheint die „Venndiagrammatik" [1] die Schüler nicht immer zur selbständigen Problemlösung zu befähigen. Dies läßt sich nach einem Unterrichtsversuch von *J. Fiedler* [2] leicht demonstrieren, indem man Schülern, die mit der Schnittmengenbildung und der Darstellung in Venndiagrammen vertraut sind, folgendes Problem stellt:

Andrea holt Blumen von der Wiese. Sie pflückt 5 blaue Blumen und 4 ganz große. Ihr Blumenstrauß besteht aber nur aus 6 Blumen. Malt bitte einen solchen Strauß.

Man beobachtet, wie schon *J. Fiedler* berichtet, daß die Kinder 5 blaue und 4 große malen. Erst dann sehen sie den Konflikt. Oft ist dann die Lösung durch das gemalte Bild blockiert.

Leichte Varianten bei der Aufgabenstellung wie z. B.:

Andrea holt 6 Blumen von der Wiese.
Es sind 5 blaue und 4 ganz große,

verändern das Ergebnis, denn nun malen die Kinder erst 6 Blumen, färben 5 blau und vergrößern 4 von ihnen. Auch versteckte Hinweise wie z. B. „Denkt euch die Blumen als Plättchen" oder das Stichwort „Schnittmenge" bringen völlig andere Ergebnisse.

Ein Zugang von der Kombinatorik aus

Im folgenden werden zunächst aus dem Bereich des Sachrechnens und der Arithmetik Unterrichtsbeispiele aufgezeigt, bei denen die Schüler den Sachverhalt der erschwerten Addition selbst analysieren können. Danach wird in einer Aufgabengruppe die Problemstellung operativ behandelt.

---

[1] Nach *H. Freudenthal.*

[2] *J. Fiedler.* Die Rolle von Problem-Transformationen bei einem genetischen Aufbau mathematisch-logischer Erfahrung in wechselnden Erkenntnisebenen im Lernbereich Mathematik (Arbeitskreis Grundschule (1974)).

Die Schüler einer Klasse werden der Reihe nach gefragt, ob sie einen Bruder haben. Die Antwort „ja" wird durch einen Strich in der Liste festgehalten. In der gleichen Weise wird nach einer Schwester gefragt (1. und 2. Spalte von Bild 2).

Schüler	hat unter seinen Geschwistern				
	Bruder	Schwester	Bruder und Schwester	Bruder oder Schwester	Weder Bruder noch Schwester
Klaus	/			/	
Sabine					/
Volker	/	/	/	/	
Hans		/		/	
...					

Bild 2

Hier hatten von den 35 Kindern einer Klasse

12 einen Bruder
14 eine Schwester

Frage: Wieviel Kinder haben keine Geschwister?

Die erste und einfachste Möglichkeit besteht in einer weiteren Auswertung der Tabelle (3., 4. und 5. Spalte)

15 Kinder haben keine Geschwister,
6 Kinder haben Bruder *und* Schwester,
20 Kinder haben mindestens ein Geschwister (Bruder oder Schwester).

Aus der Tabelle lassen sich aber Zusammenhänge zwischen den Zahlendaten ablesen: Wenn ich die Anzahl der Kinder mit Bruder $|B|$ und die Anzahl der Kinder mit Schwester $|S|$ addiere, erhalte ich *nicht* die Anzahl der Kinder mit mindestens einem Geschwister $|B \cup S|$, denn die Kinder mit Bruder und Schwester wurden doppelt gezählt. Ihre Anzahl $|B \cap S|$ muß deshalb zuvor abgezogen werden.

$$|B| + |S| - |B \cap S| = |B \cup S|$$

Ist $|\overline{B \cup S}|$ die Anzahl der Kinder, die weder Bruder noch Schwester besitzen, so ergibt sich für die Anzahl aller Kinder $|K|$

$$|K| = |B| + |S| - |B \cap S| + |\overline{B \cup S}|.$$

Aus der Strichlistenmatrix lassen sich eine Reihe von Eigenschaften ablesen, z.B. ist die Summe der Striche in der 1. und 2. Spalte gleich der Summe der Striche in der 3. und 4. Spalte, also

$$|B| + |S| = |B \cup S| + |B \cap S|.$$

Danach empfiehlt es sich, die Formel für die erschwerte Addition in anderen Klassen zu überprüfen, z.B.

Klasse 4c: Von 36 Kindern haben

15 einen Bruder,
17 eine Schwester,
8 Bruder und Schwester.

Wieviel Kinder haben hier weder Bruder noch Schwester?

Vorschläge für weitere Problemstellungen in der Klasse:

1. *Wie viele Schüler haben als Haustier eine Katze, einen Hund? Wie viele Schüler haben weder Hund noch Katze?*
2. *Wie viele Schüler sind Mitglied eines Schwimmvereins, Turnvereins?*

Diese Beispiele können leicht auf drei und mehr Mengen ausgedehnt werden, denn die Schüler selbst führen sowohl das Halten weiterer Haustiere wie Vögel, Meerschweinchen, Fische als auch die Mitgliedschaft bei weiteren Sportvereinen an.

Ein klassisches Abzählverfahren

An obigen Beispielen ist weiter ersichtlich, daß die Frage nach der Anzahl der Elemente der Komplementärmenge oft natürlicher ist, als die Frage nach der Anzahl der Elemente in der Vereinigungsmenge. Dies ist auch der Fall bei dem Sieb des Eratosthenes, einem klassischen Abzählverfahren.

Bei diesem Verfahren werden weitere Primzahlen gefunden und abgezählt, indem man Vielfache von bereits gefundenen Primzahlen markiert und abzählt. Wenn man z. B. von den Zahlen 2 und 3 ausgeht, so kann man mit diesem Verfahren sämtliche Primzahlen kleiner gleich 24 erhalten. Nimmt man 5 hinzu, so erfolgt eine Ausdehnung bis 48. Auf einer Folie (Tageslichtprojektor) werden die Zahlen am geschicktesten in einer Matrix mit 6 Spalten aufgeschrieben. Danach werden auf einer zweiten darübergelegten Folie die Vielfachen der 2 – also die geraden Zahlen – markiert. Entsprechend werden auf einer gesonderten Folie die Vielfachen der 3 (Dreierzahlen) markiert. Legt man alle drei Folien übereinander, so erhält man die markierte Zahlenmatrix von Bild 3.

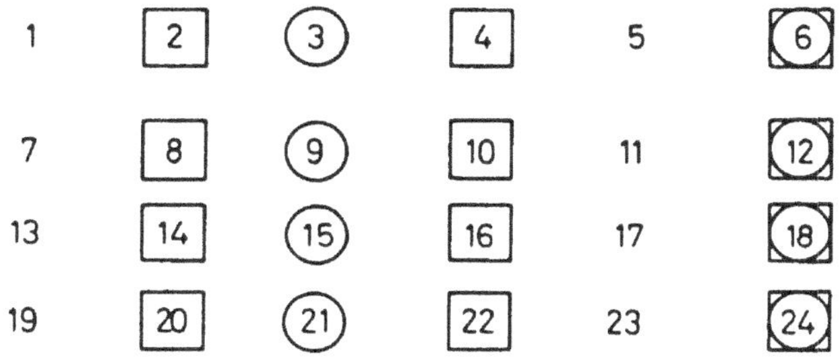

Bild 3

Wie viele Zahlen sind weder durch 2 *noch durch* 3 *teilbar?*

Erste Ergebnisse:

Ablesen an der Tafel ergibt:

12 Zahlen sind als gerade Zahlen markiert,
8 Zahlen sind als Dreierzahlen markiert.

Aber: 4 Sechserzahlen sind doppelt markiert, d.h.

12 + 8 − 4 = 16 Zahlen sind markiert,
24 − 16 = 8 Zahlen sind nicht markiert.

Nimmt man die Primzahl 5 hinzu, und dehnt die Matrix auf 48 Zahlen aus, so erhält man Bild 4.

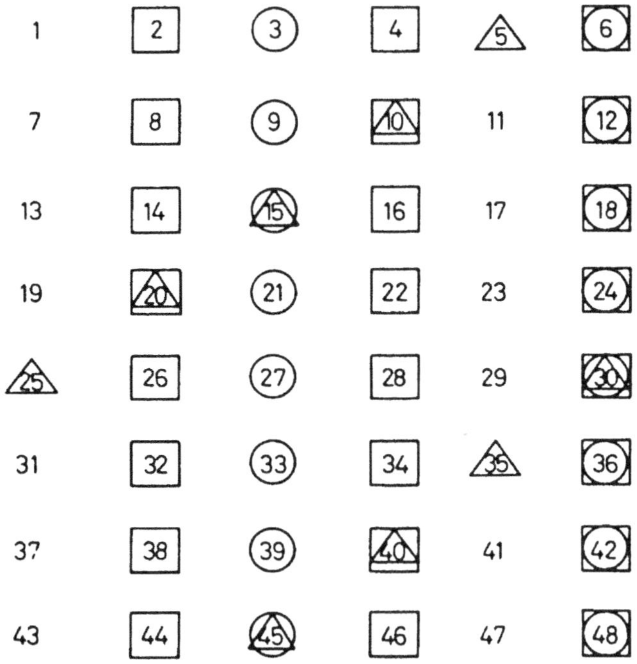

Bild 4

Da 30 die kleinste dreifach markierte Zahl ist, ist es zweckmäßig, im Unterricht zunächst die Matrix bis einschließlich 29 zu entwickeln.

Wie viele Zahlen kleiner 30 *sind durch keine der Zahlen* 2, 3 *oder* 5 *teilbar?*

Erste Ergebnisse:

Ablesen an der Tafel ergibt:

14 Zahlen sind als gerade Zahlen markiert,
9 Zahlen sind als Dreierzahlen markiert,
5 Zahlen sind als Fünferzahlen markiert.

Aber: Durch Übereinanderlegen der entsprechenden Folien entdeckt man:

Alle 4 Sechserzahlen sind doppelt markiert,
2 Zehnerzahlen sind doppelt markiert,
15 ist doppelt markiert.

Somit sind von 29 Zahlen genau

14 + 9 + 5 − 4 − 2 − 1 = 21

markiert, also 8 nicht markiert.

Dehnt man die Untersuchung auf die Zahlen bis einschließlich 48 aus, so erhält man:

24 gerade Zahlen
16 Dreierzahlen
9 Fünferzahlen
} Diese sind mindestens einmal markiert.

Aber

8 Sechserzahlen
4 Zehnerzahlen
3 Fünfzehnerzahlen
} Diese sind mindestens doppelt markiert.

und

30 ist dreifach markiert.

Somit sind von den 48 Zahlen

$$(24 + 16 + 9 - 8 - 4 - 3) + 1 = 35$$

markiert, also 13 nicht markiert.

Rechnet man die Klammern aus, so wird die Zahl 30 dreimal gezählt und dreimal wieder subtrahiert, also insgesamt *nicht* gezählt, deshalb muß 30 zum Schluß *einmal* hinzugezählt werden. Bezeichnet man mit V(m) jeweils die Vielfachen von m, so erhält man hier: Die Anzahl der Zahlen, die durch mindestens einen der drei Primfaktoren 2, 3 oder 5 teilbar ist, beträgt:

$$|V(2)| + |V(3)| + |V(5)| - |V(6)| - |V(10)| - |V(15)| + |V(30)|.$$

Operativer Ansatz (nach Fiedler)

Peter darf das Dach eines Hauses mit 10 Fähnchen schmücken. Er steckt die Fähnchen so auf, daß auf jeder Seite 5 Fähnchen stecken, dann steckt er sie so, daß auf jeder Seite 6 Fähnchen stecken. Könnt ihr dies auch?

Geht es auch, wenn auf jeder Dachseite 7 Fähnchen gesteckt werden sollen?

Material: Auf Pappe gemalte Figuren (Haus) und Stecknadeln (Bild 5).

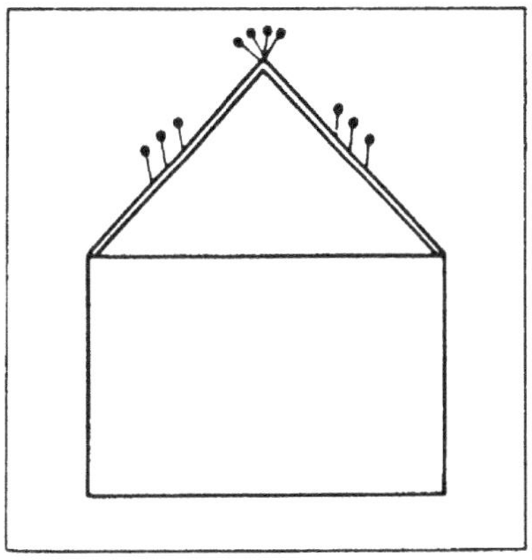

Bild 5

Jetzt sollen auf einer Seite 8 und auf der anderen Seite 6 Fähnchen stecken!

Weitere Möglichkeiten:
Ein dreieckiger (quadratischer Platz) soll an seinen Seiten mit Fähnchen geschmückt werden. 12 *Fähnchen stehen zur Verfügung* (Bilder 6 bis 9).

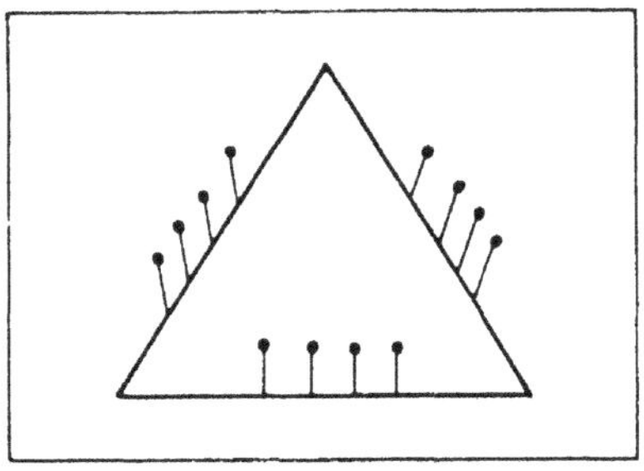

Auf jeder Seite 4 Fähnchen

Bild 6

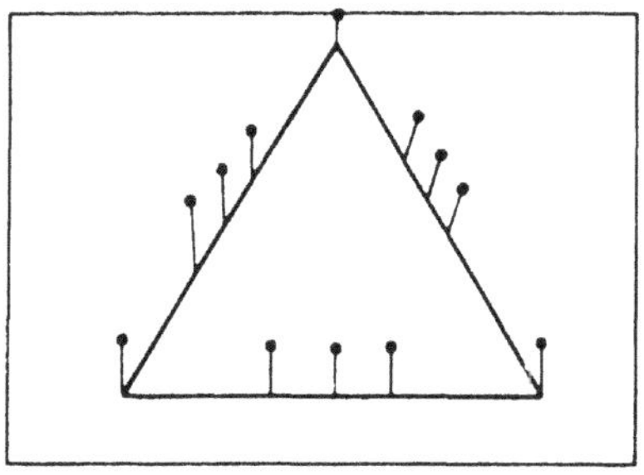

Auf jeder Seite 5 Fähnchen

Bild 7

Geht es auch mit 6, 7, 8, 9, 10 *Fähnchen?*
Klappt es auch mit

6 *Fähnchen auf der ersten Seite,*
4 *Fähnchen auf der zweiten Seite,*
8 *Fähnchen auf der dritten Seite* (Bilder 8 und 9)?

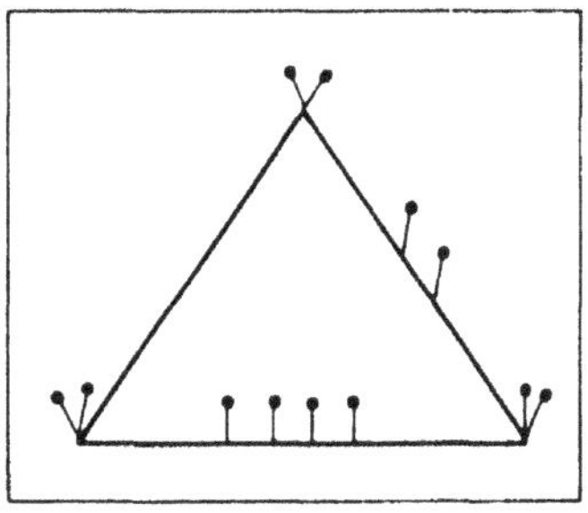

1. Möglichkeit

Bild 8

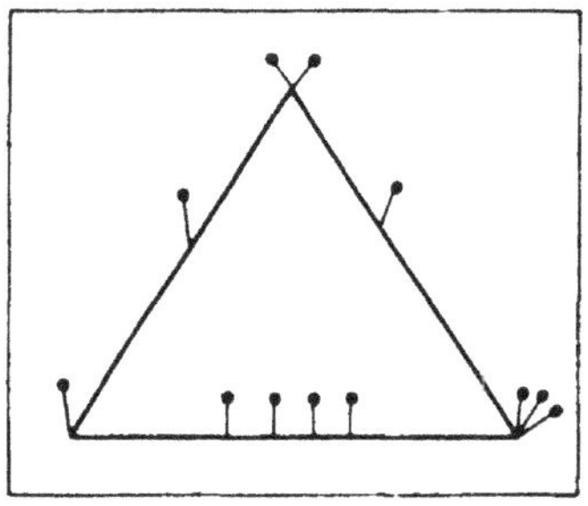

2. Möglichkeit

Bild 9

Suche weitere Möglichkeiten. Wie viele Fähnchen müssen immer auf den Ecken stecken? Warum?

Wenn man jeweils um die Fähnchen einer Seite Gummibänder legt, wird der Zusammenhang mit der Schnittmenge deutlich.

Mathematischer Hintergrund

Innerhalb einer Grundmenge G lassen sich Mengen A_i ausgliedern, auf deren Elemente die Eigenschaft a_i zutrifft ($i = 1, \dots, r$). Ist nun jeweils die genaue Anzahl der Objekte mit der Eigenschaft a_i (Bezeichnung $N(a_i)$) und die Anzahl der Objekte mit der Eigenschaft a_i und a_k (Bezeichnung $N(a_i\, a_k)$), usw. bekannt, so lassen sich auch die Objekte abzählen, auf die *keine* der Eigenschaften zutrifft (Bezeichnung: $N(\bar{a}_1 \bar{a}_2 \dots \bar{a}_r)$).

Beispiel: Man zähle ab, wieviel Zahlen von 1 bis 100 weder durch 3, noch durch 5, noch durch 7 teilbar sind!

Lösung: Grundmenge $G = \{1, \dots, 100\}$, $|G| = 100$

a_1: x ist durch 3 teilbar
a_2: x ist durch 5 teilbar
a_3: x ist durch 7 teilbar

$$A_i = \{x \leq 100 \mid a_i\}$$

Es gilt $N(a_1) = 33$, $N(a_2) = 20$ und $N(a_3) = 14$

$$A_1 \cap A_2 = \{x \leq 100 \mid x \text{ ist durch 3 und 5 teilbar}\}$$
$$= \{x \leq 100 \mid x \text{ ist durch 15 teilbar}\}$$

also

$$N(a_1 a_2) = |A_1 \cap A_2| = 6$$
$$N(a_2 a_3) = 2, \quad N(a_1 a_3) = 4$$
$$N(a_1 a_2 a_3) = 0$$

$$|A_1 \cup A_2 \cup A_3| = |A_1| + |A_2| + |A_3| - |A_1 \cap A_2| - |A_1 \cap A_3| - |A_2 \cap A_3| + |A_1 \cap A_2 \cap A_3| \text{ und}$$

$$|\overline{A_1 \cup A_2 \cup A_3}| = |G| - |A_1 \cup A_2 \cup A_3|,$$

also

$$N(\bar{a}_1 \bar{a}_2 \bar{a}_3) = |G| - N(a_1) - N(a_2) - N(a_3) + N(a_1 a_2) + N(a_1 a_3) + N(a_2 a_3) - N(a_1 a_2 a_3)$$

Formalisiert man dies, so erhält man:

$$N(\bar{a}_1 \dots \bar{a}_r) = |G| - \sum_{i=1}^{r} N(a_i) + \sum_{i_1 < i_2}^{r} N(a_{i_1} a_{i_2}) - \sum_{i_1 < i_2 < i_3} N(a_{i_1} a_{i_2} a_{i_3}) + \dots + (-1)^r N(a_1 \dots a_r)$$

Mit Hilfe dieser Abzählformel („Ein- und Ausschaltformel") lassen sich eine Reihe von Problemen der abzählenden Kombinatorik lösen, z.B. das berühmte

Bernoulli-Eulersche Problem der vertauschten Briefe:

Auf wieviel Arten kann man r Briefe $B_1, \dots, B_r$ so in n vorbereitete adressierte Umschläge $U_1, \dots, U_r$ stecken, ohne daß auch nur ein einziger Brief B_i im richtigen Umschlag U_i steckt?

Das Problem läßt sich verblüffend einfach lösen. Es gibt insgesamt r! Verpackungen (r Briefe in r Umschläge, vgl. Unterrichtsbeispiel 1.1.4). Sei nun a_i die Eigenschaft einer Verpackung, daß der Brief B_i richtig in Umschlag U_i steckt.

Wegen

$$N(a_i) = (r-1)! \qquad N(a_{i_1} a_{i_2}) = (r-2)!$$
$$N(a_{i_1} a_{i_2} a_{i_3}) = (r-3)! \dots$$
$$N(a_1 \dots a_r) = (r-r)! = 0! = 1$$

erhält man unter Beachtung des mathematischen Sachverhalts, daß sich aus r Objekten jeweils auf $\binom{r}{k}$ Arten k Objekte auswählen lassen, die gewünschte Anzahl

$$\begin{aligned} N(\bar{a}_1 \dots \bar{a}_r) &= r! - r(r-1)! + \binom{r}{2}(r-2)! - \binom{r}{3}(r-3)! \\ &\quad - + \dots + (-1)^r \binom{r}{r}(r-r)! \\ &= r! - \frac{r!}{2!} + \frac{r!}{3!} - \dots + (-1)^r \frac{r!}{r!} \\ &= r! \left(\frac{1}{2!} - \frac{1}{3!} + \dots + (-1)^r \frac{1}{r!} \right) \end{aligned}$$

Also:

$r = 1 \quad N(\bar{a}_1) = 0$

$r = 2 \quad N(\bar{a}_1 \bar{a}_2) = 1$

$r = 3 \quad N(\bar{a}_1 \bar{a}_2 \bar{a}_3) = 2$

$r = 4 \quad N(\bar{a}_1 \bar{a}_2 \bar{a}_3 \bar{a}_4) = 9$

Aufgaben für die Leserin

1*. Man leite aus dem Karnaughdiagramm in Bild 10 die Ein- und Ausschaltformel für $N(\bar{a}_1 \bar{a}_2)$ ab. Man gebe auch eine „Ein- und Ausschaltformel" für $N(\bar{a}_1 a_2)$, $N(a_1 \bar{a}_2)$ und $N(a_1 a_2)$ an! Verallgemeinern Sie dies, indem Sie allgemein

$N(a_1 \dots a_e \bar{a}_{e+1} \dots \bar{a}_r)$ berechnen!

	a_1	$\bar{a}_1$
a_2		
$\bar{a}_2$		

Bild 10

Übertragen Sie die Daten der Aufgabe „Wieviel Kinder haben weder Bruder noch Schwester?" in ein Karnaughdiagramm.

2. Ausgehend von den Primzahlen 2, 3, 5 und 7 siebe man die weiteren Primzahlen durch (Sieb des Eratosthenes)
   a) Bis zu welcher Zahl klappt dieses Verfahren?
   b) Berechnen Sie mit Hilfe der Ein- und Ausschaltformel die Anzahl der Primzahlen kleiner 110.

   Vorsicht: Sie dürfen die Ausgangsprimzahlen 2, 3, 5 und 7 nicht vergessen; 1 ist keine Primzahl. Warum wohl?

3. Bestimmen Sie die Anzahl der Zahlen in der Menge $\{1, 2, \dots, 1600\}$ die durch
   a) mindestens zwei
   b) höchstens einen
   c) genau zwei
   d) keinen

   der drei Primfaktoren 7, 11, 17 teilbar sind.

4*. Wie gehabt werden die Seiten eines dreieckigen Platzes mit n Fähnchen geschmückt. Auf den Seiten stehen s_1, s_2 bzw. s_3 Fähnchen, an den Ecken l_1, l_2 bzw. l_3 Fähnchen. Welche arithmetischen Gleichungen und Ungleichungen bestehen zwischen den Daten. Können Sie den Kindern unlösbare Aufgaben stellen? Machen Sie das Gleiche für die Aufgabe mit dem quadratischen Platz.

5. Bei dem Briefproblem von Bernoulli-Euler mit 4 Briefen werde eine Verpackung durch Abbildungspfeile in Bild 11 beschrieben. Notieren Sie die 8 weiteren Verpackungen, bei denen kein Brief richtig steckt.

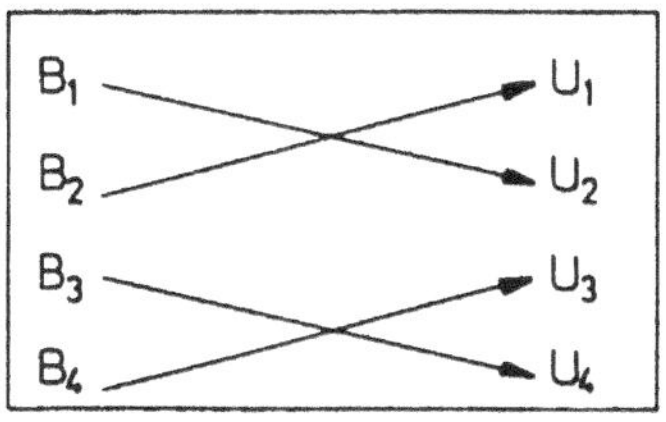

Bild 11

6. Auf wieviel Arten kann man s ($s \geq 5$) verschiedene Bücher auf 3 Schüler S_1, S_2, S_3 verteilen, ohne daß ein Schüler leer ausgeht?

Tip: Betrachten Sie zunächst alle Verteilungen, dann aber solche, bei denen der Schüler S_1 (S_2, S_3) kein Buch erhält. Versuchen Sie dann, die Formel für die Anzahl aller surjektiven Abbildungen von einer r-elementigen Menge in eine s-elementige Menge ($r > s$) zu beweisen (vgl. Unterrichtsbeispiel 1.1.4).

1.2.4. Einführung in das schriftliche Multiplizieren

Dem heutigen Betrachter erscheinen die schriftlichen Verfahren der vier Grundrechenarten im Dezimalsystem vielfach selbstverständlich und mathematisch unbedeutend, so daß er leicht übersieht, welch große kulturelle Leistung die Entwicklung solcher Verfahren im Mittelalter eigentlich darstellt und welch ungeheuren Einfluß sie auf die Anwendungen der Mathematik in Wirtschaft, Naturwissenschaft und Technik und auch auf die weitere Entwicklung der Mathematik ausgeübt hat.

Schriftliche Verfahren, wie wir sie in verfeinerter Form heute kennen, waren auch didaktisch gesehen von einschneidender historischer Bedeutung, da sie es erlaubten, den rechnerischen Umgang mit Zahlen und ihre Verwendung einer breiteren Öffentlichkeit zugänglich zu machen als vordem möglich war. Es ist daher kein Zufall, daß in unmittelbarem Anschluß an die Verfügbarkeit schriftlicher Verfahren populäre Rechenkurse entstanden, in denen die Verfahren gelehrt wurden. Am bekanntesten wurden die Rechenbücher von *Adam Ries* (oder *Riese*), deren erstes 1522 erschien.

Die „sichere Beherrschung" der schriftlichen Rechenverfahren ist auch heute noch ein Lernziel des Mathematikunterrichtes in der Grundschule, wenn auch nur ein Lernziel unter vielen anderen. In jüngster Zeit wird es wegen der allgemeinen Verfügbarkeit von Computern aller Art allerdings manchmal als entbehrlich angesehen. Nun besteht kein Zweifel, daß Taschenrechner in Zukunft einen erheblichen Einfluß ausüben werden. Trotzdem ist gegenüber solchen Empfehlungen Vorsicht am Platze, da sich die Möglichkeiten und Grenzen der Anwendung bzw. Anwendbarkeit von Computern im Mathematikunterricht noch nicht übersehen lassen.

Bei der folgenden Einführung in das schriftliche Multiplizieren werden Aspekte betont, die wir für zeitlos halten. Die Zielsetzung besteht in einer heuristisch orientierten Entwicklung des Verfahrens als eines denk- und darstellungsökonomischen Algorithmus.

Mathematischer Hintergrund der schriftlichen Multiplikation

Die schriftlichen Rechenverfahren beziehen sich nicht auf die natürlichen Zahlen selbst, sondern auf die Zifferndarstellungen der Zahlen (im dekadischen System [1])). Die schriftliche Multiplikation ermöglicht es insbesondere, die Zifferndarstellung des Produkts zweier Zahlen zu berechnen, wenn die Zahlen – wie üblich – in ihrer Zifferndarstellung gegeben sind. Daß man Zifferndarstellungen anstrebt, liegt daran, daß sie gewöhnlich informativer sind als andere Darstellungen.

Beispiel:

Wenn ein Urlauber erfährt, daß er für eine Ferienwohnung 35.00 DM/Tag bezahlen muß, und wissen möchte, wie teuer ihm die Wohnung bei einem 14-tägigen Urlaub kommt, nützt ihm die Darstellung dieses Gesamtpreises in der Form „14 · 35.00 DM" nichts, obwohl sie den Gesamtpreis mathematisch eindeutig bestimmt. Informativ ist hingegen die Darstellung „490.00 DM".

Wir gehen nun von folgendem Rechenbeispiel aus:

```
4916 · 327
 14748
   9832
   34412
 1607532
```

Rechnet die Leserin dieses Beispiel nach und vergegenwärtig sich, welche Schritte und welche Ziffernplazierungen sie vornehmen muß, wird sie folgendes feststellen:

1. Die Multiplikationsaufgabe wird in drei Teilaufgaben aufgespalten, deren Resultate am Schluß addiert werden.
2. Die einzelnen Teilaufgaben, bei denen der Multiplikator einstellig ist, werden ihrerseits in noch kleinere Teile zerlegt, die aus Aufgaben des kleinen Einmaleins und eventuellen Übertragungsadditionen bestehen.
3. Durch die Plazierung der drei Teilresultate wird stillschweigend eine Multiplikation mit 100 (erste Zeile) und mit 10 (zweite Zeile) bewirkt. Die entsprechenden Endnullen sind der Kürze halber weggelassen.

Der Algorithmus leistet also insgesamt eine Reduktion von Multiplikationsaufgaben auf zwei einfache Typen von Basisaufgaben, nämlich

a) *auf die Aufgaben des kleinen Einmaleins* und
b) *auf Multiplikationen mit Stufenzahlen (Zehnerpotenzen).*

Zwei Reduktionsregeln gelangen zur Anwendung:

Erstens die *Distributivregel* (Distributivgesetz), die es erlaubt, bei der Multiplikation die einzelnen Stellen zunächst separat zu behandeln und die Resultate hinterher wieder zu addieren.

Im Beispiel:

$$4916 \cdot 327 = 4916 \cdot 300 + 4916 \cdot 20 + 4916 \cdot 7$$

$$4916 \cdot 3 = 6 \cdot 3 + 10 \cdot 3 + 900 \cdot 3 + 4000 \cdot 3$$

[1]) Schriftliche Rechenverfahren sind prinzipiell in jedem Stellenwertsystem möglich.

Zweitens die *Assoziativregel* (Assoziativgesetz), aufgrund deren man eine Multiplikation mit Zahlen, die außer an der höchsten Stelle Nullen aufweisen, in eine Multiplikation mit einer einstelligen Zahl gefolgt von einer Multiplikation mit einer Zehnerpotenz aufspalten kann.

Im Beispiel:

$$4916 \cdot 300 = (4916 \cdot 3) \cdot 100$$

Die Basisaufgaben und die Reduktionsregeln bilden zusammen einen Kalkül, mit Hilfe dessen man das Produkt zweier in Zifferndarstellung gegebener Zahlen in eine Summe von Zahlen in Zifferndarstellung umwandeln kann.

Im Kalkül selbst wird nicht vorgeschrieben, in welcher Weise und Reihenfolge die Reduktionsregeln angewendet werden müssen. Tatsächlich sind auch verschiedene Wege möglich. Zulässig nach den Regeln ist z.B. auch folgende Aufspaltungsreihe

$$\begin{aligned} 4916 \cdot 327 &= 4916 \cdot 300 + 4916 \cdot 20 + 4916 \cdot 7 \\ &= 4000 \cdot 300 + 900 \cdot 300 + 10 \cdot 300 + 6 \cdot 300 + 4000 \cdot 20 \\ &\quad + 900 \cdot 20 + 10 \cdot 20 + 6 \cdot 20 + 4000 \cdot 7 + 900 \cdot 7 + 10 \cdot 7 + 6 \cdot 7 \\ &= (4000 \cdot 3) \cdot 100 + (900 \cdot 3) \cdot 100 + (10 \cdot 3) \cdot 100 \\ &\quad + (6 \cdot 3) \cdot 100 + (4000 \cdot 2) \cdot 10 + (900 \cdot 2) \cdot 10 \\ &\quad + (10 \cdot 2) \cdot 10 + (6 \cdot 2) \cdot 10 + 4000 \cdot 7 + 900 \cdot 7 + 10 \cdot 7 + 6 \cdot 7 \\ &= (4 \cdot 3) \cdot (1000 \cdot 100) + (9 \cdot 3) \cdot (100 \cdot 100) + (1 \cdot 3) \cdot (10 \cdot 100) \\ &\quad + (6 \cdot 3) \cdot 100 + (4 \cdot 2) \cdot (1000 \cdot 10) + (9 \cdot 2) \cdot (100 \cdot 10) \\ &\quad + (1 \cdot 2) \cdot (10 \cdot 10) + (6 \cdot 2) \cdot 10 + (4 \cdot 7) \cdot 1000 \\ &\quad + (9 \cdot 7) \cdot 100 + (10 \cdot 7) \cdot 10 + 6 \cdot 7 \end{aligned}$$

Anwendung der Information aus den Basisaufgaben führt auf

$$\begin{aligned} &12 \cdot 10^5 + 27 \cdot 10^4 + 3 \cdot 10^3 + 18 \cdot 10^2 + 8 \cdot 10^4 \\ &+ 18 \cdot 10^3 + 2 \cdot 10^2 + 12 \cdot 10 + 28 \cdot 10^3 + 63 \cdot 10^2 + 7 \cdot 10 + 42 \\ = {}&1\,200\,000 + 270\,000 + 3000 + 1800 + 80\,000 + 18\,000 \\ &+ 200 + 120 + 28\,000 + 6300 + 70 + 42 \end{aligned}$$

Auf diese Darstellung kann nun der Algorithmus für die schriftliche Addition angewandt werden.

Ein *Algorithmus* zeichnet sich insofern noch gegenüber einem *Kalkül* aus, als in ihm die Reihenfolge und die Weise, in der die Regeln und die Basisformeln anzuwenden sind, genau vorgeschrieben sind. Auf der Grundlage des oben beschriebenen Kalküls können verschiedene Multiplikationsalgorithmen formuliert werden. Die am Einführungsbeispiel demonstrierte Form ist in der Schule verbindlich vorgeschrieben.

Problematisierung

Wie bei den anderen Unterrichtsbeispielen sind wir auch hier daran interessiert, ein Problem oder ein Problemfeld zu finden, bei dessen Bearbeitung im Unterricht sich der Multiplikationsalgorithmus allmählich gewinnen läßt. Die obige mathematische Analyse zeigt, daß die Klasse der Multiplikationsaufgaben nicht ohne weiteres ein geeignetes Feld darstellt.

Diesem Feld ist jedoch ein heuristisches Problem übergeordnet, das in kindgemäßer Form so ausgesprochen werden kann: *Wie kann man schwere Malaufgaben in leichte Malaufgaben zerlegen?*

Diese Frage stellt eine Leitidee dar, unter welcher der *Kalkül* zur Zerlegung von Malaufgaben mit den Kindern erarbeitet werden kann. Erst in einer zweiten Linie tritt die Frage auf, wie die gewonnenen Regeln zu einem ökonomischen *Algorithmus* zusammengesetzt werden können.

Entwicklung des Kalküls und des Algorithmus im 4. Schuljahr

Da das Thema in den Schulbüchern und in der traditionellen Rechendidaktik in aller Ausführlichkeit behandelt wird, geben wir im folgenden nur einen roten Faden an, wie er sich aus den obigen grundsätzlichen Überlegungen ergibt.

(1) *Voraussetzungen*

Wenn das Thema im 4. Schuljahr in Angriff genommen wird, sollten bei lehrplanmäßigem Unterricht folgende einschlägigen Vorkenntnisse vorhanden sein:

Kleines Einmaleins
Multiplikationen einstelliger mit zweistelligen Zahlen
Einzelne Multiplikationen von Zehnerpotenzen
Algorithmus der schriftlichen Addition

(2) *Vorbereitungen*

(a) *Was geschieht, wenn zwei Multiplikationen hintereinander ausgeführt werden?*
Betrachtung von Beispielen folgender Art

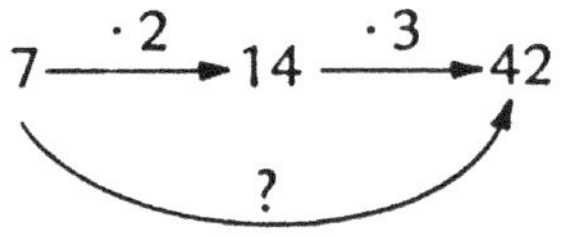

Zeichnerisch:

Auf jedem Platz 7
2 · 3 = 6 Plätze

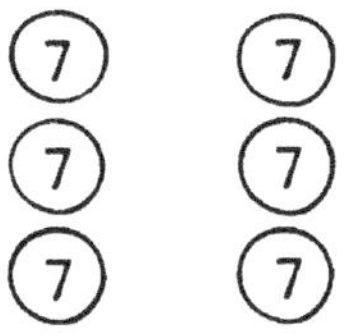

In jeder Reihe 7 · 2
Drei Reihen

Lösung:

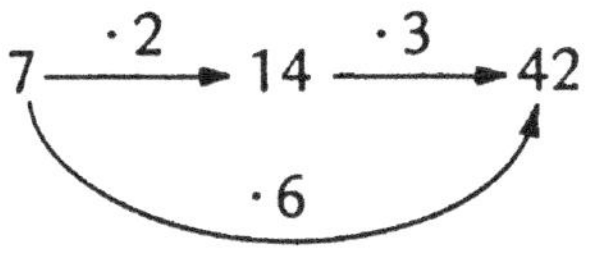

Erkenntnis: Eine Hintereinanderausführung von Multiplikationsoperatoren kann durch einen einzigen Operator ersetzt werden. Umgekehrt können Multiplikationsoperatoren zerlegt werden.

(b) *Multiplikation von Zehnerpotenzen*
Erarbeitung des folgenden Graphen anhand von Punktetafeln

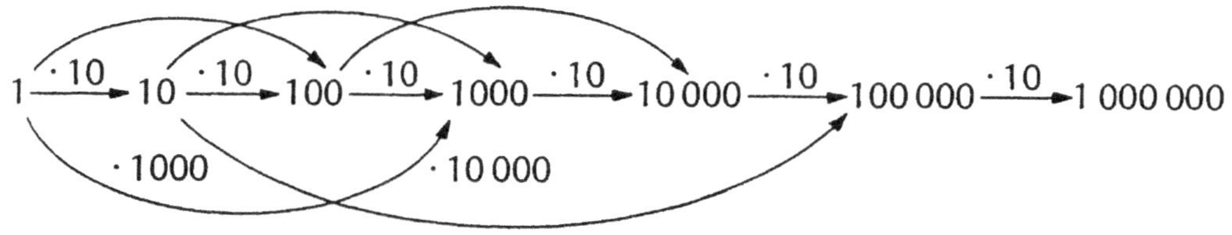

Dabei kann der Bereich der Erkenntnis von (a) weiter ausgedehnt werden.

(c) *Einmaleins mit höheren Stellenwerten*

Beispiele: 30 · 4 = 3 Z · 4 = 12 Z = 120
60 · 7 = 6 Z · 7 = 42 Z = 420
7000 · 3 = 7 T · 3 = 21 T = 21 000

Die Aufgaben müssen inhaltlich, ohne jeden „Nullenschematismus", gelöst werden.

(3) *Präsentierung von „schweren" Aufgaben*
Die Schüler werden mit einem kleinen Satz von Aufgaben folgender Art konfrontiert

415 · 36 =	563 · 143 =
4936 · 84 =	465 · 324 =

Obwohl diese Aufgaben die Kräfte der Schüler zunächst übersteigen und längere Zeit ungelöst im Raum stehen bleiben müssen, ist es aus folgenden Gründen sinnvoll, mit ihnen zu beginnen: Zunächst können die Aufgaben dem Aufbau einer *Erwartungshaltung* dienen (vgl. „Grundfragen" 4.3). Zweitens *halten* die Aufgaben, die zweckmäßig auf einem Plakat an der Wand festgehalten werden, während des weiteren Unterrichts die *Spannung aufrecht,* ob und wann sie gelöst werden können. Drittens schaffen die Aufgaben eine *heuristisch ergiebige Situation:* Die Kinder können sehen, wie zunächst hoffnungslos erscheinende Aufgaben durch Nachdenken Schritt für Schritt geknackt werden können und man daher nicht zu verzagen braucht. Am Schluß der Einheit sollte in Rückschau dieser Aspekte den Kindern besonders bewußt gemacht werden.

Zusammenfassung der Lehrerin nach einer Diskussion über die Aufgaben: *„Die Aufgaben sind uns jetzt noch zu schwer, aber wir werden lernen, wie man sie knackt."*

(4) *Auffindung und Anwendung heuristischer Strategien*
G. Polya, dem die Erneuerung der Heuristik in diesem Jahrhundert zu verdanken ist, hat einige einfache heuristische Strategien formuliert, von denen eine lautet:

Wenn du eine Aufgabe nicht lösen kannst, suche eine einfachere verwandte Aufgabe und versuche diese zu lösen.

Die Lehrerin kann diese Strategie so auf die vorliegende Situation zuschneiden:

„Diese neuen Malaufgaben sind sehr schwer. Aber dafür gibt es leichtere Malaufgaben, die wir schon rechnen können. Welche z. B.?"

Die eingehenden Antworten werden in vier getrennten Spalten registriert

(a) Aufgaben des kleinen Einmaleins,
(b) Aufgaben, bei denen mit einer Stufenzahl multipliziert wird,
(c) Aufgaben, bei deren Lösung die Distributivregel Anwendung findet,
(d) Aufgaben, bei denen die Assoziativregel benützt wird bzw. werden kann.

Die Lehrerin kann dabei auch schon gelöste Aufgaben in Erinnerung rufen, insbesondere um in den einzelnen Spalten für eine gewisse Reichhaltigkeit zu sorgen.

Als nächstes werden die Lösungen einzelner unter c) und d) registrierter Aufgaben analysiert.

Wie rechnet man denn 23 · 3 aus?

Man findet *Nußknacker Nr. 1: Zahlen zerlegen* [1].

Wie rechnet man 24 · 15 aus?

$$24 \xrightarrow{\cdot 3} 72 \xrightarrow{\cdot 5} 360$$

Man findet *Nußknacker Nr. 2: Operatoren aufspalten.*

Mit diesen Strategien ausgestattet kann man nun die eingangs gestellten Aufgaben in Angriff nehmen.

415 · 36 = Noch zu schwer!

Aber:

415 · 1 = 415

415 · 2	Nußknacker Nr. 1
10	5 · 2
20	10 · 2
800	400 · 2
830	

Hinweis:

Das sorgfältige Untereinanderschreiben der Teilsummen sind die Kinder vom Algorithmus der schriftlichen Addition her gewöhnt. Man muß sie nun an die weitere bequeme Konvention gewöhnen, daß die Einer der Teilsumme genau unter den einstelligen Multiplikator geschrieben werden.

Ebenso

415 · 3		*Alternative:*
15	5 · 3	830
30	10 · 3	+ 415
1200	400 · 3	1245
1245		

[1]) Ausführlicher: Zahlen in Einer, Zehner usw. zerlegen!

Ebenso

415 · 9
. . . . . .
. . . . . .

415 · 10		*Hilfe:*
50	5 · 10	100 · 10 = 1000
100	10 · 10	
4000	400 · 10	
4150		

Bei dieser Aufgabe muß eingehend über die Wirkung des Operators · 10 gesprochen werden. Der Operator „*verschiebt*" die Ziffern um eine Stelle nach links. Aus Einern macht er Zehner, aus Zehnern Hunderter, aus Hundertern Tausender. Einer bleiben nicht zurück.

415 · 13 — Nußknacker Nr. 1

415 · 10 + 415 · 3
4150 1245
5395

415 · 20

Nußknacker Nr. 2
415 · 2 = 830

830 · 10	
300	30 · 10
8000	800 · 10
8300	

415 · 20 = 8300

415 · 26 — Nußknacker Nr. 1

Hilfe: 400 · 6 = 4 H · 6
= 24 H
= 2400

415 · 20	+	415 · 6	
8300		30	5 · 6
		60	10 · 6
		2400	400 · 6
		2490	

10 790

Nun:

415 · 36

415 · 30 + 415 · 6

30

60

2400

2490

415 · 3

15

30

1200

1245 · 10

12450

14 940

Die erste der anfangs schweren Aufgaben ist gelöst und kann auf dem Plakat unter dem Jubel der Kinder gestrichen werden.

Nächste Aufgabe:

4936 · 84 Nußknacker Nr. 1

4936 · 80 + 4936 · 4

24	6 · 4
120	30 · 4
3600	900 · 4
16000	4000 · 4
19744	

4936 · 8

48	6 · 8
240	30 · 8
7200	900 · 8
32000	4000 · 8

39488 · 10

394880

19744

414624

„Vereinfachungen" der Aufgabe: 4000 · 80, 5000 · 100

4000 · 8

32000 · 10

320000

414 624 liegt zwischen 320 000 und 500 000

5000 · 100

5000 · 10

50000 · 10

500000

Erkenntnis:

Mit Hilfe der vereinfachten Aufgaben kann man ohne viel Rechnung ungefähr abschätzen, wo das gesuchte Produkt liegt.

(5) *Rückschau auf* (4) *mit dem Ziel einer Typisierung der Teilaufgaben,* auf die man Malaufgaben zurückführen kann.

Zwei Typen sind wichtig:

(a) Multiplikation mit einer einstelligen Zahl,
(b) Multiplikation mit einer Stufenzahl.

Es wird den Kindern einleuchten, daß diese beiden Typen gut geübt werden müssen.

(6) *Verkürzung des Verfahrens für Typ* (b)

Wichtige Erkenntnis: Die Stufenzahlen sind „Verschiebungsoperatoren". 10 verschiebt um eine Stelle, 100 um zwei Stellen (wegen 100 = 10 · 10), 1000 um drei Stellen (wegen 1000 = 10 · 10 · 10) usw. Das heißt die Anzahl der Nullen gibt an, um wie viele Stellen „verschoben" wird.

(7) *Verkürzung des Verfahrens für Typ* (a)

Beispiele:

4936 · 8	479 · 4
39488	1916

In den Beispielen werden zuerst die Multiplikationen ausgeführt, dann erst wird addiert. Bei dem verkürzten Verfahren werden beide Schritte zusammen erledigt und dabei wird Schreibarbeit gespart.

Die Lehrerin demonstriert das verkürzte Verfahren an den Beispielaufgaben. Wichtig dabei ist das Mitsprechen der Stellenwerte und das synchrone Niederschreiben der jeweils endgültigen Ziffern bzw. das Speichern der Übertragsziffern.

Beispiel: Geschrieben: Gesprochen:

4936 · 8

39488

8 · 6 E = 48 E = 8 E + 4 Z

8 · 3 Z = 24 Z $\xrightarrow{+4\,Z}$ 28 Z
= 8 Z + 2 H

8 · 9 H = 72 H $\xrightarrow{+2\,H}$ 74 H
= 4 H + 7 T

8 · 4 T = 32 T $\xrightarrow{+7\,T}$ 39 T
= 9 T + 3 ZT

Später können die Stellenwerte auch unterdrückt werden. Das verkürzte Verfahren wird dann übertragen auf Multiplikatoren mit reinen Zehner-, reinen Hunderter- und reinen Tausenderzahlen, wobei mittels Nußknacker Nr. 2 aufgespalten wird in eine Multiplikation mit einer einstelligen Zahl und eine Multiplikation mit einer entsprechenden Zehnerpotenz.

Beispiel:

4936 · 8 | 0
39488 | 0

Schritte:

Abtrennen der Zehnerpotenz.
Anwendung des Algorithmus für einstelligen Multiplikator, Multiplikation mit 10 durch „Null anhängen".

(8) *Algorithmus der schriftlichen Multiplikation*

Anschließend wird der Algorithmus auf den allgemeinen Fall ausgedehnt. Nach hinreichender Übung werden schließlich auch die Endnullen als entbehrlich erkannt und weggelassen.

Literatur

Oehl 1962, S. 142 ff.

Aufgaben für die Leserin

1. Die alten Ägypter führten die Multiplikation auf die Addition und die Operation des Verdoppelns zurück.

Beispiele: 13 · 15

1	15
~~2~~	~~30~~
4	60
8	120
13	195

9 · 27

1	27
~~2~~	~~54~~
~~4~~	~~108~~
8	216
9	243

Erläutern Sie diese Methode und berechnen Sie mit ihrer Hilfe 12 · 26.

2*. Eine mittelalterliche Methode zur Multiplikation (Nepersche Streifen)

Beispiele:

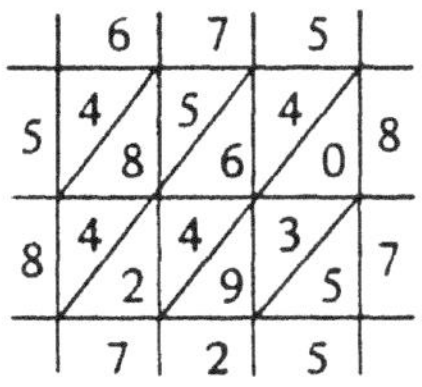

675 · 87 = 58 725

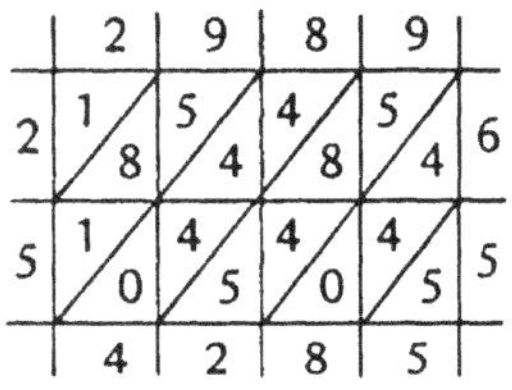

2989 · 65 = 254 285

Begründen Sie diese Methode!

3. In den Aufgaben 1 und 2 haben Sie zunächst zu Ihrer eigenen Information Multiplikationsalgorithmen kenngelernt. Welche didaktischen Überlegungen könnten dazu führen, das eine oder andere Verfahren in den Unterricht einzubeziehen?

4. a) Bestimmen Sie die natürlichen Zahlen aus der Menge

1, 11, 111, 1111, 11111, 111111, ... , die auch Quadratzahlen sind!

b) Bestimmen Sie alle 2-stelligen Zahlen, deren Quadrat

b_1) 4 gerade Ziffern

b_2) 4 ungerade Ziffern

hat.

c) Betrachten Sie

12 · 42 = 21 · 24

24 · 63 = 42 · 36

46 · 96 = 64 · 69

Finden Sie drei weitere Beispiele und begründen Sie das Verfahren!

d) Es gibt eine Reihe von Zahlenmengen, die mit einmaliger Verwendung der Ziffern 0, 1, ... , 9 gebildet werden können, z.B. 347, 256, 9, 810. Können Sie eine derartige Menge angeben, deren Elemente zusammen 100 ergeben?

e) Warum können Sie folgendermaßen rechnen?

$$\begin{array}{l} \underline{\;\;3264527 \cdot 6} \\ 18363042 \\ \underline{\;\;122412\;\;} \\ 19587162 \end{array}$$

f)* $37037 \cdot 3 = 111111$, $12345679 \cdot 9 = 111111111$
$37037 \cdot 6 = 222222, \ldots$ $12345679 \cdot 18 = 222222222, \ldots$

$1122334455667789 \cdot 9 = 10101010101010101$,
$111222333444555666777889 \cdot 9 = 1001001001001001001001001$

Finden Sie weitere derart merkwürdigen Produkte! Wie können Sie diese im Unterricht einsetzen? [1])

1.2.5. Übungsformen

Nach wie vor ist das Üben ein wichtiger Bestandteil des Mathematikunterrichts, insbesondere im Bereich der Arithmetik. Besonders wertvoll sind dabei Übungsformen, die an einer übergeordneten Fragestellung orientiert sind. Obgleich gerade die neuere Didaktik sehr viele interessante Übungsformen entwickelt hat, sind diese im täglichen Schulleben nicht weit verbreitet. Viele Lehrerinnen greifen hierbei auf das ihrer Meinung nach bewährte „Päckchenrechnen" oder „Abfragen des Einmaleins" zurück. Die folgenden Übungsformen wollen zeigen, daß es auch im Bereich der Arithmetik interessante Übungsformen gibt, die überdies den Kindern die Möglichkeit geben, selbständig weitere Aufgaben zu finden.

Bei unserer Darstellung legen wir das Hauptaugenmerk auf eine Anregung von Problemlöseaktivitäten der Lehrerin selbst, in denen wir ja die entscheidende Voraussetzung für einen fruchtbaren Unterricht sehen.

1. Ziegelmauer

Eine Ziegelmauer ist so aufgebaut, daß jeweils zwei Steine von einem dritten Stein bedeckt werden. In die freien Ziegel der Mauer sollen Zahlen so eingesetzt werden, daß auf dem Deckstein jeweils die Summe der Zahlen in den beiden bedeckten Steinen steht (Bild 1).

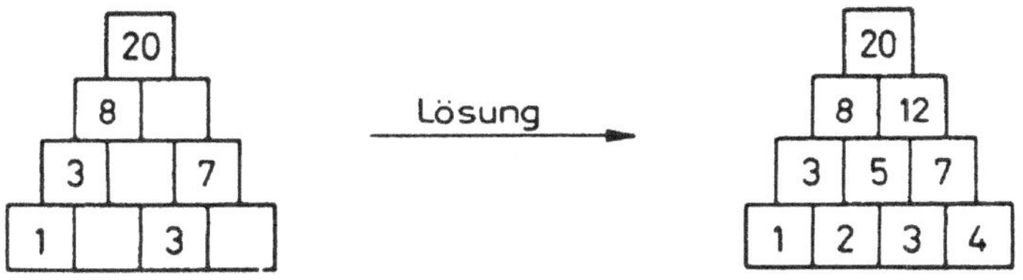

Bild 1

Weitere Spielpläne finden Sie in Bild 2a. Bei der Einführung des Spiels sollte bei der Aufstellung der Mauer darauf geachtet werden, daß der Schüler immer mindestens an einer

[1]) Vgl. *Baravelle*, Rechenunterricht und Waldorfschul-Plan (Stuttgart 1957). Abschnitt: Üben der schriftlichen Rechenverfahren.

Stelle „straight forward“ weiterrechnen kann. Bei größerer Übung können größere Lücken in der Mauer gelassen werden (vgl. auch Bild 2b).

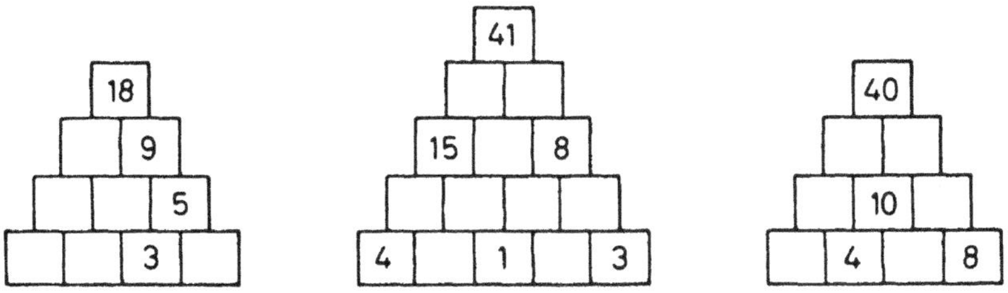

Bild 2a

Aufgaben für die Leserin

1*. Machen Sie sich Gedanken über den Einsatz der Ziegelmauer. Wie steht es z.B. mit der Korrigierbarkeit, mit der Überprüfbarkeit für den Schüler (Prüfsteine) und dergleichen?

2. Erkennen Sie Gesetzmäßigkeiten im Aufbau dieser Mauern.
   Tip: Summe der Zeilen, Summe der Diagonalen, Größerrelation. Inwieweit erleichtern diese die Lösung?

3*. Bauen Sie eine Mauer, bei deren Lösung die Schüler nur addieren (analog: subtrahieren) müssen.

4. Füllen Sie die Mauern in Bild 2a und 2b. Was steht auf dem obersten Deckstein in Bild 2b?

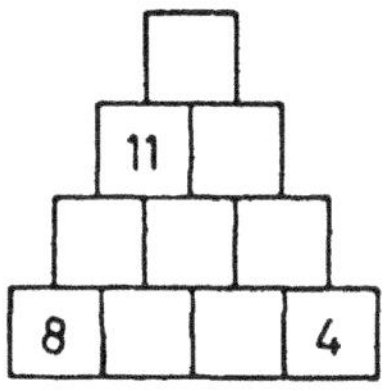

Bild 2b

2. Zahlenfußball

Die Klasse wird in zwei Mannschaften eingeteilt. Jede Mannschaft spielt, wie beim Fußball üblich, auf das Tor der gegnerischen Mannschaft (Bild 3).

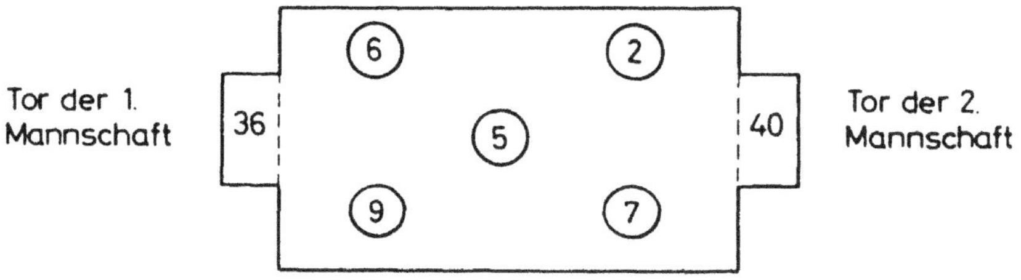

Bild 3

Der Anstoß erfolgt mit zwei Bällen, danach darf immer nur weitergeschossen werden. Zum Beispiel:

Anstoß	1. Mannschaft	$6 \cdot 5 = 30$	
	2. Mannschaft	$30 + 9 = 39$	
	1. Mannschaft	$39 + 2 = 41$	
	2. Mannschaft	$41 - 5 = 36$	Tor!
Anstoß	1. Mannschaft	$6 \cdot 9 = 54$	
	2. Mannschaft	$54 - 5 = 49$	
	1. Mannschaft	$49 - 9 = 40$	Tor!

Nach drei Treffern (oder nach 5 Minuten) werden die Tore gewechselt.

Variationen:

a) Zahlen in den „Toren“ und „Bällen“ können beliebig geändert werden.
b) Erlaubte Operationen einschränken.

Aufgaben für die Leserin

1. Wie würden Sie das Spiel im Zehnminutenrechnen organisieren? Verhindern Sie, daß die „stärkeren“ Schüler die schwächeren „an die Wand spielen“.
2. Was passiert, wenn Sie als Tore ungerade und als Bälle gerade Zahlen verwenden? Erlaubte Rechenzeichen seien zum einen +, −, · und :, zum anderen nur +, − und · .
3*. Stellen Sie für jedes Schuljahr ein interessantes Spiel zusammen.
4*. Wie würden Sie den „brummenden Kreisel“ (Bild 4) einsetzen? Dabei sind die Regeln analog. Begonnen wird mit zwei Zahlen, dann wird der Kreisel in Pfeilrichtung weitergetrieben, z.B.

$5 \cdot 12 = 60$
$60 \cdot 3 = 180$
$180 : 4 = 45$
$45 + 5 = 50$
$50 + 12 = 62$
$62 + 3 = 65$ „Der Kreisel brummt“

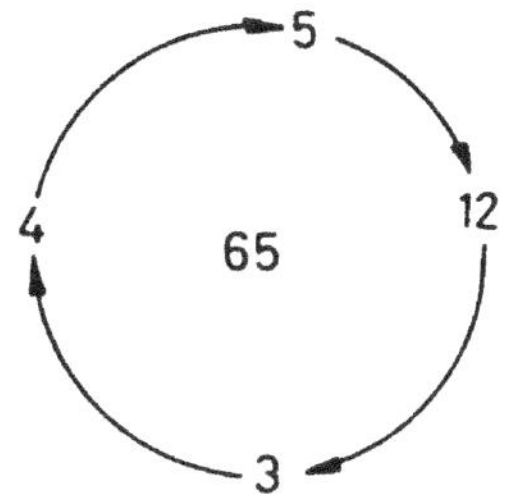

Bild 4

3. Häuserbau

Wir bauen ein Haus aus Zahlen. Als Dach wird eine beliebige dreistellige Zahl aufgeschrieben, bei der die drei Ziffern nicht alle gleich sein dürfen. Aus den drei Ziffern bilden wir die größte Zahl und die kleinste Zahl und subtrahieren. Das oberste Stockwerk ist damit fertig. Das nächste Stockwerk wird genauso gebaut.

Es darf allerdings kein Stockwerk doppelt vorkommen (Bilder 5 und 6).

Wer baut das Haus mit den meisten Stockwerken? Was fällt euch auf?

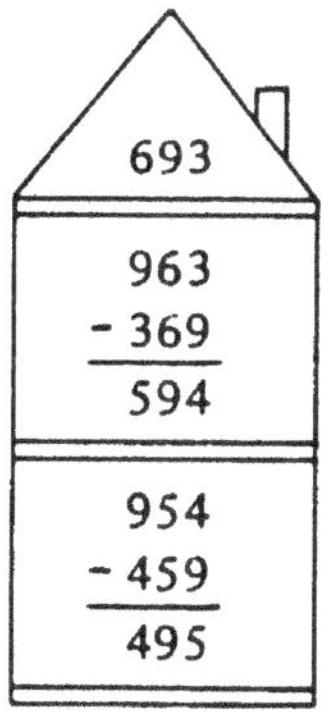

2 Stockwerke

Bild 5

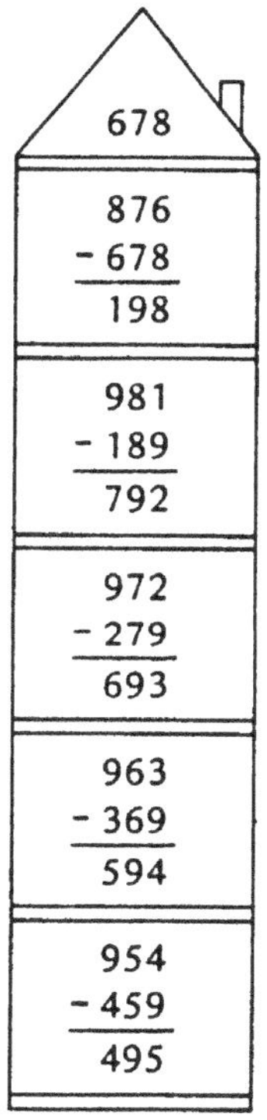

Bild 6 5 Stockwerke

Aufgaben für die Leserin

Begründen Sie:

1. Bei den Differenzen ist
   a) die Zehnerziffer immer gleich 9,
   b) die Summe aus Einer- und Hunderterziffer immer gleich 9.
   Warum sind Hunderter- und Einerziffer immer verschieden?
2. Wie verhalten sich Hunderter- und Einerziffer von Stockwerk zu Stockwerk?
   Warum steht im letzten Stockwerk eine Zahl aus den Ziffern 4, 5 und 9?
3. Bauen Sie ein Haus mit möglichst vielen Stockwerken! Gibt es mehrere Möglichkeiten?

4*. Versuchen Sie dieses Spiel auch mit vierstelligen Zahlen!

4. Goldbachsche Vermutung

Eine bisher noch nicht bewiesene Vermutung des Mathematikers *Goldbach* besagt: *Jede gerade Zahl größer als* 2 *ist Summe von zwei Primzahlen.*

Für Zahlen kleiner als 1 000 000 ist die Goldbachsche Vermutung inzwischen verifiziert. Sie läßt sich im Rahmen des Zehnminutenrechnens als Übungsform einsetzen:

Die Lehrerin bereitet die Primzahlen kleiner als 100 als Flanelltafelelemente in doppelter Ausführung vor (Bild 7).

(2) (3) (5) (7) (11) (13) (17) (19) (23) (29) (31) (37) (41)
(2) (3) (5) (7) (11) (13) (17) (19) (23) (29) (31) (37) (41)

(43) (47) (53) (59) (61) (67) (71) (73) (79) (83) (89) (97)
(43) (47) (53) (59) (61) (67) (71) (73) (79) (83) (89) (97)

Bild 7

Die Klasse wird in zwei Mannschaften eingeteilt. Die Lehrerin nennt eine gerade Zahl (z.B. 40), schreibt diese an die Tafel und benennt abwechselnd aus jeder Gruppe Kinder, die die Zahl in zwei Primzahlen zerlegen und dies an der Flanelltafel demonstrieren. Für jede Zerlegung bekommt die Mannschaft einen Punkt, z.B.

40 = 3 + 37	oder	38 = 19 + 19	oder	60 = 53 + 7
= 11 + 29		= 7 + 31		= 47 + 13
= 17 + 23				= 43 + 17
				= 41 + 19
				= 37 + 23
				= 31 + 29

Der Reiz liegt darin, daß die Anzahl der möglichen Zerlegungen wechselt.

Aufgaben für die Leserin

1*. Warum ist es sinnvoll, den Schülern die Primzahlen in doppelter Ausführung als Flanelltafelelemente anzubieten?

2*. Beobachten Sie die Strategie der Schüler, alle Zerlegungen systematisch zu finden. Fertigen Sie dann ein Flußdiagramm an.

5. Wer baut die längsten Züge?

Aufgabenstellung durch die Lehrerin (Bild 8):

„Heute stelle ich eine neue Maschine vor. In diese Maschine können Zahlen von 0 bis 99 eingegeben werden, wie sie der Computer schreibt (00, 01, 02, ... , 14, ... , 99). Die Maschine arbeitet immer nach einer bestimmten Vorschrift. Könnt ihr die Vorschrift finden?"

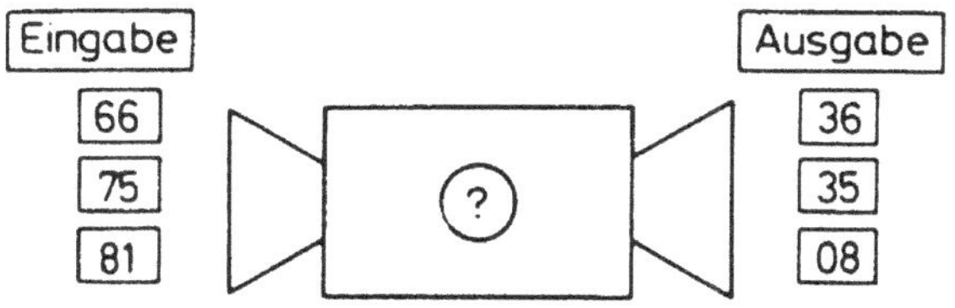

Bild 8

Nach einigen falschen Ansätzen, die jeweils an weiteren Zahlenbeispielen getestet wurden, erraten die Schüler, daß diese Maschine die Einer- und die Zehnerziffer multipliziert. Wir nennen diese Maschine *Querproduktmaschine* (Bild 9).

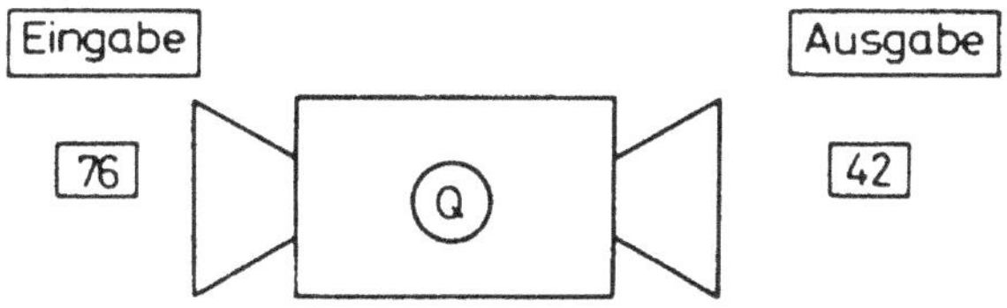

Bild 9

Wir nehmen eine zweistellige Zahl als Lokomotive, mit Hilfe des Querprodukts können wir weitere Wagen ankoppeln. Der Zug darf nur verschiedene Wagen führen.

Wer baut den längsten Zug? Wie sieht jeweils der letzte Wagen aus?

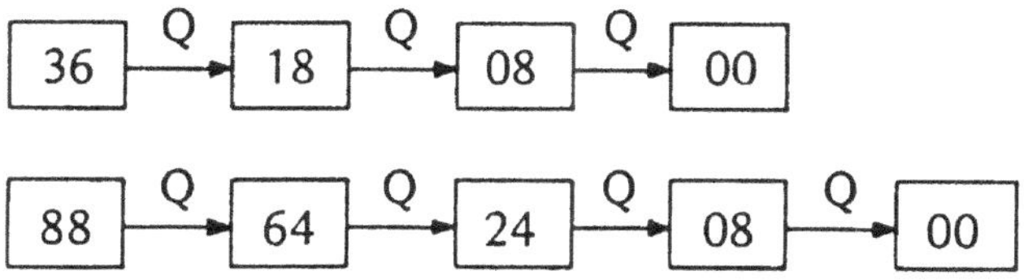

4 Wagen

5 Wagen

Man kommt zwangsläufig auf die Fragestellung: An welche Wagen kann man den 36erZug anhängen?

Im Maschinenmodell ist die Frage in Bild 10 dargestellt.

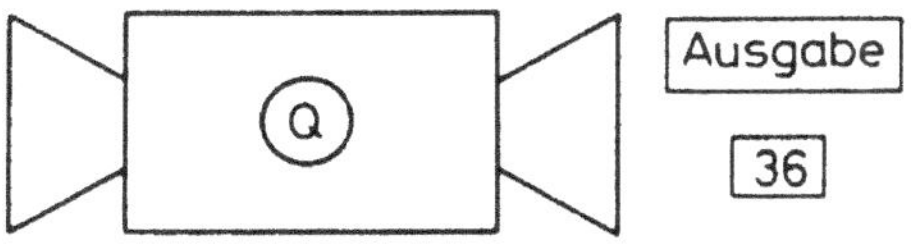

Bild 10

Welche Zahlen sind als Eingabe möglich?

Lösungen 66 94 49

Gibt es weitere?

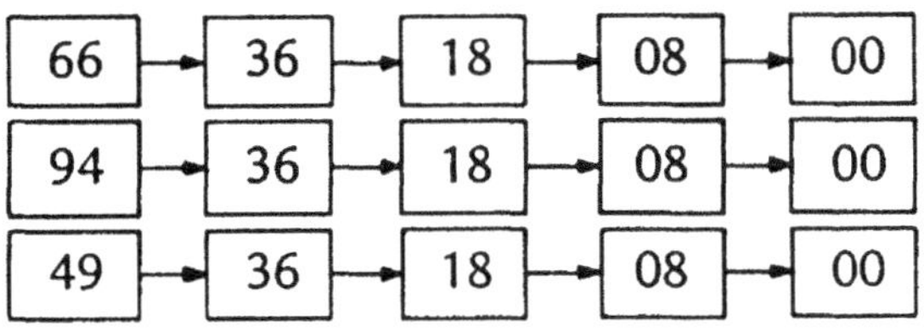

Welcher Zug läßt sich weiter verlängern?
Welcher Wagen läßt sich am häufigsten anhängen?
Gibt es Wagen, die sich überhaupt nicht anhängen lassen?

Aufgaben für die Leserin

1*. Lösen Sie selbst die angesprochenen Aufgaben.

2. Welche arithmetischen Lernziele werden mit dem Querprodukt geübt? Worin liegt der Vorteil des Querproduktoperators im Vergleich zu den gewöhnlichen Operatoren?

3. Untersuchen Sie die analoge Fragestellung für die Quersummenmaschine. Hier dürfen auch größere Zahlen eingegeben werden. Bilden Sie Züge, z. B.

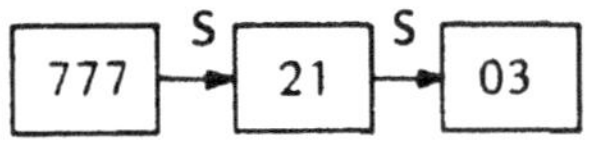

Womit enden diese Züge?

4*. Anstelle einer fiktiven Maschine kann auch ein Schüler einer höheren Klasse fungieren, der entsprechend „programmiert" ist. Probieren Sie es aus!

6. Mathematisches Golf

Das Startloch (s) und das Ziel (z) sind jeweils zusammen mit erlaubten Golfschlägen $\xrightarrow{+g}$ $\xrightarrow{-g}$ und $\xrightarrow{+f}$ $\xrightarrow{-f}$ vorgegeben. Dabei sind s, z, g und f natürliche Zahlen. Wer erreicht das Ziel (Bilder 11, 12, und 13)?

Beispiele:

a) $s = 33$, $z = 49$, $g = 7$, $f = 5$ (Lösung in Bild 11). Gibt es weitere Möglichkeiten?

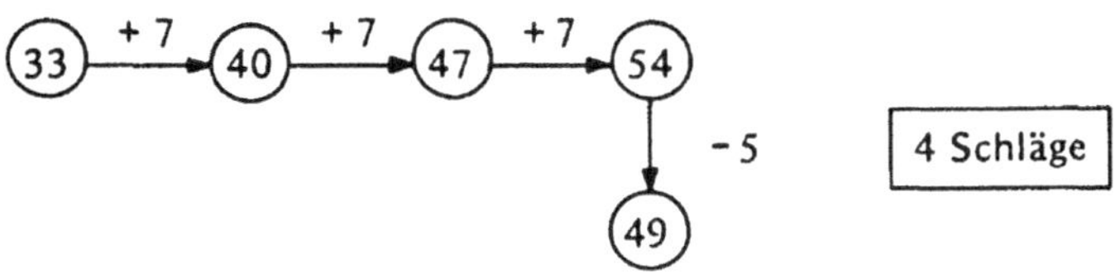

Bild 11

b) s = 33, z = 48, g = 7, f = 5 (Bild 12).

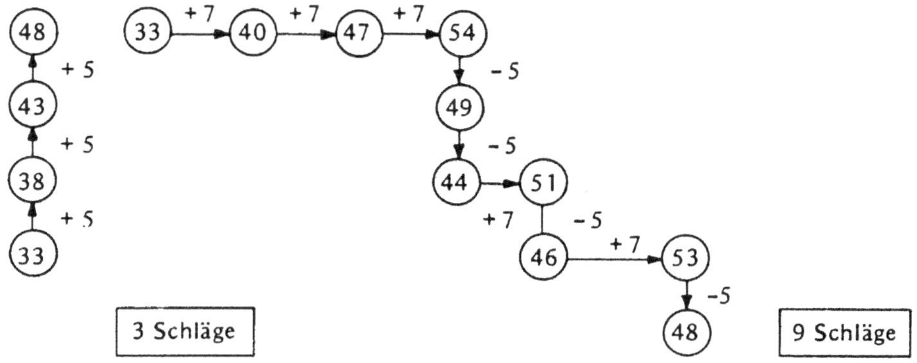

Bild 12

Wie findet man jeweils die Spielweise mit möglichst wenig Golfschlägen?

c) s = 33, z = 49, g = 6, f = 3 (Bild 13). Warum klappt es hier nicht?

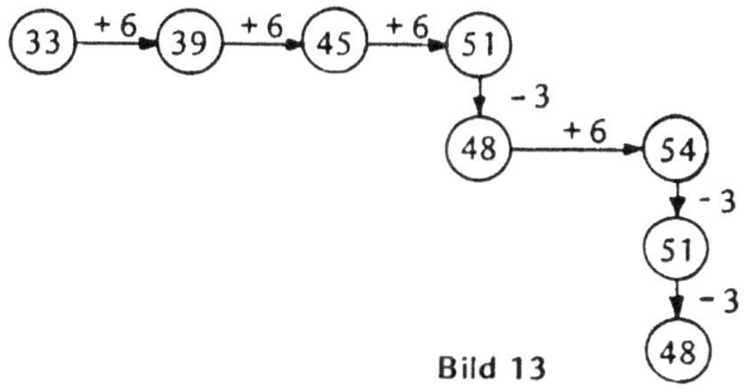

Bild 13

Begründung eines Schülers:
Man kann nur 3-er Schläge und doppelte 3-er Schläge machen, damit ist aber 49 von 33 aus nicht zu erreichen.

Aufgaben für die Leserin

1. Genau dann, wenn f und g relativ prim sind, können Sie von beliebigem Startloch s aus jedes Ziel z erreichen. Klappt die in Beispiel a) und b) vorgeführte Stategie immer? Wenn ja, warum?
2. Stellen Sie selbst mit dem Zahlengitter einen Zusammenhang her (Bild 14)!

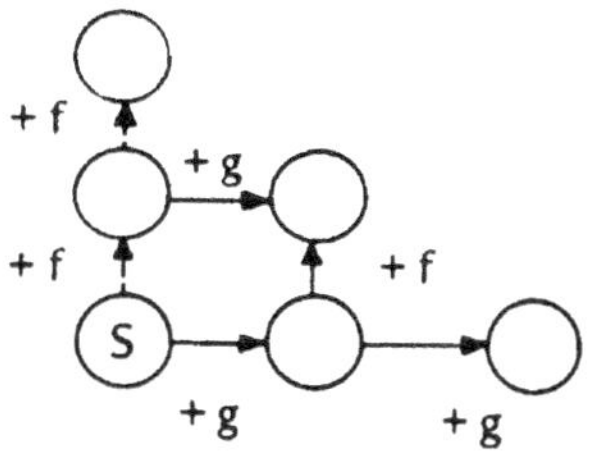

Bild 14

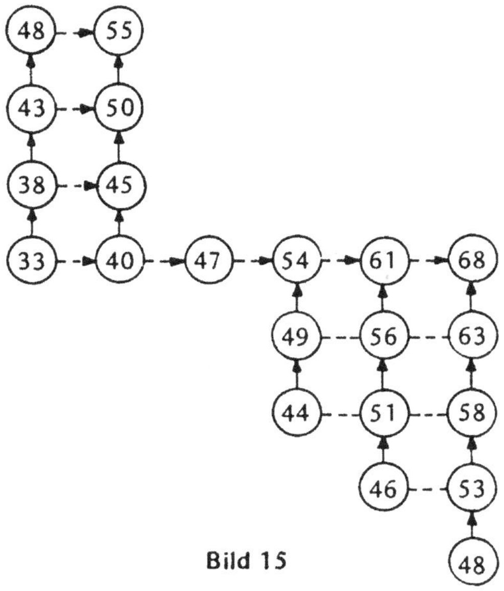

Bild 15

Vervollständigen Sie am Beispiel b) das Gitter in Bild 15. Wenn Sie einen Weg von (s) nach (z) gefunden haben, wie finden Sie dann garantiert einen Weg mit möglichst wenig Schlägen?
Tip: Vervollständigen Sie das Zahlengitter, indem Sie alle Golflöcher einzeichnen, die von (s) aus in n Schlägen zu erreichen sind. Welche geometrische Figur erhalten Sie?
Sie können das Ziel (48) von (33) aus in 3 Schlägen erreichen. Können Sie es auch in 4, 5, 6, 7, 8, 9, 10, ... Schlägen erreichen? Was fällt auf? Geben Sie jeweils auch die *Anzahl* der möglichen Wege zu einer vorgegebenen Schlagzahl an!

3. Variieren Sie das Spiel, indem Sie auch Golfschläge $\xrightarrow{(\cdot f)}$ $\xrightarrow{(: f)}$ zulassen, z.B. s = 33, z = 48, g = 7, f = 2.
Können Sie das Ziel erreichen?

7. „Stadt der 100 Häuser" oder „Dieb und Polizei"

In der Stadt der „100 Häuser" hat sich ein Räuber versteckt. Er ist z.B. im Haus mit der Hausnummer 24. Die Polizei wohnt in Nummer 4. In dieser merkwürdigen Stadt gibt es keine Straßen, man kann nur von Haus zu Haus gehen. Die Häuser liegen jedoch verzwickt. Hausnummern der Nachbarhäuser erhält man, indem man an die Nummer des Hauses, wo man sich befindet,

eine 0 anhängt,
oder eine 4 anhängt,
oder die Nummer des Hauses durch 2 teilt.

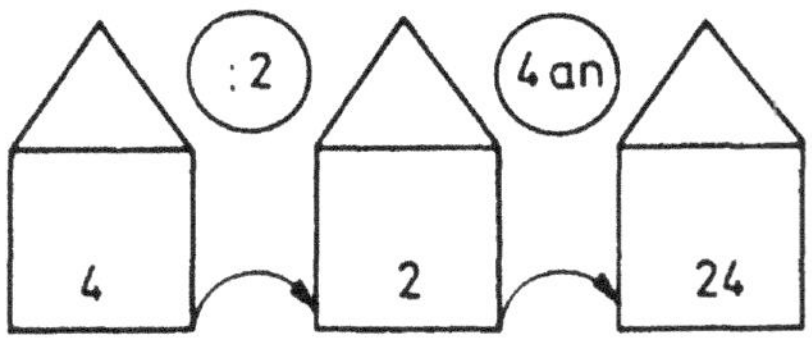

Bild 16

Von Haus Nr. 4 kann man z.B. zum Haus Nr. 40 (0 anhängen), zum Haus Nr. 44 (4 anhängen) oder ins Haus Nr. 2 (durch 2 teilen) gehen. Man kommt auch an Häusern vorbei, die gar nicht in der Stadt liegen. Beispielsweise kann man von Haus Nr. 40 ins Haus Nr. 400 gehen. Von Haus 400 kommt man über Nr. 200 und Nr. 100 in die Stadt zurück.
Wer hilft der Polizei, den Weg zu dem Räuber in Haus Nr. 24 zu finden? (vgl. Lösung in Bild 16)

Fragestellungen:

a) Der Räuber befindet sich im Haus Nr. 7, 8, 6, 5, 9.

b) Kann sich der Räuber verstecken, wenn die Polizei *nicht* in die Nachbarstädte darf?

c) Ändert sich die Antwort, wenn die Polizei auch in die Nachbarstädte darf?

Die Schüler versuchen immer wieder *neue* Verstecke für den Dieb zu finden, doch die Polizei stöbert den Dieb auf.

Aufgaben für die Leserin

1. Zeigen Sie, daß sich der Dieb nirgendwo verstecken kann.

   Anleitung (im Zehnersystem):

   Der Dieb habe sich im Haus Nr. x versteckt. Man suche nun nicht den direkten Weg von der Polizeiwache (Nr. 4) zum Dieb, sondern den umgekehrten Weg mit Hilfe der Umkehroperatoren (4 weg), (0 weg) und (· 2). Wenn Sie nun aufzeigen, daß der Dieb nach immer kleineren Hausnummern gelangen kann (also schließlich nach Haus Nr. 1), sind Sie fertig. Begründen Sie dies! Welche Eigenschaft der natürlichen Zahlen benutzen Sie? Sei nun $x \neq 1, 2, 4$ die in Frage kommende Hausnummer, die in Zehnerschreibweise $x = 10 \cdot a + b$ mit Endziffer $b = 0, 1, 2, \ldots, 9$ aufgeschrieben sei.

   Durch Ergänzung und Begründung der Tabelle (Bild 17) können Sie erkennen: Multiplikation mit Zweierpotenzen ergibt immer Hausnummer mit Endziffer 0 oder 4; diese lassen sich dann weiter durch die Operatoren (4 weg) oder (0 weg) abbauen.

Hausnummer $x = 10a + b$	Umkehroperatoren	Neue Hausnummer y	$y < x$
Endziffer $b = 0$	(0 weg)	$x : 10 = a$	ja
$b = 1$	(· 2) (· 2) (4 weg)	$(x \cdot 4 - 4) : 10 = (x - 1) \cdot \frac{4}{10} = 4a$	ja
$b = 2$	(· 2) (4 weg)	$(x \cdot 2 - 4) : 10$	
$b = 3$			
$b = 4$	(4 weg)		
$b = 5$	(· 2) (0 weg)	$x : 5 = 2a + 1$	ja
$b = 6$			
$b = 7$			
$b = 8$			
$b = 9$ $x = 10a + 9$	(· 2) (· 2) (· 2) (· 2) (4 weg)	$(x \cdot 16 - 4) : 10 = 16a + 14$	nein

Bild 17

Zeigen Sie: $16a + 14$ hat *nie* die Endziffer 9, sondern nur die Endziffern 0, 2, 4, 6 oder 8, läßt sich also nach dem oben bereits beschriebenen Verfahren weiter zu einer Hausnummer kleiner x abbauen, z.B. bei Endziffer 0 mit dem Operator (: 10) und

$$(16a + 14) : 10 < 10a + 9 = x$$

Endziffer 2 mit den Operatoren (· 2) (4 weg) und

$$[(16a + 14) \cdot 2 - 4] : 10 = (32a + 28) : 10 < 10a + 9 = x$$

Ergänzen Sie den Beweis für die Endziffern 4, 6 und 8, wobei die Endziffer 8 Schwierigkeiten bereitet und Zusatzüberlegungen erfordert.

Rechnen Sie folgende Beispiele:

Wie gelangt die Polizei nach Haus x?

x = 17, 19, 29, 26.

Lösen Sie dies – wie in der Tabelle – mit Umkehroperatoren (vgl. Beispiel in Bild 18).

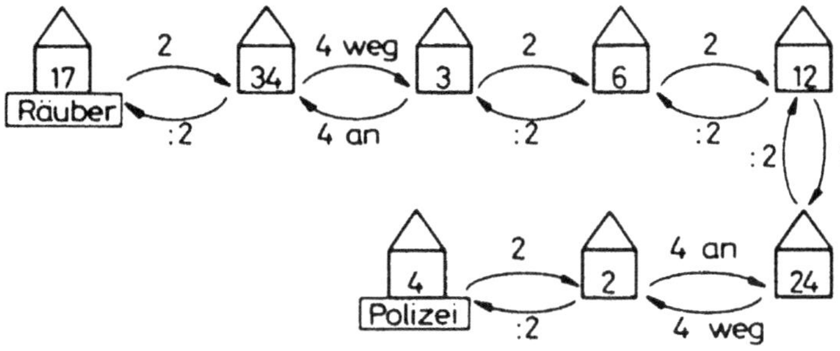

Bild 18

Beobachten Sie die Strategie der Schüler bei der Lösung der gestellten Probleme. Welche Rolle spielen hierbei die Umkehroperatoren?

2*. Übersetzen Sie das Ausgangsproblem vom Zehnersystem ins *Zweiersystem.*

Zehnersystem	Zweiersystem
4	100
(: 2)	„letzte Null wegstreichen" (0 weg)
→ 0 an	
→ 4 an	
→	

Versuchen Sie nun die angesprochenen Problemstellungen innerhalb des Zweiersystems zu lösen. Wo liegen die Schwierigkeiten, wo die Vorteile?

3*. Welche Fähigkeiten und Fertigkeiten werden nach Ihrer Meinung durch das Spiel geschult?

8. Rechnen in Flußdiagrammen

Im ALEF-Programm (*Bauersfeld*) wird ein Flußdiagramm dazu benutzt, das Zahlenrechnen zu üben (Bild 19).

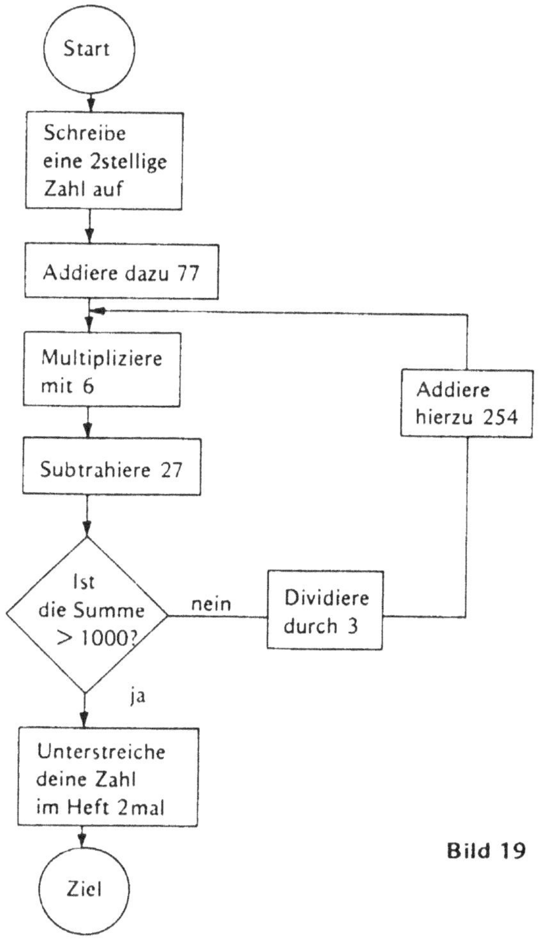

Bild 19

Beispiel:

33
+ 77
110 · 6
660
− 27
♦ 633 : 3
211
+ 254
465 · 6
2760
− 27
♦ 2733

Aufgaben für die Leserin

1*. Stellen Sie für das 2., 3. und 4. Schuljahr auch einfachere Flußdiagramme zum Rechnen auf.

2. Wie können Sie durch einfache Abwandlung des Flußdiagramms erreichen, daß sich die Schüler selbst überprüfen können? (Tip: Prüfzahlen)

3*. Welche Möglichkeiten sehen Sie, das Rechnen mit Flußdiagrammen im Unterricht einzuführen?

Abschließende Aufgaben für die Leserin

1. Listen Sie die wichtigsten Lerninhalte der Arithmetik (Grundschule) auf und ordnen Sie diesen entsprechende Übungsformen zu (z.B. schriftliches Addieren, Einmaleins, Zehnerübergang, ...).

2*. Untersuchen Sie die Übungsformen im Hinblick auf Differenzierungsmöglichkeiten.

3*. Wo wird zu allgemeinen mathematischen Fähigkeiten (Sortieren, Ordnen, Analogisieren) angeregt?

4*. Der Mathematiker *Walter Lietzmann* schrieb ein Buch „Lustiges und Merkwürdiges von Zahlen und Formen".

Würden Sie diesen Titel für ein Grundschulbuch nehmen?

Paßt er zu den angegebenen Übungsformen?

Vergleichen Sie mit den Titeln von gängigen Schulbüchern (Neue Mathematik, Stufen der Mathematik, Mengen-Zahlen-Figuren, Welt der Mathematik, usw.).

1.2.6. Lösen von Gleichungen

Die folgende Methode, propädeutisch einfache Gleichungen auf der Grundschule zu behandeln, stammt von den *Papys. H. G. Steiner* hat sie in Deutschland bekannt gemacht. Bei der Einführung des folgenden Unterrichtsbeispiels sollte die Beschreibung von Rechenwegen mit Hilfe von Operatoren (Bild 1) bekannt sein.

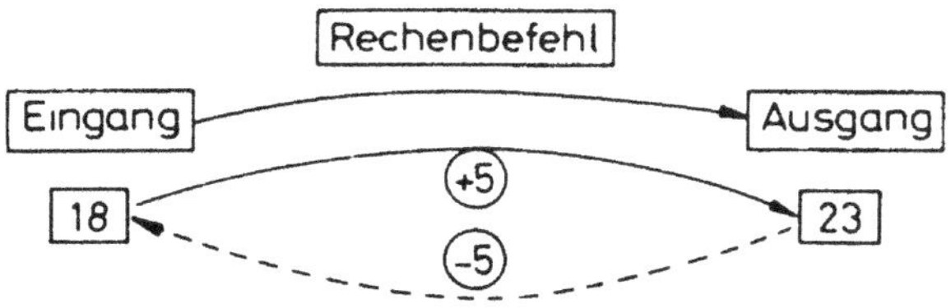

Bild 1

Diese Operator-Auffassung verdient bei Gleichungen besondere Beachtung, da der Lösungsweg sehr durchsichtig gemacht werden kann: Die Lehrerin bittet Klaus, sich eine zweistellige Zahl auszudenken und auf einen für die Lehrerin verdeckten Zettel zu schreiben. Als nächstes bekommt Peter die Zahl, er soll nun 7 hinzuzählen. Er gibt die neu errechnete Zahl auf einem zweiten Zettel an Susanne weiter, die die Zahl verdoppelt. Sie darf nun ihr Ergebnis (84) vor der ganzen Klasse bekanntgeben. Die Lehrerin geht kurz hinter die Tafel und rechnet. Sie geht zu Klaus und behauptet: Du hattest dir die Zahl (35) ausgedacht. Nun wollen die Schüler einerseits weitere Kostproben der Rechenkunst, andererseits wollen sie wissen, wie die Lehrerin dies so schnell herausfindet. Das Problem wird wie in Bild 2 von den Schülern ikonisch dargestellt.

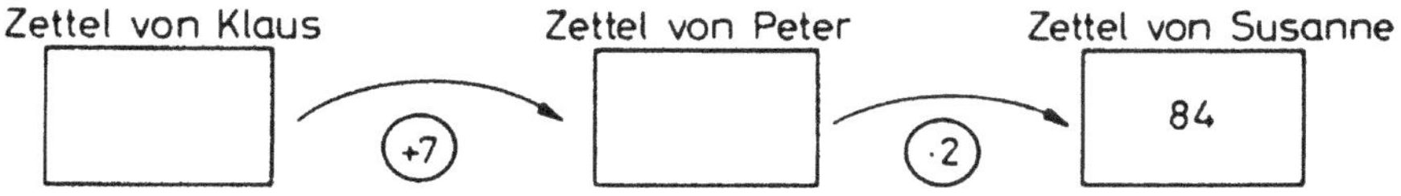

Bild 2

Die Schüler kommen recht schnell auf die Idee, daß sie mit Hilfe von Umkehroperatoren zunächst die unbekannte Zahl von Peter und dann von Klaus bestimmen können (Bild 3).

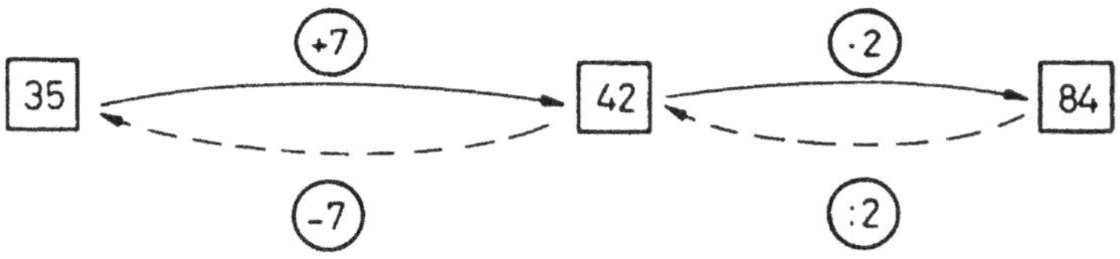

Bild 3

Weitere Aufgaben:

(1) *Ich denke mir eine Zahl, vervielfache zunächst mit* 5, *zähle* 5 *hinzu, teile durch* 8, *ziehe schließlich* 4 *ab und erhalte* 1. *Welche Zahl kann es sein* (Bild 4)?

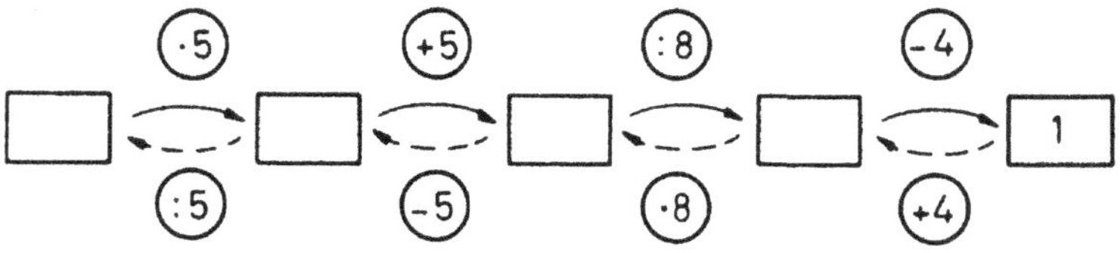

Bild 4

(2) *Ich denke mir eine zweistellige Zahl, vertausche Einer- und Zehnerziffer, teile durch* 2 *und erhalte* 16. *Wie heißt die Zahl* (Bild 5)?

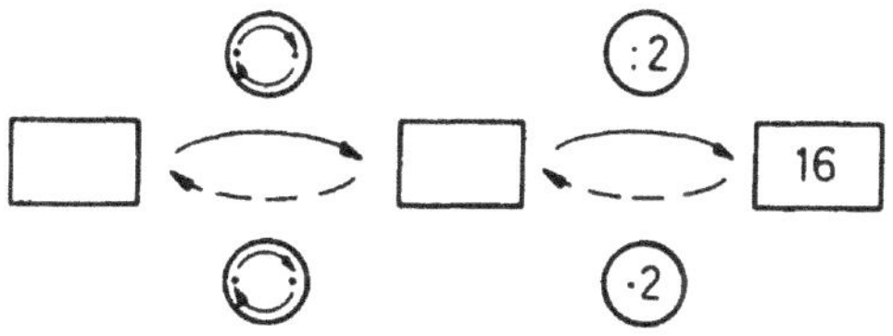

Bild 5

Lösung: 23

(3) *Ich denke mir eine zweistellige Zahl, bilde zunächst das Querprodukt, teile durch* 6, *ziehe* 3 *ab und erhalte* 3. *Welche Zahl kann es sein?*

Der Lösungsansatz ist in Bild 6, die Lösung selbst in Bild 7 dargestellt.

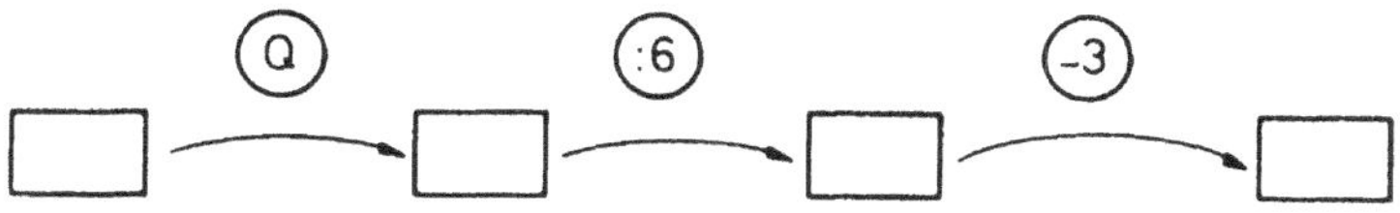

Bild 6

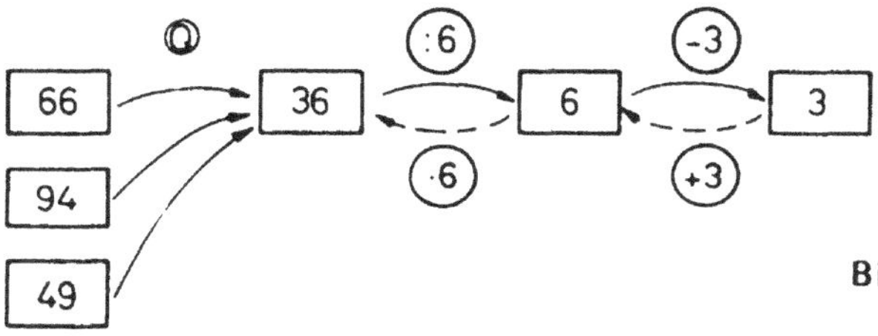

Bild 7

Lösung: Es kann 66, 94 oder 49 sein.

Anmerkung: Die Idee zum zweiten und dritten Typ von Zahlenrätseln kam von Schülern, da diese Operatoren vorher in der Klasse behandelt worden waren. Weitere Möglichkeiten und Anregungen finden sich bei den Aufgaben für die Leserin.

Weiteres Zahlenrätsel:

Peter denkt sich eine Zahl, teilt durch 2, *zählt* 5 *hinzu und erhält eine Dreierzahl zwischen* 20 *und* 30. *Welche Zahl kann es sein* (Bilder 8 und 9)?

Lösungsansatz:

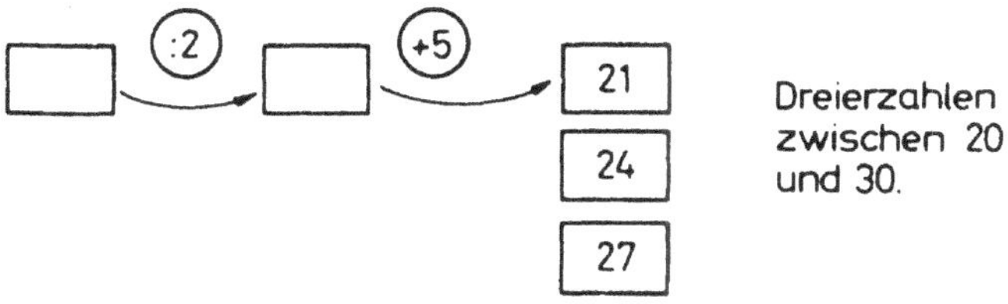

Bild 8

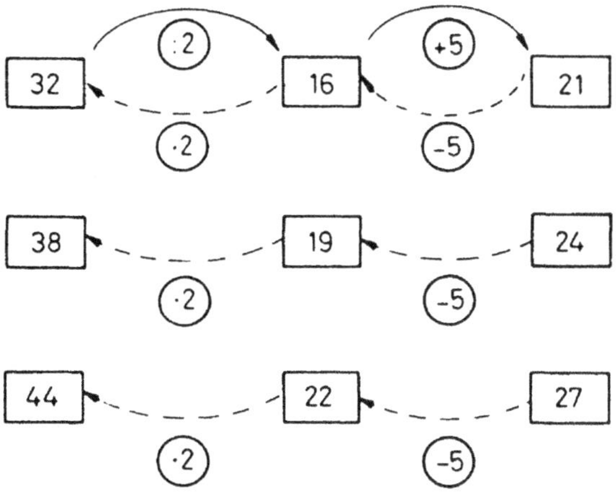

Bild 9

Lösung: Die gedachte Zahl kann 32, 38 oder 44 sein.

Mathematischer Hintergrund

Gleichungen beinhalten nicht nur ein statisches Gleichsetzen von verschiedenen Zahlnamen, sondern sie enthalten in der Regel auch eine Handlungsinformation. Zum Beispiel sagt die einfache Gleichung $3 + 4 = 7$ aus: Wenn ich zu 3 die Zahl 4 addiere, dann erhalte ich 7. Dieser mehr dynamische Charakter läßt sich am Aufbau eines Terms ablesen und wird gerade durch die Pfeildiagramme von *Papy* gut ikonisch wiedergegeben.

Betrachtet man die Gleichung $x + 4 = 7$, so erkennt man am Pfeildiagramm (Bild 10) die nötige Äquivalenzumformung (Bild 11).

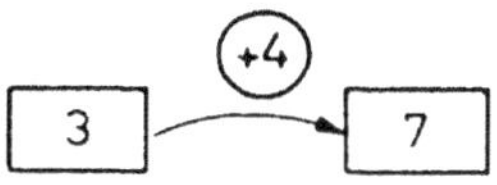

Bild 10

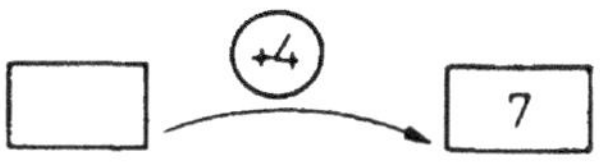

Bild 11

Für die Gleichung $(2 \cdot x + 5) : 3 = 9$ lassen sich am Pfeildiagramm in Bild 12 die Umkehroperatoren und damit die nötigen Äquivalenzumformungen in der richtigen Reihenfolge ablesen.

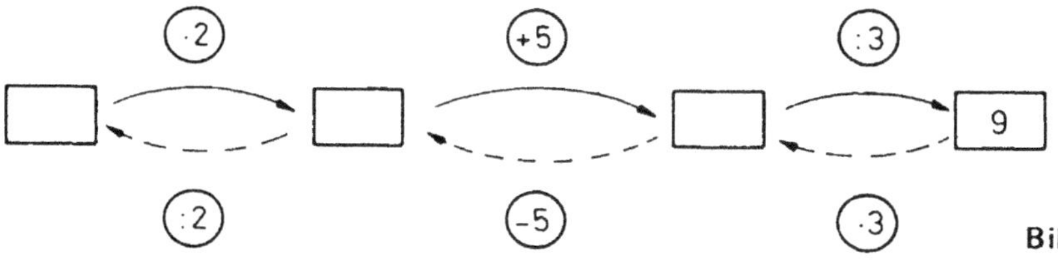

Bild 12

Also:

$(2x + 5) : 3 = 9$ (·3)

$2x + 5 = 27$ (−5)

$2x = 22$ (:2)

$x = 11$

Mit Hilfe nicht eindeutig umkehrbarer Operatoren lassen sich sogar Gleichungen mit mehreren Lösungen behandeln (vgl. Aufgaben mit Querprodukt, Quersumme, Quadratur, usw.). Die Formeln für Zins- und Zinseszinsrechnung lassen sich gerade mit Hilfe der Pfeildiagramme in eine für die Schule adäquate Form übersetzen [1]).
Selbst Gleichungen wie $\log^{10}(\sin\alpha + 1) + 2 = 2{,}1761$ lassen sich mit Hilfe von entsprechenden Funktionstafeln und Pfeildiagrammen bequem lösen (Bild 13).

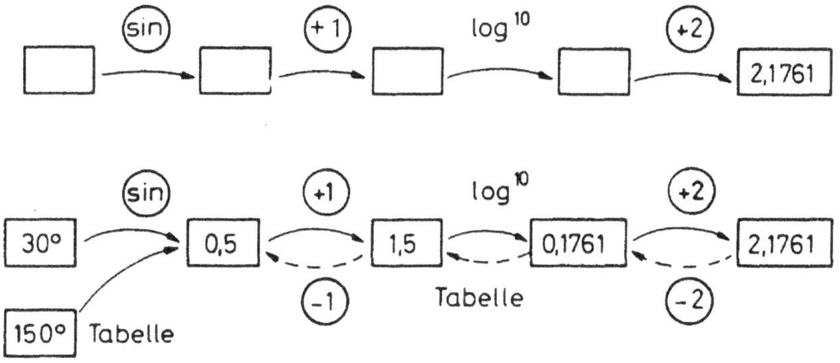

Bild 13

Man beachte aber, daß schon die einfache lineare Gleichung der Form

$$2x + 3 = x + 7$$

hiermit nicht zu lösen ist. Denn die Darstellung im Pfeildiagramm (Bild 14) bietet keinen Ansatzpunkt,weil x mehrfach vorkommt.

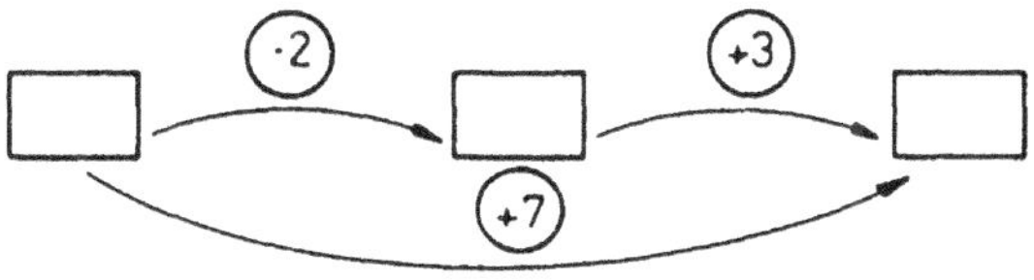

Bild 14

Insgesamt sieht man: Pfeildiagramme erfassen die Grundideen der Lösung von Gleichungen und liefern im Bereich der „Papyauflösbaren" Gleichungen ein angemessenes und effektives Lösungsverfahren. Ausgehend von dieser ikonischen Darstellungsform können Kinder die symbolische Methode der Lösung von Gleichungen erschließen und bekommen damit ein Werkzeug in die Hand, mit dem sie in der SI in Bereiche vorstoßen können, die der ikonischen Methode versperrt sind.

Aufgaben für die Leserin

1. Welche der beiden folgenden Aufgaben aus dem Intelligenztest AZN 4 + [2]) ist mit der dargestellten Methode lösbar?
   a) Wenn ich zu dem Dreifachen einer Zahl 4 hinzuzähle, so erhalte ich 31. Wie heißt die Zahl?
   b) Karl ist dreimal so alt wie Fritz. Fritz ist 6 Jahre jünger als Karl. Wie alt ist Fritz?

---

1) Vgl. *E. Hollmann*, Bruchoperatoren in der Prozent- und Zinsrechnung. MU Jahrgang 21, Heft 1 (1975), Bruchrechnung II.

2) Herausgeber: Deutsches Institut für Internationale Pädagogische Forschung.

2*. Lösen Sie die folgenden Aufgaben mit Hilfe von Pfeildiagrammen:

a) Karl denkt sich eine zweistellige Zahl, addiert 5, bildet das Querprodukt, vertauscht Einer- und Zehnerziffer, verdoppelt, dividiert durch 9 und erhält schließlich 14(4)! Welche Zahlen kommen als gedachte Zahl jeweils in Frage?

b) Susanne denkt sich eine Zahl, ebenfalls zweistellig, sie bildet die Quersumme, addiert 17 hinzu, verdoppelt, dividiert durch 5, multipliziert mit sich selbst und erhält 64(196)!

c) Die Lehrerin denkt sich eine dreistellige Zahl, kleiner als 200, sie bildet aus den drei Ziffern die größtmögliche Zahl, addiert 19, dividiert durch 8, subtrahiert 100 und erhält dann 25! Welche Zahlen können es sein, wenn die Lehrerin verrät, daß es eine gerade (ungerade) Zahl war?

d) Torsten denkt sich eine Primzahl, er addiert 7 und teilt dann durch 2. Er erhält eine gerade Zahl zwischen 10 und 20. Welche Zahlen kommen in Frage?

Versuchen Sie die zugehörigen Gleichungen formal aufzustellen und zu lösen! Was fällt auf?

3. Lösen Sie die folgenden Gleichungen und Ungleichungen im Bereich der reellen Zahlen. Rechnen Sie zum einen formal mit Hilfe von Äquivalenzumformungen. Benutzen Sie zum anderen Pfeildiagramme und Tabellen für die Sinus- und Logarithmusfunktion.

$$(3 \cdot x - 5) : 2 - 17 = 1{,}5$$
$$3\,(x - 5) : 2 - 17 = 1{,}5$$

$$2\,(\sin x) + 3 = 4{,}4$$
$$\sin(2\,x) + 3 = 4{,}4$$

$$\ln(2\,x) + 8 = 10$$
$$2 \ln x + 8 = 10$$

$$3 < 3\,x^2 < 9$$
$$3 < (3\,x)^2 < 9$$

Machen Sie die Probe durch Einsetzen und wenn möglich auf einem Taschenrechner ohne Klammerautomatik. Wie geben Sie dort die Werte ein?

4. Behandeln Sie den Flächeninhalt des Dreiecks mit Hilfe von Pfeildiagrammen. Welche Algorithmen zur Flächenberechnung gibt es? Ordnen Sie diesen die verschiedenen Formen der Dreiecksflächenformel zu.

$$F = \frac{1}{2} \cdot (g \cdot h) = (g \cdot h) \cdot \frac{1}{2} = \ldots$$

5. Heute wird die Zins- und Zinseszinsrechnung in der Sekundarstufe I mit Hilfe von Operatoren behandelt. Herr Müller legt einen Betrag bei 4 % Zinsen auf die Sparkasse. Nach 2 Jahren erhält er 270,40 DM ausbezahlt. Lösen Sie dieses Problem mit einem Pfeildiagramm.

1.2.7. Zerlegungen von Stäben bzw. Zahlen

Material für das folgende Beispiel sind die von dem belgischen Lehrer Cuisinaire erfundenen farbigen Stäbe von 1 cm^2 Querschnitt mit den Höhen 1 cm (Würfel), 2 cm, 3 cm, ... , 10 cm. Vom Einerstab an aufwärts tragen die Stäbe die Farben weiß, rot, grün, violett, gelb, dunkelgrün, schwarz, braun, blau, orange [1]).

Die Cuisinaire-Stäbe sind ein hervorragendes Material für den Erstrechenunterricht, weil sie es erlauben, grundlegende Operationen mit (kleinen) Zahlen (Verdoppeln, Zerlegen, Addie-

---

1) Die vom Klett-Verlag vertriebene Stabkollektion enthält vom Einerstab aufwärts folgende Anzahlen: 26, 18, 15, 9, 9, 6, 6, 6, 6, 6.

ren, Bündeln) zu modellieren. Viele Fragestellungen über Zahlen lassen sich schon im Kontext der Stäbe formulieren, so daß die Stäbe bereits im operativen Vorspiel Verwendung finden können.

Problemsituation[1])

(A) *Bau von Türmen*

(1) *Baue über dem grünen Dreierstab einen Turm. Jedes Stockwerk soll anders aussehen, damit der Turm hübsch bunt wird. Der Turm soll möglichst hoch werden.*

Die Schüler können frei experimentieren, die Lehrerin steht beratend und anregend zur Verfügung (zwei Beispiele von Lösungen in Bild 1).

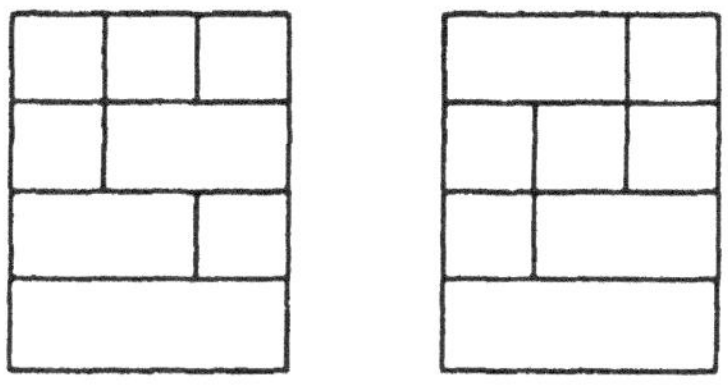

Bild 1

(2) *Baue über dem Viererstab ebenfalls einen möglichst hohen Turm mit verschiedenen Stockwerken* (Beispiel einer Lösung in Bild 2).

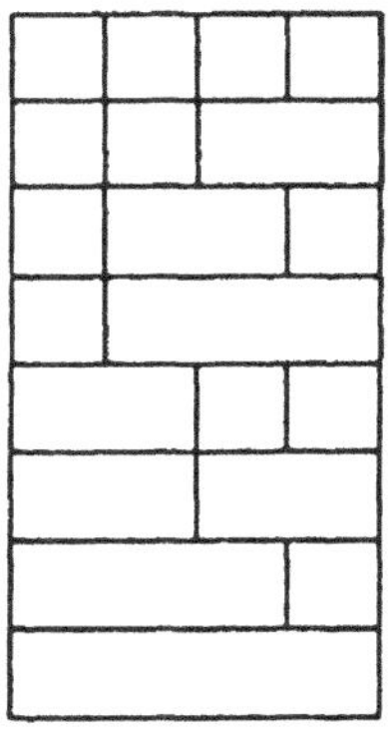

Bild 2

(3) *Baue einen Zweierturm!*

(4) *Baue einen Einerturm!*

(5) *Fünferturm?*

(6) *Was fällt auf, wenn man die Türme vergleicht?*

(B) *Können die Türme noch höher gemacht werden? Oder gibt es keine weiteren Stockwerke mehr?* (Gelenkte Entdeckung)

In der Diskussion wird es verschiedene Meinungen geben. Aufgabe der Lehrerin ist es, ein nicht begründetes Sicherheitsgefühl der Schüler durch Gegenargumentation zu erschüttern, so daß ein Bedürfnis nach einem „Beweis" geweckt wird.

---

1) Das Beispiel kann thematisch sinnvoll in die Zerlegungsübungen vor dem Zehnerübergang am Ende des 1. oder Anfang des 2. Schuljahres eingebaut werden.

Die Überlegungen erhalten durch folgende Frage ihre Führung: Wo sind bei den Stockwerken des Viererturms die Fugen? Man sieht in Bild 3, daß die Fugen an drei Stellen liegen können.

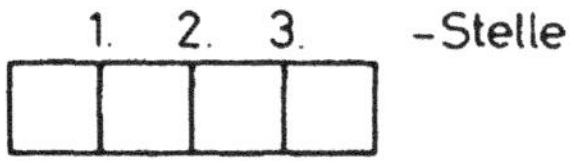

Bild 3

Wenn man ein Stockwerk baut, kann man an jeder dieser Stellen entscheiden, ob eine Fuge vorhanden sein soll oder nicht. Dies führt zu dem Entscheidungsbaum in Bild 4, der mit den Kindern entwickelt werden kann.

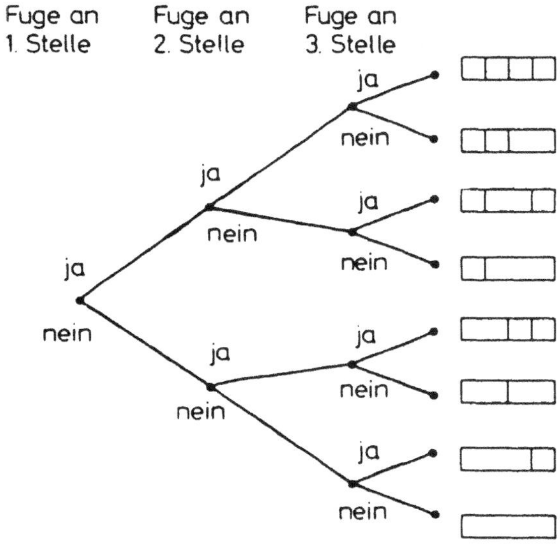

Bild 4

Am Baum kann man ablesen, daß es 8 Möglichkeiten für Stockwerke gibt. Man kann die einzelnen Stockwerke den Spitzen des Baumes zuordnen.

Die Methode des Entscheidungsbaums kann man auf die übrigen Türme übertragen.

Bemerkung: In den Büchern findet man meistens sehr sorgfältig angeordnete, regelmäßige Zeichnungen von Bäumen. Nach unseren Erfahrungen fühlen sich die Kinder durch solche Vorbilder gehemmt, selbst Bäume zu zeichnen. Wir empfehlen der Lehrerin daher, Bäume frei vorzuzeichnen und Krümmung sowie Länge je nach Notwendigkeit zu wählen. Die Kinder haben dann keine Hemmungen, Bäume als graphisches Darstellungsmittel selbst zu verwenden.

(C) *Transfer auf Zerlegungen von Zahlen*

Die Lehrerin schreibt an: 4, 1 + 1 + 1 + 1, 2 + 1 + 1, ... und fordert die Kinder auf zu ergänzen.

Frage: Auf wieviele Arten kann man 4 schreiben?

Ergebnis: Auf 8 Arten!

Wenn die Kinder den Transfer von den Stäben zu den Zahlen nicht von selbst vollziehen, kann die Lehrerin diesen durch Fragen anregen (kennt ihr eine ähnliche Aufgabe, die wir schon gelöst haben?) oder Assoziationen (Bild 5) herstellen.

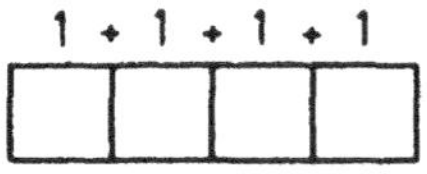

Bild 5

Wenn die Isomorphie der Aufgaben erkannt ist, kann man neben die Stockwerke die entsprechenden Zahlzerlegungen schreiben lassen.

Zielsetzung

Flexibilität im Zusammensetzen und Zerlegen kleiner Zahlen; Förderung des kombinatorischen Zählens mit Hilfe von Baumdiagrammen; Gelegenheit für heuristische Überlegungen.

Literatur

ATM (1970), S. 52 und S. 87.

Aufgaben für die Leserin

1*. Entwickeln Sie ein Baumdiagramm für die Stockwerke des Viererturms, indem Sie vom Stockwerk 1 + 1 + 1 + 1 ausgehen und andere daraus durch *Verkleben* der Fugen erzeugen.

Entscheidungsfrage: Wird Fuge verklebt?

Wie kann man das so gewonnene Diagramm übersetzen in das Diagramm des Beispiels?

2. Zeigen Sie, daß sich der (n + 1)-Turm aus zwei n-Türmen folgendermaßen gewinnen läßt. Die Stockwerke des ersten n-Turms werden durch Vorsetzen eines Einerwürfels an der linken Seite zu Stockwerken der Länge (n + 1) verlängert. Die Stockwerke des zweiten n-Turmes werden ebenfalls auf die Länge (n + 1) gebracht, indem der jeweils links liegende Stab durch einen um 1 längeren ersetzt wird. Zu beweisen ist, daß man auf diese Weise alle (n + 1)-Stockwerke gewinnt und daß alle so gewonnenen Stockwerke paarweise verschieden sind. Eine unmittelbare Folgerung aus dieser Überlegung ist, daß die Anzahl der Stockwerke des (n + 1)-Turms doppelt so groß ist wie die des n-Turms.

3*. Eine endliche Menge mit n Elementen besitzt genau 2^n Teilmengen. Entwickeln Sie einen Beweis dieses Satzes mit Hilfe eines Baumdiagramms, indem Sie die Elemente der Menge linear anordnen, bei der Bildung einer Teilmenge an der Reihe entlang laufen und bei jedem Element entscheiden, ob Sie das Element aufnehmen wollen oder nicht.

4. Das obige Beispiel kann im Unterricht nicht in einem Zug behandelt werden. Überlegen Sie, wie es sinnvollerweise gegliedert werden könnte und wie die gewonnenen Resultate bei dem nachfolgenden Schritt schnell vergegenwärtigt werden könnten.

5. Eine Maus ist von einem leckeren Stück Käse durch zwei Wände getrennt. In der einen Wand befinden sich zwei, in der anderen drei Löcher. Auf wievielen Wegen kann die Maus zum Käse gelangen?

Lösen Sie die Aufgabe mittels eines Entscheidungsbäumchens und stellen Sie die Aufgabe in eine *didaktische* Beziehung zum obigen Beispiel.

6. Eine Tafel Schokolade (8 × 4 Rippen oder 4 × 4 Rippen) soll solange zerbrochen werden, bis nur noch einzelne Stückchen übrigbleiben. Mit wieviel Brechungen kommt man aus?

1.2.8. Legen und Abzählen

Ein Unterrichtsbeispiel von *Dienes* (Fernsehsendung 1971) läßt sich u.a. dazu verwenden, verschiedene Zählstrategien zu verdeutlichen. Auf einer Landkarte ist ein System von Weihern und Inseln dargestellt (Bild 1). Auf dem Festland bzw. im Wasser leben Hasen bzw. Fische. Fische (Hasen), die sich besuchen können, leben in einem Gebiet. Die Fische

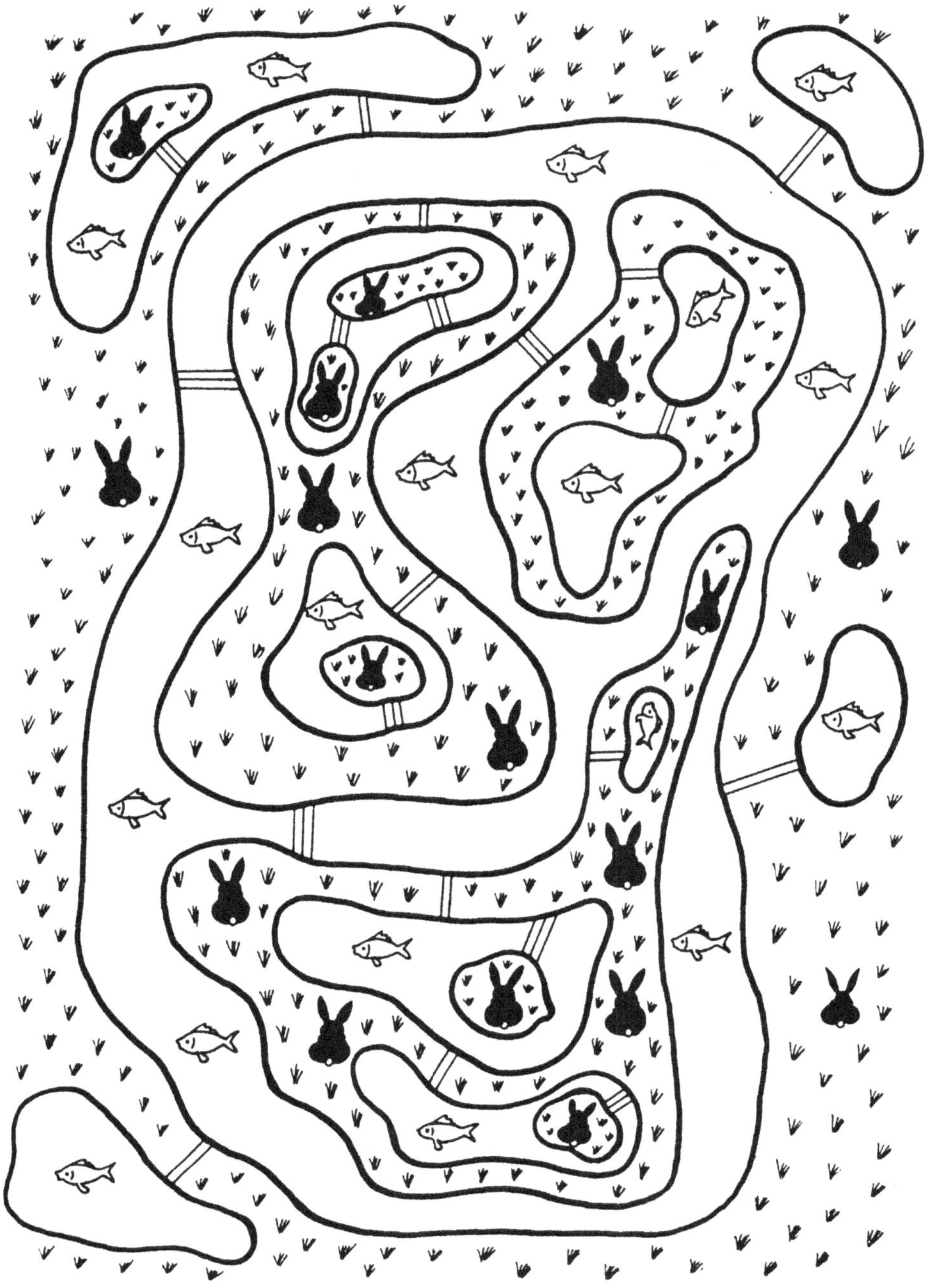

Bild 1

möchten sich gern alle gegenseitig besuchen. Sie dürfen mit Einwilligung der Hasen Kanäle bauen; jedoch muß jeder Hase nach wie vor an jede Stelle seines Gebietes gelangen können. Eine Lösung des Problems ist mit gekürzten Streichhölzern in Bild 1 gelegt. Die Hasen wollen nicht nachstehen, auch sie erhalten die Einwilligung der Fische, Dämme zu bauen, jedoch ebenfalls mit der Bedingung, daß die Fische nach wie vor an jede Stelle ihres Sees gelangen können. In Bild 1 ist ein Damm durch zwei nebeneinander gelegte Streichhölzer gekennzeichnet.

Arbeitsmaterial:
Landkarten auf Folien für den Overheadprojektor, Streichhölzer und Arbeitsblätter.

Fragestellung durch die Lehrerin:
„Wir haben eine Lösung gefunden, bei der sich Hasen und Fische gegenseitig besuchen können, ohne die anderen daran zu hindern. Nun wollen wir die Anzahl der Gebiete, der Grenzen, der Kanäle und Dämme zählen."

Beobachtete Schülerreaktionen:
(1) Die Schüler sammelten die Streichhölzer der Kanäle ein und zählten sie dabei.
(2) Desgleichen wurden die Streichhölzer der Dämme eingesammelt und gezählt. Ein Damm wurde dabei einfach gezählt, es wurde nicht die echte Anzahl der Streichhölzer notiert und durch 2 dividiert.
(3) Auf den Einwand der Lehrerin, daß nun die Lösung (Lage der Kanäle und Dämme) verloren gegangen sei, wurden weitere Vorschläge unterbreitet, z.B. strukturiertes „zeilenweises" Zählen von links oben nach rechts unten [1]). Da man sich hierbei doch noch „verzählen" konnte, wurde der Vorschlag gemacht, jeden gezählten Damm bzw. Kanal durch einen Strich oder besser durch eine Zahl zu kennzeichnen.
(4) Bei dem Zählen der Gebiete kamen die Schüler nunmehr von selbst auf die Idee der Kennzeichnung. Um aber die Karte nicht zu verschmieren, kam man auch darauf, in die Gebiete jeweils ein Plättchen zu legen. Man führte sozusagen eine Hilfsmenge ein. Die Elemente wurden sowohl beim Hinlegen als auch beim Wegnehmen (als Probe) gezählt. Auch die Teilstrukturierung der Gebiete (Fischgebiete, Hasengebiete) wurde ausgenutzt.
(5) Beim Zählen der Grenzen gingen die Schüler analog vor; jedoch wurde noch die räumliche Strukturierung variiert.

Aufgaben für die Leserin

1. Versuchen Sie eine allgemeine arithmetische Beziehung zwischen der Anzahl der Gebiete, der Grenzen und der „Kanäle und Dämme" herzustellen. Warum würde es genügen, jeweils nur eine Anzahl zu bestimmen?

2*. Beobachten Sie die Schüler beim Abzählen der Grenzen! Warum kann hier nur schlecht eine räumliche Strukturierung vorgenommen werden? Wie steht es mit dem Vorschlag, die Landkarte erneut mit einem Blatt abzudecken und dieses beim Zählen langsam nach unten zu schieben?

3*. Welche topologischen Lernziele können Sie bei diesem Unterrichtsbeispiel entdecken? Nach *G. Steiner* [2]) gibt diese Aufgabe dem Schüler die Möglichkeit, topologische Relationen mehrfach zu transformieren. Wie ist dies zu verstehen?

---

[1]) Ein sehr guter Vorschlag bestand darin, die Karte durch ein leeres Blatt abzudecken und dieses Blatt beim Zählen langsam nach unten zu schieben.

[2]) Mathematik als Denkerziehung, Seite 394.

1.2.9. Elementare Variante von NIM

Situation

Die Lehrerin stellt den Schülern ein Spiel vor. Dazu gehören jeweils zwei Spieler mit *Spielmarken.*

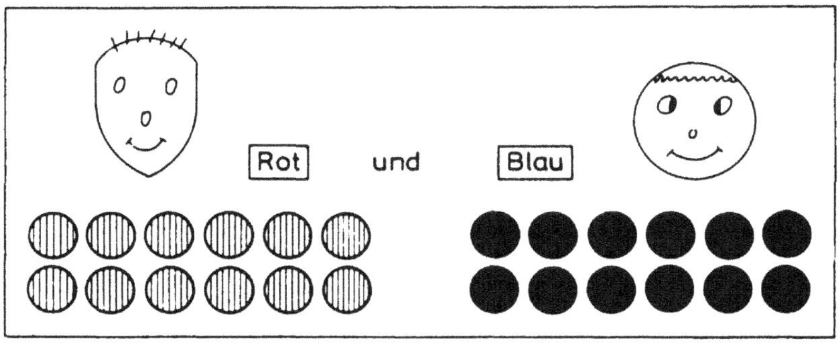

Ein *Spielplan* und *Spielregeln.*

(1) Es spielen immer zwei Kinder (Rot und Blau) gegeneinander.

(2) Bei jedem Zug müssen, beginnend von links, jeweils ein oder zwei Spielmarken der Reihe nach auf die freien Plätze gelegt werden.

(3) Gewonnen hat derjenige, der den letzten Platz belegt.

Die Lehrerin spielt mit einem Kind an der Flanelltafel das Spiel zunächst einmal vor (Bild 1).

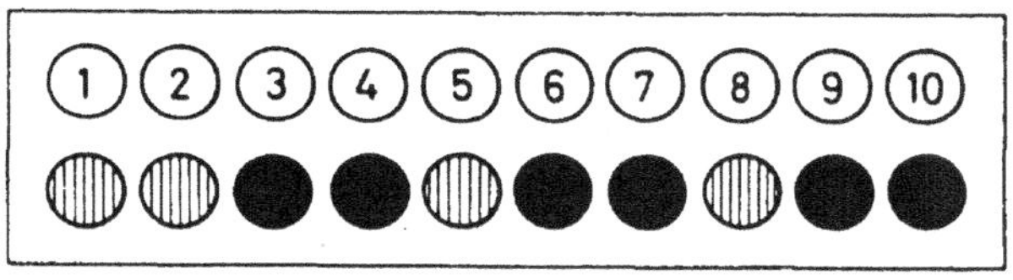

Bild 1

Schon recht bald, durch mehrfaches selbsttätiges Spielen mit einem Partner, erkennen die Schüler, daß derjenige, der die (7) legt, gewinnen kann. Nach einem weiteren Spiel zwischen Lehrerin und Schüler (Bild 2), ergeben sich in der Klasse spontan folgende *Präzisierungsvorschläge:*

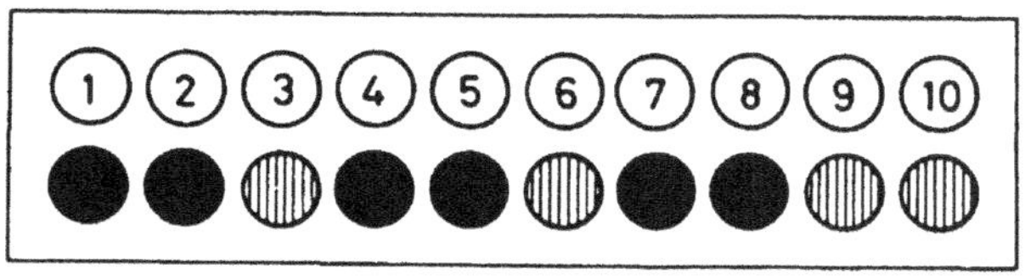

Bild 2

(a) Blau hat zwar die ⑦ gelegt, aber auch die ⑧ . Dies ist ein Fehler.
(b) Derjenige, der gewinnen will, legt am besten die ⑦ , aber nicht die ⑧.
(c) Wer die ⑦ legt, *kann* gewinnen. Er muß nicht gewinnen, wenn er falsch spielt.

Die Erklärung an der Flanelltafel erfolgt gemäß Bild 3.

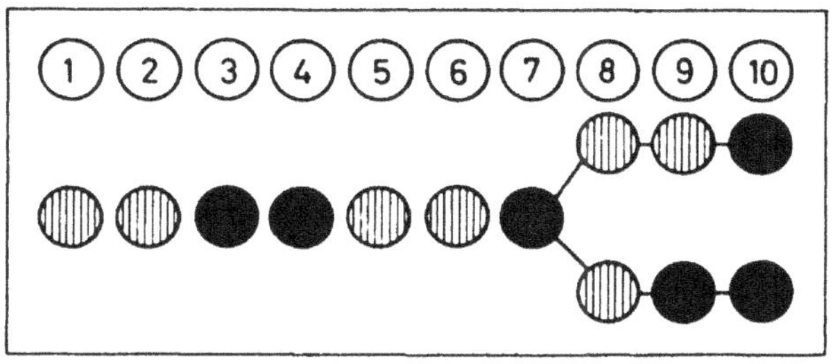

Bild 3

Hier hat Blau gewonnen, denn

legt Rot zwei Spielmarken, dann legt Blau eine Spielmarke,
legt Rot eine Spielmarke, dann legt Blau zwei Spielmarken

und hat jedes Mal gewonnen.

Erstes Ergebnis der Klasse:
Wer die ⑦ legt, kann die ⑩ legen und damit gewinnen.

Nun spielen die Kinder wieder jeweils mit einem Partner und versuchen die ⑦ zu legen. Recht bald kommen die ersten Ergebnisse mit konkreter Erklärung:
Wer die ④ legt, kann die ⑦ legen und damit gewinnen.

Beim Versuch nun die ④ zu legen, erkennen die Schüler recht bald, daß es darauf ankommt, das Spiel zu beginnen und die ① zu legen. Kommentar und Reaktion seitens der Kinder

(d) „Dies ist gar kein richtiges Spiel. Wer anfängt, kann immer gewinnen."
(e) „Doch dies ist ein Spiel, aber kein gewöhnliches Spiel, sondern ein Übungsspiel."
(f) „Das Spiel ist unfair."

Mögliche Spielvarianten

I. Veränderung des Spielplans, z.B. bis ⑫ . Nun sind die interessanten Positionen:

③ ⑥ ⑨ und ⑫

d.h. wer nicht anfängt, kann gewinnen.

II. Veränderung der Spielregel (2) zur Spielregel (2'): Bei jedem Zug müssen jeweils ein, zwei oder drei Spielmarken gelegt werden.

Allgemein: Bei jedem Zug müssen jeweils 1, 2, 3, ... , k + 1 Spielmarken gelegt werden (k = 1, 2, 3, ...).

III. Veränderung der Spielregel (3) zu (3'): Verloren hat derjenige, der den letzten Platz belegt.

Probleme für den Schüler

(α) Es soll bis (11) nach den Spielregeln (1), (2), (3) gespielt werden. Wie spiele ich am geschicktesten? Soll ich beginnen? Wieviel soll ich dann legen? (Tafelskizze vgl. Bild 4).

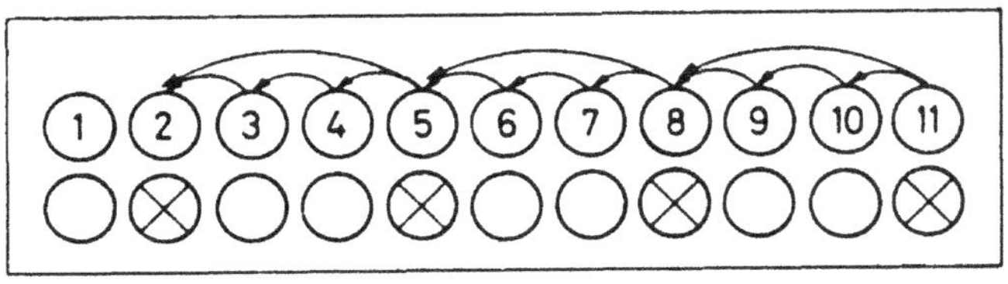

Bild 4

Lösung: Wer anfängt und 2 Spielmarken legt, kann gewinnen.

(β) Es soll bis (18) nach den Spielregeln (1), (2), (3) gespielt werden.

Lösung: Wer anfängt und 3 Spielmarken legt, kann gewinnen.

Die interessanten Zahlen nennen die Schüler häufig Gewinnzahlen.

Übergang ins Arithmetische

Zahlenspiel

(1) Es spielen immer zwei Kinder (Kreis und Viereck) gegeneinander.

(2) Der Anfänger nennt eine Zahl von 1 bis 7 (allgemein k + 1). Der nächste Spieler addiert jeweils eine Zahl von 1 bis 7 (k + 1).

(3) Gewonnen hat derjenige, der als erster die Zielzahl 49 (allgemein z) erreicht.

Ein möglicher Spielverlauf wird in Bild 5 dargestellt.

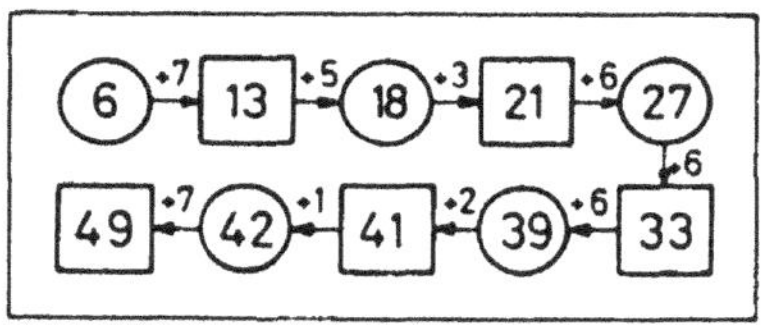

Bild 5

Welche Zahlen sind hier interessant? Wer fängt an?

Lösung: Man geht in Achter-Schritten zurück (k + 2)

49 41 33 25 17 9 1

D.h. wer hier anfängt und die Zahl 1 nennt, kann bei geschicktem Spiel gewinnen.

Aufgaben für die Leserin

1. *Markwald* nannte das Handhaben von Spielsteinen (CALCULI) einen „Kalkül" ohne Schreibarbeit. Begründen Sie dies!

2. Welche mathematischen Fähigkeiten werden durch das NIM-Spiel gefördert? Geben Sie jeweils Beispiele an für

   Vermutungen aufstellen,
   Beweisen und Widerlegen,
   Fallunterscheidungen treffen, usw.

   Welche Rolle spielt hierbei die Variation der Spielregeln?

3*. NIM-Spiel mit Streichhölzern. Es liegen 34 Streichhölzer auf dem Tisch.
   (1) Es spielen immer zwei Spieler gegeneinander.
   (2) Bei jedem Zug müssen jeweils ein oder zwei Streichhölzer weggenommen werden.
   (3) Verloren hat derjenige, der das letzte Streichholz wegnimmt.
   a) Erklären Sie hier die günstigste Strategie (evtl. an einem Flußdiagramm).
   b) Warum wurde dieses Spiel nicht als Einführung innerhalb der Klasse benutzt?
   c) Variieren Sie auch hier die Spielregeln und übersetzen Sie das Spiel ins Arithmetische.

4. Gegeben sind zwei Reihen von Spielmarken (vgl. Beispiel in Bild 6).

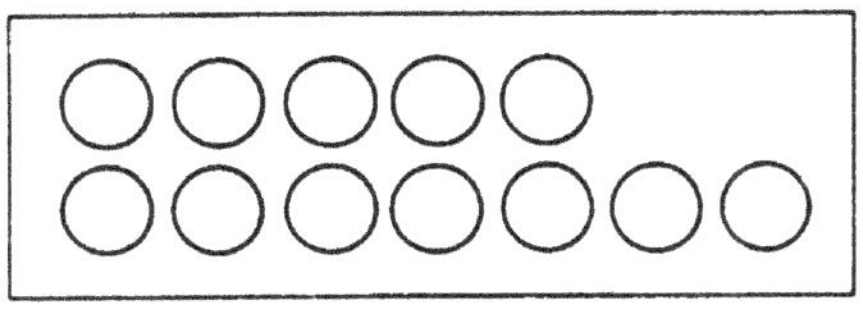

Bild 6

Spielregeln:
   (1) Es spielen 2 Spieler gegeneinander.
   (2) Bei jedem Zug dürfen jeweils aus einer Reihe eine beliebige Anzahl k an Spielmarken ($k \geqslant 1$) entfernt werden.
   (3) Gewonnen hat derjenige, der die letzte Spielmarke wegnimmt.
   a) Geben Sie eine Gewinnstrategie an.
   b) Spielen Sie nach den gleichen Spielregeln mit drei Reihen verschiedener Anzahlen von Spielmarken (vgl. Beispiel in Bild 7). Nutzen Sie das Ergebnis von a) aus, um sich eine Gewinnsituation zu schaffen.

Bild 7

   c) Gegeben sei eine Anzahl von verschiedenen Münzen. Bilden Sie hieraus zwei Haufen (Bild 8). Entwerfen Sie Regeln für ein Unterrichtsspiel mit Geldwerten. Sie können dabei das Wechseln erlauben oder verbieten. Welche Bedeutung hat dies für die Strategie?

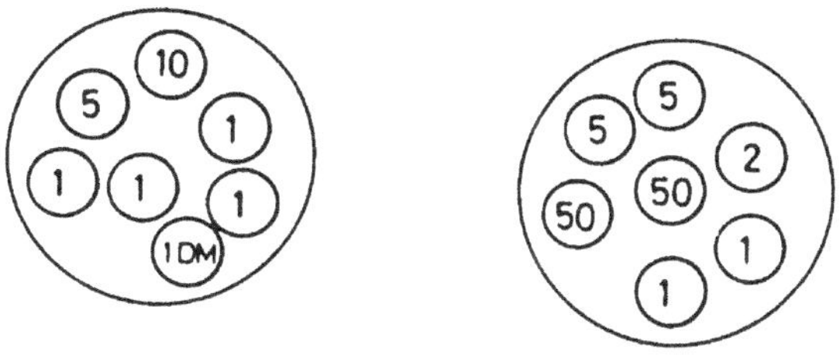

Bild 8

5*. Viele Autoren haben das NIM-Spiel modifiziert und jeweils mathematisch analysiert. Gewinnstellungen und Hinweise auf weitere Literatur finden sich bei *G. Kowalewski* und *M. Gardner* [1]). Bei Gnirk/Homann/Lubeseder [1]) finden sich 30 Strategiespiele für die Grundschule. Skizzieren Sie eine Unterrichtsstunde für ein Spiel Ihrer Wahl. Vorschlag: Ausgleich bei 3 Reihen, der letzte Zug, Wettlauf im Schlaraffenland.

6*. Wo erkennen Sie beim skizzierten Unterrichtsentwurf des NIM-Spiels die 3 Repräsentationsmodi von Bruner (ENAKTIV – IKONISCH – SYMBOLISCH)?

---

[1]) *Kowalewski, G.*, Alte und neue mathematische Spiele, Leipzig 1930, Nachdruck 1968.
Gardner, M., Mathematische Rätsel und Probleme, Braunschweig 1968, Nachdruck 1970.
Gnirk, H., Homann, G., Lubeseder, U., Strategiespiele für die Grundschule, Hannover 1970.

1.2.10. Darstellung von Geldbeträgen durch Münzen

Die Einführung der Grundschüler in den Größenbereich der Geldbeträge, sowie in Währungen, Zahlungsmittel usw. ist ein integraler Bestandteil des Arithmetikunterrichts und zwar nicht nur deswegen, weil der Umgang mit Geldbeträgen als wichtige Kulturtechnik von den Zahlen her erschlossen werden kann, sondern auch, weil umgekehrt das Zahlverständnis von der Interpretation der Zahlen als Geldgrößen profitiert.

Ein natürlicher Platz für eine erste systematische Diskussion von Geldbeträgen bis 1.00 DM, ihre Darstellung durch die kleinen Münzen und von kleinen Ware-Preis-Situationen ist der Ausbau des Zahlraums bis 100 gewöhnlich gegen Ende des ersten Schuljahrs (vgl. z.B. *Winter/Ziegler, Fricke/Besuden*).
Im folgenden wird ein Ausschnitt des Themas „Unser Geld“ weiter ausgeführt.

Situation

Jeder Schüler hat in echtem Geld oder in Spielgeld mindestens 30 Stück 1 Pf-Münzen, mindestens 16 Stück 2 Pf-Münzen, mindestens 6 Stück 5 Pf-Münzen und mindestens 3 Stück 10 Pf-Münzen vor sich.

Probleme (z.T. *Winter/Ziegler*)

(1) Lege mit möglichst wenigen Münzen diese Geldbeträge:

7 Pf, 15 Pf, 19 Pf, 73 Pf.

(2) Welche Geldbeträge kann man mit 2 Münzen erhalten? Es gibt 10 Möglichkeiten.

(3) Welche Geldbeträge kann man mit 3 Münzen erhalten? Es gibt 20 Möglichkeiten.

(4) Finde einen Geldbetrag, den man auf verschiedene Weise in 3 Münzen legen kann!

(5) Wähle selbst einen Geldbetrag und versuche ihn in verschiedener Weise zu legen!

Vor allem die Aufgabe (5) lenkt die Aufmerksamkeit auf Möglichkeiten des Wechselns, bei denen die Anzahl der Münzen sich um 1 erhöht bzw. erniedrigt:

$$2\text{ Pf} \rightleftarrows 1\text{ Pf} + 1\text{ Pf}$$
$$10\text{ Pf} \rightleftarrows 5\text{ Pf} + 5\text{ Pf}$$
$$5\text{ Pf} + 5\text{ Pf} + 5\text{ Pf} \rightleftarrows 10\text{ Pf} + 2\text{ Pf} + 2\text{ Pf} + 1\text{ Pf}$$
$$5\text{ Pf} + 1\text{ Pf} \rightleftarrows 2\text{ Pf} + 2\text{ Pf} + 2\text{ Pf}$$

Wenn diese Wechselmöglichkeiten herausgearbeitet sind, kann man zum Abschluß systematisch die Frage untersuchen, durch wieviele Münzen sich die Beträge von 1 Pf bis 20 Pf darstellen lassen. Ein geeignetes Material zur Präsentierung des Problems und zur Registrierung der Teilresultate ist eine Matrix mit den Eingängen „Betrag“ und „Anzahl der Münzen“ (Bild 1).

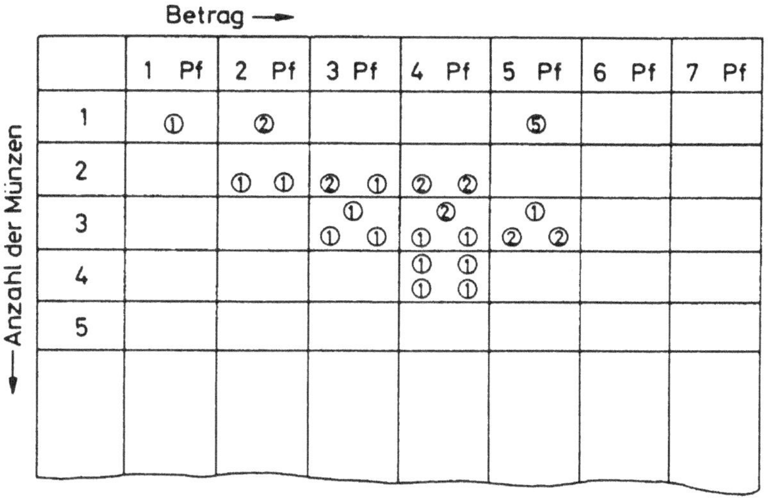

Bild 1

Entsprechende Zerlegungsmöglichkeiten bzw. die Nichtexistenz einer Zerlegung können in den Feldern der Matrix vermerkt werden. Damit genügend Platz verfügbar ist, empfiehlt es sich, die Matrix mit Filzstift auf ein 2,50 m langes und 1,50 m breites Papier zu zeichnen (so daß ein Feld etwa 10 cm X 6 cm groß ist) und an der Wand zu befestigen.

Mathematischer Hintergrund

Objekt des Studiums sind Kollektionen von Münzen, die durch Hinzunahme von Münzen erweitert und durch Wegnahme von Münzen reduziert werden können. Eine Hinzunahme und Wegnahme von Münzen kann auch gleichzeitig erfolgen. Gemäß dem operativen Prinzip wird beobachtet, wie sich der durch eine Kollektion von Münzen dargestellte Betrag und die Anzahl der Münzen der Kollektion bei diesen Operationen ändern, insbesondere wann sich der Betrag nicht ändert (Wechseln).

Bei jeder der Möglichkeiten erniedrigt bzw. erhöht sich die Anzahl der Münzen um 1.

Die Darstellbarkeit von Geldbeträgen durch 1-Pf, 2-Pf, 5-Pf und 10-Pf-Münzen läßt sich mit Hilfe der Wechselmöglichkeiten völlig überschauen. Für jeden Geldbetrag gibt es eine Darstellung, bei der die Anzahl der benützten Münzen maximal ist. Bei dieser Maximaldarstellung werden nur Pfennigmünzen verwendet. Ebenso gibt es eine Minimaldarstellung, bei der eine Minimalzahl von Münzen benützt wird. Die Frage ist nun, ob die Anzahlen der anderen Münzdarstellungen das Intervall zwischen der Minimal- und Maximalzahl lückenlos ausfüllen. Eine Antwort darauf gibt der folgende Satz.

Satz:

Bei jedem Geldbetrag mit Ausnahme von 5 Pf und 10 Pf füllen die Anzahlen der Münzen bei Darstellungen des Geldbetrages durch 1-Pf-, 2-Pf-, 5-Pf- und 10-Pf-Stücke das Intervall zwischen der jeweiligen Maximal- und Minimalzahl aus. Für 5 Pf gibt es keine Darstellung mit 2, für 10 Pf keine mit 3 Münzen.

Beweis:

Gegeben sei eine Kollektion von 1-Pf-, 2-Pf-, 5-Pf- und 10-Pf-Münzen, die einen bestimmten Geldbetrag darstellt. Falls die Kollektion ein 2-Pf-Stück oder ein 10-Pf-Stück oder ein

5-Pf-Stück zusammen mit einem 1-Pf-Stück enthält, kann durch Anwendung einer der drei ersten Wechselregeln eine Darstellung des gleichen Betrages mit einer Münze mehr erzielt werden.

Tritt keiner dieser drei Fälle ein, so gibt es entweder nur Pfennige oder nur 5-Pf-Stücke. Im ersten Fall ist bereits die Maximaldarstellung erreicht. Im zweiten Fall kann, falls wenigstens drei 5-Pf-Münzen vorhanden sind, die letzte Wechselregel angewendet und wiederum eine Darstellung des gleichen Betrages mit einer Münze mehr erreicht werden.

Die einzigen kritischen Fälle sind die Kollektionen

5 Pf und 5 Pf + 5 Pf.

Diese lassen sich nicht in Zerlegungen mit 2 bzw. 3 Münzen überführen.

Zielsetzung

Vertiefung des Verständnisses für Zahlen im Hunderterraum und für kleine Geldbeträge, insbesondere Verdeutlichung der Ersetzbarkeit von kleineren Einheiten durch größere; operatives Studium von Münzkollektionen; heuristischer Einsatz des operativen Wissens, um Beziehungen zwischen Münzzerlegungsaufgaben zu stiften.

Beispiele:

a) Gesucht sei eine Zerlegung von 8 Pf in 5 Münzen. Bekannt möge sein die Zerlegung

   8 Pf = 2 Pf + 2 Pf + 2 Pf + 2 Pf

   in vier Münzen. Anwendung der Wechselregel 2 Pf = 1 Pf + 1 Pf führt sofort auf die gesuchte Lösung.

b) Bekannt sei eine Zerlegung von 12 Pf in 7 Münzen. Dann erhält man durch Hinzufügung von 1 Pf eine Zerlegung von 13 Pf in acht Münzen, durch Hinzufügung von 2 Pf eine Zerlegung von 14 Pf in acht Münzen.

   Es ist außerordentlich wichtig, daß Schüler lernen, in dieser Weise Aufgaben auf schon gelöste zurückzuführen, insbesondere also Aufgaben nicht isoliert zu sehen.

Aufgaben für die Leserin

1. Finden Sie eine Zerlegung von 73 Pf in 27 Münzen!

2*. Ein Einpersonenspiel mit 3 Pfennigstücken und 2 Groschen. Die lineare Anordnung

   (1) (10) (1) (10) (1)

   soll überführt werden in die Reihe:

   (1) (1) (1) (10) (10)

   wobei nur Umordnungen nach folgenden Regeln zugelassen sind:

   1. Bei jedem Zug darf jeweils nur ein Paar von sich berührenden und verschiedenartigen Münzen verlagert werden.
   2. Die Rechts- Links-Relation der beiden jeweils verschobenen Münzen muß erhalten bleiben.
   3. Das verschobene Paar darf jeweils an irgendeine Stelle der Verlängerung der Reihe nach rechts oder links gebracht werden.

3. Eine Idee von *G. Polya* zur kombinatorischen Zählung der Anzahl der verschiedenen Münzdarstellungen von Geldbeträgen.

   Vorüberlegung: Gegeben seien 4 1-Pf-Münzen und 3 2-Pf-Münzen.

Frage: Welche Münzkollektionen können damit erzeugt werden und welche Geldbeträge entstehen dabei jeweils?

Systematisch kann man so vorgehen: In jede Münzkollektion gehen 0, 1, 2, 3 oder 4 1-Pf-Münzen ein, ebenso 0, 1, 2 oder 3 2-Pf-Münzen. *Jede* dieser Anzahlen von 1-Pf-Münzen kann *mit jeder* der Anzahlen an 2-Pf-Münzen kombiniert werden. Mit Hilfe des Symbols □, das „keine Münze“ bedeuten möge, kann man die Situation zeichnerisch darstellen (Bild 2).

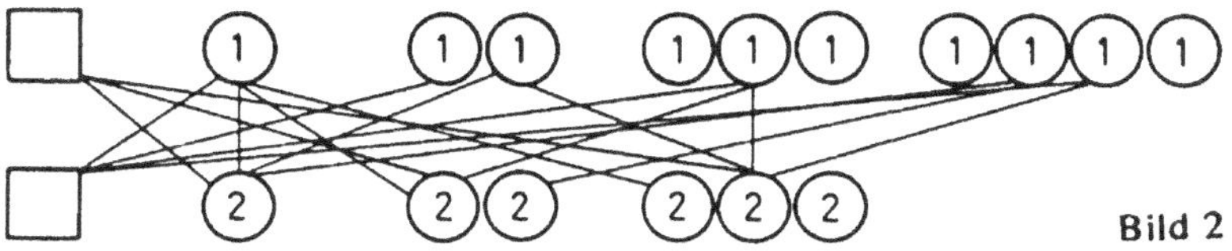

Bild 2

Man erhält folgende Kollektionen:

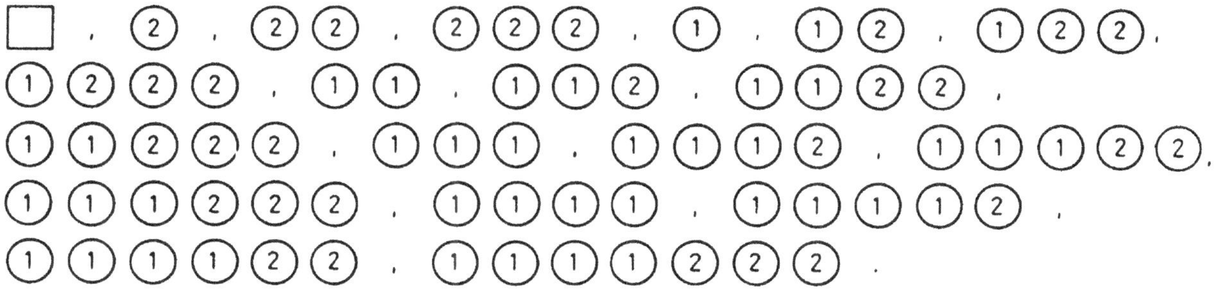

Der Reihe nach sind dies folgende Beträge:

0, 2, 4, 6, 1, 3, 5, 7, 2, 4, 6, 8, 3, 5, 7, 9, 4, 6, 8, 10.

Polyas Idee: Die obige Zeichnung weckt Assoziationen mit der Distributivregel zur Multiplikation eines Produkts von Summen, die verlangt, *jedes* Glied der ersten Summe mit jedem der zweiten Summe zu multiplizieren. Um nun gleichzeitig die Geldbeträge in eine brauchbare algebraische Form zu übersetzen, führt Polya das Rechensymbol x ein und ersetzt die obige Zeichnung durch den algebraischen Ausdruck

$$(x^0 + x + x \cdot x + x \cdot x \cdot x + x \cdot x \cdot x \cdot x) \cdot (x^0 + x^2 + x^2 \cdot x^2 + x^2 \cdot x^2 \cdot x^2)$$
$$= (x^0 + x + x^2 + x^3 + x^4) \cdot (x^0 + x^2 + x^4 + x^6)$$

Wenn nun gliedweise ausmultipliziert wird, ergibt sich

$$x^0 + x^2 + x^4 + x^6 + x + x^3 + x^5 + x^7 + x^2 + x^4 + x^6 + x^8 + x^3 + x^5 + x^7 + x^9 + x^4 + x^6 + x^8 + x^{10}$$

Man braucht nun nur nach Potenzen von x zu ordnen und kann an den Koeffizienten der Potenzen ablesen, auf wie viele verschiedene Weisen sich der im Exponenten dargestellte Betrag mit den gegebenen Münzen darstellen läßt.

$$1 \cdot x^0 + 2 \cdot x^2 + 2 \cdot x^3 + 3 \cdot x^4 + 2 \cdot x^5 + 3 \cdot x^6 + 2 \cdot x^7 + 2 \cdot x^8 + x^9 + x^{10}$$

Aufgabe: Vergleichen Sie die zeichnerische genau mit der algebraischen Überlegung.
Bestimmen Sie, auf wie viele verschiedene Weisen sich die Beträge von 1 Pf bis 15 Pf durch Münzen darstellen lassen. Zugelassen sind 1-Pf-, 2-Pf-, 5-Pf- und 10-Pf-Münzen.

Hinweis: Höhere Potenzen als x^{15} brauchen natürlich nicht berücksichtigt zu werden, können daher bei der Rechnung jeweils weggelassen werden.

1.3. Beispiele zur Geometrie

Der Inhalt „Geometrie“ ist für die Grundschule im wesentlichen neu. Zwar sind einzelne Elemente schon im traditionellen Unterricht behandelt worden, jedoch nur in einer untergeordneten und atomistischen Form. Vielfach beschränkte sich die Behandlung auf ein Feststellen und Abfragen einzelner Fakten („Wie viele Ecken hat ein Würfel?“, „Zeige die hintere, rechte, obere Ecke!“ usw.).

Wir zielen im folgenden darauf ab, die eigenartige Reichhaltigkeit der Geometrie an Problemen herauszuarbeiten, die interessant, leicht verständlich, experimentell unmittelbar zugänglich sind und ohne Einführung einer besonderen Fachsprache oder Symbolik bearbeitet werden können.

1.3.1. Polyominos

Das wichtigste Teilgebiet der Geometrie in der Grundschule ist der Themenkreis „Geometrische Formen“, der die Untersuchung ebener Figuren und räumlicher Körper auf Symmetrie, Umfang, Oberfläche, Inhalt, Konstruierbarkeit (Herstellbarkeit), Zusammensetzbarkeit usw. beinhaltet. Wir wählen daraus ein Thema, dessen Theorie seit etwa 1950 von dem amerikanischen Mathematiker S. Golomb entwickelt wurde. Einige Problemstellungen daraus sind so elementar, daß sie gut für die 3./4. Klasse geeignet sind.

Präsentierung eines Problems

Jeder Schüler hat als Material das (für andere Zwecke entwickelte) Bündelungsspiel [1] vor sich, eine Kollektion von Plastikquadraten, die über Ein- und Ausbuchtungen auf der Unterseite längs der Kanten fest miteinander verbunden werden können.

Die Lehrerin nimmt ein Plastikquadrat in die Hand, malt ein Quadrat an die Tafel und teilt den Schülern mit: „Das ist ein Einling“.

Dann nimmt die Lehrerin zwei Plastikquadrate, steckt sie zusammen, malt ein entsprechendes Doppelquadrat an die Tafel und erklärt: „Das ist ein Zwilling“. Sie malt weitere Doppelquadrate in anderer Lage an und erklärt: „Das sind alles Zwillinge. Alle sehen gleich aus“.

Als nächstes kommen entsprechend Drillinge an die Reihe, wobei ein bemerkenswerter Umstand auftaucht: Es gibt zwei wesentlich verschiedene Typen von Drillingen, nämlich

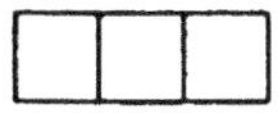 und 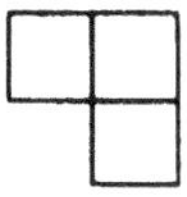

Aufgabe für die Schüler: „Baue mit deinen Quadraten alle möglichen verschiedenen Sorten von Fünflingen!“

Bei der Bearbeitung dieser Aufgabe, die längere Zeit in Anspruch nimmt, beobachtet die Lehrerin beratend und anregend die Schüler. Sie muß dabei insbesondere darauf hinweisen, daß z.B. die Fünflinge

---

[1] Schroedel, Hannover.

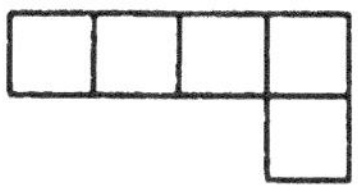 und 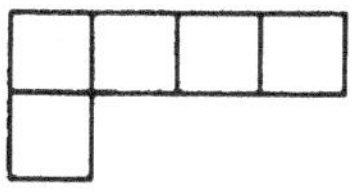

zur gleichen Sorte gehören sollen, weil sie sich „aufeinander legen lassen". Auf diese Problematik werden einige Schüler gewöhnlich auch selbst aufmerksam.

Wenn die Energie der Schüler erschöpft ist, erhalten sie von der Lehrerin Blätter, auf denen die zwölf wesentlich verschiedenen Fünflinge (Bild 1) maßstabgerecht aufgezeichnet sind, so daß jeder Schüler durch Auflegen seiner Fünflinge feststellen kann, welche Exemplare ihm fehlen, und seine Sammlung vervollständigen kann. Überzählige Mehrfachexemplare werden wieder zerstört.

Als nächstes schließt sich eine Charakterisierung der Fünflinge nach ihrer Form an. Da einzelne Fünflinge Buchstaben sehr ähnlich sehen, liegt es nahe, überhaupt mit Buchstaben zu vergleichen. Die Lehrerin kann z.B. fragen: „Schaut euch eure Fünflinge einmal genau an. Wie sehen sie denn aus?"

Assoziationen mit Buchstaben werden, wenn nicht spontan, gewiß kommen, wenn buchstabenmäßig besonders ausgeprägte Fünflinge in die richtige Lage gebracht werden (Bild 1).

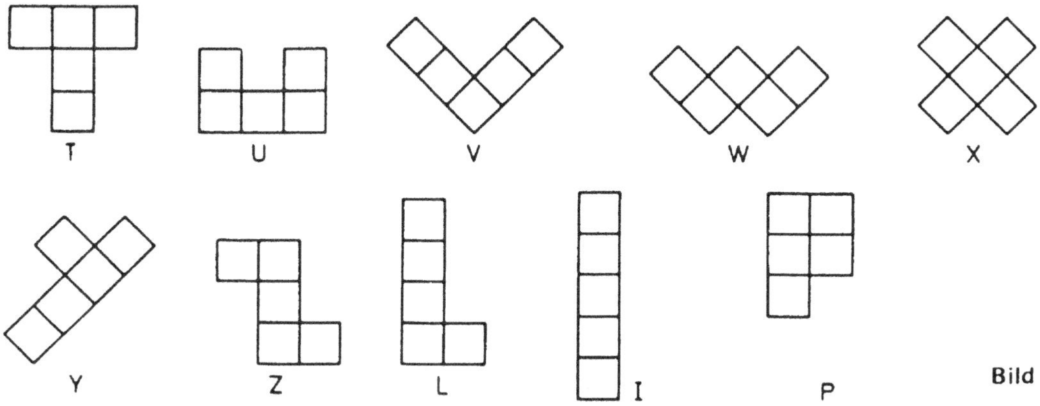

Bild 1

Die restlichen beiden Formen ähneln am besten einem F und einem N [1]).

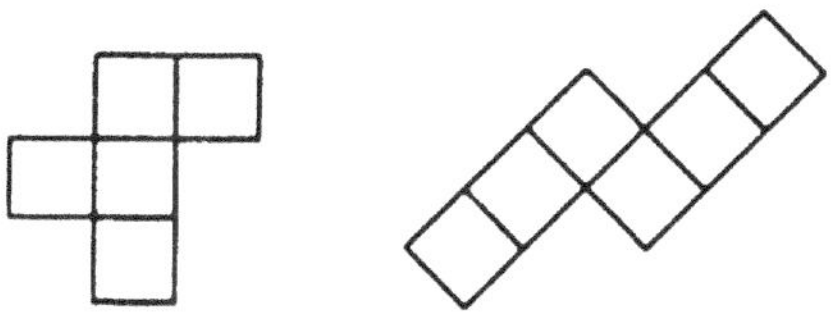

Weitere Problemstellungen

(1) Finde alle möglichen Sorten von Vierlingen!

Ergebnis:

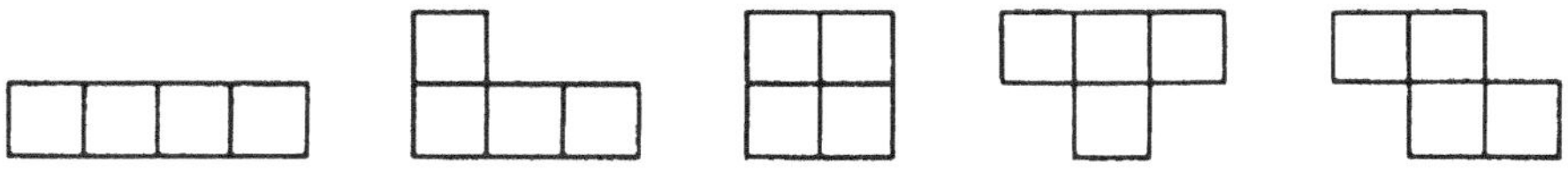

---

[1]) Die Steine von T bis Z sind, da es sich um den Schluß des Alphabetes handelt, leicht zu behalten. Für die restlichen Buchstaben F, I, L, N, P schlägt *Golomb* die Eselsbrücke FI Li Pi No (Philippino) vor.

(2) Vorgegeben ist ein Blatt, auf dem in einer oberen Reihe die fünf wesentlich verschiedenen Vierlinge, am übrigen Rand in einer Reihe die zwölf wesentlich verschiedenen Fünflinge aufgezeichnet sind.

Aufgabe: Zeichne von einem Vierling zu einem Fünfling immer dann einen Pfeil, wenn der Vierling zu dem Fünfling weitergebaut werden kann!

Wenn du fertig bist, sieh nach, von welchem Vierling die meisten Pfeile ausgehen und von welchem Vierling die wenigsten. Fällt dir etwas auf?

Ergebnis: Die meisten Pfeile gehen von der einzigen Form ohne Symmetrien aus, die wenigsten von der Form mit den meisten Symmetrien.

(3) Schneide die Fünflinge (aus dem bereits verfügbaren Blatt) aus und prüfe, welche man zu einer offenen Dose aufbiegen könnte!

Ergebnis: Aufbiegbar: T, W, X, Y, Z, L, F, N
Nicht aufbiegbar: U, V, I, P

(4) Bestimme die Umfänge der verschiedenen Vierlinge und Fünflinge.

Die folgenden Aufgaben sind Legespiele und Aufgaben, bei denen das lückenlose Auslegen von Formen, das Legen von Mustern o.ä. verlangt wird. Für diese Zwecke benötigt man Formen aus hinreichend dickem und steifem Karton (Aktenmappenstärke genügt). Diese Formen kann man selbst herstellen: Man bedruckt den Karton im Umdrucker mit den Umrissen der Fünf- bzw. Vierlinge [1]), *überzieht* ihn beidseitig mit durchsichtiger Klebefolie, und schneidet die Formen („Plättchen") mit der Schere aus.

(5) Strategisches Zweipersonenspiel mit den Fünflingen:
Benötigt wird ein Spielfeld mit 8 X 8 Quadraten (Schachbrett) der Größe 1,5 cm X 1,5 cm. Die zwölf Fünflinge werden gemischt. An jeden Spieler werden je 6 verteilt. Es wird verabredet oder gelost, wer beginnt. Die Spieler legen dann abwechselnd einen Fünfling auf das Feld, so daß bereits gelegte Fünflinge nicht überdeckt werden. Es gewinnt, wer als letzter legen kann.

Hinweis: Da Gewinnstrategien nicht zu erkennen sind, haben beide Spieler durchschnittlich die gleiche Chance zu gewinnen. Die Einseitigkeit, die manchen strategischen Spielen eigen ist, fehlt hier also.

(6) Lege ein 6 X 10 Rechteck vollständig mit den 12 Fünflingen aus!
Lege ein 5 X 12 Rechteck vollständig mit den 12 Fünflingen aus!
Lege ein 4 X 15 Rechteck vollständig mit den 12 Fünflingen aus! [2])

Für Legeaufgaben mit den Vierlingen sei verwiesen auf den hervorragenden in sich geschlossenen Kurs „Geometrie mit Winkelplättchen" von *H. Besuden,* Stuttgart 1975. Sätze von 27 Winkelplättchen der Formen in Bild 2 (jeweils drei in den drei Farben rot, blau, gelb) können in Plastikausführung bezogen werden. Natürlich können sie auch selbst hergestellt werden.

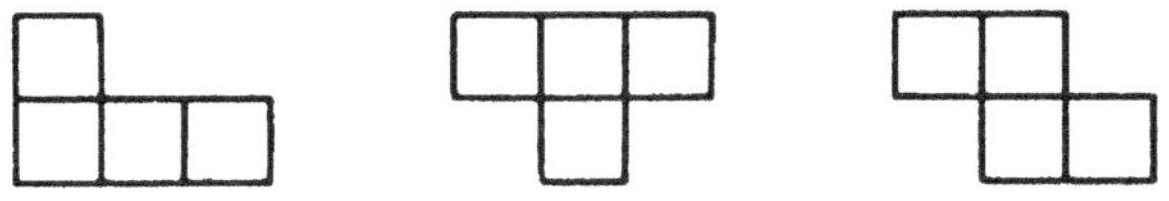

Bild 2

---

1) Quadratgröße 1,5 cm X 1,5 cm.

2) Sehr schwer ist die Aufgabe, analog ein 3 X 20 Rechteck auszulegen, weil die Lösung im wesentlichen eindeutig ist.

Zielsetzung

Im Vordergrund steht die Schulung der geometrischen Kombinationsfähigkeit (Zusammensetzung von Figuren aus vorgegebenen Bausteinen).

Weitere Ziele sind die Untersuchung von Formeigenschaften (Symmetrie, Parkettierbarkeit, Aufbiegbarkeit) und von Relationen (ähnlich, Umfangsrelationen). Der Themenkreis bietet neben diesen inhaltlichen Zielsetzungen auch noch hervorragende Möglichkeiten für die Schulung heuristischer Strategien.

Mathematischer Hintergrund

Die hier behandelten Einlinge, Zwillinge, Drillinge, Vierlinge, Fünflinge (Monomino, Domino, Tromino, Tetromino, Pentomino) sind Spezialfälle von n-ominos (n = 1, 2, 3, 4, 5, ...). Alle n-ominos zusammen heißen Polyominos. Für die Anzahl der n-ominos ist bis heute keine Formel bekannt. Es gibt aber eine induktive Konstruktionsmethode zur Ableitung der (n + 1)-ominos aus den n-ominos (vgl. *Golomb* 1966, S. 74–104).

Auch über Legeprobleme existiert eine umfangreiche mathematische Literatur (vgl. *Golomb* 1966, S. 30–41).

Aufgaben für die Leserin

1. Welche wesentlich verschiedenen Hexominos (Quadratsechslinge) gibt es?
   Welche von ihnen lassen sich zu (Hohl)-Würfeln falten, d.h. stellen Würfelnetze dar?
   Suchen Sie eine Sorte von Würfelnetz-Hexominos aus, mit denen sich die Ebene parkettieren läßt und eine Sorte, mit der eine Parkettierung nicht möglich ist!
2. Anstelle des Quadrats nehme man als Ausgangsfigur ein regelmäßiges Dreieck. Welche Drillinge, Vierlinge, Fünflinge und Sechslinge gibt es in diesem Fall? Welche Vierlinge lassen sich zu einem Tetraeder falten?
3. (*G. Giles*) Nehmen Sie einen Spiegel wie in 1.1.2, Aufgabe 1, zur Hand und untersuchen Sie, wie viele verschiedene Polynominos man aus den Formen 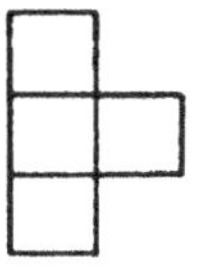 und 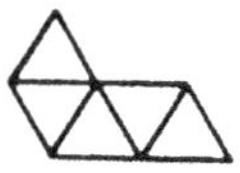 durch Spiegeln erzeugen kann!

4*. Anstelle des Quadrats nehme man nun einen (Voll)-Würfel und baue sämtliche wesentlich verschiedenen Würfelvierlinge [1]. Würfelvierlinge werden als wesentlich verschieden aufgefaßt, wenn sie sich nicht durch eine eigentliche Bewegung ineinander überführen lassen. Man findet 8 wesentlich verschiedene Würfelvierlinge, unter ihnen die konvexen Formen

 und 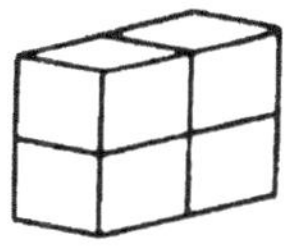. Die übrigen 6 sind nicht konvex und

lassen sich mit dem Trilling 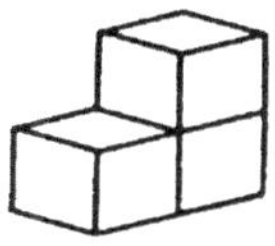 zu einem 3 × 3 × 3-Würfel (Soma-Würfel) zusammensetzen. Zeigen Sie es!

---

[1] Als Material eignen sich z. B. Einerwürfel aus dem Cuisinaire-Kasten.

5*. a) Beobachten Sie, welche Quadratfünflinge von den Kindern am häufigsten übersehen werden! Können Sie eine Erklärung dafür finden?

b) Lassen Sie das Problem, alle Fünflinge zu finden, in einer anderen Klasse auch einmal zeichnerisch (ohne konkretes Material) untersuchen. Welche Unterschiede im Lösungsverhalten und im Lösungserfolg stellen Sie fest?

6*. Zeigen Sie die Beziehungshaltigkeit des Themenkreises „Polyominos" anhand einer Übersicht über die verschiedenen mit Polyominos möglichen Aktivitäten auf!

7. Die Herstellung vollständiger Sätze von Quadratfünflingen nach dem oben beschriebenen Verfahren ist sehr zeitraubend. Wen könnte man hier zur Hilfe heranziehen?

1.3.2. Geometrie mit Streichholzschachteln

Anregung zu folgendem Unterrichtsbeispiel gab ein Aufsatz von *H. Besuden* über die Förderung des räumlichen Vorstellungsvermögens in der Grundschule (*Besuden* 1974).

Als Unterrichtsmaterial werden die üblichen Streichholzschachteln benötigt (Bild 1).

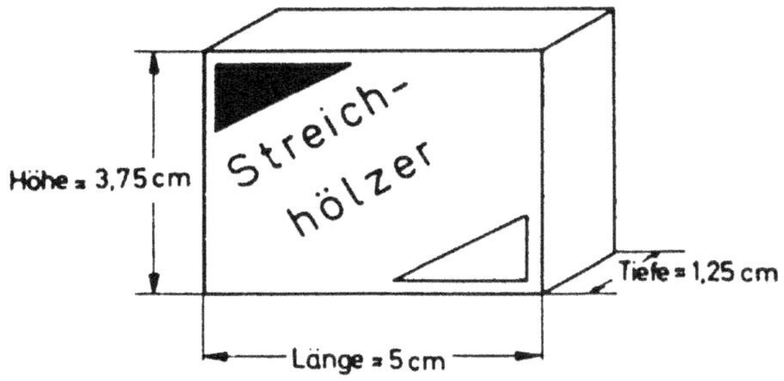

Bild 1

Wichtig für den zweiten Teil des Unterrichtsbeispiels ist die Tatsache, daß sich die Seiten einer solchen Schachtel etwa wie 1 : 3 : 4 verhalten.

Grundriß und Vorstellung der projektiven Bezüge

Jedes Kind beklebt sich mit D-C-Fix drei Schachteln (Bild 2).

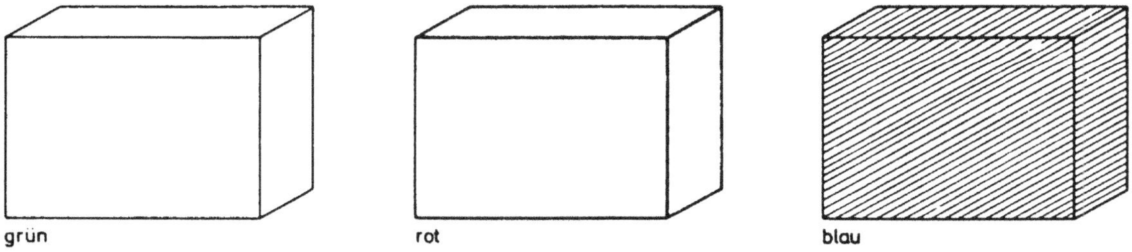

Bild 2

Sehr einfache Übungen machen zunächst mit den verschiedenen Grund- und Aufrissen vertraut, z. B.:

Stell die Streichholzschachtel in der angegebenen Weise vor dich hin! Du kannst sie von verschiedenen Richtungen (von vorne, von oben, von der Seite) betrachten. Dabei siehst du jeweils verschiedene Flächen. Deine erste Aufgabe besteht darin, jeweils die richtige Sicht anzukreuzen (Bilder 3 und 4).

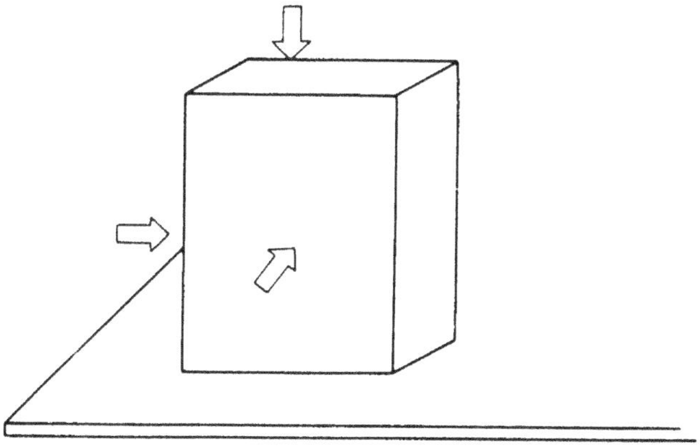

Bild 3

○ von vorne	⊗ von vorne	○ von vorne	○ von vorne
○ von der Seite	○ von der Seite	⊗ von der Seite	○ von der Seite
⊗ von oben	○ von oben	○ von oben	○ von oben
○ falsch	○ falsch	○ falsch	⊗ falsch

Bild 4

Bild 5

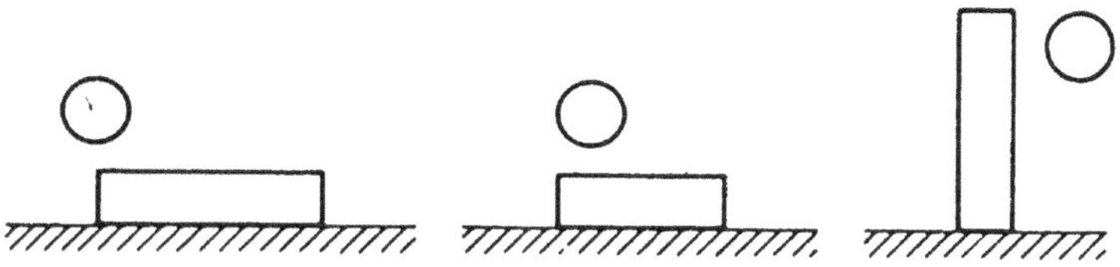

Bild 6

Deine zweite Aufgabe besteht darin, deine Streichholzschachtel auf die Fläche von Bild 5 (Sicht von oben) zu legen. Wie sieht deine Streichholzschachtel von der Pfeilseite aus? Kreuze die richtige Antwort an (Bild 6).
Lege nun zwei Streichholzschachteln passend auf die Flächen (Sicht von oben, Bild 7).

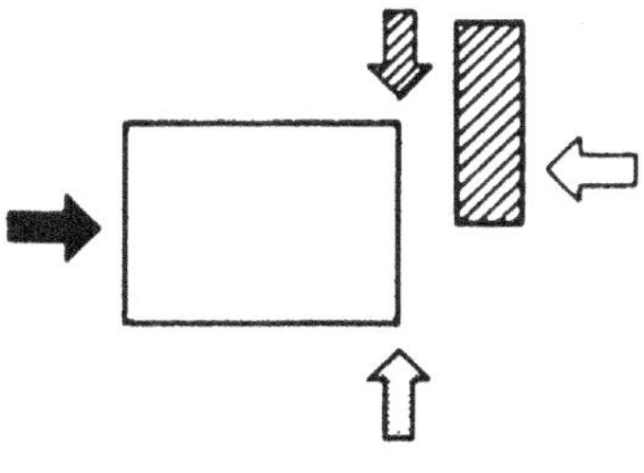

Bild 7

Wie siehst du die Streichholzschacheln von den verschiedenen Pfeilseiten aus? Kreuze die richtige Antwort jeweils an (Bild 8)!

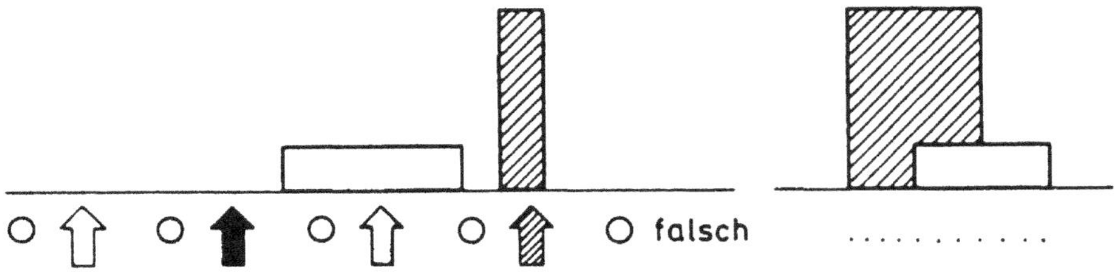

Bild 8

Entsprechend mit drei Streichholzschacheln (Bild 9) ca. 5 bis 6 weitere Ansichten zur Auswahl.

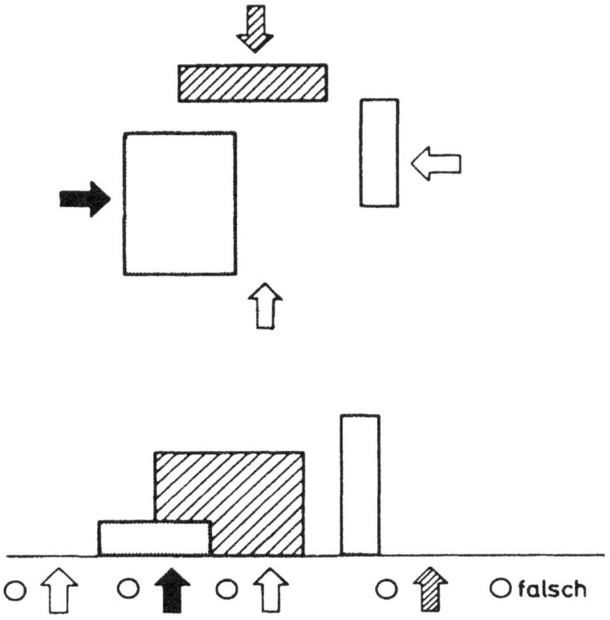

Bild 9

Die Arbeitsblätter können mit farbigen Spirit-Carbon-Sätzen leicht hergestellt werden.

Beobachtete Reaktionen der Schüler:

Da unsere Schüler die Streichholzschachteln nicht bewegen durften, gingen anfangs viele um den Tisch herum, um die verschiedenen Ansichten zu vergleichen. Jedoch recht bald wollten und konnten sie die Aufgaben in der Vorstellung lösen.

Diese Art von Aufgaben mit multiple choice machte sehr großen Spaß. Zum Schluß konnten die Schüler auch selbst Ansichten und umgekehrt zu gegebenen Ansichten mögliche Grundrisse skizzieren. Der Themenkreis wurde mit Erfolg in der Geographie durch verschiedene Ansichten einer Stadtlandschaft und von Bergen mit Bezug zur Karte und Realität fortgesetzt (vgl. hierzu den bekannten „Drei-Berge-Versuch" von *Piaget* zur Vorstellung der projektiven Bezüge).

Kippbewegungen der Streichholzschachtel

Eine Streichholzschachtel kann nach vorne (v), nach hinten (h), nach links (*l*) und nach rechts (r) gekippt werden.

Abgebildete Muster zeigen dabei auf ikonischer Stufe den Kippvorgang (Bild 10). Hier ist es günstig, um Ober- und Unterseite der Schachtel zu unterscheiden, unbeklebte Originalschachteln zu nehmen.

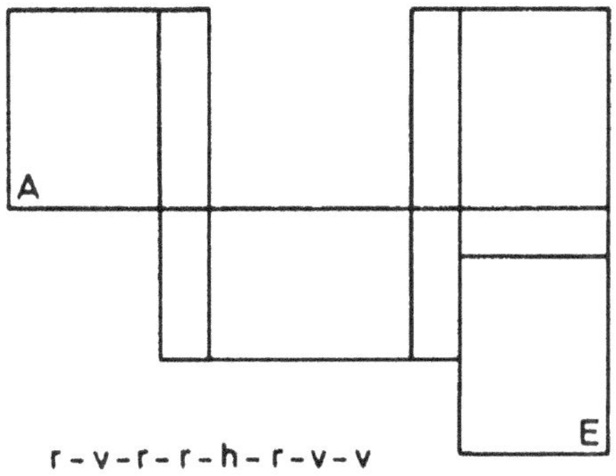

Bild 10

H. Besuden nennt in seinem Aufsatz eine Fülle von variationsreichen Aufgabenstellungen:

1. Die Lehrerin beschreibt den Bewegungsablauf (z.B. v-h-r-*l*), die Schüler kippen ihre Streichholzschachtel und vergleichen die Endlage [1].
2. Verschiedene Muster sind vorgegeben (Bild 11). Die Schüler beschreiben den Kippvorgang. Dabei werden auch *falsche Muster* angegeben.

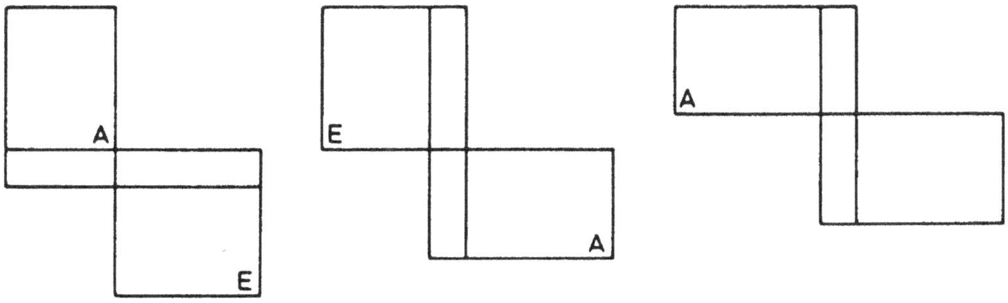

Bild 11

Die Schüler entscheiden in der Vorstellung, ob in der Endlage die Ober- oder Unterseite der Schachtel zu sehen ist. Die Schüler beschreiben den umgekehrten Kippvorgang. Falsche Muster werden recht schnell erkannt.

3. In einem Muster kann man auf verschiedenen Wegen zur Endlage kommen (Bild 12). Ist die Endlage – Ober- oder Unterseite der Schachtel – abhängig vom eingeschlagenen Weg? (Vgl. hierzu 3. Aufgabe für die Leserin.)

---

[1] Die Verknüpfung der Bewegungen wird durch einen Strich bezeichnet.

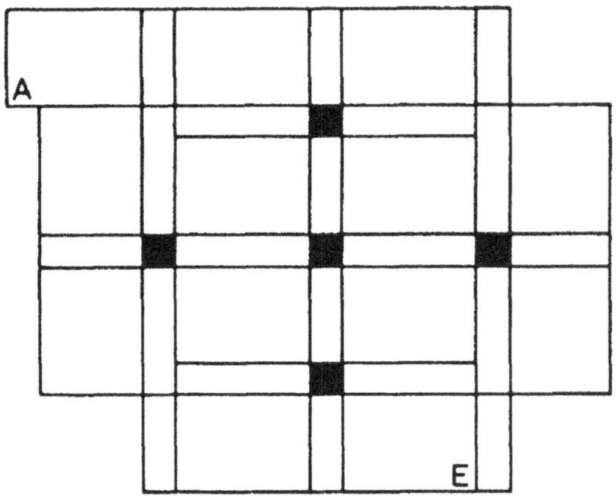

Bild 12

4. Auf einem Raster (Quadratgitter von 1,25 cm) sind Anfangs- und Endlage eingezeichnet (evtl. mit Angabe der obenliegenden Seite). Mehrere Wege sind zu suchen und zu beschreiben (Bild 13).

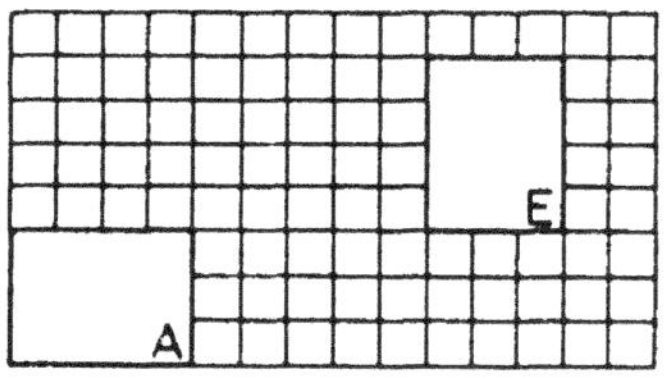

Bild 13

(Über die Lösbarkeit dieser Aufgaben vgl. die 1./2. Aufgabe für die Leserin.)

Anmerkung. Den Schülern sollte dabei ein ausreichend großes Quadratgitter (mindestens DIN A 4) zur Verfügung stehen.

5. Auf einem Quadratgitter ist die Anfangslage eingezeichnet. Nach einem vorgeschriebenen Weg z.B. v-r-h-*l*-*l*-v-r soll die Endlage eingezeichnet werden. Wie wir beobachtet haben, gelingt es vielen Schülern, aus der Vorgabe des Weges den Rückweg systematisch abzuleiten und dabei zu begründen (Bild 14).

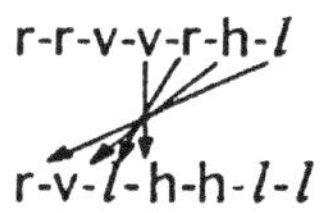

Bild 14

Mathematisch gesehen handelt es sich bei den Kippbewegungen der Schachtel um eine *Gruppierung* mit den verschiedenen Grundrissen der Streichholzschachtel auf dem Quadratgitter als Zuständen und den Kippbewegungen als Elementaroperationen. Die Kompositionsfähigkeit, die Assoziativität und die Reversibilität, sowie die Existenz identischer Operationen sind inhaltlich leicht zu übersehen. Interessant ist die Fragestellung, ob sich alle möglichen Zustände durch Elementaroperationen ineinander überführen lassen. Diese Fragestellung wird in den folgenden Aufgaben behandelt. Überraschend ist dabei, daß es vom eingeschlagenen Weg abhängt, ob die Schachtel mit der Ober- oder Unterseite auf die Endlage zu liegen kommt.

Aufgaben für die Leserin

Allgemeine Problemstellung

Auf einem Raster seien zwei Zustände der Streichholzschachtel in beliebiger Lage eingezeichnet. (Die Schachtel liege dabei jeweils auf ihrer größten Fläche.) Ist es immer möglich, eine Folge von Kippbewegungen zu finden, die den einen Zustand in den anderen überführt?

1. Die Streichholzschachtel sei zunächst auf allen Seiten gleich eingefärbt, so daß insbesondere Vorder- und Rückseite nicht zu unterscheiden sind.

   a) Man untersuche obiges Problem, wenn die längsten Kanten bei Anfangs- und Endlage parallel sind (Bild 15).

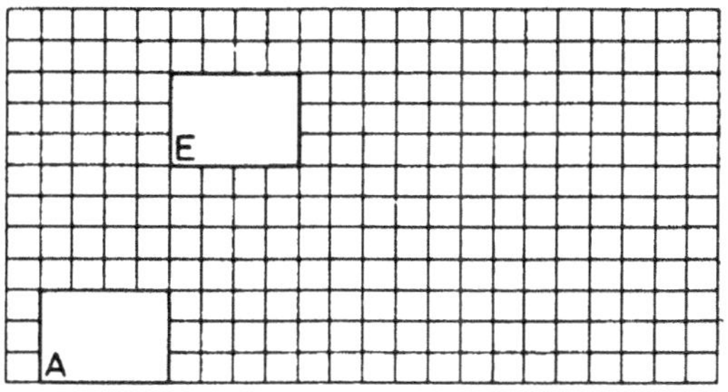

Bild 15

Begründen Sie, daß Sie die Schachtel zunächst waagerecht um beliebige Gitterquadrate verschieben können. Betrachten Sie hierzu Bild 16.

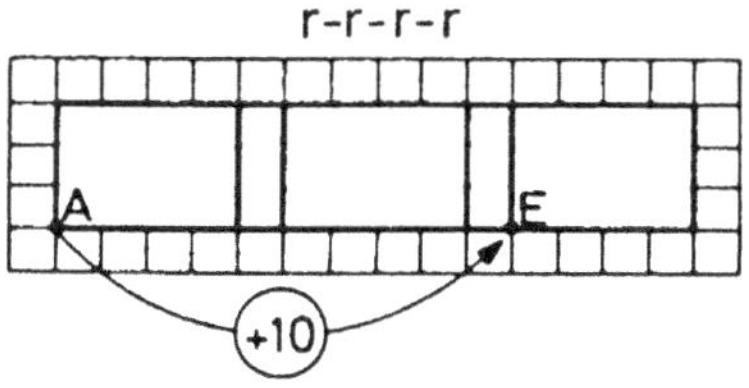

Verschiebung um 10 Gitterquadrate nach rechts

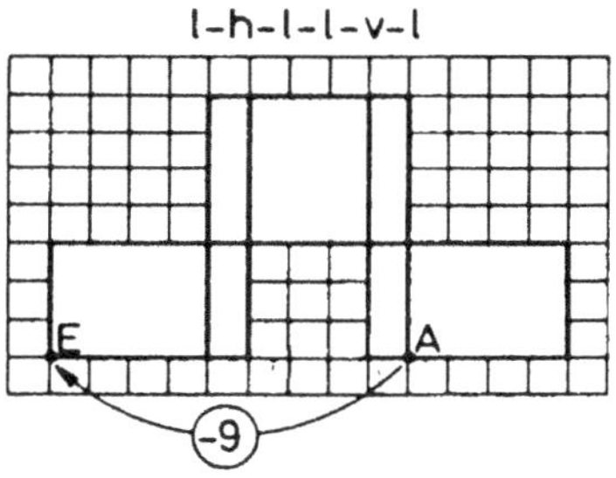

Bild 16

Verschiebung um 9 Gitterquadrate nach links

Konstruieren Sie hieraus jeweils waagerechte Verschiebungen um 1 nach rechts oder links: (+1) und (-1).

Zeigen Sie ebenso, daß Sie die Schachteln auch in senkrechter Richtung um beliebige Gitterquadrate verschieben können. Betrachten Sie hierzu Bild 17.

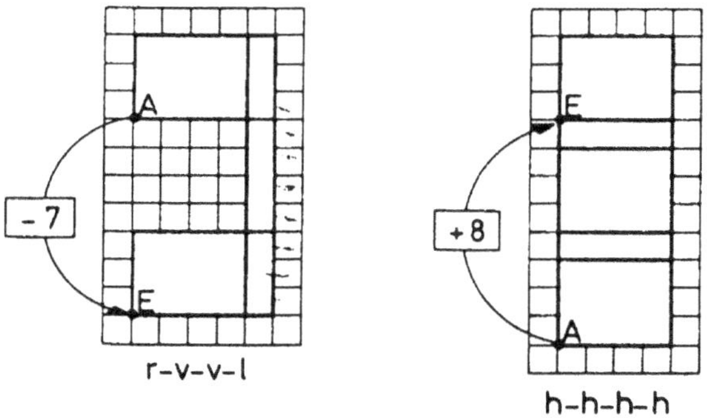

Bild 17

Warum ist damit Teil a) der Aufgabe positiv zu beantworten? Suchen Sie einen Weg für Bild 15. Zerlegen Sie in „waagerechte“ und „senkrechte“ Verschiebungen.

b) Nun seien bei der Anfangs- und Endlage die längsten Kanten orthogonal zueinander (Bild 18).

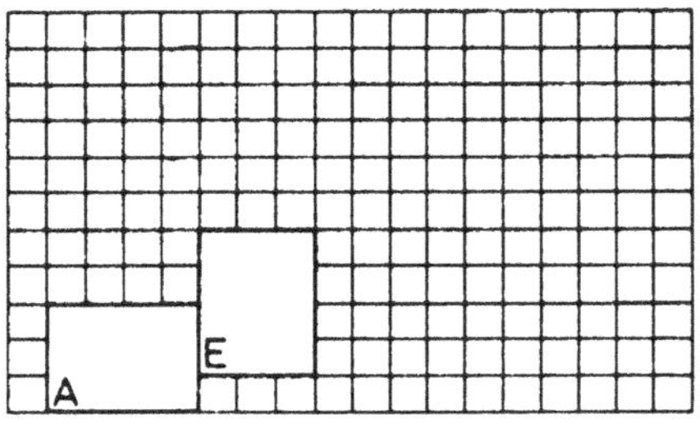

Bild 18

Betrachten Sie folgende Kippbewegungen *l*-v-r:

Wie würden Sie diesen Operator insgesamt bezeichnen? Lösen Sie die Aufgabe in Bild 18 mit Hilfe von Bild 19, indem Sie geschickt in waagerechte und senkrechte Verschiebungen und einen Drehoperator zerlegen. Verallgemeinern Sie dies!

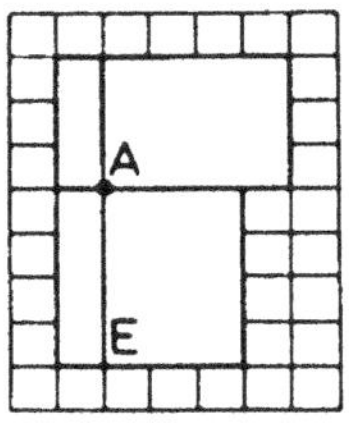

Bild 19

2. Nun behandeln wir unser Problem unter der weiteren Voraussetzung, daß Vorder- und Rückseite farblich unterschieden seien (Bild 20).

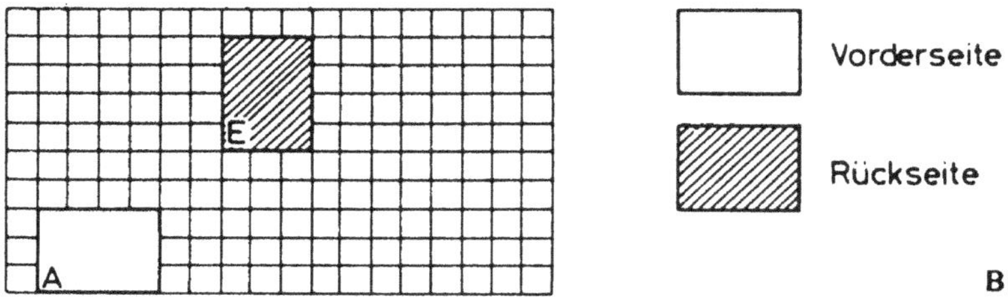

Bild 20

Wie verhalten sich die Operatoren in den Bildern 16 und 17 bzgl. dieser neuen Strukturierung? Warum kann man seitentreu waagerecht um beliebige Gitterquadrate rechts und links verschieben (Bilder 21 und 22)?

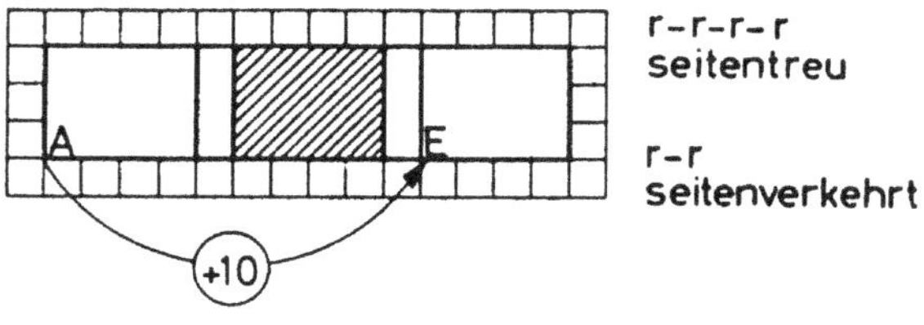

Bild 21

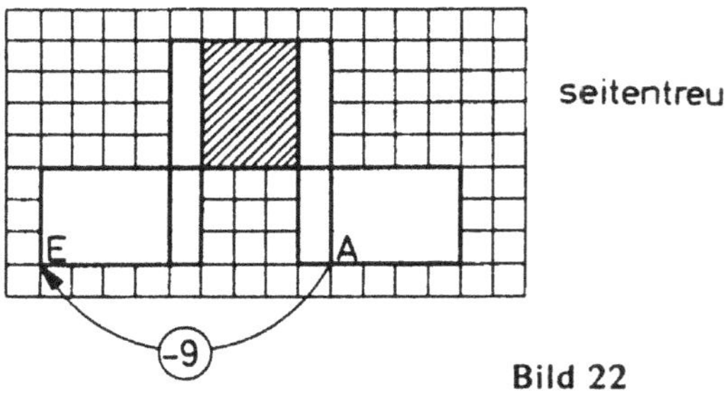

Bild 22

Man untersuche entsprechend die Verschiebungen in senkrechter Richtung.

r-v-v-*l* und h-h-h-h

Wie verhält sich der Drehoperator *l*-v-r?

Warum können Sie seitentreu beliebige Zustände ineinander überführen?

Zerlegen Sie nun die Situation in Bild 20 in eine seitentreue Reihe von Kippbewegungen und den seitenverkehrten Operator v-v. Wie läßt sich dies verallgemeinern?

3. Wir treiben nun die Strukturierung der Schachtel noch ein Stückchen weiter, indem wir die Symmetrie der Vorderseite durch Beschriftung reduzieren. Normallage und gedrehte Lage werden damit unterscheidbar (Bild 23).

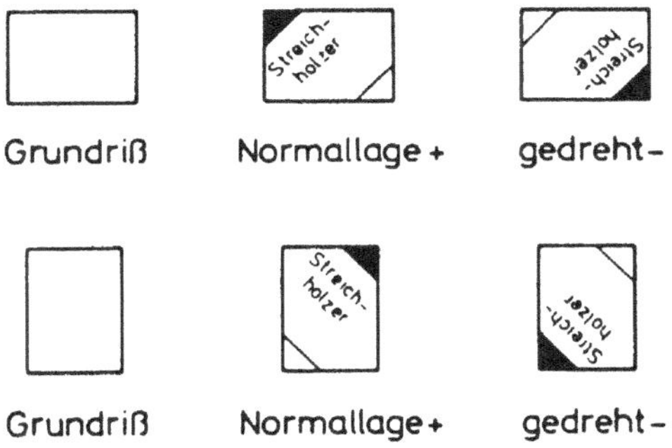

Bild 23

Man betrachte Bild 24. Existiert eine Lösung?

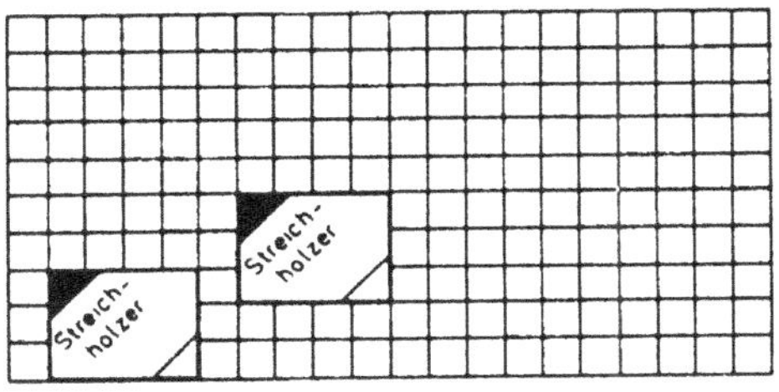

Bild 24

Wie verhalten sich die früheren Operatoren bzgl. der Normallage? Vgl. dazu Bild 25.

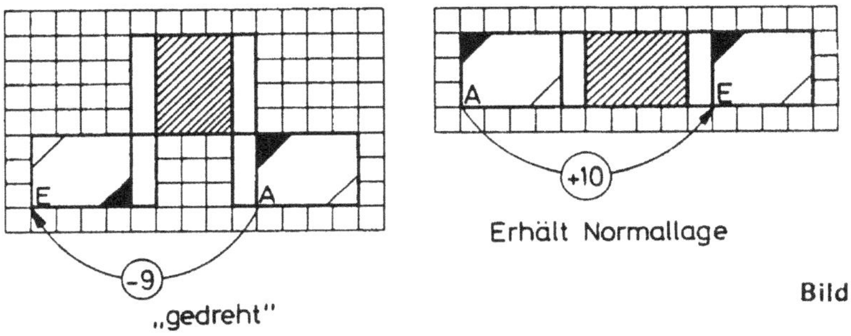

Bild 25

Begründen Sie: Man kann „gedreht" waagerecht um 1 nach links oder rechts verschieben. Man kann „Lage erhaltend" um geradzahlige Vielfache nach links oder rechts verschieben.

Untersuchen Sie entsprechend die Verschiebungen in senkrechter Richtung!

Wie steht es mit dem Operator *l*-v-r? Wie steht es mit zusammengesetzten Verschiebungen, z.B. 8 nach rechts und 2 nach oben (Bild 26)?

Oder: 1 nach rechts und 1 nach oben? Versuchen Sie zu verallgemeinern!

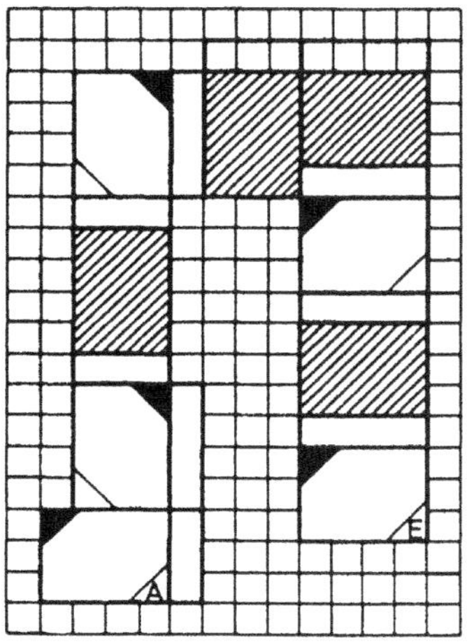

Bild 26

Welche Situationen in Bild 27 können Sie bestimmt lösen?

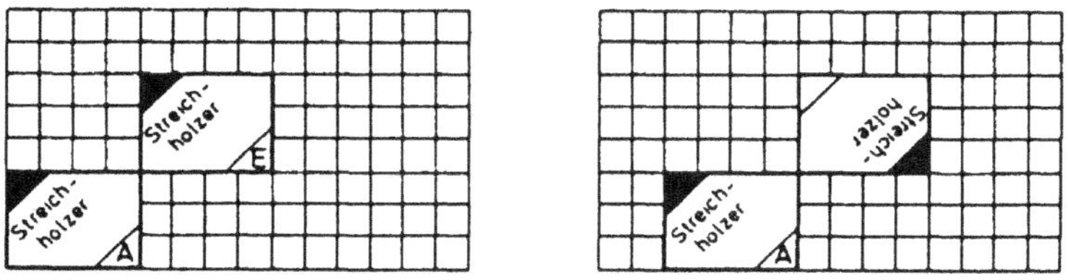

Bild 27

Warum herrscht in Bild 28 nicht unbedingt Symmetrie? Benutzen Sie z.B. den Plan von Bild 29.

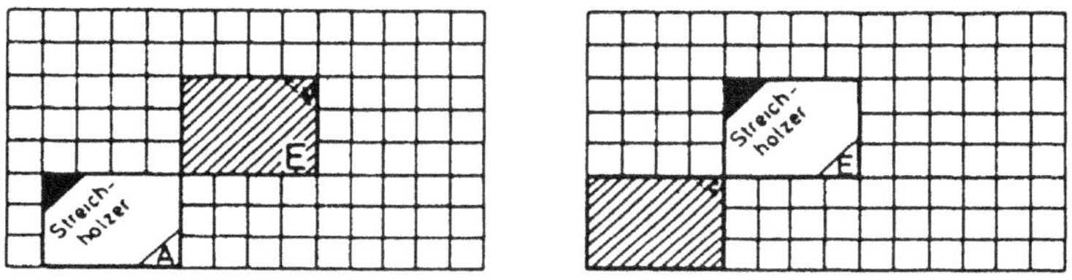

Bild 28

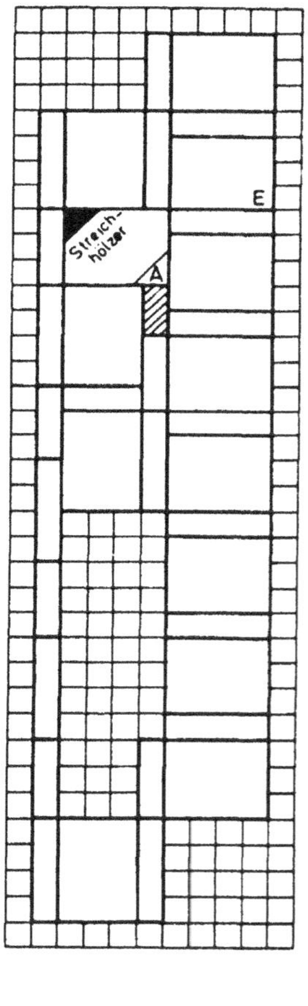

Bild 29

Zeigen Sie, daß es durchaus möglich ist, daß man in einem Muster zu verschiedenen Endlagen kommt. D.h. die Endlage-, Ober- oder Unterseite der Schachtel ist abhängig vom eingeschlagenen Weg! Wenden Sie mit Hilfe von Kippbewegungen eine Streichholzschachtel (von der Oberseite auf die Unterseite)! Warum muß dies nach der 2. Aufgabe möglich sein?

Analysieren Sie, wie das Problem stufenweise gelöst wurde.

4*. Die Überlegungen der Aufgaben 1 bis 3 eignen sich nicht für die Primarstufe. Überlegen Sie, welche Bezüge zu den Themen der SI bestehen und wie die Aufgabe entsprechend eingebaut werden könnte.

1.3.3. Von „Königsdorf" nach „Königsberg"

Als Einstieg in den Problemkreis „Durchlaufbarkeit von Netzen" kann man den Lageplan eines Dorfes benutzen, in dem die Bäckerei, die Post und die Zeitungsdruckerei eingezeichnet sind (Bild 1).

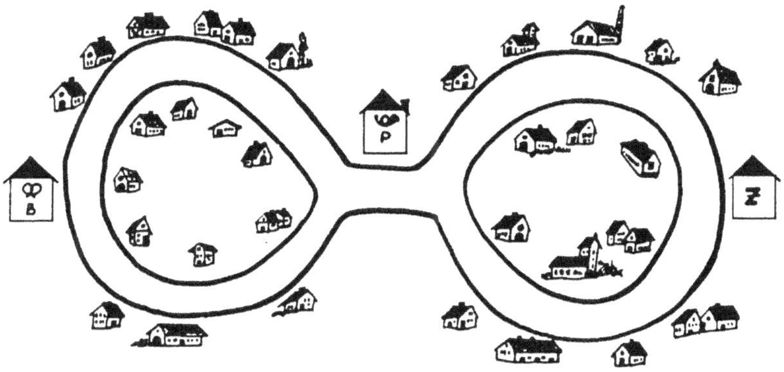

Bild 1. Plan von Königsdorf 1960

Jeden Morgen muß nun der Bäckerjunge Bernd die Brötchen, der Zeitungsjunge Zacharias die Zeitungen und Paul die Briefe und Päckchen den Leuten in ihre Häuschen am Rande der Straße austragen.

Wie machen die drei Jungen dies?

Die Schüler durchlaufen jeweils den Plan in Form einer Acht und zeigen dabei verschiedene Möglichkeiten auf. Es werden jeweils alle Möglichkeiten besprochen und aufgelistet. Wie viele gibt es? Dabei wird klar, daß keiner der Jungen den Teil eines Weges doppelt gehen muß.

Doch die Einwohnerzahl des Dorfes steigt, der Verkehr auf dem Dorfplatz vor der Post steigt, so daß man schließlich eine Umgehungsstraße baut (Bild 2). An der Umgehungsstraße werden kurz danach auch hübsche kleine Einfamilienhäuser gebaut, so daß unsere drei Jungen sich jeweils eine neue Route überlegen müssen.

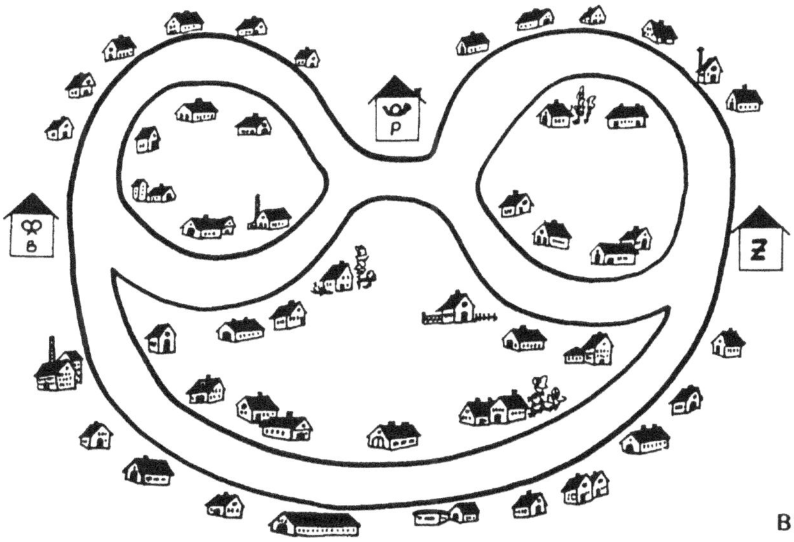

Bild 2. Plan von Königsdorf 1964

Bernd, der Bäckerjunge, kann zwar das Dorf in einem Weg durchlaufen, endet aber immer vor der Zeitungsdruckerei, so daß er noch mit seinem leeren Beutel zurücklaufen muß. Das gleiche gilt für unseren Zeitungsjungen. Der Postbote Paul flucht jedoch fürchterlich. *Warum wohl?*

Er läuft zum Planungsamt, um sich zu beschweren. Dabei erfährt er, daß eine weitere Verbindungsstraße zwischen Dorfplatz und Umgehungsstraße geplant ist (Bild 3).

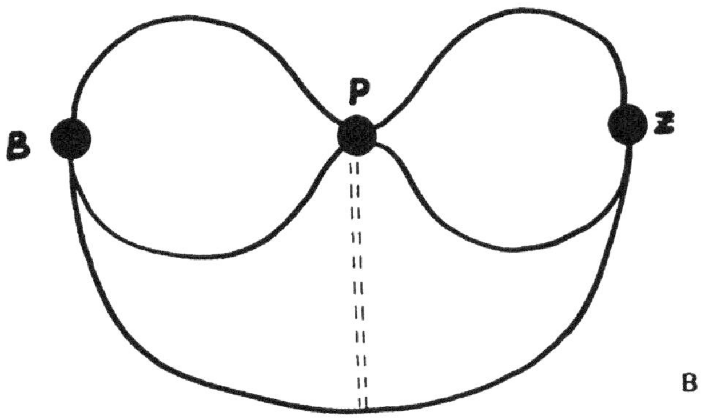

Bild 3. Plan von Königsdorf 1968

Wie reagieren die einzelnen Jungen auf diesen Plan? Sie schimpfen natürlich fürchterlich, denn nun kann keiner mehr seinen Weg in einem Zug zurücklegen, vielmehr müssen sie Teile des Weges bepackt doppelt zurücklegen. Da beschließen die Jungen, selbst Pläne einzureichen. Die Schüler werden aufgefordert, den Jungen dabei zu helfen.

U.a. wurden uns von Schülern die Pläne in Bild 4 vorgelegt.

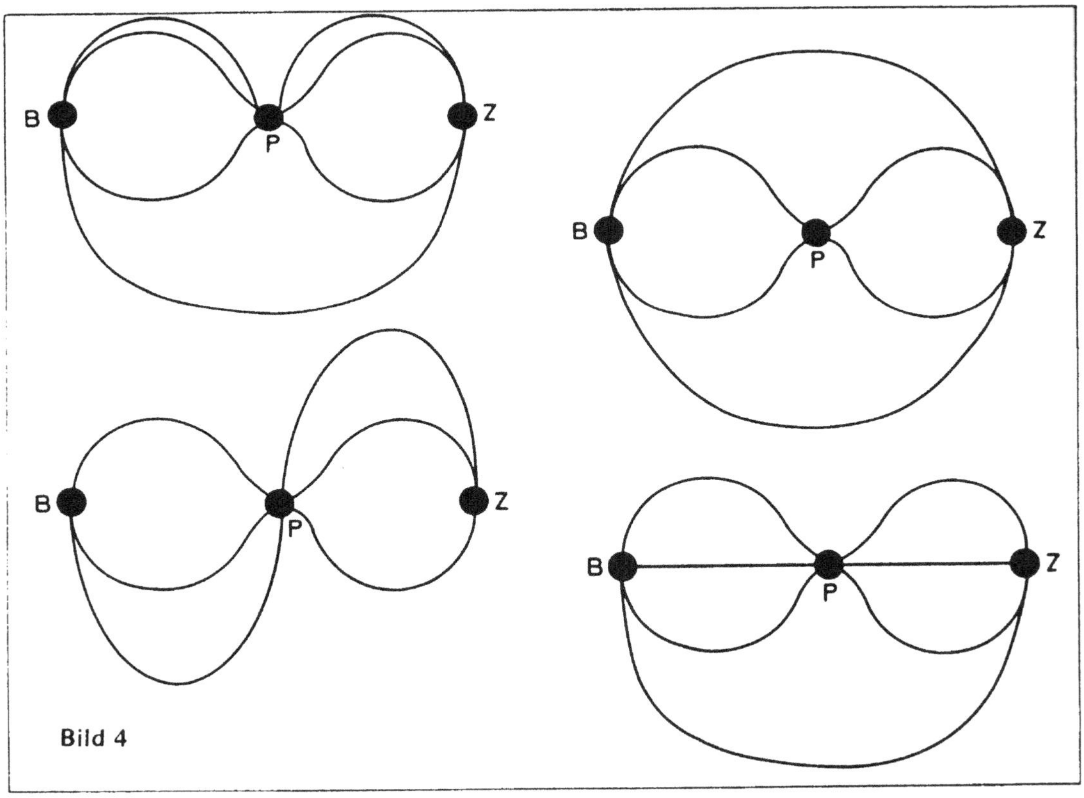

Bild 4

Sind die Pläne alle in einem Weg zu durchlaufen?

Verschärfung des Problems: Die Verbindungsstraße soll auf alle Fälle gebaut werden, die Jungen dürfen nun den Bau der nächsten Straßen bestimmen. Was soll geschehen?

In einer unserer Klassen bereitete dies einiges Kopfzerbrechen, denn die vorgelegten Pläne waren zunächst nur für den Postboten (und das nur halb) zufriedenstellend.

Es war ein tolles Erlebnis, als es einem Schüler gelang, die „neu entstandene" ungerade Kreuzung zu entschärfen. Man einigte sich auf den Plan von Bild 5. Wie kann man ihn durchlaufen?

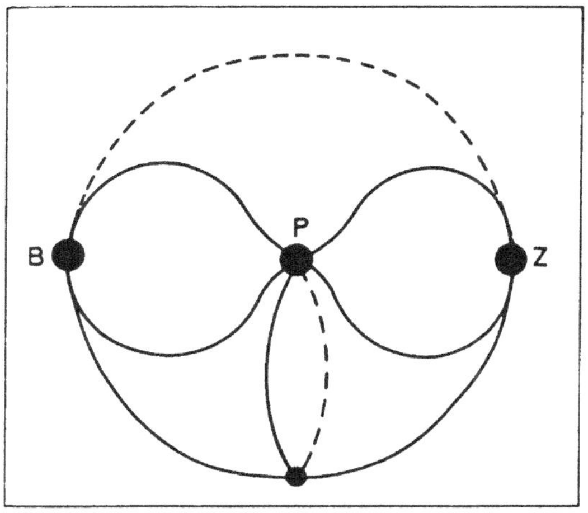

Bild 5. Ausbauvorschlag von Königsdorf 1976

Die Problemstellung kann an verschiedenen Themenkreisen fortgesetzt werden, z.B. *Zoobesuch* (siehe den vereinfachten Plan des Wuppertaler Zoos in Bild 6), *Verkehrsnetz einer Kleinstadt, Verschnüren von Paketen, Zeichnen von Figuren in einem Zug* (z.B. Olympische Ringe), *Durchlaufen von Wohnungen.* Anregungen hierzu finden sich bei den Aufgaben.

Mathematischer Hintergrund

Die Pläne der verwendeten Art bezeichnet man in der Graphentheorie als *Netz,* bestehend aus *Ecken* (hier: Kreuzungen) und *Kanten* (hier: Straßen). Man verlangt, daß von jeder Ecke mindestens eine Kante ausgeht und jede Kante in einer Ecke endet. Ein Netz nennt man *zusammenhängend,* wenn man von jeder Ecke zu jeder anderen Ecke gelangen kann, ohne das Netz zu verlassen. Nur mit solchen Netzen wollen wir uns beschäftigen.

Man interessiert sich dafür, ob ein zusammenhängendes Netz in einem Zug durchlaufen werden kann, ohne eine Kante mehr als einmal zu benützen. Beispiel:

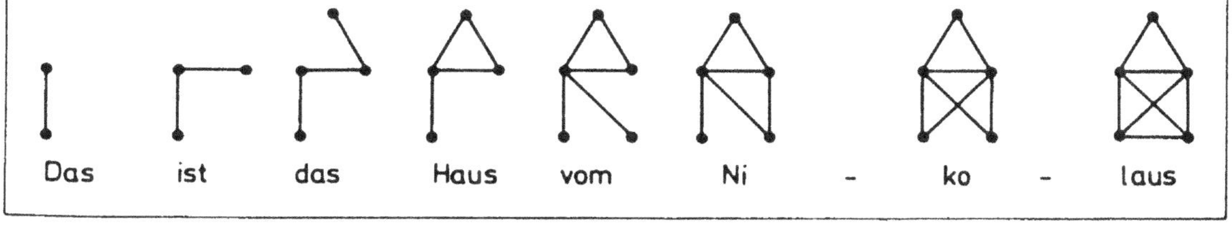

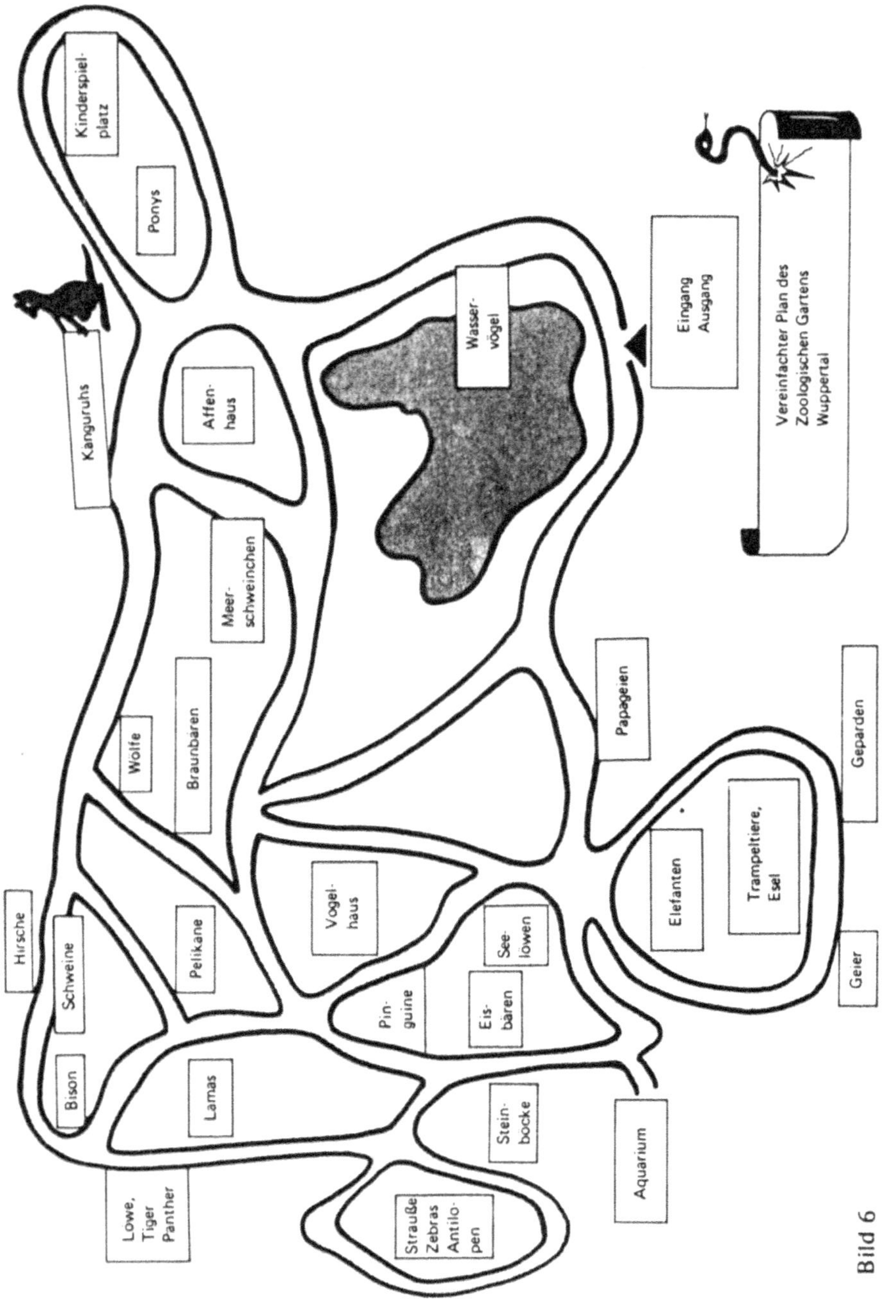
Kinderspielplatz
Ponys
Kanguruhs
Affenhaus
Wasservögel
Eingang Ausgang
Vereinfachter Plan des Zoologischen Gartens Wuppertal
Meerschweinchen
Braunbären
Wölfe
Papageien
Geparden
Elefanten
Trampeltiere, Esel
Geier
Vogelhaus
Seelöwen
Eisbären
Pinguine
Pelikane
Hirsche
Schweine
Bison
Lamas
Steinböcke
Aquarium
Löwe, Tiger Panther
Strauße Zebras Antilopen

Bild 6

Probieren Sie, dieses Haus von der Spitze aus zu durchlaufen!

Stellen Sie sich das Netz in einem Straßenplan konkretisiert vor. Auf jeder Kreuzung stehe ein Verkehrszähler, der einen Strich auf seiner Liste einträgt, wenn die durchlaufende Person die Kreuzung betritt oder verläßt. Ist das Netz zu durchlaufen, so müssen alle Verkehrszähler (bis auf Anfangs- und Endkreuzung) eine *gerade* Anzahl von Strichen aufweisen, die mit der Anzahl der wegführenden Straßen übereinstimmen muß. Allgemein nennt man die Anzahl von Kantenenden, die in einer Ecke zusammentreffen, die *Kantenzahl* einer Ecke (Bild 7).

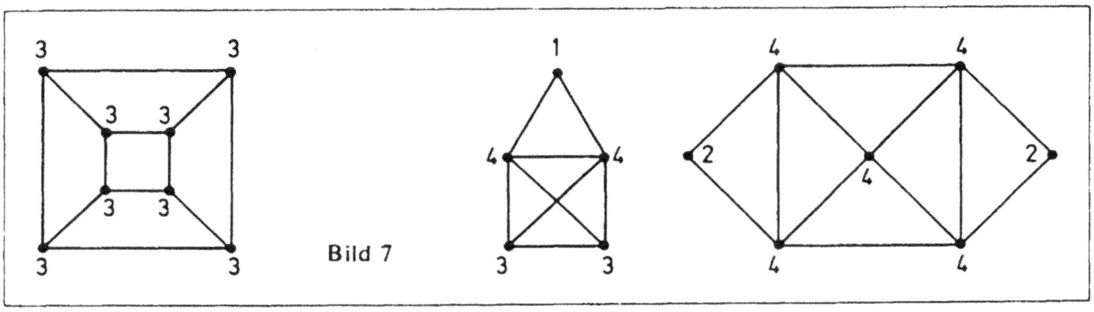
Bild 7

Da jede Kante mit zwei Kantenenden doppelt gezählt wird, ist die Anzahl der Ecken mit ungerader Kantenzahl immer gerade. Entsprechend den drei beobachteten Fällen bei dem Ausbau von Königsdorf gibt es Netze (Pläne, Figuren), die sich

(α) von jeder Ecke (Kreuzung, Punkt)
(β) von einigen Ecken (Kreuzungen, Punkten)
(γ) von keiner Ecke (Kreuzung, Punkt)

in einem Zug durchlaufen (zeichnen) lassen (Bild 8).

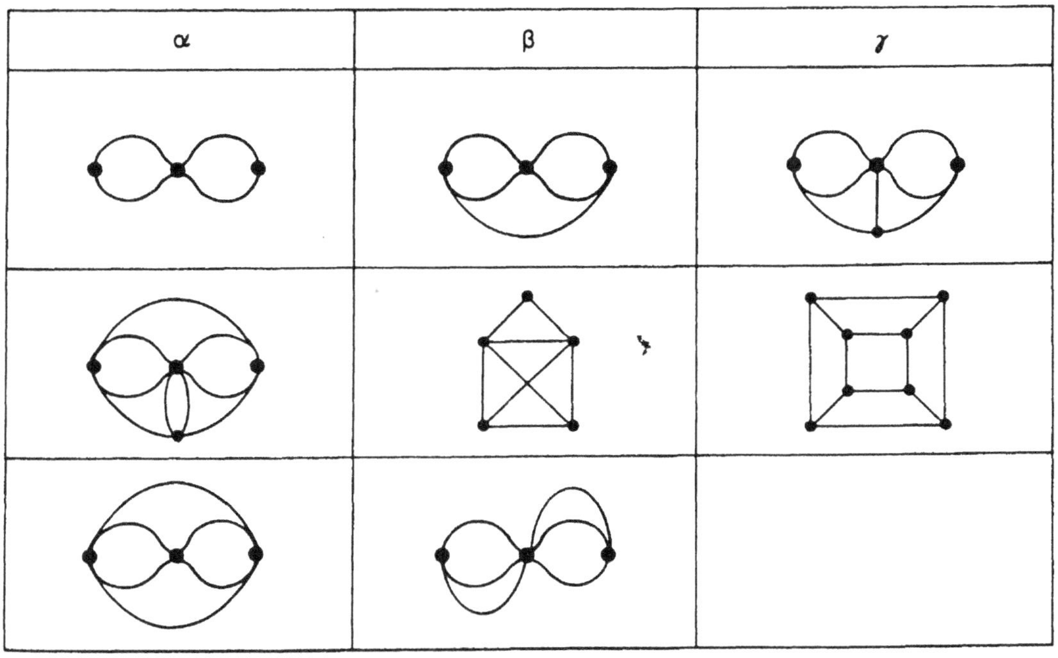

Bild 8

Mathematische Klassifikation

I. Genau die Netze von (α) haben nur Ecken mit gerader Kantenzahl. Sie können von jeder Ecke aus in einem Rundweg durchlaufen werden.

II. Genau die Netze von (β) haben zwei Ecken ungerader Kantenzahl. Diese beiden Ecken sind Anfangs- oder Endpunkt des Weges.

III. Genau die Netze von (γ) haben *mehr als zwei Ecken ungerader Kantenzahl.*

Aufgaben für die Leserin

1. Der berühmte Mathematiker *Euler* behandelte 1736 die Frage, ob es möglich sei, in der Stadt Königsberg einen Spaziergang zu machen, bei dem man über jede der damaligen Brücken genau einmal geht (Bild 9).

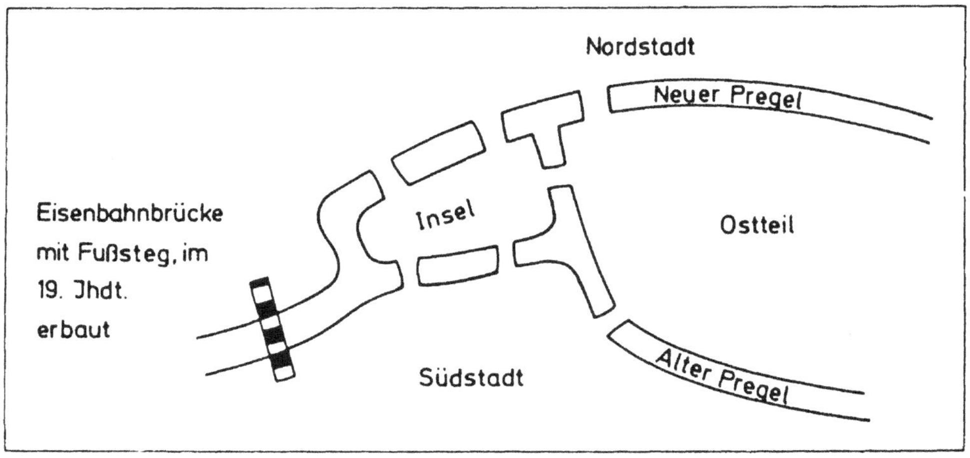

Bild 9

a) Entwickeln Sie zu diesem Problem ein Netz.
b) Entscheiden Sie nun mit Hilfe der Klassifikation, ob ein solcher Spaziergang möglich ist. Wie ist es nach Erbauung der Eisenbahnbrücke?
c) Was hat dieses Problem mit dem Unterrichtsbeispiel zu tun? Findet sich dort auch die Lösung mit der Eisenbahnbrücke?

2. Versuchen Sie alle Operationen aufzulisten, mit denen man ein Netz erweitern kann (Bild 10). Welche Erweiterungen gibt es noch?

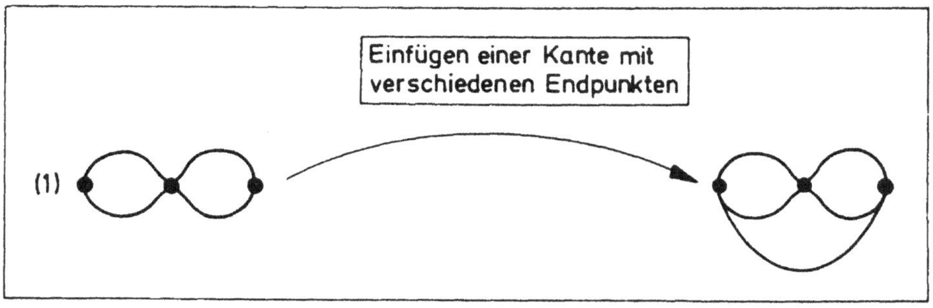

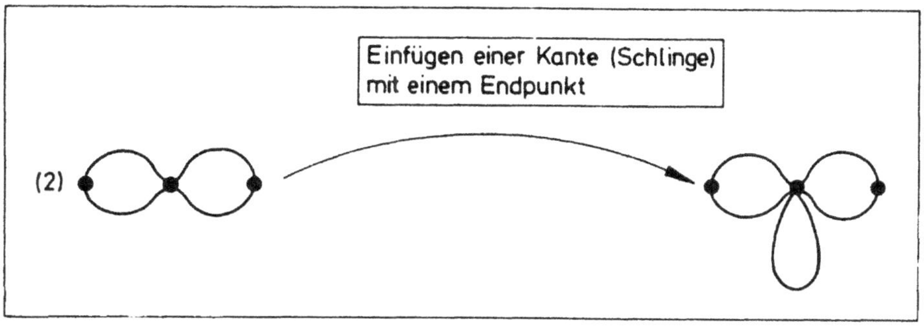

Bild 10

a) Zeigen Sie, daß alle diese Erweiterungen die Anzahl der Ecken mit ungerader Kantenzahl höchstens um „2 erhöhen" oder um „2 vermindern" oder „gleichlassen" (vgl. operatives Prinzip). Warum ist danach die Anzahl der Ecken mit ungerader Kantenzahl immer gerade?
b) Wie kann sich jeweils die Durchlaufbarkeit ändern?
c) Durch Einfügen von k Kanten beweise man nun: Hat ein Netz 2 k Ecken mit ungerader Kantenzahl, so ist es in k Wegen zu durchlaufen, ohne eine Kante doppelt zu gehen.

3. a) Aus Draht soll das Kantenmodell eines Würfels, Tetraeders, Oktaeders hergestellt werden (Bild 11). Welche minimale Anzahl von Drahtstücken müssen Sie sich jeweils zurechtschneiden.

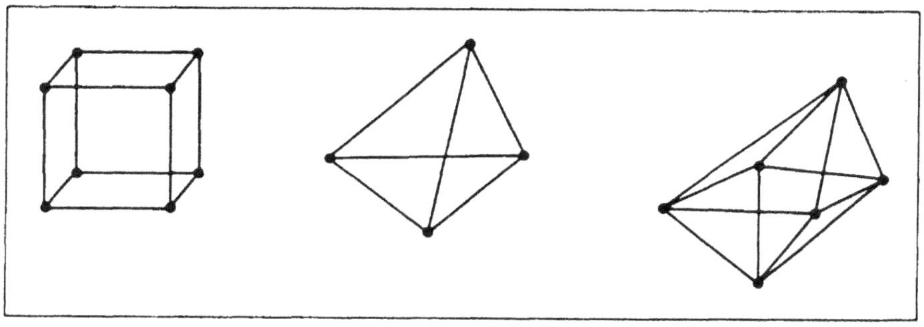

Bild 11

b) Welche der Pakete in Bild 12 kann man mit einem Stück Schnur verpacken, ohne daß irgendwo die Schnur doppelt liegt?

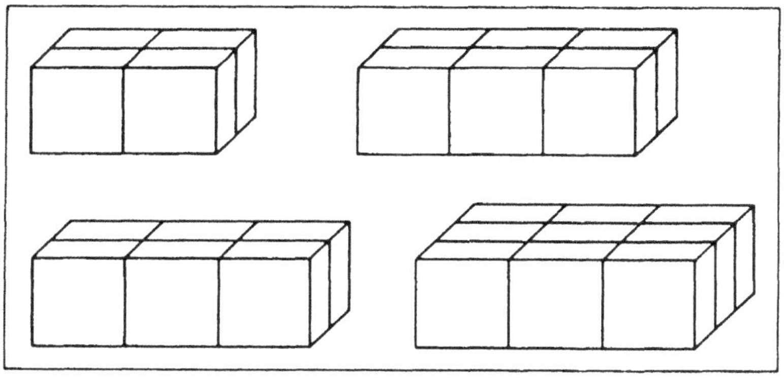

Bild 12

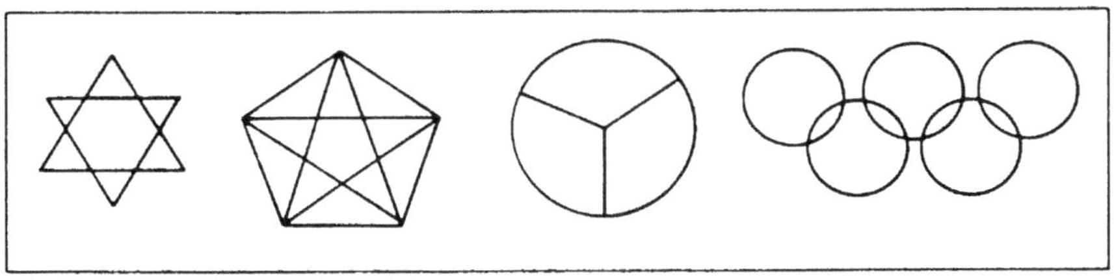

Bild 13

c) Malen Sie die Figuren in Bild 13 in einem Zug an die Tafel!

4. Eine Klasse besucht den Zoo. Ein Plan des Zoos liegt vor. Die Kinder entscheiden sich, welche Tiere sie sich anschauen wollen. Nun wird nach einem Weg gesucht, der alle Wünsche der Kinder berücksichtigt, ohne an einem Tiergehege doppelt vorbei zu gehen.

a) Vergleichen Sie das Zoo-Problem mit dem Problem der Durchlaufbarkeit von Netzen am Beispiel von Bild 14.

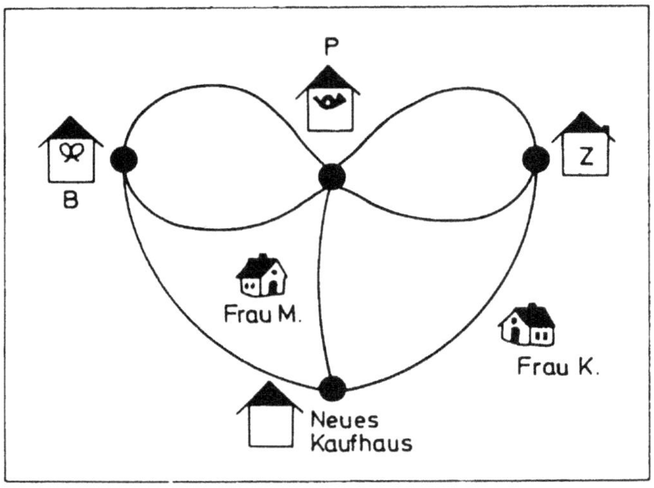

Bild 14

Kann Frau K. zum „Neuen Kaufhaus", zur „Bäckerei", „Post" und „Zeitungsdruckerei" gehen, ohne an einer dieser Stellen mehrmals vorbeizukommen? Wie lautet die Antwort bei Frau M.? Wo sind Gemeinsamkeiten, wo Unterschiede zu dem behandelten Problem? Was lernt der Schüler dabei?

b) Versuchen Sie mit dieser Problemstellung einen Zoobesuch der Klasse vorzubereiten. Wie gehen Sie vor?

5. Konstruieren Sie sämtliche zusammenhängende Graphen (Figuren) mit 3 Kanten. Gehen sie systematisch vor. Behandeln Sie die gleiche Fragestellung mit 3 Ecken (Punkten).

1.3.4. Konvexität

Im folgenden wird über einen Unterrichtsversuch mit Schülern des 2. und 3. Schuljahres berichtet, bei dem zu dem Thema Konvexität eine zusammenhängende Folge von Problemen entwickelt wurde. Zunächst wurde ein Auto mit einem Bootsanhänger an die Tafel gemalt (Bild 1) und den Kindern eine Geschichte von Onkel Leo erzählt, dem auf der Fahrt durch

Bild 1

Steinschlag das Steuer seines Bootes bricht. Die Reparatur des Bootes ist am Wochenende nicht möglich, und er repariert selbst das Boot nur notdürftig. Aus einer weiteren Skizze, die die Reparatur beschreibt, erkennen die Schüler, daß das Boot leider nur noch geradeaus fahren kann. Im Laufe des Gesprächs wird die Landkarte eines Sees mit Bootssteg und Bäumen am Ufer entwickelt (Bild 2).

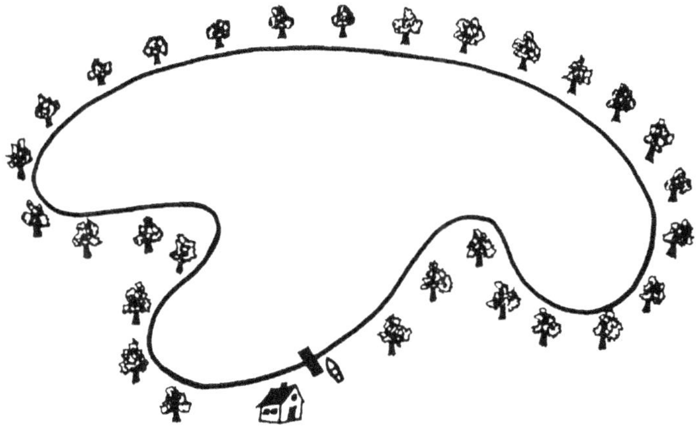

Bild 2

Problem:
Welche Bäume am Ufer des Sees kann Onkel Leo mit einer Fahrt erreichen? Diese Bäume malen wir grün an.

Beobachtete Schülerreaktionen:

(1) Manche Schüler entschieden nach Augenmaß (ohne Anlegen eines Lineals), ob ein Punkt erreichbar ist.

(2) Unterschiedliche Meinungen zu fraglichen Punkten führten dazu, daß ein Lineal zu Hilfe genommen wurde.

(3) Die Schüler begannen das Lineal mit dem Bootssteg als Drehpunkt zu drehen und beobachteten, was im einzelnen geschah (Bild 3).

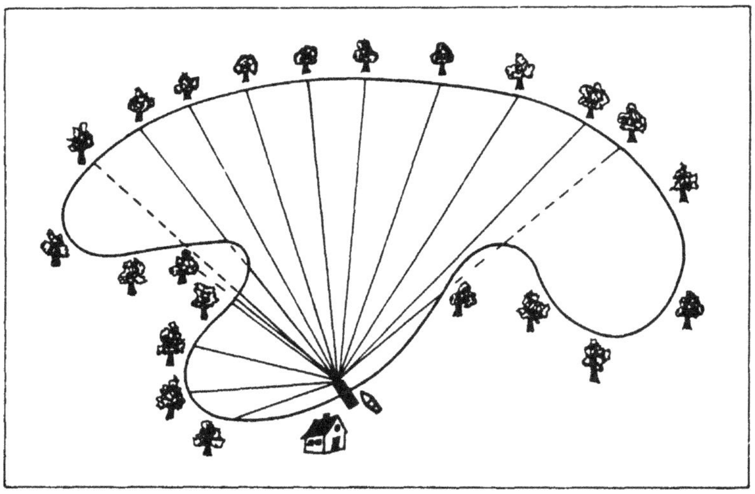

Bild 3

(4) Einige Schüler wollten Onkel Leo helfen; sie argumentierten: Man kann jeden Baum mit mehreren Fahrten erreichen. Diese gute Idee von Klaus wurde zur späteren Fortführung an der Tafel notiert (Bild 4).

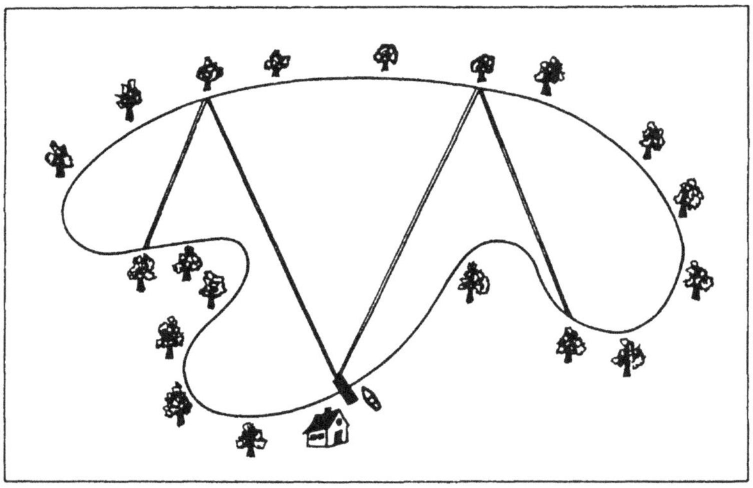

Bild 4. Idee von Klaus

Andere Schüler wandten ein, daß Onkel Leo sein Ziel in einem einzigen „Rutsch" erreichen sollte.

Offenes Problem für die Schüler:

Während Onkel Leo unter einem schattigen Baum am See angelt, überlegt er sich: *Wie müßte ein See aussehen, wo man alle Bäume vom Bootssteg mit einer Fahrt erreichen kann?* Könnt ihr ihm helfen?

Fragen der Schüler: Dürfen wir auch Inseln zeichnen?

Antwort: Wenn es geht, natürlich!

Die Schüler arbeiteten mit Zeichenblock und farbiger Ölkreide. Sie versuchten das Problem zu lösen, dabei verschwand mancher Versuch heimlich im Schulranzen. Das Lineal als Werkzeug wurde kaum benutzt. Nach kurzer Zeit hatten die Schüler fast ausnahmslos Vorschläge, großartige weiterführende Ideen und Probleme gefunden. Eine Auswahl zeigen die Bilder 5, 6 und 7.

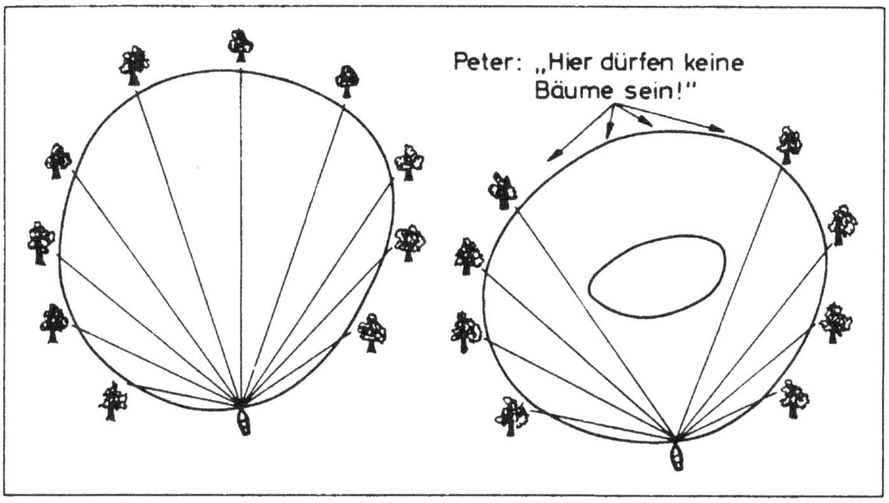

Bild 5
Ideen von Sonja und Peter

Auch Katrin wollte wie Peter unbedingt eine Insel im See. Sie löste das Problem mit einem zweiten Bootssteg (Bild 6).

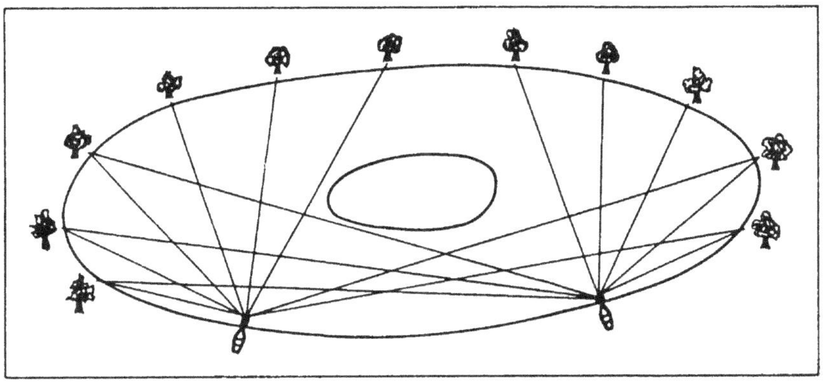

Bild 6. Idee von Katrin

Es gab auch Vorschläge, Katrins zweiten Bootssteg besser auf die andere Seite des Sees zu verlegen, damit auch alle Bäume auf der Insel erreicht werden könnten.

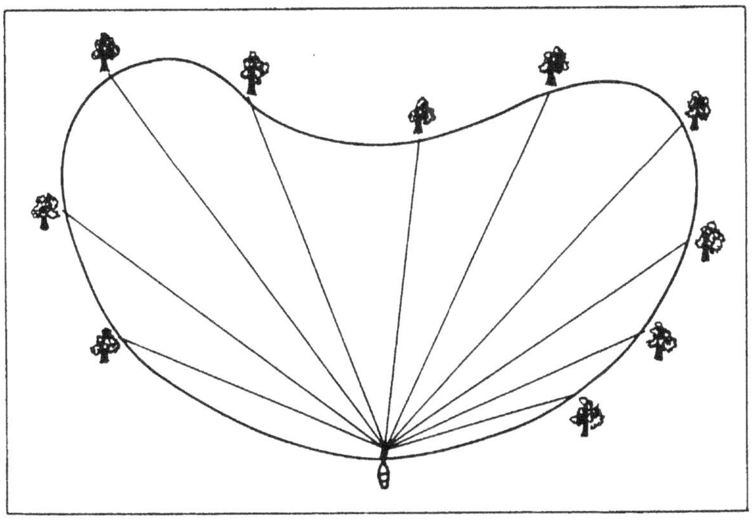

Bild 7. Idee von Petra

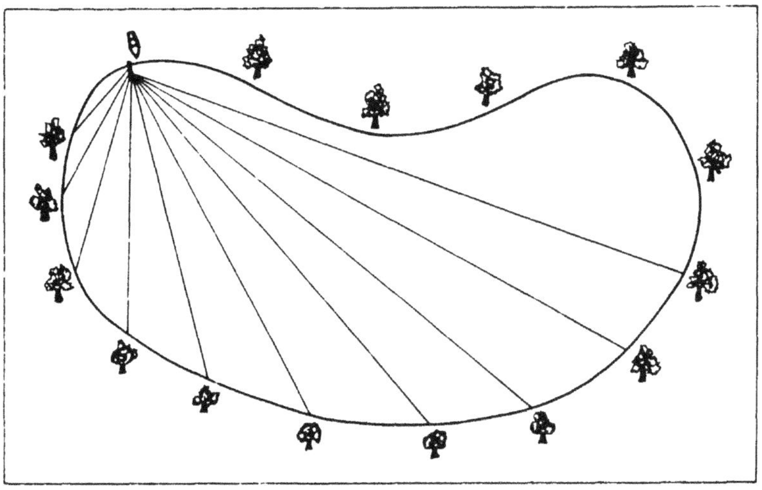

Bild 8. Petras versteckte Zeichnung

Da einige Kinder die Idee mit einem zweiten Bootssteg nicht gelten ließen, kam Wolf, Katrins Freund, zu Hilfe:

„Auch bei einer Insel im See kommt man mit einem Bootssteg aus. Ich binde das Boot an einen Strick und ziehe es am Ufer entlang. Wenn ich dort ankomme „– dabei zeigte sein Finger auf eine richtige Stelle im Bild –" kann ich losfahren."

Die Idee, die Stelle des Bootssteges zu variieren, brachte die Klasse weiter. Es gab eine Reihe von Seen, da konnte der Bootssteg überall am Ufer liegen und immer konnte man alle Bäume erreichen. Solche Seen nannte man „Klasse", „Super" oder „Spitze" (siehe Beispiel von Sonja). Bei vielen weiteren Seen (vgl. Beispiel von Petra) war zur Lösung des Problems die Lage des Bootssteges entscheidend.

Studenten und Studentinnen, die im Rahmen eines Tagespraktikums die Klasse weiter unterrichteten, weiteten die Geschichte aus. Sie erzählten: „Onkel Leo hat in einem Wettbewerb eine Flugreise über Nordrhein-Westfalen gewonnen. Er hat vom Flugzeug aus eifrig fotografiert, u.a. eine Reihe von Seen." Für den Unterricht waren diese Seen auf eine Tapete gemalt. Leider war die Lage der Bootsstege nicht zu erkennen. Die Schüler analysierten die Bilder richtig; die Begründungen blieben dabei im Rahmen der Problemstellung. Auch einen vorgegebenen See so auszubaggern, daß er „Spitze" wird, wurde originell gelöst (Bild 9).

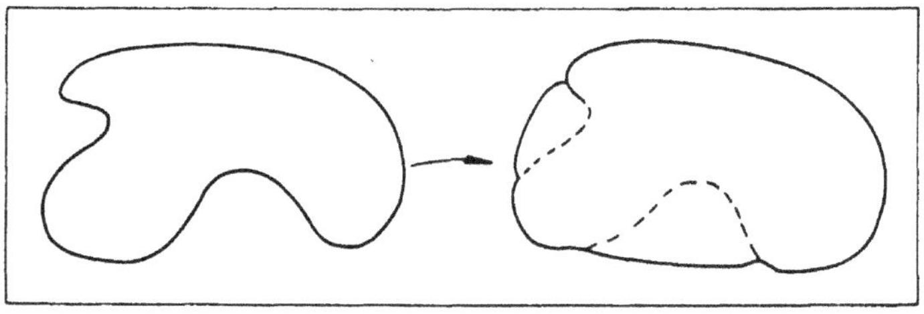

Bild 9

Nach ihrer ersten Lösung an der Tafel wischte Gisela das alte Ufer (gestrichelte Linien) weg und verbesserte dann ihren Vorschlag: „Alle Spitzen müssen noch weg."

Fortführung der Idee von Klaus (Bild 10):

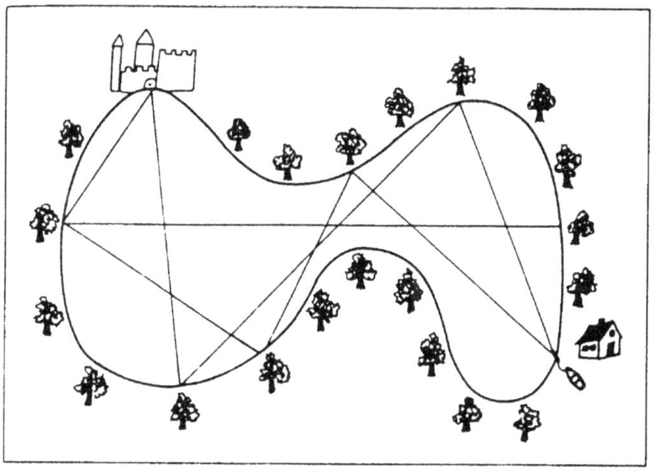

Bild 10

Bei diesem „S-N-Z-See" [1]*, wie ihn die Kinder nannten, will Onkel Leo die Burg besuchen. Wie geht das?*

Zusatzprobleme:

(1) Gesucht wird ein Weg mit einer minimalen Anzahl von Wendepunkten.
(2) Gesucht wird der kürzeste Weg.

Aufgaben für die Leserin

1. a) Wieviel Lehrer müssen jeweils auf dem Schulhof Aufsicht führen, damit alle Schüler im Auge behalten werden können? Wo dürfen sich die Lehrer jeweils aufhalten (Bild 11)?

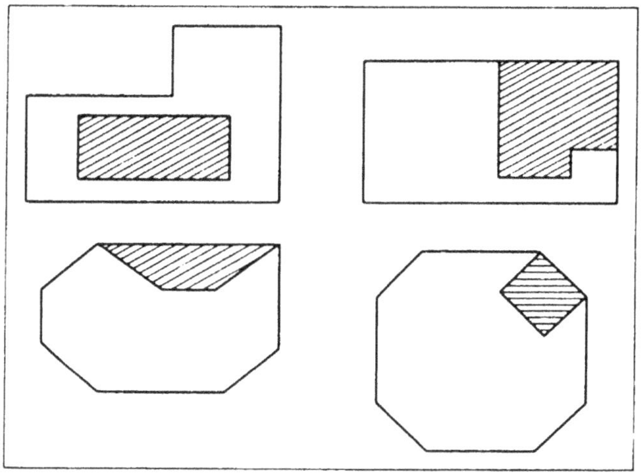

Bild 11

b) Besprechen Sie das Problem der Aufsicht für ein Museum, bei dem wertvolle Bilder an den Wänden hängen. Die Grundrisse sind jeweils vorgegeben. Vergleichen Sie dies mit der Aufgabenstellung, daß Punkte gefunden werden sollen, von denen aus man den Raum durch eine punktförmige Lichtquelle mit geradlinigen Lichtstrahlen ausleuchten kann (Bild 12).

---

[1] Dieser Name ist ein Kompromiß zwischen verschiedenen Gruppen in der Klasse, die sich jeweils für die Formen S, N und Z entschieden hatten und sich nicht einigen konnten.

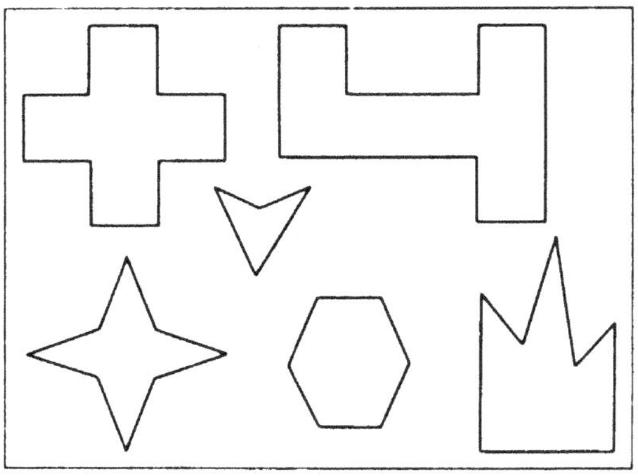

Bild 12

c) Gibt es auf den Seen in Bild 13 jeweils Punkte, bei denen man das ganze Ufer überblickt (zentrale Punkte)?

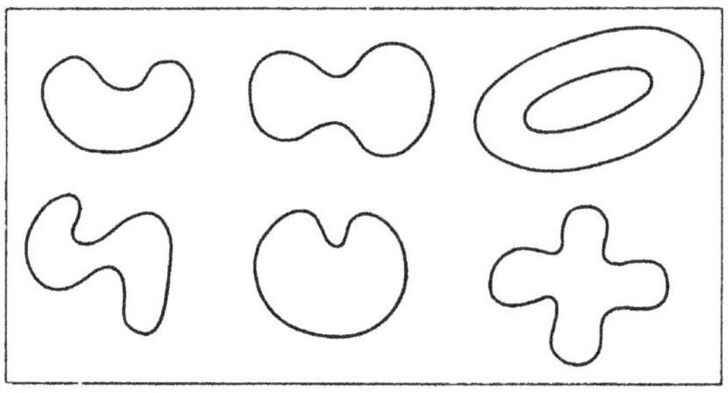

Bild 13

2. Sind in einer Figur je zwei Punkte miteinander verbindbar (d.h. die Verbindungsstrecke zwischen zwei beliebigen Punkten liegt wieder in der Figur), so nennt man die Figur *konvex.*

Sind in einer Figur je zwei Randpunkte miteinander verbindbar, so nennt man die Figur *randverbindbar.* Wo wurde dieser Begriff bereits benutzt?

Hat eine Figur (vgl. 1c) einen zentralen Punkt, so nennt man sie *sternförmig.* Begründen Sie diese Benennung!

Denkt man sich Figuren aus Pappe geschnitten, so haben einige die Eigenschaft, daß sie sich (evtl. wie ein eckiges Rad) so rollen lassen, daß jeder Randpunkt einmal den Boden berührt. Figuren mit dieser Eigenschaft heißen *rollbar* (Bild 14).

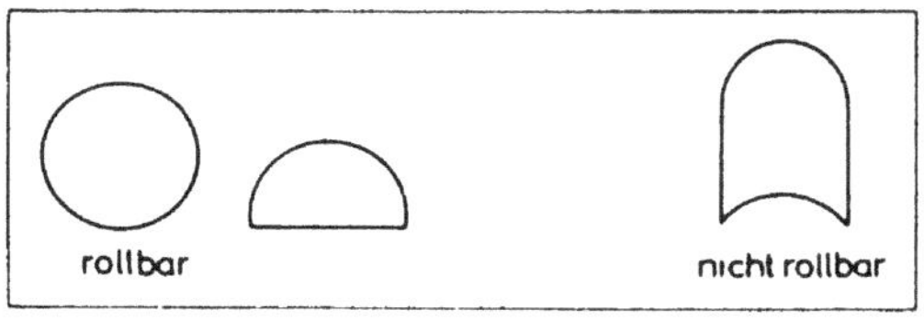

Bild 14

Geben Sie vier weitere rollbare und nicht rollbare Figuren an. Machen Sie für alle behandelten Figuren eine Tabelle (Bild 15).

Figur	sternförmig	konvex	randverbindbar	rollbar
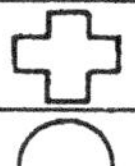	+	–	–	–
	+	+	+	+
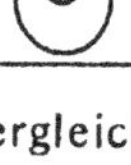				

Bild 15

Vergleichen Sie die Begriffe! Welche Vermutungen haben Sie?

3*. a) Überlegen Sie sich weitere Möglichkeiten, den Themenkreis Konvexität im Unterricht zu behandeln (z. B. mit Hilfe des Versteckspiels von Kindern).

b) Können Sie dabei mit Gewinn Erfahrungen benutzen, die Sie bei Aufgabe 1) und 2) gewonnen haben?

4*. Man versuche zu begründen: Zwischen zwei konvexen Inseln kann ein Boot immer geradlinig hindurchfahren (Bild 16).

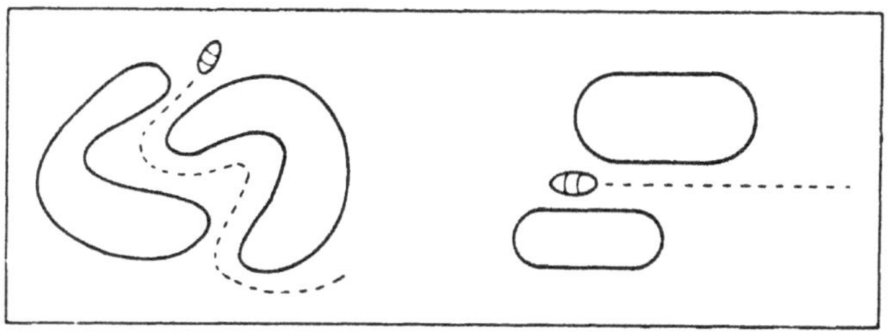

Bild 16

Prüfen Sie Ihre Vermutungen jeweils an weiteren Beispielen.

5*. Führen Sie für den S-N-Z-See einen Maßstab (z. B. 1 : 5000) ein und begründen Sie das bei dem Problem des kürzesten Weges auftretende Diagramm (Bild 17).

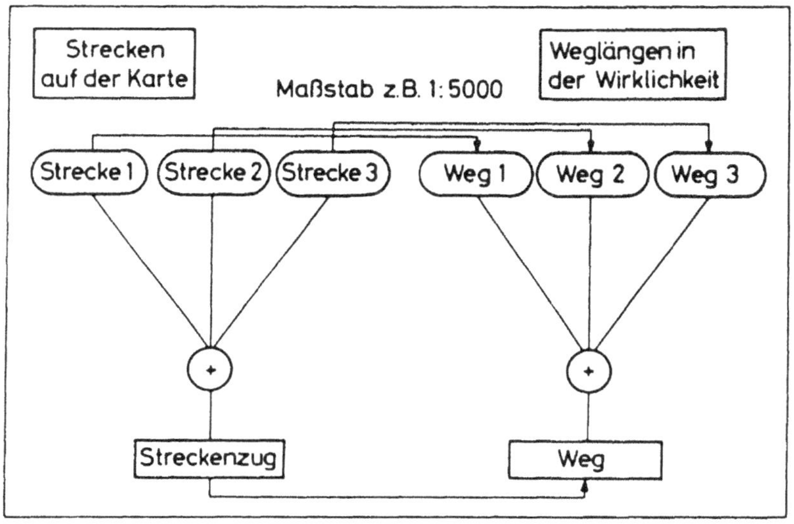

Bild 17

1.4. Beispiele zum Themenkreis „Strukturierte Mengen“

Wir wollen hier eine Einführung in die Untersuchung strukturierter Mengen geben, wie sie im Zuge der Neuen Mathematik vor allem von *Z. P. Dienes* angeregt worden ist. Wir verwenden aber nicht die in der „Mengenlehre“ vielfach für obligatorisch gehaltenen „logischen Blöcke“, die mittlerweile in teilweise skurrilen Variationen patentiert sind, sondern Mengen, deren Elemente man ohne viel Aufwand selbst modellieren kann und die eine mathematisch interessantere Struktur als die logischen Blöcke tragen. Von exemplarischer Bedeutung als strukturiertes Material ist die Menge der Strummi-Tierchen [1], an denen man alle Arten logisch-mengentheoretischer Aktivitäten entfalten kann.

Wie sich zeigen wird, werden wir mit der natürlichen Sprache völlig auskommen und auch keine besonderen Symbole benötigen. Mengentheoretische Begriffe treten in Form kon-

[1] Strummi ist eine Verballhornung von „strukturiertes Material“.

kreter Handlungen (enaktiv) oder zeichnerischer Darstellungen (ikonisch) auf, spielen in dieser Form allerdings eine bedeutsame Rolle. Inwieweit die *Mengensprache* wirklich weiter führt, kann u.E. im Augenblick nicht gesagt werden.

1.4.1. Der Zoo der Strummi-Tierchen

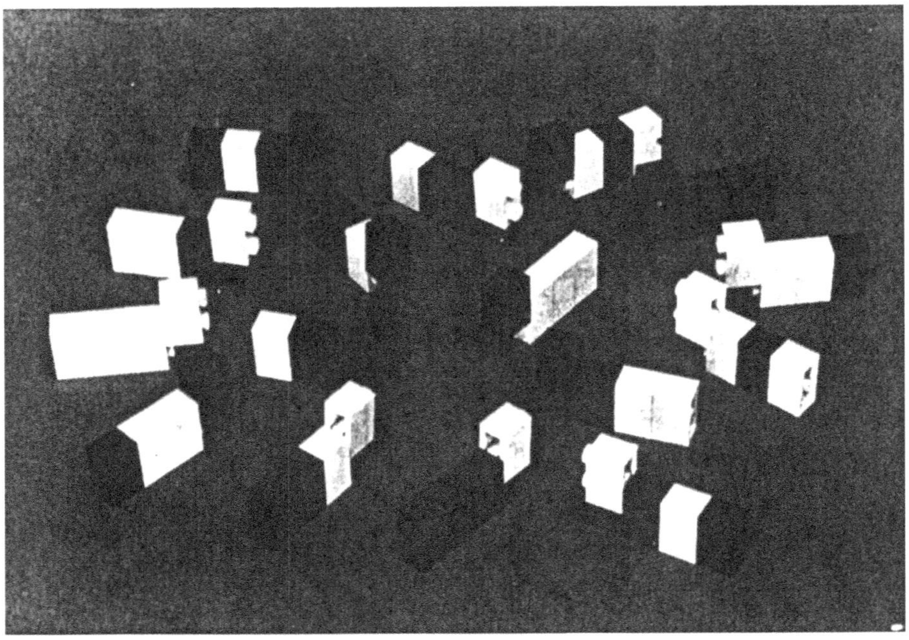

Situation

Je zwei Schüler erhalten mindestens 40 weiße und 40 schwarze Lego-Zweiknopfsteine. Die Lehrerin klebt dann an die Tafel eine vorbereitete Zeichnung (Bild 1).

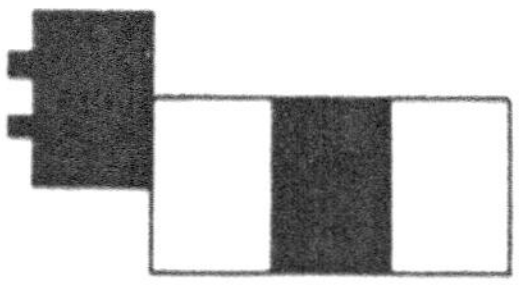

Bild 1

L.: „*Was ihr hier seht, ist ein ganz besonderes Tierchen, ein Strummi-Tierchen. Es hat einen Kopf, eine Schulter, einen Bauch und ein Hinterteil. Der Kopf ist schwarz, die Schulter weiß, der Bauch schwarz, das Hinterteil weiß. Ihr könnt nun eure Legosteine nehmen und das Tierchen zusammensetzen.*"

Die Lehrerin überzeugt sich, daß der Nachbau nicht an manuellen Schwierigkeiten scheitert und daß die Steine richtig gegeneinander versetzt werden.

L.: „*Es gibt auch noch andere Arten von Strummi-Tierchen, weil der Kopf nicht unbedingt schwarz sein muß, sondern auch weiß sein kann. Auch die Schulter, der Bauch, das Hinterteil können weiß oder schwarz sein, je nachdem. Hier ist z.B. noch ein anderes Tierchen.*"

(L. zeigt eine weitere Zeichnung, Bild 2.)

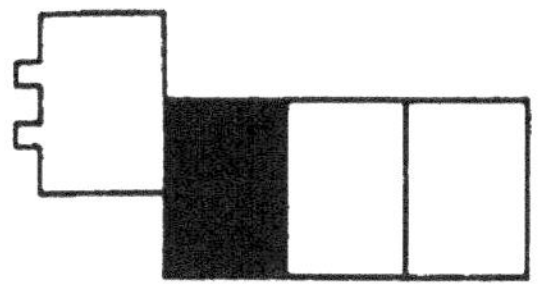

Bild 2

L.: *„Nun haben wir eine Aufgabe."*

Die Schüler finden die Frage: *Welche anderen Strummi-Tierchen gibt es noch?*

Sie beginnen die verschiedenen Tierchen mit den Zweiknopfsteinen nachzubauen. L. steht dabei beratend und anregend zur Verfügung. Insbesondere weist sie auf doppelte Exemplare hin. („Schau dir doch die beiden einmal an!")

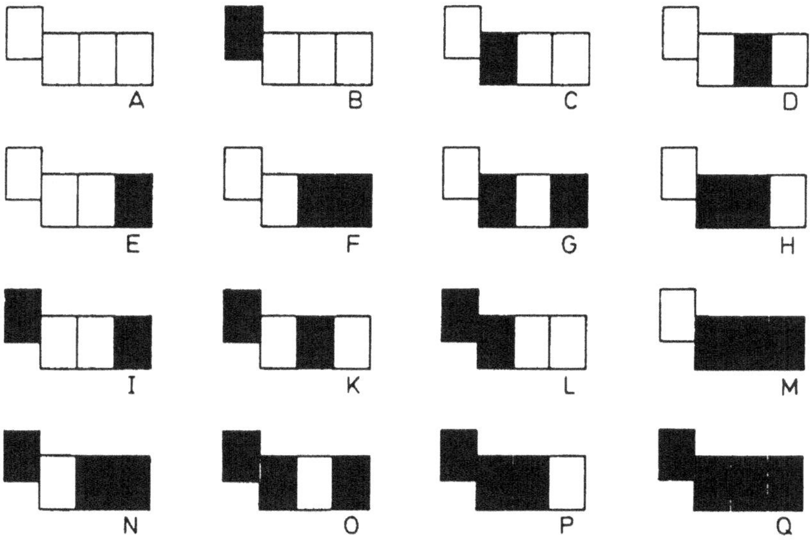

Bild 3

Wenn die Schüler ihre Arbeit abgeschlossen haben, werden die Ergebnisse gesammelt, verglichen und festgehalten. Die einzelnen Gruppen werden gefragt, wie viele verschiedene Tierchen sie gefunden haben. L. verteilt dann an die Gruppen Blätter, auf denen *maßstabsgetreu* alle 16 Strummi-Tierchen abgebildet sind (vgl. Bild 3, das natürlich nicht maßstabsgetreu ist). Die Kinder können durch Auflegen ihrer Tiere auf die entsprechenden Bilder feststellen, ob sie alle gefunden haben und die fehlenden Tiere ergänzen. Alle überzähligen Legosteine werden wieder eingezogen. Als Abschluß der ersten Runde findet eine Diskussion über den „Zoo" statt, bei der die Kinder sich frei darüber äußern können, was ihnen bei den Strummis auffällt. Jede Gruppe steckt ihre 16 Tierchen (unzerlegt!) in je eine Plastiktüte. Die Tüten werden von der Lehrerin ebenso wie die Blätter bis zur nächsten Stunde aufbewahrt.

Im Mittelpunkt der zweiten Runde steht ein zentrales mathematisches Problem.

L.: *„Wir kennen 16 verschiedene Strummi-Arten. Sind das wirklich alle? Oder gibt es eine Tierchen-Art, die wir alle übersehen haben?"*

In der Diskussion wird es verschiedene Meinungen geben. Aufgabe von L. ist es, ein nicht begründetes Sicherheitsgefühl bei den Schülern durch Gegenargumentation zu erschüttern, so daß ein Bedürfnis nach einem „Beweis" geweckt wird.

L.: *Wir wollen einmal darüber nachdenken, wie man ein Strummi-Tierchen bauen kann. Als erstes nimmt man einen Stein als Kopf, dann einen für die Schulter, dann einen als Bauch, dann einen als Hinterteil."* (L. beginnt Bild 4 systematisch zu entwickeln!)

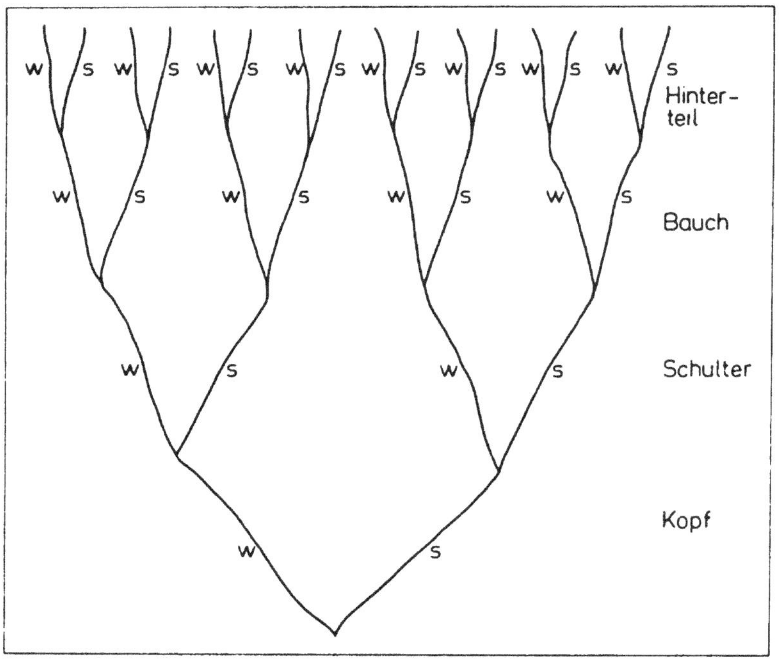

Bild 4

„Beim Kopf kann man sich entscheiden für die Farbe weiß oder die Farbe schwarz. Andere Möglichkeiten gibt es nicht. Wenn man einen weißen Kopf gewählt hat, kann für die Schulter die Farbe weiß oder schwarz gewählt werden. Andere Möglichkeiten gibt es nicht. Wenn der Kopf schwarz ist, kann man für die Schulter ebenfalls weiß oder schwarz wählen ..."

Nun kann die Klasse in die weitere Entwicklung des Entscheidungsbaumes einbezogen werden.

L.: *„Diese Zeichnung nennen [1] wir einen Entscheidungsbaum, weil die Striche wie Äste und Zweige eines Baumes aussehen und weil man an dem Baum alle Entscheidungsmöglichkeiten ablesen kann, die man bei dem Bau eines Strummi-Tierchens hat."*

An einzelnen Strummi-Tierchen und entsprechenden Wegen von der Baumwurzel zu den Spitzen wird die Verwendung des Baumes eingehend besprochen.

L.: *„Der Entscheidungsbaum zeigt alle Möglichkeiten an, wie man ein Strummi-Tierchen bauen kann. Wie viele Tierchen sind möglich?"*

Die Schüler zählen die Spitzen des Baumes und erhalten die Zahl 16. Nun wird Tierchen für Tierchen den Spitzen des Baumes zugeordnet [2].

Ergebnis: Wir wissen nun genau, daß kein Tierchen vergessen wurde.

---

[1] Statt „nennen wir einen" muß man „ist ein" sagen, wenn Entscheidungsbäume im Unterricht schon vorgekommen sind.

[2] Die Strummi-Tierchen können z.B. an den Spitzen des Baumes auf die obere Kante der Tafel gestellt werden.

In der dritten Runde empfehlen sich zur weiteren Vertiefung Fragespiele. L. (oder ein Kind) denkt sich ein Tierchen. Die übrigen sollen herausbekommen, um welches Tierchen es sich handelt. Sie dürfen dazu Fragen stellen, die mit „ja" oder „nein" beantwortet werden können. L. sollte zunächst überhaupt nicht lenkend eingreifen, damit die Kinder verschiedene Strategien testen können. Die effektivste Strategie, die mit vier Fragen sicher zum Ziel führt, stützt sich auf den Entscheidungsbaum.

1. Frage: Ist der Kopf schwarz?
2. Frage: Ist die Schulter schwarz?
3. Frage: Ist der Bauch schwarz?
4. Frage: Ist das Hinterteil schwarz?

Man verfolgt also das Tierchen im Entscheidungsbaum und ist nach vier Fragen an der Spitze angelangt.

Weitere Probleme

Im Zoo der Strummi-Tierchen steht nun eine Menge zur Verfügung, deren Elemente man nach verschiedenen Eigenschaften und Relationen untersuchen kann.

Aufgaben über Eigenschaften mit Lösungen

(1) Welche Tiere haben keinen schwarzen Körperteil? (Lösung: A)
Wie viele sind das? Welche Tiere haben 1 schwarzen Körperteil? (Lösung: B, C, D, E).
Wie viele sind das? Welche Tiere haben 4 schwarze Körperteile? (Lösung: Q).
Wie viele sind das?

(2) Entsprechend (1), aber „weiß" statt „schwarz".

(3) Vergleiche die Aufgaben (1) und (2). Was fällt auf?

(4) Welche Tiere haben höchstens 3 schwarze Körperteile? (Lösung: A, B, C, D, E, F, G, H, I, K, L, M, N, O, P).

(5) Welche Tiere haben mindestens 3 schwarze Körperteile? (Lösung: M, N, O, P, Q).

(6) Welche Tiere haben höchstens 3 schwarze Körperteile und auch mindestens 3 schwarze? (Lösung. M, N, O, P).

(7) Welche Tiere haben einen schwarzen Kopf und mindestens 2 schwarze Körperteile? (Lösung: L, K, I, N, O, P, Q).

(8) Welche Tiere haben weniger als 2 schwarze Körperteile und weniger als 2 weiße Körperteile? (Lösung: Solche Tiere gibt es nicht)

Torspiele

Eine schöne didaktische Erfindung zur logischen Verknüpfung von Eigenschaften sind die Torspiele von *Neunzig* und *Sorger* [1]).

Vorgegeben ist jeweils ein Spielfeld mit einem Start und einem Ziel, die durch ein Wegenetz verbunden sind. Auf den Wegen gibt es Tore, an denen Gebots- oder Verbotsschilder stehen.

Aufgabe: Welche Elemente können vom Start bis ins Ziel gelangen?

---

[1]) Vgl. *Sorger, P.*, Erarbeitung gemeinsamer Regeln bei den Verknüpfungen von Mengen, Aussageformen und natürlichen Zahlen im Grundschulalter, Beiträge zum Mathematikunterricht 1969, Hannover 1970, 215–225.

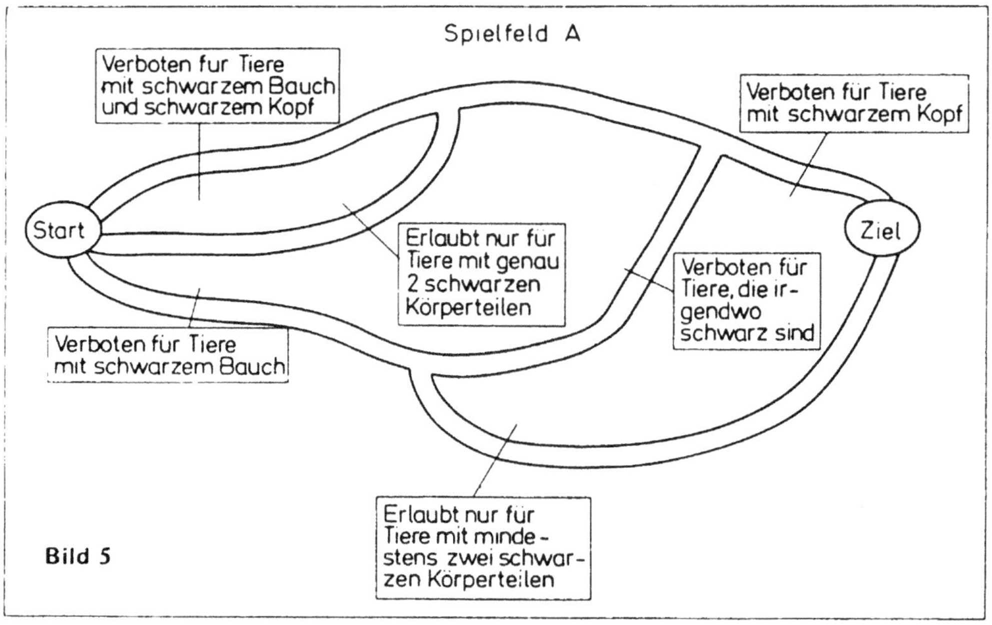

Bild 5

Ein für die Menge der Strummi-Tierchen geeignetes (kompliziertes) Spielfeld ist in Bild 5 dargestellt. Weitere (insbesondere einfachere) Spielfelder kann man leicht konstruieren.

Spiele am Karnaugh-Diagramm

Gegeben ist ein Karnaugh-Diagramm, das als Schrank mit vier Fächern gedeutet wird (Bild 6).

	weißes Hinterteil	schwarzes Hinterteil
weißer Kopf	A D, C, H	E, G, F M
schwarzer Kopf	B, L, K, P	I, N, O, Q

Bild 6

Beispielaufgaben: Ordne die Tierchen so ein, daß die Tiere mit weißem Kopf nach oben, die Tiere mit weißem Hinterteil nach links kommen.

Wichtige Verwandtschaftsrelationen

Strummi-Tierchen, die sich in der Farbe eines einzigen Körperteils unterscheiden, heißen verwandt vom Grade 1, solche die sich in Farben von zwei Teilen unterscheiden, heißen verwandt vom Grade 2, usw. ...

(1) Wähle ein Strummi-Tierchen und bestimme alle Verwandten vom Grade 1 (analog vom Grade 2, 3, 4).

(2) Stelle die Tierchen in einer Schlange auf und bestimme zwischen benachbarten Tierchen die Verwandtschaftszahlen.

(3) Alle Tiere sollen in einer Schlange aufgestellt werden, so daß zwei benachbarte Tiere sich in der Farbe eines einzigen Körperteils unterscheiden.

(4) Alle Tiere sollen in einer Schlange aufgestellt werden, so daß zwei benachbarte Tiere sich in der Farbe von mindestens 3 Körperteilen unterscheiden.

(5) In Bild 7 ist ein Dreieck mit Verwandtschaftszahlen gezeichnet. Belege die Ecken so mit Strummi-Tierchen, daß die Verwandtschaftszahlen passen. Ebenso für die Dreiecke in Bild 8. Versuche es auch bei den Dreiecken in Bild 9.

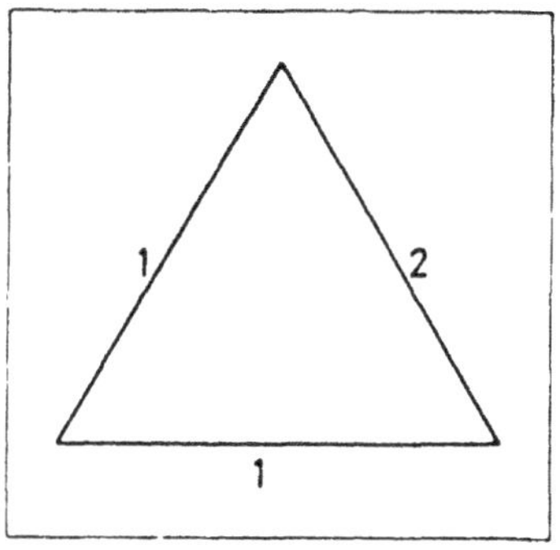

Bild 7

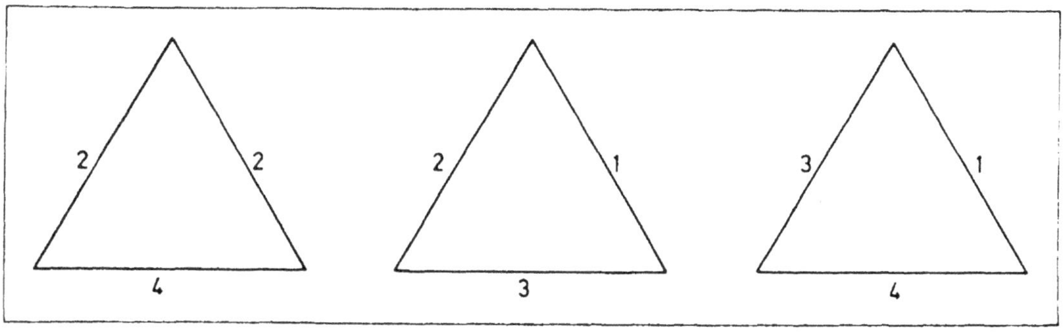

Bild 8

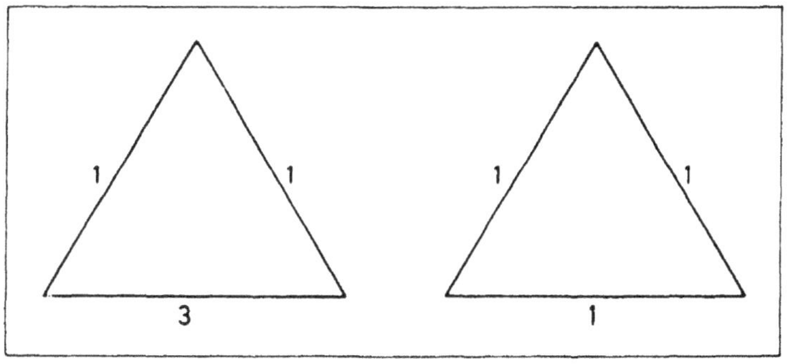

Bild 9

Die Strummi-Tierchen bekommen Junge

Wenn ein männliches und ein weibliches Strummi-Tierchen Junge bekommen, gibt es für das Aussehen des Strummi-Kindes folgende Möglichkeiten: Die Farbe jedes Körperteiles kann es vom Vater oder von der Mutter erben, z.B. den Kopf vom Vater, die Schulter von der Mutter, den Bauch von der Mutter, das Hinterteil vom Vater. Oder auch anders.

Welche verschiedenen Arten von Nachkommen können folgende Strummi-Tierchen haben: K als Vater und F als Mutter.

Gibt es Paare von Strummi-Tierchen, unter deren Nachkommen *alle* verschiedenen Arten von Strummi-Tierchen vertreten sein können?

Mathematischer Hintergrund

Die Bestimmung der Anzahl der verschiedenen Arten von Strummi-Tierchen ist eine kombinatorische Aufgabe. Sie wird durch systematisches (strukturiertes, kombinatorisches) Zählen mit Hilfe des Entscheidungsbaumes gelöst. Die Aufgabe gehört zum Typ der Variationen mit Wiederholung, bei dem es darum geht festzustellen, auf wie viele verschiedene Weisen n Plätze mit Zeichen, Farben, o.ä. aus einem k-elementigen „Alphabet" zu belegen sind. (In unserem Fall ist n = Anzahl der Körperteile = 4 und k = Anzahl der Farben = 2). Mit Hilfe eines Entscheidungsbaumes, der n Stockwerke und an jedem Verzweigungspunkt k Verzweigungen aufweist, überlegt man sich, daß die Anzahl der Variationen mit Wiederholung k^n ist.

Aus dem Entscheidungsbaum geht unmittelbar hervor, daß sich Strummi-Tierchen auch durch Codewörter der Länge 4 über dem Alphabet mit den beiden Zeichen W (für weiß) und S (für schwarz) benennen lassen. Zum Beispiel wird das Strummi-Tierchen H durch WSSW dargestellt. Diese Methode ist von grundlegender Bedeutung, weil die modernen Geräte zur Datenverarbeitung und Datenübertragung binär arbeiten, d.h., sie können zwei Elementar-Zeichen übertragen bzw. fixieren, aus denen durch Zusammensetzung zu „Wörtern" kompliziertere Daten aufgebaut werden können. Gewöhnlich stellt man die beiden Zeichen symbolisch durch 0 und 1 dar. Würde man etwa „0" für „weiß" und „1" für „schwarz" wählen, dann hätte man eine Codierung der Strummi-Tierchen durch die Zeichen 0 und 1.

Hintergrund der Aufgaben über Eigenschaften der Strummi-Tierchen ist das *Bilden und Verknüpfen von Teilmengen.* Vorgegeben wird ein Eigenschaftsbegriff. Herauszusuchen sind alle Elemente der „Grundmenge", welche unter den Begriff fallen (Teilmenge als „Begriffsumfang" relativ zu der Grundmenge).

Voraussetzung für solche Aktivitäten ist das Vorliegen einer Menge wohlverschiedener Objekte, die mit wohlunterschiedenen Namen benannt werden können. Kollektionen „homogener" Objekte (wie Tischtennisbälle, Plättchen usw.) genügen dieser Bedingung nicht. Der Zoo der Strummi-Tierchen ist im Gegensatz zu derartigem „homogenen Material" ein *strukturiertes* Material.

Bei unserem Vorschlag wurde die Mengensprache nicht explizit verwendet, sondern es wurden die Eigenschaften selbst und ihre sprachliche Verknüpfung mittels „und" sowie ihre Negation betont. Die Partikel „oder" haben wir völlig ignoriert, weil sie umgangssprachlich je nach Kontext in verschiedener Weise gebraucht wird. Teilmengen wurden, soweit sie vorkamen, enaktiv modelliert (z.B. bei den Torspielen und den Spielen am Karnaugh-Diagramm) oder symbolisch durch eine Liste (*ohne* Mengenklammern) erfaßt. Wie man die Mengensprache stärker herausarbeiten könnte, wird am Schluß dieses Beispiels in Aufgabe 3 diskutiert.

Hinter den Verwandtschaftsrelationen steht der Begriff der *Hamming-Distanz.* In unserer Menge wird je zwei Elementen eine Zahl zugeordnet, welche die „Entfernung" bzgl. der Verwandtschaft angibt. Diese „Entfernung" hat mit dem Abstand von Punkten in der Geometrie einige grundlegende Eigenschaften gemein und wird daher als eine „Distanz" abstrakter Art angesehen. In ähnlicher Weise wie bei den Strummi-Tierchen kann man allen binär codierten Mengen eine Distanz definieren. Diesen Typ von Distanz, der in der Codierungstheorie eine fundamentale Rolle spielt, nennt man nach dem Mathematiker Hamming, der ihn eingeführt hat, die Hamming-Distanz.

Folgende Eigenschaften sind für eine Distanz charakteristisch:

(1) Die Distanz zwischen zwei Elementen ist genau dann von 0 verschieden, wenn die Elemente verschieden sind (an der Distanz kann man also ablesen, ob zwei Elemente zusammenfallen oder nicht. Man nennt die Eigenschaft (1) daher auch oft *Koinzidenzeigenschaft*).

(2) Die Distanz von einem Element zu einem zweiten ist ebenso groß wie die vom zweiten zum ersten *(Symmetrie).*

(3) In jedem „Dreieck" von Elementen ist die Summe je zweier Distanzen mindestens so groß wie die dritte *(Dreiecksungleichung).*

Eine Menge, auf der eine Distanzfunktion (oder Metrik) mit den Eigenschaften (1)–(3) eingeführt ist, heißt ein metrischer Raum. Dieser Begriff kommt in der Grundschule allerdings nicht zum Tragen.

Zielsetzung

Förderung der Kombinationsfähigkeit und des kombinatorischen Zählens mit Hilfe eines Entscheidungsbaumes (Baumdiagramm); sprachlich-logische Schulung: Umsetzen von Eigenschaften in Teilmengen, Verknüpfen von Eigenschaften; Förderung der heuristischen Fähigkeiten an Aufgaben zur Hamming-Distanz.

Aufgaben für die Leserin

1. Welche Strummi-Tierchen kommen beim Spielfeld in Bild 10 ans Ziel?

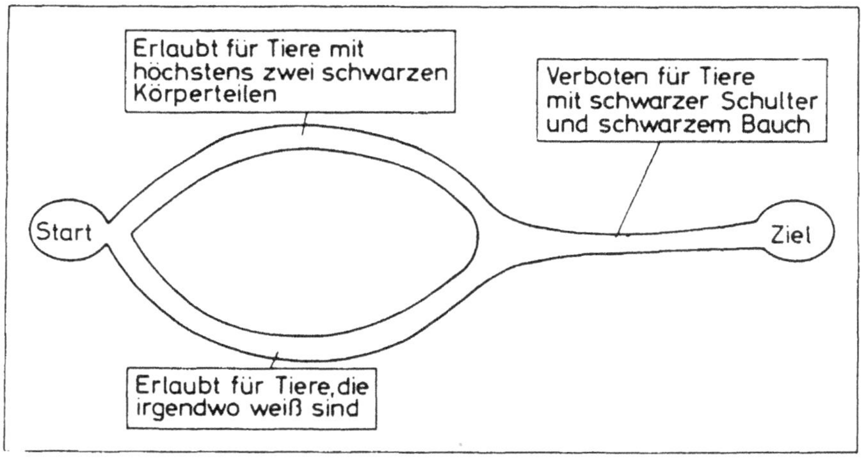

Bild 10

2. Konstruieren Sie ein Spielfeld, bei dem genau die Strummi-Tierchen A, B, C, D, F, H, K, L ans Ziel kommen. Gibt es mehrere Lösungen?

3. Es gibt Unterschiedsspiele auf einem Spielplan in Form eines „Drachens". Jeder Strich bedeutet 1 Unterschied (Beispiel in Bild 11).

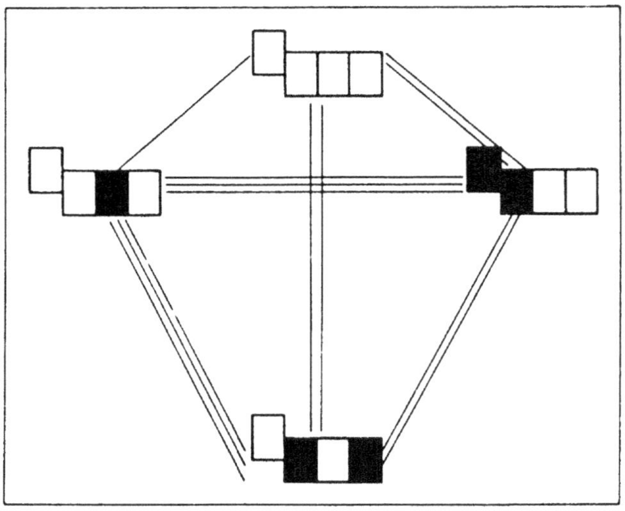

Bild 11

Welche Eigenschaften muß ein lösbarer Spielplan besitzen? Geben Sie Beispiele für unlösbare Spielpläne.

4. Eine Firma A bringt als Konkurrenz „Strummi-Tierchen" in drei Farben. Eine Firma B benutzt Steine in zwei Farben, aber mit zwei verschiedenen Oberflächen (behaart, glatt). Eine Firma C schließlich benutzt 5 Steine (Kopf, Schulter, Brust, Bauch, Hinterteil). Wie viele Elemente enthält jeweils das strukturierte Material? [1]

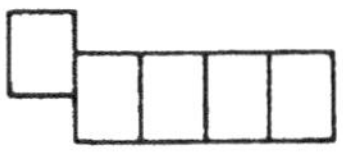

1.4.2. Permutationsmaschinen

Behandelt wird die Gruppe der Permutationen von drei Elementen. Als Hilfsmittel dienen: Maschinen, Musterplättchen und Abbildungspfeile, die durch selbst hergestellte Flanelltafelelemente realisiert werden (Bild 1). Die Unterrichtsreihe ist etwa für ein 3. Schuljahr vorgesehen.

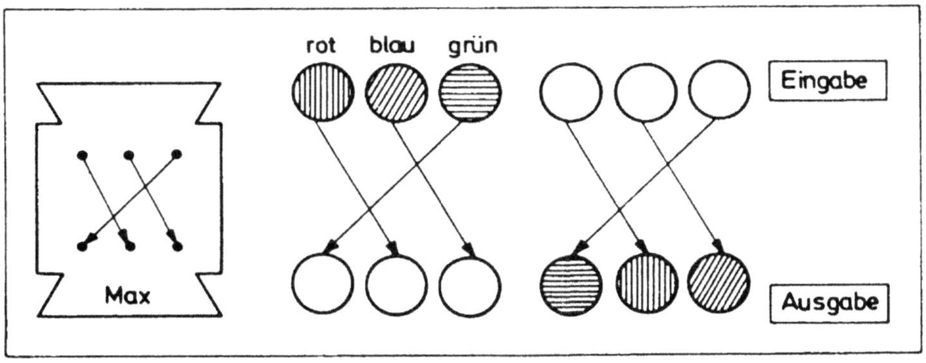

Bild 1

Die Maschine in Bild 1 wird zunächst mit konkreten farbigen Musterplättchen „gefüttert".

[1] Selbstverständlich läßt jede Firma ihre Tierchen patentieren.

Dabei kann mit Hilfe der Pfeile leicht von der Eingabe auf die Ausgabe und umgekehrt geschlossen werden. Die Wirkungsweise der Maschine wird folgendermaßen beschrieben:

Das Plättchen der 1. Stelle geht an die 2. Stelle,
2. Stelle geht an die 3. Stelle,
3. Stelle geht an die 1. Stelle.

Die Maschine darf auch mit Ziffern und Buchstaben gefüttert werden, z.B. mit (O) (M) (A).

Hintereinanderschaltung zweier Exemplare der Maschine „Max“ gibt erste Hinweise auf weitere mögliche Maschinen (Bild 2).

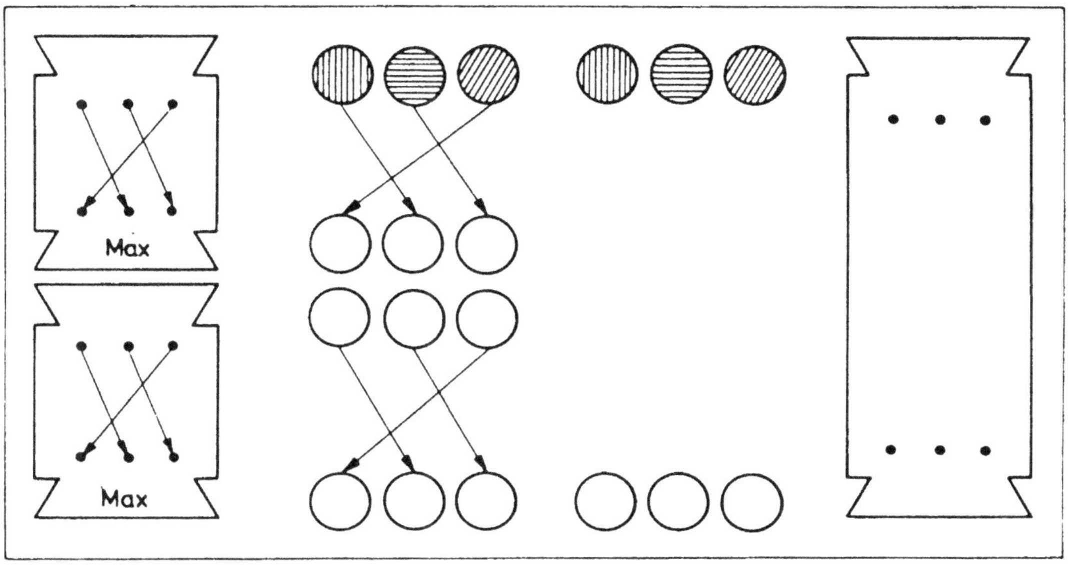

Bild 2

Durch zeichnerische Darstellung (Eintragen der fehlenden Farben und Pfeile, erhält man die Maschine Moritz. Die Schüler überlegen sich weitere Maschinen (Bild 3).

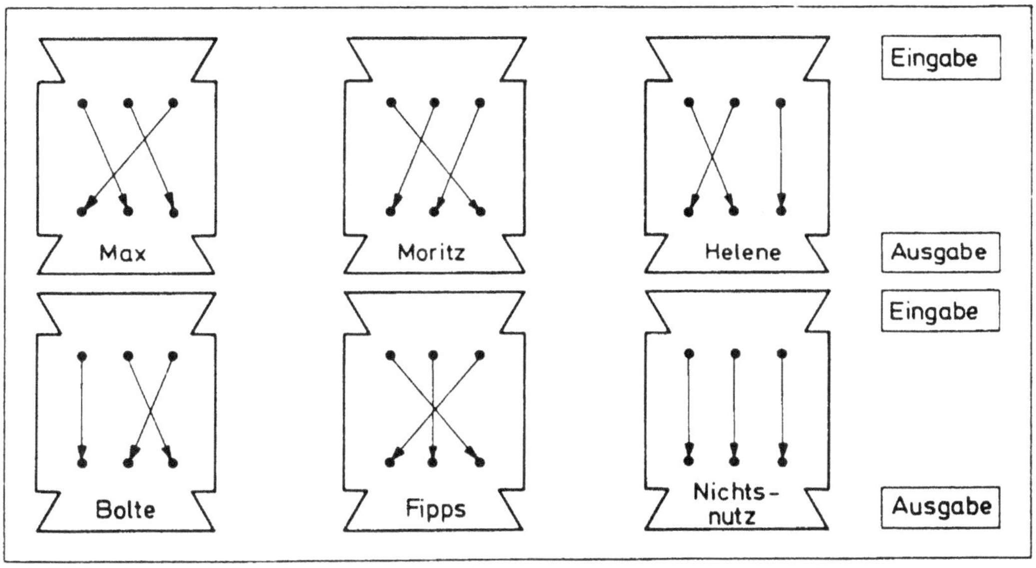

Bild 3

Aufgabe: Trage die fehlenden Pfeile und den Namen der Maschine ein (Bild 4)!

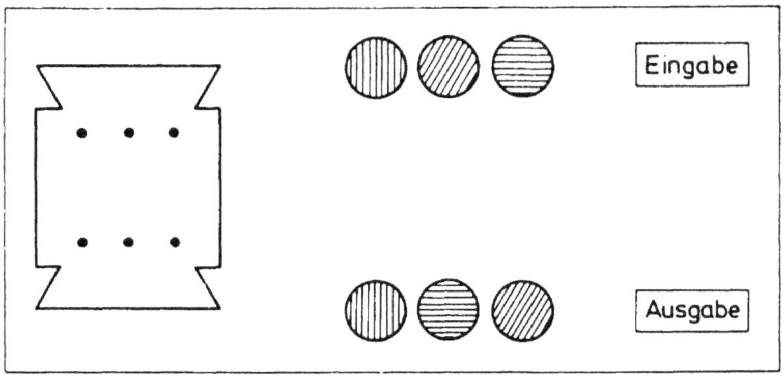

Bild 4

Aufgabe: Kopple die folgenden Maschinen. Ersetze sie durch eine einzige Maschine. Trage die fehlenden Pfeile und Namen ein (Bild 5).

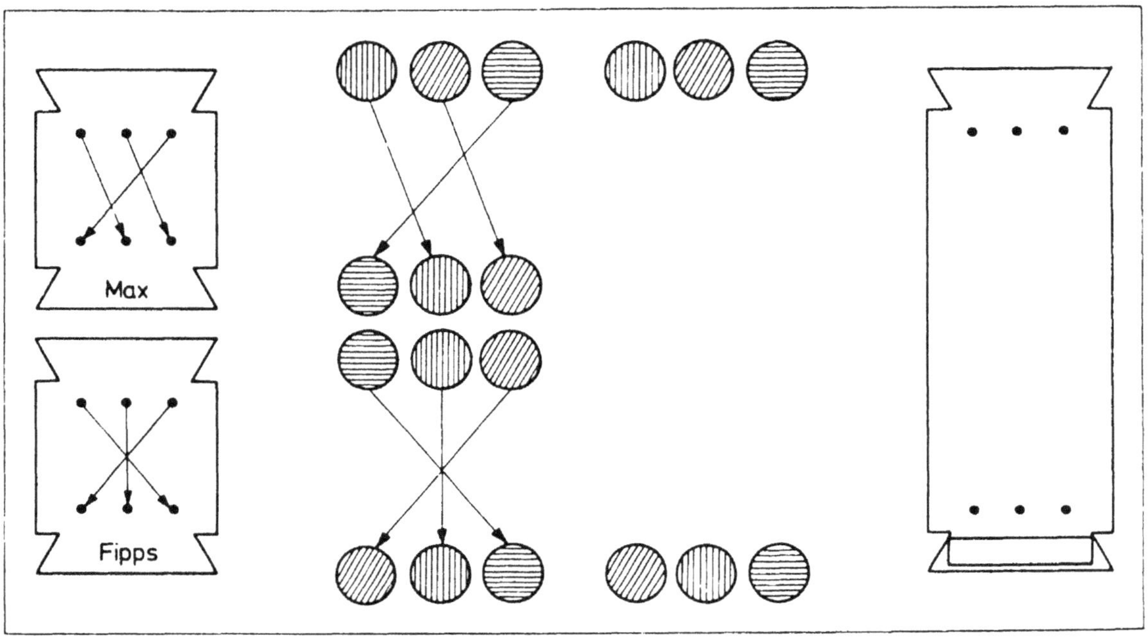

Bild 5

Auch bei der Bestimmung von inversen Elementen treten keine Schwierigkeiten auf.

Aufgabe: Welche Maschine kann ich mit [Max] *koppeln, um* [Nichtsnutz] *zu erhalten? Welche Maschinen machen somit die Arbeit von* [Max] *rückgängig?*

[Max]–[ ] = [Nichtsnutz]

Die Lösung können sich die Schüler aus der zeichnerischen Darstellung erarbeiten [1](Bild 6).

---

[1]) Schwächere Schüler können sich zu einer noch besseren Orientierung die Plättchen farbig ausmalen.

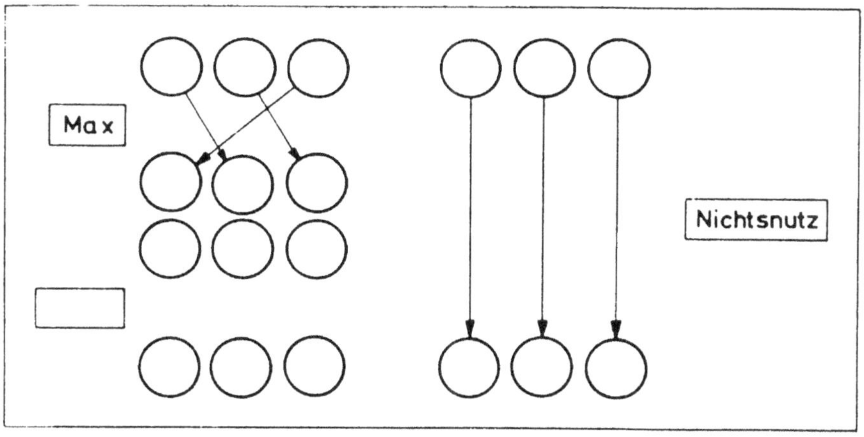

Bild 6

Ohne Aufstellen einer Gruppentafel oder systematisches Ausprobieren erkennen viele Kinder durch die zwangsläufige Festlegung der Pfeile die Eindeutigkeit der Umkehrmaschine.

Nach dieser relativ kurzen Einführung in die vorliegende Gruppenstruktur können die Kinder selbsttätig Aufgaben folgenden Typs lösen. Damit Memorieren verhindert wird, sollten hier die Maschinen umbenannt werden. Zudem wird dadurch ersichtlich, daß die Benennung unwesentlich ist.

Woran erkennt man, daß Gleichungen des Typs

[ ]—[Max] = [Bolte] bzw. [Max]—[ ] = [Fipps]

eindeutig lösbar sind?

Aufgabe: Welche Maschine kann ich nach (bzw. vor) [Max] *koppeln, um Bolte zu erhalten?*

[Max]—[ ] = [Bolte] bzw. [ ]—[Max] = [Bolte]

Die Lösung ergibt sich aus Bild 7, durch Eintragung der fehlenden Pfeile und Namen.

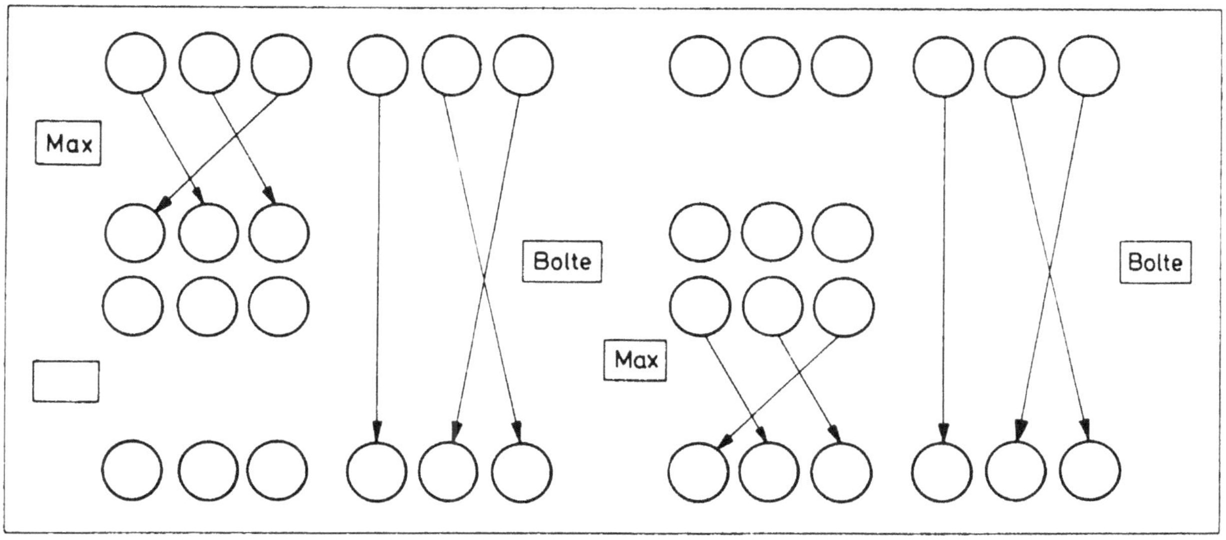

Bild 7

Oft weigern sich gerade die guten Schüler nach der 1. Aufgabe die 2. Aufgabe zu bearbeiten. Sie behaupten, es wäre die gleiche Aufgabe (Vertauschungsaufgabe). Umso erstaunter sind sie über die verschiedenen Ergebnisse.

Da es sich hier um eine endliche Gruppenstruktur und nicht um unendliche Halbgruppenstrukturen wie bei den natürlichen Zahlen bzgl. der Addition oder Multiplikation handelt, können die Schüler selbsttätig Aufgaben des genannten Typs stellen. Dieser Umstand scheint bei der propädeutischen Behandlung von linearen Gleichungen von Vorteil, denn alle Aufgabentypen sind lösbar, im Gegensatz zu Gleichungen im Zahlbereich der natürlichen Zahlen.

Man erkennt leicht, daß man mit Hilfe der dargestellten Pfeildiagramme weitere verschiedenartige Aufgaben lösen kann, wie z. B.:

Kopple die Maschinen in der angegebenen Reihenfolge. Vergleiche!

[[Fipps]—[Max]]—[Bolte] = [ ] [Fipps]—[[Max]—[Bolte]] = [ ]

Wie oft muß man [Max] *mit sich selbst koppeln, um* [Nichtsnutz] *zu erhalten?*

Gib Lösungspaare für folgende Gleichung an:

[Max]—[ ] = [Moritz]—[ ]

Die Existenz von sechs Lösungspaaren läßt sich nicht nur an der Gruppentafel, sondern schon auf der Stufe der Pfeildiagramme ablesen. Im übrigen sei darauf hingewiesen, daß sich diese Fragestellung geradezu für eine Arbeit mit der Gruppentafel anbietet.

Literatur

Müller, W./Müller, G., 1973.

Aufgaben für die Leserin

1. Stellen Sie eine Übersicht (Gruppentafel) her (Bild 8)!

	Nichtsnutz	Max	Moritz	Fipps	Bolte	Helene
Nichtsnutz						
Max		Moritz	Nichtsnutz			
Moritz		Nichtsnutz	Max			
Fipps						
Bolte					Nichtsnutz	
Helene						Nichtsnutz

Bild 8

Lösen Sie auch hiermit die gestellten Aufgaben: Woran erkennt man, daß man die Reihenfolge der Maschinen nicht beliebig ändern kann (Nichtkommutativität)?

2. Eine Idee aus der „Zauberfibel" (*Resag, Bärmann* 1966) verwenden wir in dieser Aufgabe: Steffi beobachtet einen jonglierenden Zauberkünstler. Dieser hat zwei Tricks: Der Zauberkünstler ruft „ZICK", wirft drei geordnete Kugeln hoch und fängt diese in der angegebenen Reihenfolge (Bild 9) wieder auf.

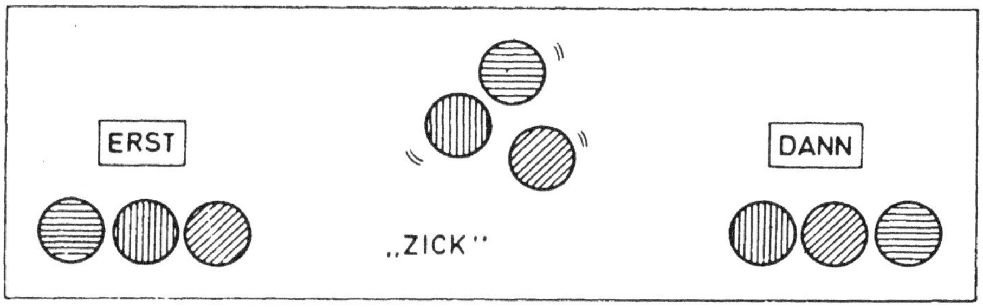

Bild 9

Beim zweiten Trick ruft der Zauberkünstler „ZACK", wirft drei geordnete Kugeln wieder hoch und fängt auch dieser in der Reihenfolge von Bild 10 auf.

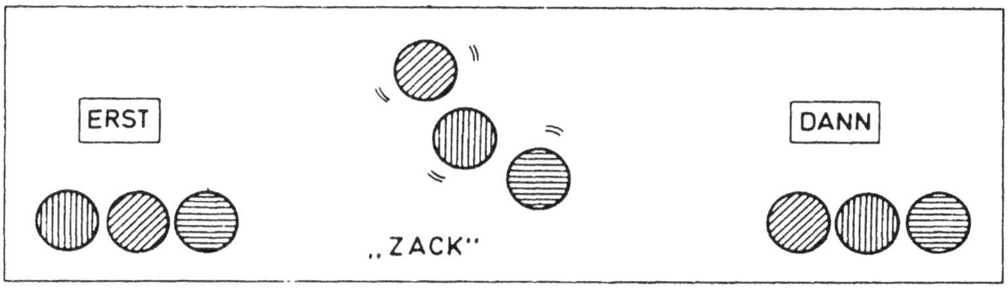

Bild 10

Nun ein Trommelwirbel: Der Zauberkünstler zieht Kugeln mit Ziffern, z.B. (3) (4) (7)

Er möchte die größte Zahl aus den angegebenen drei Ziffern zaubern, dann die kleinste Zahl. In welcher Reihenfolge und wie oft muß er die Tricks anwenden? Kann er seine Tricks vertauschen? Kann er alle möglichen Kombinationen aus (3) (7) (4) zaubern, auch (3) (7) (4) selbst.

Der Zauberer möchte immer mit einer zweimaligen Anwendung von Tricks auskommen, welchen dritten Trick muß er hinzulernen? Gibt es mehrere Möglichkeiten?

3. Eine Schulklasse strickt Schals aus Wolle mit drei verschiedenfarbigen Streifen (Bild 11).

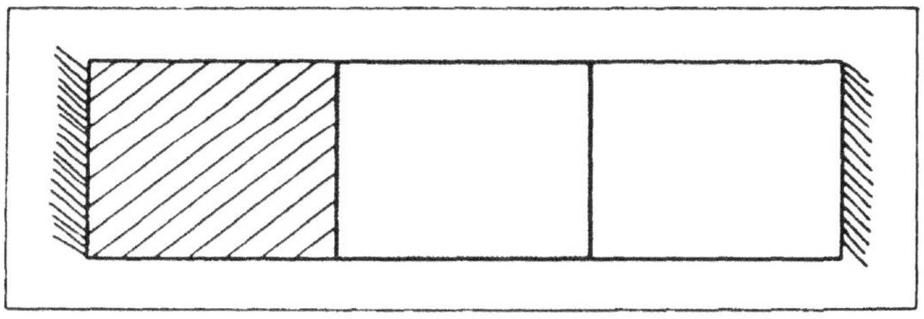

Bild 11

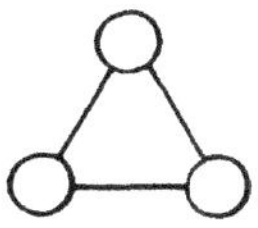

Bild 12

Es stehen vier Farben (rot, blau, grün, gelb) zur Verfügung. Wie viele unterscheidbare Schals werden hergestellt?

4. Aus farbigen Knetmassen (rot, blau, grün) werden kleine Kugeln hergestellt, diese werden mit Streichhölzern zu Dreiecken zusammengesteckt (Bild 12). Wie viele unterscheidbare Dreiecke

erhält man? Diesmal sind auch Dreiecke mit nur einer oder zwei Farben zugelassen. Nehmen Sie eine vierte Farbe hinzu!

5*. Testen Sie zu Beginn eines dritten Schuljahrs, ob die Kommutativität (Vertauschbarkeit) für die Schüler eine Denkgewohnheit geworden ist, die sie auch auf andere Bereiche übertragen wollen. Suchen Sie Beispiele für nichtkommutative Strukturen in der Primarstufe.

6*. Sie beobachten einen Schüler, der gedankenverloren mit den farbigen Plättchen Muster wie in Bild 13 legt.

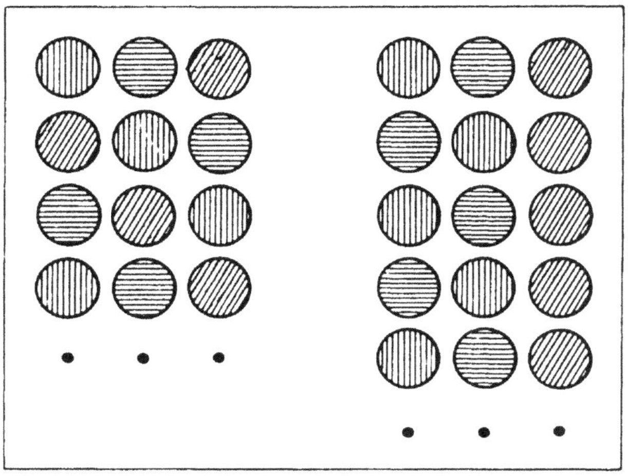

Was kann man daran gut erkennen? Wie würden Sie dies im Unterricht verwenden?

Bild 13

7. Bekanntlich erhält man durch sogenannte Regelspiele (bei *Dienes* „Wort-Spiele" [1]) Gruppenstrukturen.

Zum Beispiel:

Als Material nehme man *große* und *kleine* Steinchen.

OO ... oo ...

Es sollen folgende Regeln gelten:

(1) Große und kleine Steinchen werden in Reihen hintereinandergelegt.

(2) *Drei* (aufeinanderfolgende) kleine Steinchen dürfen weg- oder hinzugenommen werden.

(3) *Zwei* (aufeinanderfolgende) große Steinchen dürfen weg- oder hinzugenommen werden.

(4) Die Reihe oder Teilreihe Oo darf ersetzt werden durch ooO und umgekehrt.

Aus diesen Regeln erhält man sofort weitere Regeln, z.B.

(5) oOo ⇄(4) oooO ⇄(2) O

Die Reihe oder Teilreihe oOo darf durch O ersetzt werden und umgekehrt.

Man überlegt sich leicht:

Mit Hilfe der Regel (4) kann man jede Reihe aus großen und kleinen Plättchen so umformen, daß links die kleinen und rechts die großen Plättchen liegen. Mehr als drei kleine (bzw. zwei große) Plättchen darf man wegnehmen. Wir sagen hierzu: *Standardreihe.*

Damit existieren folgende Standardreihen:

– (bedeutet: überhaupt kein Plättchen) o, oo, O, oO, ooO (bzw. Oo)

Zwei Standardreihen lassen sich durch Hintereinanderlegen (und anschließend Umformen in eine Standardreihe) verknüpfen, zum Beispiel:

oO | ooO ⇄(4) oOOo ⇄(3) oo

ooO | oO ⇄(4) ooooOO ⇄(2)∧(3) o

[1] Vgl. *Dienes,* Gruppen und Koordinaten, Freiburg 1968.

Man stelle nun eine Verknüpfungstafel (Bild 14) auf!

DANN

ERST

Hinterein-anderlegen	–	o	oo	O	oO	ooO
–	–	o	oo	O	oO	ooO
o	o	oo	–			
oo	oo	–	o			
O	O					
oO	oO					oo
ooO	ooO				o	

Bild 14

Man erhält insgesamt eine nicht-kommutative Gruppe der Ordnung 6.

Hans glaubt, eine feine Methode gefunden zu haben, um Gruppen zu erhalten.

Er findet für sein Material (große und kleine Steinchen) selbst Regeln.

(1') Große und kleine Steinchen werden in Reihen hintereinandergelegt.

(2') Drei (aufeinanderfolgende) kleine Steinchen dürfen weg- oder hinzugenommen werden.

(3') Drei (aufeinanderfolgende) große Steinchen dürfen weg- oder hinzugenommen werden.

(4') Die Reihe (oder Teilreihe) Oo darf ersetzt werden durch ooO und umgekehrt.

Auch hier findet man einige neue Regeln, z. B.:

(5') Die Reihe (oder Teilreihe) OOo darf ersetzt werden durch oOO und umgekehrt, denn:

$$\text{OOo} \overset{4'}{\rightleftarrows} \text{OooO} \overset{4'}{\rightleftarrows} \text{ooOoO} \overset{4'}{\rightleftarrows} \text{ooooOO} \overset{2'}{\rightleftarrows} \text{oOO}$$

Hans argumentiert nun wieder: Mit Hilfe der Regel 4' kann man jede Reihe aus großen und kleinen Plättchen so umformen, daß links die kleinen und rechts die großen Plättchen liegen. Mehr als drei große bzw. kleine Plättchen darf man wegnehmen, also erhält man als Standardreihen:

–, o, oo, O, OO, oO, oOO, ooO, ooOO

Hans stellt nun – wie gehabt – eine Verknüpfungstafel (Bild 15) auf.

DANN

ERST

Hinterein-anderlegen	–	o	oo	O	OO	oO	oOO	ooO	ooOO
–	–	o	oo	O	OO	oO	oOO	ooO	ooOO
o	o	oo	–	oO	oOO	ooO	ooOO	O	OO
oo	oo	–	o	ooO	ooOO	O	OO	oO	oOO
O	O	ooO	oO	OO	–	ooOO	oo	oOO	o
OO	OO	oOO	ooOO	–	O	o	oO	oo	ooO
oO	oO	O	ooO	oOO	o	OO	–	ooOO	oo
oOO	oOO	ooOO	OO	o	oO	oo	ooO	–	O
ooO	ooO	oO	O	ooOO	oo	oOO	o	OO	–
ooOO	ooOO	OO	oOO	oo	ooO	–	O	o	oO

Bild 15

Hans argumentiert: Die Verknüpfungstafel zeigt: In jeder Zeile und Spalte kommt jede Elementarreihe genau einmal vor. Es existiert genau ein neutrales Element. Zu jeder Elementarreihe existiert genau ein inverses Element. Da Hintereinanderlegen assoziativ ist, erhält man eine nicht-kommutative Gruppe der Ordnung 9.

Die Lehrerin behauptet aufgrund ihres Bücherwissens:

Es gibt keine nicht-kommutative Gruppen der Ordnung 9, denn jede Gruppe der Ordnung p^2 (p Primzahl) ist kommutativ.

Sie kann jedoch Hans keinen Fehler nachweisen! Wo steckt aber ein Fehler?

Können Sie hieraus didaktische Folgerungen für das erste Regelspiel ableiten?

Können Sie die Regeln so abwandeln, daß eine Gruppe der Ordnung 9 entsteht?

1.5. Beispiele zum Themenkreis „Anwendungen“

Die traditionelle Rechendidaktik hat es als eine wesentliche Aufgabe des Rechenunterrichts angesehen, Schülern zu Verständnis und rechnerischer Bewältigung der Umwelt zu verhelfen und sie damit auf das spätere berufliche und alltägliche Leben vorzubereiten. Gleichzeitig hat sie bewußt danach gestrebt, die Vorkenntnisse der Schüler über gewisse Situationen der Wirklichkeit auch für den Rechenunterricht nutzbar zu machen.

Dieselben Gesichtspunkte sind nach wie vor maßgebend und werden heute sogar noch in *größerer Breite* als früher verfolgt, wie im vorliegenden Abschnitt durch Anwendungen arithmetischer, geometrischer, struktureller und stochastischer Ideen deutlich gemacht werden soll.

1.5.1. Einrichten eines Aquariums – ein Bericht

Zu Beginn eines 4. Schuljahres bekamen die Schüler der Klasse von einem Elternteil ein Aquarium geschenkt. Alle waren voller Spannung und mit Eifer dabei, dies einzurichten. Zunächst bekamen die Kinder den Auftrag, sich von Fachgeschäften , Bekannten und Verwandten mit entsprechender Erfahrung beraten zu lassen. Auch leicht lesbare Literatur wurde zusammengetragen und zur Verfügung gestellt. In der Folge – bis zur feierlichen Einsetzung der Fische in das Aquarium – mußten die Schüler viele Probleme bewältigen. Einmal in der Woche stand „Einrichten des Aquariums“ auf dem Stundenplan. Ein Ausschnitt aus der Fülle der mathematischen Probleme sei im folgenden kurz wiedergegeben.

Das Inhaltsproblem

Mehrere Kinder stellten gleichzeitig die Frage: *Wieviel Liter Wasser faßt unser Aquarium?* Das recht schwere Aquarium stand auf seinem ihm zugedachten Platz (Bild 1).

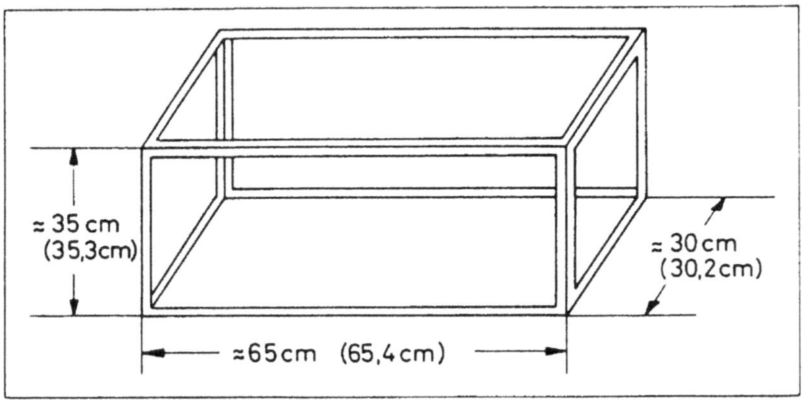

Bild 1

Im ersten Schritt versuchten die Schüler den Inhalt zu schätzen. Das Ergebnis zeigte, daß fast jede Schätzung nach unten und oben möglich war. Auch ein Hinweis auf den 10-Liter-Haushaltseimer brachte keine wesentlich besseren Ergebnisse, so daß die einzelnen Schätzungen der Schüler an der seitlichen Wandtafel notiert wurden.

1. Lösung (Probiermethode und Eichung)

Im Geräteraum fanden sich verschiedene Litergefäße (Bild 2):

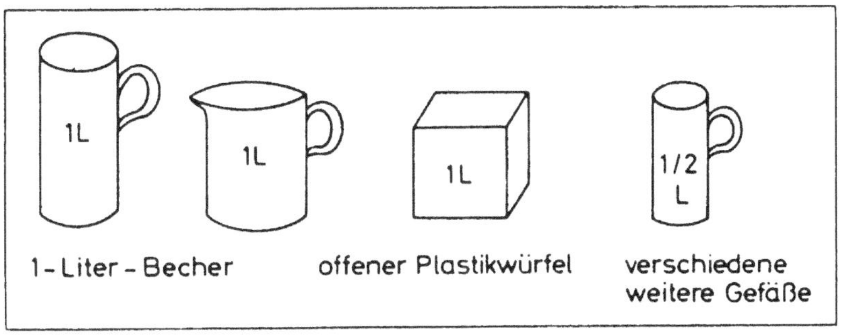

Bild 2

Die Schüler wollten nun mit den Gefäßen das Aquarium probeweise auffüllen. Um Schlimmeres zu verhüten, hatte die Lehrerin die Bedingung gestellt, daß das Aquarium an seinem Platz bliebe. Da sich kein Wasserbecken im Klassenzimmer befand, mußten die Schüler der Klasse (30) im Gänsemarsch das Aquarium auffüllen. Eine Strichliste wurde geführt:

Nachdem einige Kinder ihren Wasserbecher in das Aquarium geschüttet hatten, wollten ganz Eifrige ihre Schätzungen an der Wandtafel berichtigen, so daß sich die Lehrerin entschloß, nach einem Durchgang eine Diskussionspause einzulegen.

30 Liter Wasser waren im Aquarium. Die Höhe des Wasserspiegels betrug etwa 15 cm (Bild 3).

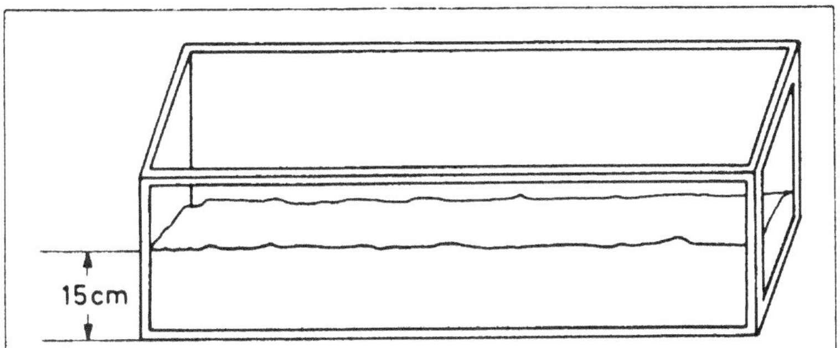

Bild 3

Die Schätzungen lagen nun fast richtig. Es kamen folgende Schülerreaktionen:

„... mehr als das Doppelte..."
„... in etwa das Doppelte: 60 Liter"
„5 cm unter dem oberen Rand müssen es 60 Liter sein" usw.

Um dies zu überprüfen, wurde der Punkt mit Tesafilm markiert und eine Tabelle angelegt (Bild 4).

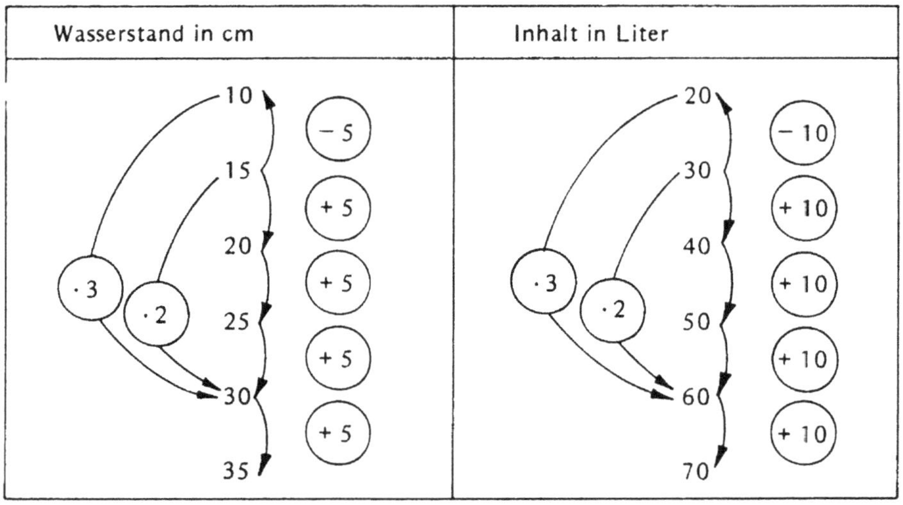

Bild 4

Da ein gefülltes Aquarium nicht transportiert werden kann, wurde das Wasser mit Litergefäßen wieder herausgeschöpft, dabei wurde die Tabelle noch einmal überprüft, weiter ergänzt und es wurden die zugehörigen Umkehroperationen entdeckt. Die Klasse freute sich, daß sie den Inhalt bei einem Wasserstand von 5 cm voraussagen konnte. An einer Skala am Rande wurde das Ergebnis für die Zukunft festgehalten (Skala).

2. Lösung (Puzzlemethode)

Im Geräteraum der Schule hatten sich neben dem offenen 1 Liter Plastikwürfel weitere raumgleiche Würfel aus den verschiedensten Materialien gefunden.

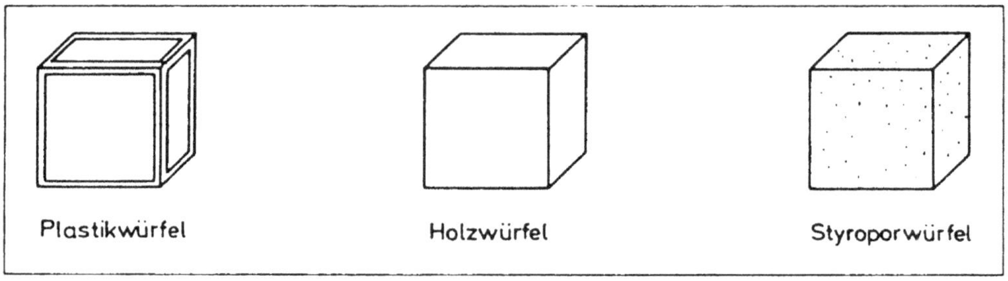

Dies regte einige Schüler an, das Becken mit Würfeln auszupflastern (Bild 5).

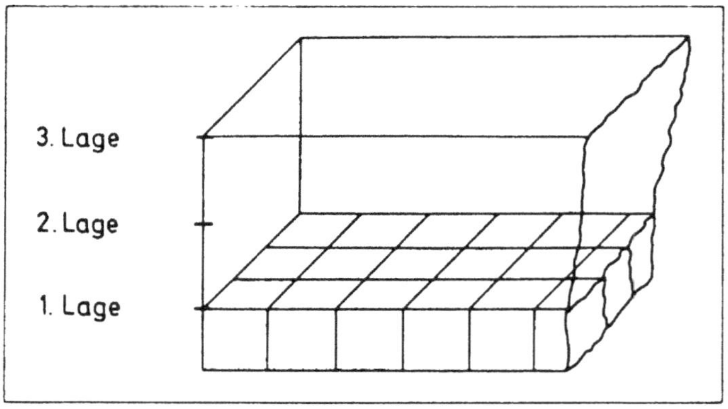

Bild 5

Man kam zu folgendem Ergebnis:

1. Lage: 18 Würfel + 3 Halbwürfel + etwas „Luft".

Dies entspricht also einem Rauminhalt von $19\frac{1}{2}$ bis 20 Litern, also in Einklang zu dem bereits erzielten Ergebnis.

Um das Gelernte zu kontrollieren, brachte die Lehrerin ein weiteres Aquarium mit anderen Maßen in die Klasse. Dabei zeigte sich:

(α) Die Schätzungen waren erheblich besser geworden.

(β) Es wurde eine verfeinerte Probiermethode vorgeschlagen: „Man schütte 10 Liter Wasser in das Becken und schätze dann erst ab."

(γ) Die Schüler konnten die Tabelle weiter ergänzen und vervollständigen.

So mußten die Schüler nach Anweisung eines Buches ca. 3 cm Kies über dem Boden in das Aquarium einfüllen. Auf verschiedene Weise wurde begründet, daß man hierzu 6 Liter Kies benötigt. Schließlich bekam ein Schüler den Auftrag, einen halben Haushaltseimer Kies (5 Liter) und einen Haushaltsbecher Kies (1 Liter) zu besorgen, der auf dem Boden verteilt wurde. Probleme des Rauminhalts traten in der Folge immer wieder auf.

Wie viele Fische können in einem Aquarium leben?

Ausgangspunkt für das Inhaltsproblem war eben diese Frage gewesen. Der Zoohändler hatte folgende Information gegeben:

„1 cm *Fisch benötigt* 1 *Liter Wasser".*

Eine erste Angebotsliste lag vor (Bild 6):

Art	Länge	Preis
Schwertträger Männchen Weibchen	 5 cm 4 cm	kostenlos
Guppys Männchen Weibchen	 3 cm 2 cm	kostenlos
Panzerwels Leopardwels	2 cm 3 cm	4,50 DM 5,50 DM
Algenfresser	3 cm	3,70 DM
Neon	1 cm	10 Stück, 17,– DM 1 Stück, 2,– DM

Bild 6

Die 60 Liter Wasser unseres Aquariums reichten also aus, um z.B. die Fische laut Bild 7 aufzunehmen. Verschiedene Zusammenstellungen wurden diskutiert, wobei bereits Sachargumente gebracht wurden, wie z.B.: „Ein Algenfresser muß in das Aquarium, damit die Scheiben sauber bleiben." Ein Junge hatte eine großartige Idee; er schlug vor, sich einen Papierstreifen von 60 cm Länge herzustellen und für jeden eingesetzten Fisch die entsprechende Länge abzuschneiden (Bild 8).

Anzahl	Fische	Größe	benötigtes Wasser
3	Schwertträger (Männchen)	3 × 5 cm	15 *l*
3	Schwertträger (Weibchen)	3 × 4 cm	12 *l*
3	Guppys (Männchen)	3 × 3 cm	9 *l*
3	Guppys (Weibchen)	3 × 2 cm	6 *l*
1	Algenfresser	3 cm	3 *l*
10	Neon	10 × 1 cm	10 *l*
1	Panzerwels	2 cm	2 *l*
1	Leopardwels	3 cm	3 *l*
			60 *l*

Bild 7

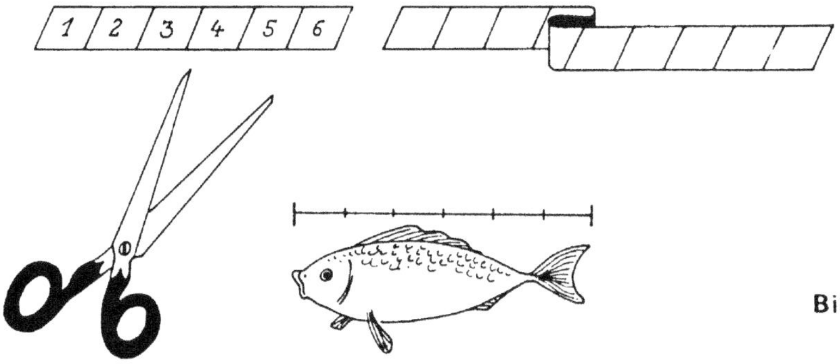

Bild 8

Diese „Schnipselidee" führte zu einem sehr hübschen mathematischen Modell, das direkt ausprobiert wurde. Man beschloß beim Einkauf diese Idee auszunutzen. Aber leider war es noch lange nicht soweit, denn Klaus hatte plötzlich einen gewichtigen Einwand: „Die Fische wachsen, sie müssen Platz haben!"

Nach heißer Diskussion konnte auch dieses Problem gelöst werden: Man beschloß für jeden einzelnen Fisch 1 cm Wachstum einzuplanen. Die Tabelle wurde korrigiert (Bild 9):

Anzahl	Fische	Größe	benötigtes Wasser
2	Schwertträger (Männchen)	2 × 5 cm	10 *l* + 2 *l*
2	Schwertträger (Weibchen)	2 × 4 cm	8 *l* + 2 *l*
2	Guppys (Männchen)	2 × 3 cm	6 *l* + 2 *l*
2	Guppys (Weibchen)	2 × 2 cm	4 *l* + 2 *l*
1	Algenfresser	3 cm	3 *l* + 1 *l*
5	Neon	5 × 1 cm	5 *l* + 5 *l*
2	Panzerwelse	2 × 2 cm	4 *l* + 2 *l*
1	Leopardwels	3 cm	3 *l* + 1 *l*
			43 *l* + 17 *l*

Bild 9

Auch die „Schnipselidee" konnte modifiziert werden, denn man brauchte nur für jeden Fisch zusätzlich 1 cm für das Wachstum abzuschneiden. Man beschloß die genaue Zusammenstellung noch einmal später zu diskutieren, denn der Preis war noch nicht berücksichtigt worden. Die Klassenkasse mußte aber noch Zubehör bezahlen. Ein Zoohändler erzählte der Lehrerin folgende Begebenheit: Schüler ihrer Klasse hätten ihm vorgerechnet, daß seine Becken übervölkert seien, 100 Neonfische in einem 50-Liter-Becken sei eine Tierquälerei. Eine volle Erfolgsbetätigung für den Unterricht!

Wo sind günstige Einkaufsquellen?

Zwischenzeitlich wurde der biologische Kreislauf im Aquarium (Stichworte: Fische, Pflanzen, Kohlendioxid, Sauerstoff, Wärme, Licht, Futter, Abfallstoffe) besprochen. Günstige Einkaufsquellen für die Zubehörteile wurden ausfindig gemacht, die Kosten berechnet und schließlich aus der Klassenkasse gekauft (Bild 10).

1 Filter [1]	3,50 DM
1 Filterwatte	2,50 DM
1 Fischfutter	4,70 DM
1 Thermometer	1,20 DM
Luftschläuche 1 Pumpe	kostenlos gespendet
1 Heizung mit Thermostat [1]	19,50 DM
insgesamt:	31,40 DM

Bild 10

Dabei wurden natürlich Preisvergleiche angestellt; der Preisvergleich beim Futter und bei der Filterwatte waren besonders schwierig, da verschiedene Packungsgrößen verglichen werden mußten. Bei der Diskussion wurden wieder verschiedene Darstellungsmöglichkeiten (Rechenbäume, Tabellen) benutzt.

Die Funktionsweise der einzelnen Zubehörteile wurde von den Schülern erforscht und ergab eine Reihe von ergiebigen Sachunterrichtsstunden. (Thermometer, Heizung durch elektrischen Widerstand, Thermostat, usw.) Die Arbeitsweise des Filters war für die Schüler besonders interessant.

Wie oft wird das Wasser gereinigt. Pumpenleistung?

Eine Luftpumpe drückt Wasser durch den Filter (Watte und Kies). Hierdurch wird das Wasser gereinigt. Die Schüler wollten gerne wissen, wie oft das Wasser am Tage gereinigt wird. Denn auch hier hatten Bücher Mindestnormen genannt. Zunächst stellte man durch einfaches Auffangen des gereinigten Wassers für gewisse Zeiten (Bild 11) fest, wieviel Wasser die Pumpe schafft.

[1] Auch hier mußte wieder die Größe des Beckens berücksichtigt werden.

Zeit in min	Gereinigtes Wasser in l
2,5	1
5	2
25	10
40	16
60	24
150 min = 2,5 h	60 l

Bild 11

Auch hier beobachteten die Schüler aufmerksam, wie der Wasserspiegel des gereinigten Wassers gleichmäßig anstieg und sagten dann jeweils den Wert für 30 min (40 min, 60 min) voraus. Eine Betrachtung der Tabelle führte zur Erkenntnis des funktionalen Zusammenhangs und zum Eintragen entsprechender Pfeile.

Schließlich wurde berechnet, daß in 2,5 Stunden das Aquarium einmal gereinigt wird. Am Tage also jeder Liter Wasser etwa 9 bis 10 mal. Auch hier leistete die Tabelle zusammen mit dem Experiment gute Dienste und überzeugte vor allem die Schüler. Fragen der Lehrerin – Wie oft wird das Wasser gereinigt, wenn wir eine doppelt so starke Pumpe einsetzen? – konnten recht schnell von der Klasse bearbeitet werden.

Schließlich war das Aquarium bis auf das Einsetzen der Fische fertig. Das Wasser war eingefüllt, entchlort (dabei mußten Dosierungsvorschriften beachtet werden [1]), weiter aufbereitet und hatte eine konstante Temperatur von 24 ... 25 °C. Pflanzen und Schwimmpflanzen sorgten für sauerstoffreiches Wasser.

Die endgültige Auswahl und das Einsetzen der Fische war für die Klasse ein großes Ereignis. Noch über längere Zeit hatten die Schüler viel Interessantes zu tun: Die Lebensgewohnheiten der Fische wurden studiert. Dabei kam man auf deren ursprüngliche Lebensräume (z. B. auf den großen Amazonas) zu sprechen. Die selbst entdeckten Zusammenhänge von Lebensgewohnheiten und Lebenraum waren für viele Kinder faszinierend. Sonstige Literatur und Filmmaterial (z. B. Zierfischfang am Amazonas) wurden eingesetzt.

Aufgaben für die Leserin

1*. Nehmen Sie die Richtlinien ihres Bundeslandes und listen Sie in den Fächern Mathematik und Sachunterricht diejenigen Lerninhalte des 3. und 4. Schuljahres auf, die im Rahmen des vorgestellten „Projekts" behandelt werden können. Welche allgemeinen Lernziele des Lehrplans werden durch die Einheit angesprochen?

2. Listen Sie alle in der Unterrichtsreihe angesprochenen Größenbereiche auf! Welche funktionalen und Verknüpfungszusammenhänge wurden dabei von den Kindern entdeckt?

3*. Bei der Frage „Wie oft wird das Wasser gereinigt?" kam kein Schüler auf den Einwand, daß sich in Wirklichkeit das gereinigte Wasser wieder mit dem übrigen Wasser vermischt. Wie würden Sie als Lehrerin auf einen solchen Einwand reagieren? Können Sie hierfür ein passendes und einfaches mathematisches Modell entwickeln? Wie würden Sie den Schülern den Reinigungsvorgang aufzeigen?

4. Nennen Sie etwa fünf weitere kleine Projekte, die interdisziplinär in der Primarstufe behandelt werden können.

---

[1]) Zum Beispiel auf 10 Liter Wasser eine Tablette zum Entchloren.

5*. Auf dem 3. Internationalen Kongreß über Mathematikunterricht Karlsruhe 1976 entwickelte *U. D'Ambrosio* (Brasilien) folgende Perspektive des zukünftigen Unterrichts: „Wir müssen von den fachlich strukturierten, vorfixierten Lehrplänen Abschied nehmen. Der Unterricht muß in einer viel dynamischeren und flexibleren Weise eine Reihe interessanter interdisziplinärer Projekte durchlaufen, aus denen nachträglich inhaltliche Strukturen herausgelöst werden können." Diskutieren Sie vor diesem Hintergrund das vorliegende Unterrichtsbeispiel.

1.5.2. Entwurf einer Ampelanlage

Im Rahmen seiner theoretischen Beiträge zu einer Didaktik der Anwendungen der Mathematik hat *H. Winter* auch einige sehr schöne Beispiele für die Mathematisierung von Situationen gegeben, die den Rahmen des „Sachrechnens" wirklich aufsprengen und den Nutzen einiger „moderner" Begriffe der Mathematik gerade für die Anwendungen deutlich erkennen lassen. Eines dieser Beispiele, der Entwurf einer Ampelanlage für eine Straßeneinmündung, soll im folgenden wiedergegeben werden (Winter 1975, 112). Das Beispiel ist für das 4. Schuljahr geeignet.

Präsentierung einer Situation

Die Lehrerin zeichnet an die Magnettafel die Straßenskizze von Bild 1 (zunächst ohne Nummern). Die Schüler werden aufgefordert, mit Hilfe von Haftelementen, wie sie im Verkehrsunterricht verwendet werden, zu zeigen, welche verschiedenen Möglichkeiten es für Autofahrer und Fußgänger gibt, sich auf den Straßen zu bewegen. Die Schüler finden 9 Möglichkeiten, die eingezeichnet werden.

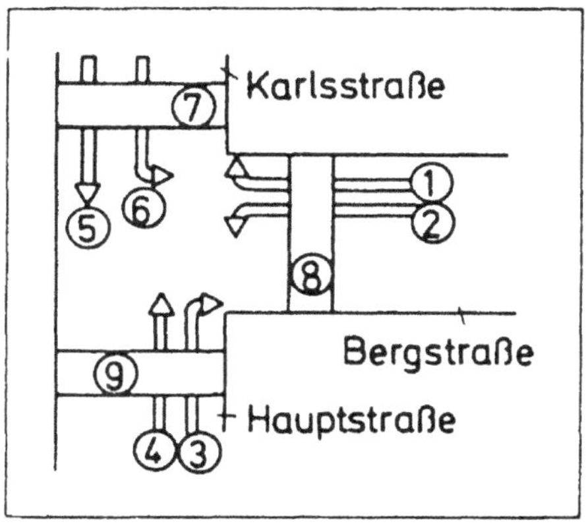

Bild 1

Die Lehrerin kann nun etwa folgendes sagen: „Wenn immer nur ein Auto oder ein Fußgänger unterwegs wäre, ginge es gemütlich zu. Wie ist es aber, wenn es viele Verkehrsteilnehmer gibt, wenn wir Verkehrs*ströme* haben, z.B. einen Strom von Autos, der von der Bergstraße in die Karlsstraße einfahren möchte und einen Strom von Fußgängern, der die Hauptstraße überqueren möchte, usw.?"

Die Schüler werden sich in ihren eigenen Worten dazu äußern. Die Lehrerin kann die Diskussion in eine systematische Untersuchung der Frage überleiten, welche Verkehrsströme sich vertragen. Die Resultate lassen sich zeichnerisch übersichtlich festhalten (durch einen Graphen). Die Lehrerin zeichnet dazu die Nummern der Verkehrsströme geschickt angeordnet an die Tafel (Bild 2).

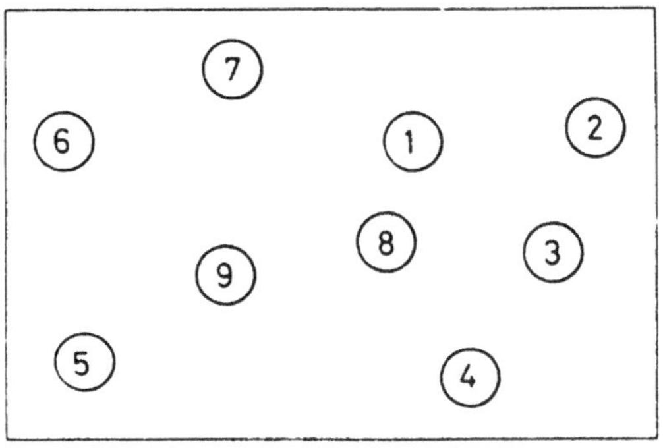

Bild 2

Welche Verkehrsströme vertragen sich mit Strom Nr. 1? Bei entsprechenden Verträglichkeiten werden die Nummern durch eine Linie (Kante) verbunden. Es entsteht schließlich Bild 3.

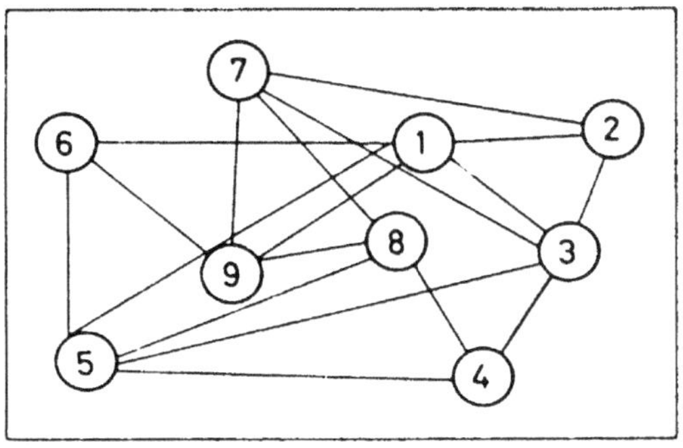

Bild 3

Frage: Wie kann man sichern, daß der Verkehr geordnet läuft? Die Kinder werden finden, daß die bequemste Lösung in der Einrichtung einer Ampelanlage besteht (*Wo* braucht man Ampeln?).

Entscheidende Frage: Wie soll man die Ampeln schalten? Der Verkehr wäre gefahrlos, wenn immer nur eine Ampel „grün" wäre, aber zähflüssig.

Entscheidende Idee: Verträglichen Verkehrsströmen kann man gleichzeitig „grün" geben. Die Zeichnung läßt erkennen, daß höchstens drei Verkehrsströme gleichzeitig „grün" haben dürfen. Man kann mehrere Lösungen entwickeln (Bilder 4 und 5).

„grün"	„rot"
1 2 3	4 5 6 7 8 9
3 4 5	1 2 6 7 8 9
1 5 6	2 3 4 7 8 9
7 8 9	1 2 3 4 5 6
1 2 3	4 5 6 7 8 9

Bild 4

„grün“	„rot“
① ③ ⑤	entsprechend
④ ⑤ ⑧	
② ⑦ ③	
① ⑥ ⑨	

Bild 5

Über die Lösungen kann man diskutieren: Welche Verkehrsströme haben oft „grün“? Wann kommt man bei „benachbarten“ Autoströmen mit einer Ampel aus? usw.

Zielsetzung

Im Vordergrund steht nicht ein bestimmter mathematischer Inhalt, sondern eine Situation der Wirklichkeit, die von den Kindern mit mathematischen Mitteln beschrieben und bearbeitet werden soll. Die entscheidenden Probleme sollen von den Schülern selbst formuliert werden.

Mathematischer Hintergrund

Es liegt eine Menge (von Verkehrsströmen) vor, auf der eine symmetrische Relation „ ... ist verträglich mit ... “ definiert ist. Die Struktur, bestehend aus der Menge und der Relation, wird dargestellt durch einen Graphen in der Ebene: Den Elementen der Menge sind verschiedene „Punkte“ („Ecken“) des Graphen zugeordnet. Zwei Punkte werden genau dann durch eine Linie (Kante des Graphen) verbunden, wenn die entsprechenden Elemente in der Relation stehen.

In der Sprache der Graphentheorie lautet das Problem: Suche aus dem Graphen maximale vollständige Teilgraphen heraus, und zwar derart, daß jede Ecke des Graphen mindestens einmal in einem solchen Teilgraphen vorkommt.

Ein Teilgraph heißt dabei vollständig, wenn seine sämtlichen Ecken jeweils (vollständig) durch Kanten verbunden sind.

Aufgaben für die Leserin

1. Angenommen, die Ströme ④, ⑤ und ⑧ seien die bei weitem stärksten Ströme. Welchen Strom könnte man dann eventuell einsparen und wie würde man die Ampeln schalten?
2*. Wie kann man die Ampelanlage schalten, wenn die Fußgänger durch Unterführungen laufen können?
3*. Beobachten Sie an einem „Verkehrsknoten“ Ihrer Umgebung, wie die Verkehrsströme „kombiniert“ sind.
4. Überlegen Sie sich eine Situation, zu deren Beschreibung man ebenfalls einen Verträglichkeitsgraphen heranziehen kann.
5. An welchen Stellen der obigen Einheit könnte eine Partnerarbeit der Kinder einsetzen. Wie sollte sie organisiert werden? An welcher Stelle würde sich Gruppenunterricht anbieten?

1.5.3. Ein offenes Problem: Von Dortmund nach Nürnberg mit dem Auto

Eine Aufgabe in einem Schulbuch der 3. oder 4. Klasse könnte folgendermaßen lauten:

Auf der Skizze (in Bild 1) sind die Autobahnverbindungen von Dortmund nach Nürnberg mit Kilometerangaben dargestellt. Es gibt drei Routen:

1. *über Köln-Frankfurt,*
2. *über die Sauerlandlinie (Gießen-Frankfurt),*
3. *über Kassel-Würzburg.*

Welche der drei Routen ist die kürzeste?

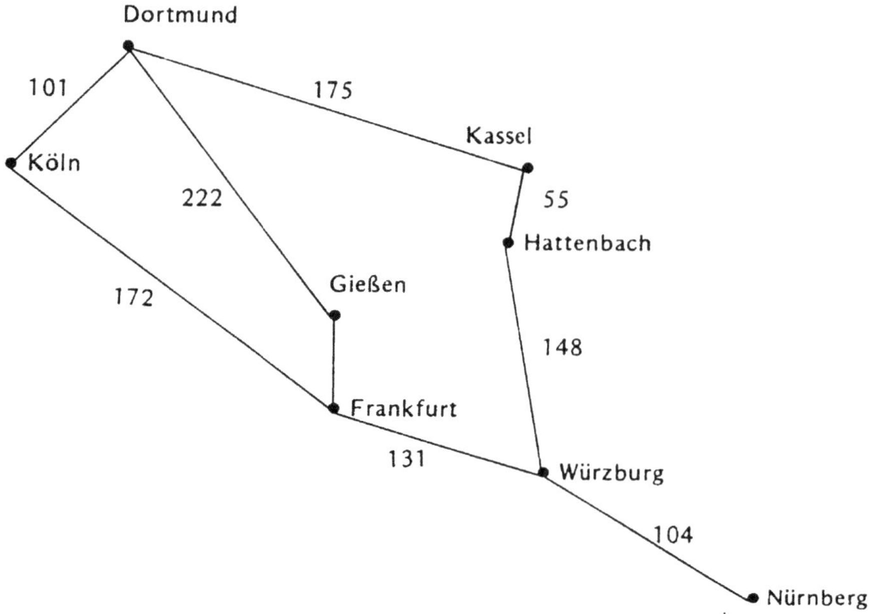

Bild 1

Auf den ersten Blick könnte man meinen, die Aufgabe sei ein Beispiel für die Anwendung der Mathematik auf reale Situationen. Dies ist aber nur scheinbar so. Wohl sind die Überlegungen in einen Sachzusammenhang eingebettet, aber die Aufgabenstellung ist soweit vormathematisiert, daß im wesentlichen nur die Bildung und Berechnung dreier Summen erforderlich ist. Hinzukommt, daß die Fragestellung nicht realistisch ist, denn die Kürze einer Route ist für sich allein genommen irrelevant (Frankfurt Kreuz!).

Bei echten Anwendungen der Mathematik werden im Gegensatz zur obigen Aufgabe die notwendigen Daten und die Fragestellung niemals so explizit vorgegeben sein. Gegeben ist vielmehr nur eine unscharf formulierte Situation mit unvollständiger Information oder — wie man auch sagt — ein *offenes Problem.* Die Arbeit beginnt in diesem Fall dann schon damit, relevante Daten zu beschaffen, eine sinnvolle Fragestellung zu formulieren und die Situation in eine mathematische Beschreibung überzuführen. In vielen Fällen liegt hier die eigentliche Schwierigkeit.

Der amerikanische Mathematiker *H. Pollak* hat die beiden Formen von Aufgaben in einer prägnanten Weise charakterisiert:

„Hier ist eine Aufgabe. Löse sie!"

„Hier ist eine Situation. Mache dir Gedanken darüber!"

Er hat auch überzeugend dafür plädiert, offene Probleme verstärkt in den Unterricht einzubeziehen, damit die Schüler ein realistisches Bild von der Art und Weise gewinnen können, wie Mathematik angewandt wird.

Der geschlossenen Aufgabenstellung im obigen Beispiel soll nun eine offene Formulierung gegenübergestellt werden und es soll im folgenden gezeigt werden, wie sie im Unterricht bearbeitet werden könnte (etwa im 3. oder 4. Schuljahr).

Offenes Problem

Herr Möller aus Dortmund hat in Nürnberg einen guten Freund, den er nach Jahren wieder einmal besuchen möchte. Er weiß nur noch nicht, wie er mit dem Auto am besten von Dortmund nach Nürnberg kommen könnte.

In der Diskussion über diese Frage ist herauszuarbeiten, welche Informationen man zur Beantwortung der Frage benötigt (Welche günstigen Straßenverbindungen von Dortmund nach Nürnberg gibt es?) und wo man sich diese beschaffen kann (Straßenkarte, Autoatlas, ADAC-Informationsbüros, Eltern fragen, ...).

Mit dem Auftrag an die Kinder, geeignete Informationen zu beschaffen, wird das Problem auf einen späteren Termin vertagt.

Die Wiederaufnahme des Themas sollte mit einem Bericht über die gefundenen Informationen beginnen. Die Lehrerin muß selbst einen (neueren) Autoatlas dabei haben, der einzelnen Kindern für die Überprüfung von Daten bzw. für weitere Recherchen zur Verfügung steht. Hilfreich ist an dieser Stelle eine aus dem Atlas entnommene und vervielfältigte Skizze des Autobahnnetzes zwischen Dortmund und Nürnberg – *ohne* Kilometerangaben. Die Kilometerangaben werden dann aus dem Atlas entnommen, in die Skizze eingetragen und können von den Kindern weiterbearbeitet werden.

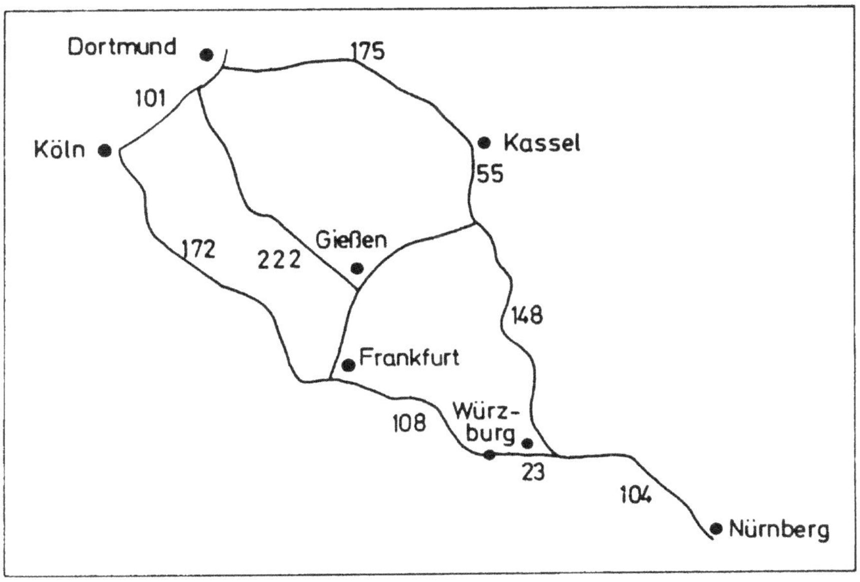

Bild 2

Aus dem Shell-Atlas 76/77 (Übersichtskarte für Fernfahrten auf den letzten beiden Seiten) entnimmt man die Daten aus Bild 2 (jeweils vom Kamener Kreuz aus gerechnet).

Für die drei Entfernungen erhält man also

Dortmund — Kassel — Würzburg — Nürnberg: 482 km
Dortmund — Gießen — Frankfurt — Würzburg — Nürnberg: 457 km
Dortmund — Köln — Frankfurt — Würzburg — Nürnberg: 508 km

Abschließend sollte über die Frage des kürzesten und des (je nach Auffassung) günstigsten Weges diskutiert werden.

Aufgaben für die Leserin

1. Oben wurde vorgeschlagen, den Kindern Umdrucke mit Skizzen über das betreffende Autobahnnetz zur Verfügung zu stellen. Eine andere Möglichkeit bestünde darin, die Kinder selbst eine Skizze anfertigen zu lassen. Vergleichen Sie.
2. Verwandeln Sie folgende Aufgabe von *Winter/Ziegler* in ein offenes Problem.
   „Schulausflug. Es beteiligen sich 29 Kinder. Die Reisekosten betragen insgesamt 453,85 DM, die Kosten für den Besuch einer Ausstellung 24,65 DM. Wieviel DM muß jedes Kind mitbringen?"

1.5.4. Geometrie der Schulmilchtüten

Im Dortmund-Bochumer Raum werden viele Schulen und Hochschulen von der Firma „dobomil" mit Milch und Kakao in 0,25 *l* fassenden tetraeder-förmigen Verpackungen (Patent der Firma TETRAPAK) beliefert [1]). Die kleinen und großen Verbraucher haben es natürlich nur auf den Inhalt der Tüten abgesehen. Die leeren Tüten wandern daher gewöhnlich kurzerhand in den Müll.

Vom mathematischen Standpunkt (und nicht nur von diesem) sind die Tüten trotz ihrer Unscheinbarkeit außerordentlich interessant und verdienen, genauer studiert zu werden.

[1]) Man findet diese Verpackungsform auch bei anderen Getränken, die überall in der Bundesrepublik zu haben sind.

Man wird hier zunächst an die Regelmäßigkeit der Form, die Form der Seitenflächen, ihre gegenseitige Lage u.ä. denken. Fragen dieser Art führen aber nicht weit und man kann sie meistens schnell beantworten. Ganz anders liegt der Fall aber bei folgendem, wirklich tragenden Problem: *Wie (d.h. aus welcher Grundform und nach welchem Verfahren) werden solche Tüten hergestellt?*

Wenn man eine Tüte vor sich hat (Bild 1) sieht man schnell, daß sie an drei Linien verklebt ist. Den meisten Erwachsenen, die wir befragt haben, ist es vom Anblick her allein nicht möglich gewesen, herauszufinden, welche Form sich ergibt, wenn man die Tüte längs der drei Klebekanten aufschneidet, da die dreieckförmigen Seitenflächen falsche Intuitionen induzieren. Um so größer war die Überraschung zu sehen, daß sich nach dem Aufschneiden der Klebekanten und Aufklappen ein *Rechteck* ergibt. Die Kanten des Tetraeders sind in diesem Rechteck leicht zu erkennen (Bild 2).

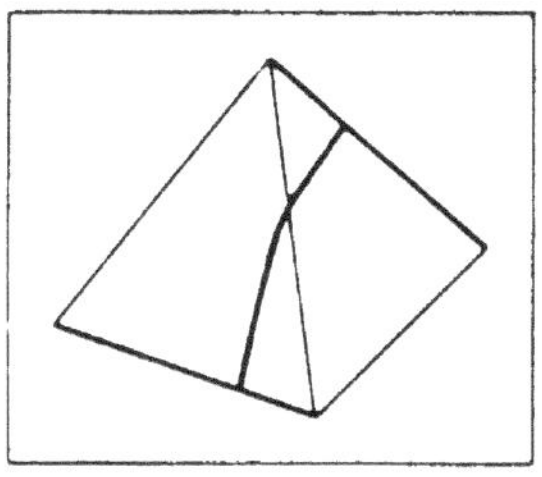

Bild 1

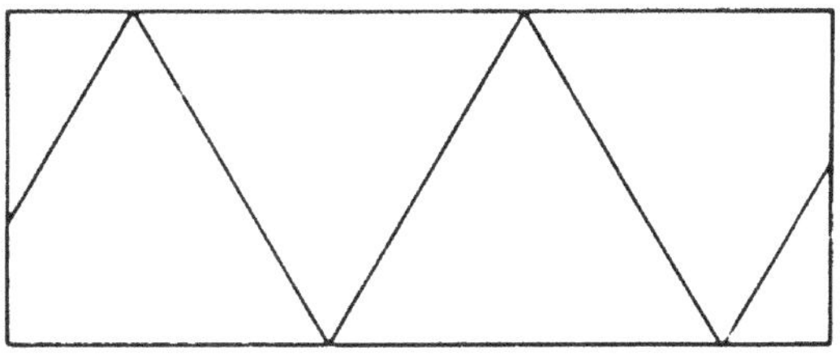

Bild 2

Die brave Leserin wird sich daran erinnern, daß ein Tetraeder aus dem parallelogrammförmigen Dreiecksvierling (Bild 3) gefaltet werden kann (Aufgabe 2 von 1.3.1). Dieser Vierling kann durch entsprechendes Abschneiden und Neuansetzen von Stücken in ein Rechteck verwandelt werden. Die Schmalseiten des Rechtecks sind, wie man sieht, durch Auftrennen der quer über das Tetraeder laufenden Klebekante entstanden. Wenn man sie rückwärts vorgehend wieder verbindet, entsteht zunächst eine Rolle (Zylindermantel). Die Randkreise der Rolle brauchen nun nur noch zu Kanten verklebt zu werden, die senkrecht zu einander stehen, und die Tüte hat ihre ursprüngliche Form wieder.

Weshalb wird gerade dieses Herstellungsverfahren für Tetraeder technisch ausgenützt und nicht das an den Vierling in Bild 4 anschließende Verfahren, bei dem die äußeren Dreiecke nach oben geklappt und an drei Kanten verklebt werden? Die Gründe sind technologischer, nicht geometrischer Art. Bei dem zweiten Verfahren würden erstens an einer Ecke drei Kanten zusammenstoßen, was Dichtigkeitsprobleme aufwerfen würde. Vor allem aber eignet sich das erste Verfahren für die Massenproduktion. Das Milchwerk erhält ja von der

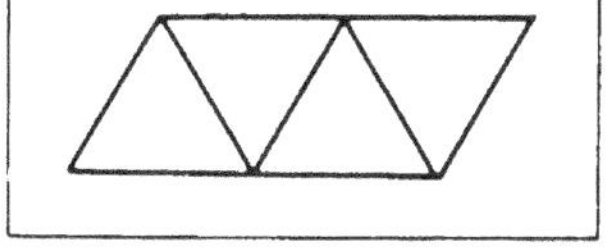

Bild 3

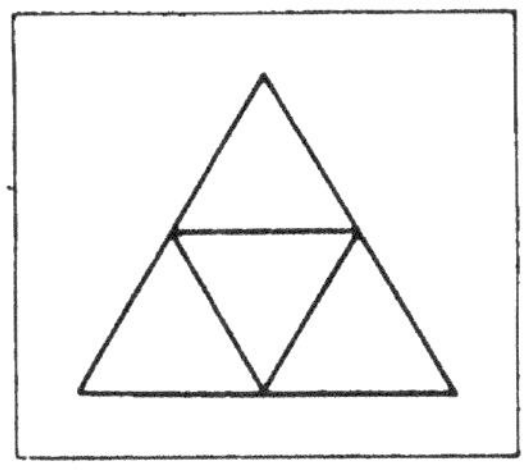

Bild 4

Verpackungsfirma nicht die fertigen Tüten und füllt nur noch die Milch ein (Warum wäre dies unwirtschaftlich?), sondern Abfüllung und Verpackung erfolgen auf einmal. Die Maschine wird dazu nicht mit einzelnen Rechtecken beliefert, sondern mit einem kontinuierlichen Rechteckband. Die beiden Seiten des Bandes werden zunächst fortlaufend verklebt, so daß ständig eine lange Rolle verfügbar ist, in die Milch fließt. In einem Arbeitsgang trennen Heißzangen ein Stück der Rolle, wie es einer Tüte entspricht, ab und verkleben dabei die Kanten.

Die Milchwerke haben also Verpackungsmaschinen verfügbar und beziehen das Verpackungs material in Form von endlosen Streifen (die bereits den vollen Aufdruck tragen).

Aus unserem Problem und seiner Lösung ergibt sich zwanglos eine Unterrichtseinheit etwa für das 3./4. Schuljahr.

Als Material wird man erstens leere TETRAPAK-Tüten benützen, die man in ausreichender Zahl gesammelt hat. Damit die Schüler selbst Tüten herstellen können, benötigt man zweitens Kartonblätter, die man am besten einseitig mit durchsichtiger Folie überzieht. Weiter brauchen die Schüler Scheren, lange Lineale und Tesafilm.

Folgende Sequenz von Fragen bzw. Problemen liegt nahe:

(1) *Wie sehen die Tüten aus?* Die Lehrerin läßt die leeren Tüten verteilen [1], erinnert an das übliche Schicksal der Tüten und fordert – im Kontrast dazu – auf, die Tüten heute einmal aufmerksam zu studieren.

Die Antworten der Kinder werden an der Tafel in zwei Abteilungen gesammelt: *Form* und *Aufschriften*. Über die einzelnen Antworten kann man kurz sprechen.

(2) *Wie werden die Tüten hergestellt?*

Die Kinder werden aufgefordert sich zu überlegen, wie die Tüten hergestellt werden. Die Vermutungen können von den Kindern selbst an den Tüten getestet werden. Bei der Erforschung werden schnell die Klebefalten („Nähte") erkannt. Die Lehrerin zeichnet ein Schrägbild eines Tetraeders an die Tafel und trägt die Klebefalten farbig ein (bzw. läßt sie eintragen). Falls nötig, muß nun noch präziser gefragt werden: Wie sieht der Karton aus, bevor er zusammengeklebt wird? Wie könnte man das herausfinden?

Einige Kinder werden die Idee haben, die Falten einfach aufzumachen. Mit Hilfe einer Schere kann jedes Kind seine Tüte öffnen. Schwierigkeiten bereitet manchmal die querlaufende Falte, so daß einige Kinder Hilfe brauchen. Nach dem Öffnen und Auffalten der Tüte haben die Schüler ein Rechteck vor sich. Die Lehrerin kann nun nochmals die Frage wiederholen und die Antwort zusammenhängend formulieren lassen.

(3) *Welche Maße hat das Rechteck?*

Die Lehrerin zeichnet ein Rechteck an die Tafel, das dem Kartonrechteck etwa ähnlich ist und fordert die Kinder auf, die Seiten des Rechtecks abzumessen. Die Kinder erhalten unterschiedliche Werte, etwa 13 cm für die kürzere und etwa 24 cm für die längere Seite.

---

[1] Die Tüten sollten nicht lange lagern, da sonst unangenehmer Geruch entsteht, der zum eigentlichen Thema der Stunde zu werden droht.

Nach (3) ergibt sich ein natürlicher Einschnitt, so daß die folgenden Aufgaben in einer zweiten Stunde aufgenommen werden können.

(4) *Herstellung einer Tüte*

Nach dem Bericht einiger Kinder über die Aufgaben (1), (2) und (3) werden die mit Folie überzogenen Kartonblätter verteilt (je ein Blatt an zwei Kinder) und die Kinder werden aufgefordert, ein Rechteck der „richtigen Größe" zu zeichnen, auszuschneiden und daraus selbst eine Tetrapak-Tüte zu kleben. Bevor die Arbeit beginnen kann, empfiehlt es sich, ein Arbeitsprogramm festzulegen. Wichtig ist, daß die Kinder ihre Rechteckzeichnungen vorzeigen, ehe sie zu schneiden beginnen. Wichtig ist es auch, darauf hinzuweisen, daß zuerst die Schmalseiten verklebt werden. Kinder, die früher fertig sind, dürfen ihre Tüte mit Aufschriften versehen. Während die Kinder arbeiten, steht die Lehrerin beratend zur Seite und verteilt Tesafilmstücke, mit denen die Kinder die Kanten verkleben können (ein Kind hält fest, das andere klebt).

Rückblickend kann man unter den Augen der Kinder ein Rechteck „falsch" zusammenkleben, nämlich an den langen Seiten. Man erhält dann eine lange Rolle. Diese kann zwar analog weiterbehandelt werden, jedoch entsteht kein regelmäßiges Tetraeder.

(5) *Wieviel paßt in eine Tüte hinein?*

Die Aufschrift lehrt: 0,25 *l*. Die Lehrerin sollte ein 1 *l* Maß verfügbar haben, an dem demonstriert werden kann, daß 0,25 *l* ein Viertelliter ist.

(6) *Wie muß man eine Tüte herstellen, in die doppelt soviel paßt, wie in eine normale Schulmilchtüte?*

Die Intuition legt es Kindern (und auch Erwachsenen, die der Problematik zum ersten Male begegnen) nahe, zu vermuten, daß man ein doppelt so großes Rechteck zusammenkleben muß. Die Kinder können ausrechnen, wie lange die Seiten sein müssen.

Die Lehrerin zeigt den Kindern ein solches Rechteck, und klebt es mit wasserunempfindlichem Klebeband vor den Augen der Kinder zu einem (überraschend großen) Tetraeder zusammen. Wenn die Ecke abgeschnitten wird, kann man es mit dem Inhalt kleiner Tetraeder ausfüllen. Zum Erstaunen der Kinder passen etwa 8 kleine Tetraederfüllungen hinein.

Ergebnis: In eine Packung, deren Kante *doppelt* so lang ist, paßt viel mehr als doppelt so viel hinein, nämlich *achtmal* so viel.

Mathematischer Hintergrund des Themas

Die in Tetrapak-Tüten annähernd verwirklichte Form eines regelmäßigen (regulären) Tetraeders ist eine von den fünf möglichen Formen regelmäßiger Körper (Polyeder), die schon seit dem Altertum bekannt sind [1]. „Regelmäßig" bedeutet hier, daß alle Seitenflächen regelmäßige Vielecke sind und an jeder Körperecke gleichviele Flächen zusammenstoßen.

Bei dem Tetraeder sind die Seitenflächen regelmäßige Dreiecke. An jeder Tetraederecke stoßen drei Flächen zusammen. Die Oberfläche des Tetraeders läßt sich nach Aufschnei-

[1] Die vier weiteren Typen sind Würfel (Hexaeder), Oktaeder, Dodekaeder, Ikosaeder.

den geeigneter Kanten auf zwei verschiedene Weisen in die Ebene „abwickeln". Man erhält die Netze in den Bildern 3 und 4. Das erste dieser beiden Netze läßt sich zu einem Zylindermantel verbiegen, der sich längs einer Mantellinie zu einem Rechteck aufschneiden läßt.

Ist a die Maßzahl der Kante eines Tetraeders (bezüglich einer fest gewählten Längeneinheit), so berechnet sich der Inhalt G einer Seitenfläche zu $\frac{1}{2}$ a · h (Flächeneinheiten). h kann man aus der Pythagorasbeziehung $a^2 = h^2 + (\frac{a}{2})^2$ zu $h = \frac{a}{2}\sqrt{3}$ berechnen (Bild 5). Damit hat man für den Inhalt G einer Seitenfläche $G = \frac{1}{4}a^2\sqrt{3}$.

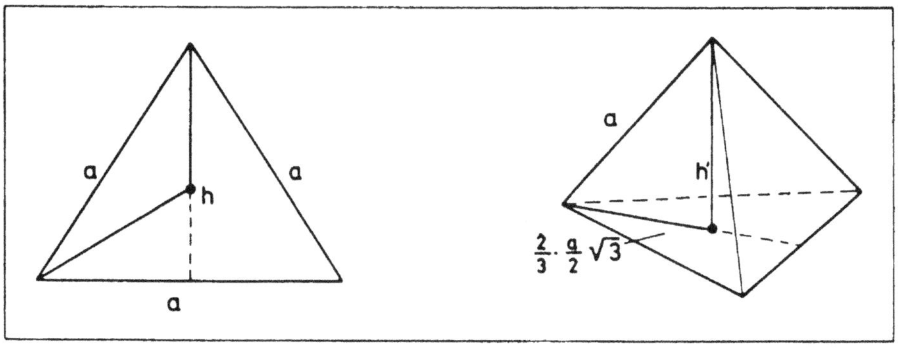

Bild 5

Für die Oberfläche des Tetraeders ergibt sich $a^2\sqrt{3}$. Das Volumen des Tetraeders ergibt sich nach der Formel $\frac{1}{3}$ G · h', wobei h' die Länge der Höhe des Tetraeders (= die Strecke von einer Ecke zum Mittelpunkt der gegenüberliegenden Seitenfläche) ist.

Für die Berechnung von h' ist zuerst zu beachten, daß der Mittelpunkt einer Seitenfläche wegen der Regelmäßigkeit gleichzeitig Schwerpunkt ist und die Höhe (= Seitenhalbierende) im Verhältnis 2 : 1 teilt. Für h' hat man daher die Pythagorasbeziehung

$$a^2 = (h')^2 + \left(\frac{a}{3}\sqrt{3}\right)^2,$$

aus der sich

$$h' = \frac{a\sqrt{6}}{3}$$

ergibt.

Für das Volumen folgt somit (in Volumeneinheiten) $\frac{a^3}{12}\sqrt{2}$ (Bild 5). Geht man nun von einem Tetraeder mit der Kantenlänge a zu einem mit der Kantenlänge 2a über, so ergibt sich das Diagramm

$$\begin{array}{lccc} \text{Kantenlänge} & a & \xrightarrow{\cdot 2} & 2a \\ & \downarrow & & \downarrow \\ \text{Volumen} & \frac{a^3}{12}\sqrt{2} & \xrightarrow{\cdot 8} & \frac{(2a)^3\sqrt{2}}{12} = \frac{8a^3\sqrt{2}}{12} \end{array}$$

Bei Verdoppelung der Kante verachtfacht sich also tatsächlich das Volumen.

Zielsetzung

Die Kinder sollen lernen, ein räumlich-technisches Problem aus ihrem Erfahrungs- und Erkundungsbereich mit geometrischen Begriffen zu beschreiben und zu lösen. Weiter sollen sie erste Erfahrungen zum Inhalt von Körpern sammeln. Die Einheit gibt auch Gelegenheit, Fragen zu verfolgen, die über den Mathematikunterricht hinaus- und in den Sachunterricht hineinreichen, z. B. Fragen der Hygiene bei Nahrungsmitteln, Patentschutz und technologische Fragen.

Aufgaben für die Leserin

1. Berechnen Sie das Verhältnis Länge: Breite eines durch Aufschneiden eines regelmäßigen Tetraeders entstandenen Rechtecks. Vergleichen Sie mit dem durch Messung gefundenen Verhältnis bei einer realen Tüte. Wie ist die Abweichung zu erklären?
2. Wie groß muß ein Rechteck sein, aus dem ein 1 *l* fassendes Tetraeder gefaltet werden kann?
3. Man denke sich ein Rechteck aus einem beliebig plastischen Material. Wie kann man durch Verkleben des Randes (und durch entsprechendes Deformieren) aus dem Rechteck ein ringförmiges hohles Rohr herstellen? (Oberfläche eines Fahrradschlauches oder Rettungsringes; mathematischer Fachausdruck: Torus)
4. Finden Sie einen Typ arithmetischer Aufgaben, der an Aufgabe (5) anschließt? Welches didaktische Prinzip legt solche Überlegung nahe?
5. Welche Vorkenntnisse der Kinder werden bei der Einheit vorausgesetzt? Inwiefern ist es nicht sinnvoll, die Einheit vor dem 3. Schuljahr zu behandeln?

6*. In Aufgabe (6) ist das Spiralprinzip realisiert worden. Zeigen Sie es auf!

1.5.5. Nägelschätzen und Untersuchung des Blutes

Eine fundamentale Idee der Wahrscheinlichkeitsrechnung und Statistik ist die Stichprobenentnahme. Der Journalist, der Zeitungsleser, der Politiker, der Arzt, der Lehrer und Psychologe, der Chemielaborant und Arbeiter, der Kaufmann und die Hausfrau, sie alle bekommen Daten an die Hand, die auf einer Auswertung von Stichproben beruhen. Der Journalist und der Politiker benutzen diese Daten, um eigene Meinungen und Analysen mit Zahlenmaterial zu begründen, der Arzt verwendet diese Daten (z. B. bei der Untersuchung des Blutes) zur Diagnostik, der Lehrer und Psychologe versichert sich solcher Daten z. B. bei schwierigen Fragen der Ein-, Um- und Weiterschulung von Problemkindern, der Chemielaborant und Arbeiter erkennt damit Verunreinigungen und bestimmt (z. B. beim Hochofen) Zusätze, der Kaufmann richtet danach seine Lagerhaltung aus und die Hausfrau trifft nach den Daten oft ihre Kaufentscheidung. So werden viele fundierte Urteile, aber leider auch Vorurteile im täglichen Leben aufgrund von Stichproben getroffen. Mit Daten nichtrepräsentativer Stichproben oder deren falscher Interpretation kann man die öffentliche Meinung manipulieren, wie wohl bekannt ist. Ist zum Beispiel bei den Abiturnoten keine Gleichverteilung über das Bundesgebiet hinweg vorhanden, so wird sie in Verdrehung der Sachverhalte durch Bonus- und Malusregelungen künstlich hergestellt.

Ein Unterrichtsbeispiel zu diesem Thema kann sich deshalb nicht darauf beschränken, Stichproben zu erheben und auszuwerten, sondern muß versuchen, Möglichkeiten und Grenzen dieser Idee sichtbar werden zu lassen. Darüber hinaus versuchen wir hier, die Statistik mit der Arithmetik (Rechnen mit großen Zahlen, Schätzen großer Zahlen) und dem Sachunterricht zu verbinden.

Entgegen unserem bisherigen Stil sei hier zunächst kurz ein Unterrichtsversuch beschrieben, der anscheinend die Abstraktionsfähigkeit der meisten Grundschulkinder überforderte und deshalb fehllief.

Eine Lehrerin erschien mit einem geheimnisvoll verdeckten Schuhkarton vor einem dritten Schuljahr. Sie erzählte eine spannende Phantasiegeschichte von einem Zauberer, der 30 Kinder verzaubert habe, nämlich die Jungen in schwarze und die Mädchen in weiße Legosteine. Diese Legosteine seien nun hier im Schuhkarton. Um die Kinder zu befreien, sollte die richtige Verteilung von Jungen und Mädchen bestimmt werden. Der Zauberer habe aber nicht erlaubt, in den Karton hineinzuschauen. Erlaubt habe er hingegen, jeweils einen Legostein herauszunehmen, zu betrachten und wieder hineinzulegen. Erst danach dürfte ein weiterer Stein gezogen werden.

Obwohl die Kinder motiviert waren, und die Klasse recht ordentliche Ergebnisse in Form von Strichlisten (Bild 1) zusammenstellte, waren die meisten Kinder nicht in der Lage, die Strichliste auszuwerten. Dies betraf sogar „einfache" Fragestellungen der Lehrerin, wie z.B.. *Was glaubt ihr wohl: Sind mehr schwarze oder mehr weiße Legosteine im Schuhkarton?*

Erst recht wurde nicht vermutet, daß etwa doppelt so viele schwarze wie weiße Legosteine im Karton waren.

	gezogene Anzahl
schwarze Steine	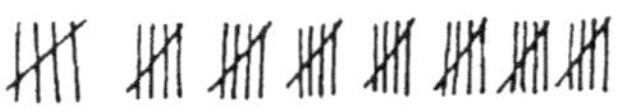
weiße Steine	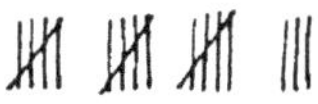

Bild 1

Das im folgenden vorgestellte Unterrichtsbeispiel versucht die beobachteten Schwierigkeiten der Schüler durch ein geometrisches Modell zu beheben, bei dem die Stichprobe und die Gesamtheit simultan vom Schüler zu erfassen sind.

Situation

Die Lehrerin legt eine Folie mit kleinen Nägeln[1] auf den Overheadprojektor und fragt die Schüler nach der Anzahl der Nägel (Bild 2).

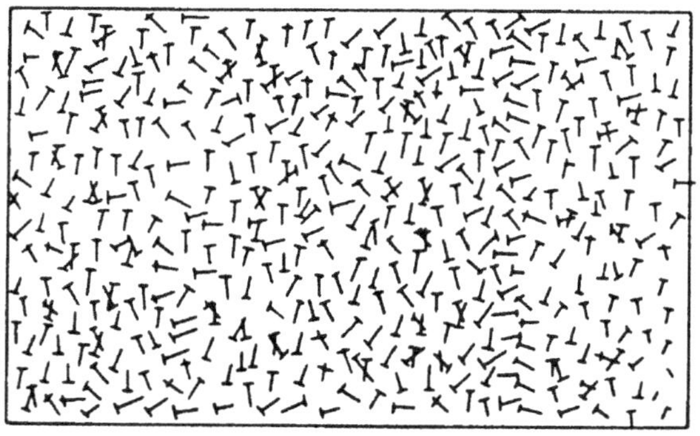

Bild 2

[1] Oder Reiskörner.

Beobachtete Schülerreaktionen

Die Schüler schätzten ab, wobei sehr starke Abweichungen nach unten und oben vorhanden waren[1]). Die Schätzungen wurden notiert. Da man sich über die Richtigkeit der vorgelegten Schätzungen nicht einigen konnte, fingen die ersten Schüler bereits an, unverdrossen mit dem Finger in die Luft tippend, zu zählen.

Fortführung der Situation

Ohne ein Wort zu sagen, legt die Lehrerin eine zweite Folie über die erste auf den Overheadprojektor, die das Rechteck in ein Rechteckgitter unterteilt (Bild 3).

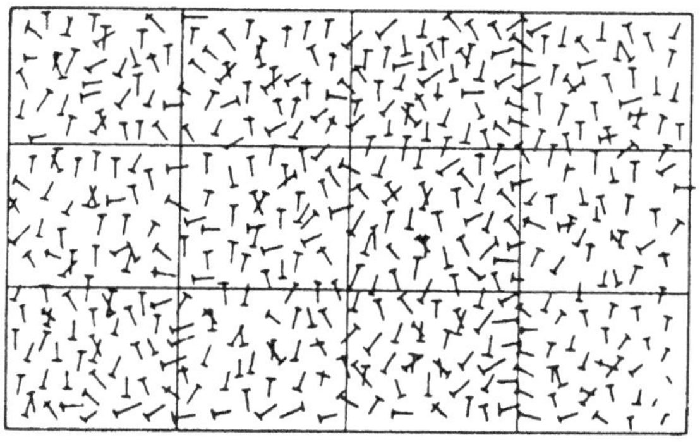

Bild 3

Danach beobachtete Schülerreaktionen

Die Schüler zählten die Nägel eines kleinen Gitterrechtecks ab und schlossen von dieser Stichprobe spontan durch entsprechende Vervielfachung mit der Anzahl der Gitterrechtecke auf eine geschätzte Gesamtzahl der Nägel. Da verschiedene Schüler auch verschiedene Rechtecke auszählten, wurden innerhalb der Fehlergrenze auch verschiedene Schätzungen vorgenommen. Kein Schüler behauptete, daß seine genannte Zahl auch die wirkliche Gesamtzahl sei, obwohl er die Zahl durch Rechnen erhalten hatte.

Variation und Fortführung der Fragestellung

(1) Man nehme Nägel (Reiskörner), die nicht gleichverteilt sind. *Mögliche Reaktionen der Schüler:*

a) Sie verteilen die Objekte gleichmäßig und zählen wieder ein Gitterrechteck ab.

b) Läßt die Lehrerin die Schüler nicht an den Overheadprojektor, so schätzen die Schüler die Gesamtzahl ab, indem sie die Objekte des am schwächsten und am stärksten belegten Gitterrechtecks auszählen und vervielfachen. In natürlicher Weise ergibt sich hier eine Fehlerschranke.

(2) Man nehme zweierlei Objekte (z.B. größere und kleinere Nägel) und verteile diese gleichmäßig auf dem Gitter. Wie groß sind die einzelnen Anzahlen, z.B. etwa 1 : 2? Benötigt man hierzu überhaupt die Gesamtmenge?

(3) Man nehme zweierlei Objekte und verteile diese nicht gleichmäßig auf dem Gitter.

[1]) Nur in einer Klasse kam von den Schülern der Vorschlag, die Nägel zu wiegen. Dies wurde von der Lehrerin freudig aufgegriffen und weitergeführt.

(4) Man lasse die Schüler weitere Objekte schätzen. Geeignet sind hierfür Dias von Vogelschwärmen, Ameisenhaufen, Menschenmengen im Schwimmbad oder Stadion, Autoparkplätzen oder Luftaufnahmen eines Wohngebiets.

(*Anmerkung:* Auf dem Glas der Dias kann leicht ein Gitternetz eingeritzt werden.) Nach unseren Erfahrungen wurden die Schätzungen zunehmend besser. Auf Befragen hin erklärten die Schüler, daß sie sich jeweils ein Gitterrechteck vorstellten und dann dieses abzählten.

(5) Man betrachte einen verdünnten Blutstropfen unter dem Mikroskop und erkläre den Schülern am Modell (rote und weiße Chips), wie der Arzt einen Mangel oder Überschuß an roten bzw. weißen Blutkörperchen feststellt (vgl. Aufgabe 7 für die Leserin).

Mathematischer Hintergrund

Nach den üblichen Modellvorstellungen der Wahrscheinlichkeitsrechnung handelt es sich hierbei um die Wiederholung eines Zufallsexperiments. Das Experiment besteht darin, einen Nagel zufällig auf ein Rechteck zu werfen, das in N flächengleiche Teilrechtecke $F_1, \dots, F_N$ unterteilt ist. Da Gleichverteilung anzunehmen ist, beträgt die Wahrscheinlichkeit, daß ein Nagel auf ein bestimmtes Feld F_l ($l = 1, \dots, N$) zu liegen kommt, $p = \frac{1}{N}$. Da sich die Ergebnisse von Teilexperimenten gegenseitig nicht beeinflussen, handelt es sich hier um unabhängige Wiederholungen. Man spricht von einem Bernoulli-Experiment[1]. Danach berechnet sich nun die Wahrscheinlichkeit, daß bei K Versuchen insgesamt k Nägel auf ein bestimmtes Feld F_l zu liegen kommen, zu

$$P(x = k) = \binom{k}{K} p^k (1-p)^{K-k} = \binom{k}{K}\left(\frac{1}{N}\right)^k \left(1 - \frac{1}{N}\right)^{K-k}.$$

Der Erwartungswert dieser binomialverteilten Zufallsvariablen berechnet sich durch einfache mathematische Umformungen[2] zu

$$E(x) = \sum_{k=1}^{K} i \binom{k}{K} p^i (1-p)^{K-i} = K \cdot p = \frac{K}{N}.$$

Diese Gleichung gibt die intuitiv einleuchtende Idee wieder, daß der Erwartungswert $\frac{K}{N \cdot K} = \frac{1}{N}$ der relativen Häufigkeit gleich der Wahrscheinlichkeit ist. Mit dieser fundamentalen Idee der Wahrscheinlichkeitsrechnung und Statistik hätte man auch unmittelbar auf den Erwartungswert schließen können, denn je größer K ist, mit desto größerer Wahrscheinlichkeit liegt $\frac{k}{K}$ nahe an $p = \frac{1}{N}$, also

$$\frac{k}{K} \approx p = \frac{1}{N} \quad \text{und} \quad K = k \cdot N.$$

---

[1] Eine ausgezeichnete Veranschaulichung des Experiments findet sich beim Galton-Brett (vgl. hierzu ein Unterrichtsbeispiel von *H. Schupp*, das in den Beiträgen zum Mathematikunterricht (1976) erscheinen wird). Eine weitere Unterrichtssituation findet sich bei *A. Engel*, *T. Varga* und *W. Walser*, Zufall oder Strategie? (Stuttgart, 1974) im Spiel: „Die Geisterstadt".

[2] Vgl. hierzu Statistik (Hrsg. *G. R. Klotz*), Braunschweig 1976, Beispiel 4.10 auf Seite 124.

Wir erhalten in unserem Modell einen Erwartungswert, den schon die Schüler naiv vermutet hatten. Der Vorteil dieser Mathematisierung liegt in der Hauptsache darin, daß man nun Ergebnisse über den Wert bzw. Unwert der Stichprobenergebnisse (Genauigkeit, Fehlerstreuung usw.) erhalten kann.

Wie aus Aufgabe 7 zu ersehen ist, wird dieses Verfahren noch heute dazu benutzt, die Anzahl der roten bzw. weißen Blutkörperchen in 1 mm^3 Blut zu bestimmen. Hier z.B. ist eine Aussage über die Fehlerstreuung wichtig. In der Praxis kann man für große K die Binomialverteilung mit Hilfe von Tabellen darstellen.

Aufgaben für die Leserin

1. *H. Freudenthal* nennt ein hübsches Unterrichtsbeispiel, bei dem Schüler der Orientierungsstufe eine nichtrepräsentative Stichprobe entnommen und ausgewertet haben. Die Klasse untersuchte das Thema: „Wieviel Kinder hat die Normalfamilie?" Alle Schüler der Schule wurden daraufhin befragt.
   a) Wo liegt der Fehler?
   b) Nennen Sie weitere Möglichkeiten von nichtrepräsentativen Stichproben, z.B. zum Thema „Wohin fährt der Normalbürger in Urlaub?", „Wie ist die Altersverteilung in unserer Bevölkerung?" oder „Wieviel Autos fahren täglich durch unsere Straße?"
2. Legen Sie die 48 Logischen Blöcke[1] in eine Urne (Schuhkarton) und ziehen Sie zufällig einzelne Blöcke. Das Ergebnis halten Sie in einer Tabelle fest. Wie unterscheiden sich die relativen Häufigkeiten von dicken und dünnen, großen und kleinen, gelben und roten Blöcken[2]? Warum läßt sich hier nicht von der Stichprobe auf die Gesamtheit schließen? Führen Sie die gleiche Untersuchung mit dem Begriffsspiel[3], bei dem es rauhe und glatte Elemente gibt, und mit einem Fünfersatz von Cuisinairestäben durch.
3. Wie kann man die Anzahl bestimmter Singvögel in Deutschland durch Beringung von einigen Singvögeln abschätzen? Orientieren Sie sich dabei bei dem Fischteichspiel des Mathematischen Labors[4].
4. Untersuchen Sie in einem 4. Schuljahr die Frage: Welche Automarke ist häufiger: „VW" oder „Opel"? bzw. welche Automarke ist am häufigsten?

   Vergleichen Sie Ihre Ergebnisse mit einer offiziellen Statistik des Kraftfahrzeugbundesamtes in Flensburg! Wie erhält man hier nichtrepräsentative Stichproben?

5*. In der Urlaubszeit berichtet der Verkehrsfunk über einen Autobahnstau von 20 km Länge. Die Autobahn ist an dieser Stelle schon dreispurig ausgebaut, und an diesem Ferienwochenende sind nur Pkw.s unterwegs. Schätzen Sie ab:
   a) Wie viele Pkws stehen in dem Verkehrsstau?
   b) Wie viele Personen sind davon betroffen?

   Das Schaulprogramm ALEF behandelt die Aufgabe a), indem es den Schülern die Durchschnittslänge für einen Pkw mit 5 m und den Durchschnittsabstand mit 1 m angibt. Was sagen Sie dazu? Wo und wie könnten Sie mit Ihren Schülern eine notwendige Stichprobenerhebung durchführen? Entwerfen Sie eine Unterrichtsskizze.

---

[1] Herder-Verlag, Freiburg.

[2] Vgl. *D. Guderian:* Über Schwierigkeiten der Schüler beim Anwenden der Gesetze der Wahrscheinlichkeit im außerschulischen Bereich, in: Beiträge zum Mathematikunterricht 1973.

[3] Schroedel-Verlag.

[4] Klett-Verlag, Stuttgart; ferner dargestellt in: *A. Engel, T. Varga, W. Walser:* Zufall oder Strategie? Stuttgart 1974.

6*. Versuchen Sie abzuschätzen:

a) Wie viele Nadeln hat ein Nadelbaum von ca. 2 m Höhe?

b) Wie viele Kastanien hat ein Kastanienbaum?

Vergleichen Sie mit Aufgabe 5! Wie gehen Sie vor?

7. In einem Leitfaden und Lehrbuch für die Arzthelferin[1]) wird die Zählung der roten und weißen Blutkörperchen mit der Thoma-Zählkammer wie folgt beschrieben:

Die Zählkammer zeigt in der Mitte des mittleren Balkens ein mit dem normalen Auge kaum sichtbares Kreuz, das unter dem Mikroskop als Gittersystem erkennbar wird. Die Thoma-Zählkammern enthalten 16 große Quadrate (Gruppenquadrate) mit je 16 kleinen Quadraten (Bild 4).

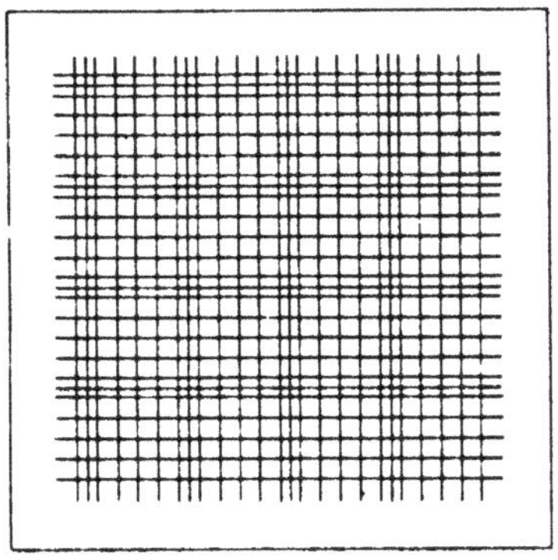

Bild 4

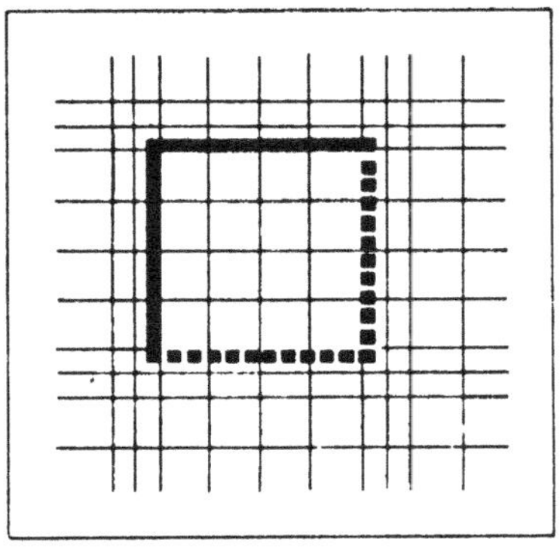

Bild 5

Die Füllung der Zählkammer geschieht mit der Pipette vom Rande her. Bei festem Sitz des Deckgläschens[2]) entsteht ein genau $\frac{1}{10}$ mm hoher Raum. Die Fläche eines kleinen Quadrats beträgt $\frac{1}{20}$ mm $\times$ $\frac{1}{20}$ mm $= \frac{1}{400}$ mm^2.

Auszählung der roten Blutkörperchen (Erythozyten)

Blut wird mit einer Pipette 1: 100 verdünnt und mit einem Schüttelapparat gemischt. Unter einem Mikroskop mit 40facher Vergrößerung werden fünf Gruppenquadrate ausgezählt.

Beispiel

Im 1. Gruppenquadrat befinden sich 192 rote Blutkörperchen.
Im 2. Gruppenquadrat befinden sich 196 rote Blutkörperchen.
Im 3. Gruppenquadrat befinden sich 188 rote Blutkörperchen.
Im 4. Gruppenquadrat befinden sich 193 rote Blutkörperchen.
Im 5. Gruppenquadrat befinden sich 191 rote Blutkörperchen.
zusammen 960 rote Blutkörperchen

Danach wird diese Zahl 960 durch 2 dividiert: 480. Vor die zweitletzte Stelle wird ein Komma gesetzt und die Zahl mit Mill. benannt.

Ergebnis: 4,80 Mill. rote Blutkörperchen in einem Kubikmillimeter Blut.

Begründen Sie diese Rechenanweisung! Welche Rechenanweisung müssen Sie geben, wenn 1:200 verdünnt wurde?

Normalzahlen: Männer 5 Mill., Frauen 4,5 Mill. in einem Kubikmillimeter (Fehlerquelle dieses Verfahrens: ca. 10 %).

---

1) Vgl. *D. Brück,* Die Arzthelferin, Hannover (1970[11]).

2) Erkennt man durch Auftreten von Newton-Ringen.

Auszählung der weißen Blutkörperchen (Leukozyten)

Hier wird das Blut mit einer Pipette 1:10 verdünnt und mit einem Schüttelapparat gemischt. Unter dem Mikroskop mit 10facher Vergrößerung wird die gesamte Zählkammer (20 mal 20 kleine Quadrate) ausgezählt.

Beispiel: 68 weiße Blutkörperchen. Man rechnet 68 × 100 = 6800 weiße Blutkörperchen in einem Kubikmillimeter.

Begründen Sie diese Rechenanweisung! Welche Anweisung müssen Sie geben, wenn 1:20 verdünnt wurde.

Um einen brauchbaren und einigermaßen sicheren Mittelwert zu erhalten, empfiehlt es sich, die Leukozyten zweimal auszuzählen.

Normalzahlen: 6000 bis 7000 weiße Blutkörperchen im Kubikmillimeter. Ein Mensch hat etwa 6 bis 7 Liter Blut. Wieviel rote und weiße Blutkörperchen hat er?

2. Die Situation des Mathematikunterrichts in der Grundschule – Kritische Bilanz der Reformbewegung und ein Ansatz zu einer Konsolidierung

Nach einer Analyse des Standes der Schulmathematik in den USA beschreibt eine amerikanische Studiengruppe die vorgefundene Szenerie in folgender Weise[1]:

„Dieser Übersichtsbericht erstreckt sich auf eine weite und abwechslungsreiche mathematische Landschaft. Man findet dabei nicht nur den sprichwörtlichen Dschungel; nicht zu übersehen sind offenkundige Berggipfel und gähnende Abgründe. Der Bericht fällt in eine Zeit, in der sich inmitten der teilweise zurückweichenden Wasser der Überschwemmung „Neue Mathematik" die Grenzen zwischen Wasser und Land in einer noch nicht überschaubaren Weise ändern. Der Bericht versucht darzustellen, was vorfindlich ist, weil das im Augenblick wichtig ist, aber die Autoren sind sich sehr wohl im klaren darüber, daß das Ergebnis den belustigenden ersten Landkarten der Neuen Welt ähneln kann ..."

Wenn wir dieser Darstellung noch die Bemerkung hinzufügen, daß der Mathematikunterricht nicht einfach eine Naturlandschaft ist, die nur zu beschreiben, sondern eine Kulturlandschaft, die zu gestalten ist, haben wir eine treffende Charakterisierung der Situation, in der auch wir uns befinden, wenn wir nun aus unserer Sicht ein Bild bzw. Vorbild des Mathematikunterrichts in der Grundschule entwerfen wollen.

Trotz aller Unterschiede in der Beurteilung der gegenwärtigen Situation und der weiteren Entwicklung des Mathematikunterrichts in der Grundschule gibt es einige grundlegende Auffassungen über Inhalte, Ziele und Prinzipien des Unterrichts, über die weithin Ein vernehmen besteht und denen auch wir uns anschließen. Natürlich bleibt ein weiter Spielraum bestehen, den wir in einer spezifischen Weise nützen werden, so daß in diesem Abschnitt auch die Marksteine der didaktischen Konzeption des vorliegenden Buches gesetzt werden. Die inhaltsunabhängigen Aspekte unserer Konzeption sind ausführlich in den „Grundfragen" entwickelt worden, so daß wir sie im folgenden nur stichpunktartig zu referieren und zu spezifizieren haben werden.

Zum Verständnis der gegenwärtigen Situation ist es notwendig, wenigstens in groben Zügen auch die Vorgeschichte zu kennen und auch Richtungen zu sehen, in welche der Unterricht weiterzuentwickeln ist. Wir beginnen daher mit einem geschichtlichen Abriß und schließen an eine Beschreibung der Ziele, Inhalte und Prinzipien des Mathematikunterrichts in der Grundschule eine Diskussion der u. E. wichtigsten Probleme an, die noch zu lösen sind.

---

1) *NACOME*, Overview and Analysis of School Mathematics Grades K-12. Conference Board of the Mathematical Sciences 1975, S. 136.

2.1. Vorgeschichte und grobe Chronik der Reform

Die Reform, von der hier die Rede ist, wird amtlich markiert durch die „Empfehlungen und Richtlinien zur Modernisierung des Mathematikunterrichts an den allgemeinbildenden Schulen, Beschluß der Kultusministerkonferenz vom 3.10.1968" (kurz: KMK-Richtlinien). Auf der Grundlage dieser Richtlinien erließen die Länder Lehrpläne, die zunächst in Versuchsgrundschulen erprobt und in revidierter Form vom Schuljahr 1973/74 an allgemein verbindlich gemacht wurden.

Vor dieser Reform wurde Mathematik in der Grundschule im Rahmen des sogenannten *Rechenunterrichts* betrieben, der thematisch etwa die Einführung der natürlichen Zahlen, die Grundrechenarten (Addition, Subtraktion, Multiplikation, Division), die schriftlichen Rechenverfahren und das Sachrechnen umfaßte. Das Bild des Rechenunterrichts wurde geprägt von der – wie man heute sagt – *traditionellen Rechendidaktik,* die sich aus Wurzeln im 18. Jahrhundert kontinuierlich entwickelt hatte und in unserem Jahrhundert wesentliche Fortschritte erzielte. Die eindrucksvollsten Persönlichkeiten unter den deutschen Rechendidaktikern waren *Johannes Kühnel* (1869–1928) und *Johannes Wittmann* (1885–1960), deren Arbeit von *A. Kruckenberg, A. Kern, W. Breidenbach, W. Oehl* und *H. Karaschewski* fortgeführt wurde. Hervorstechender Zug dieser Didaktik war die starke Ausrichtung an der Psychologie der ersten Hälfte des Jahrhunderts. *J. Wittmann* war sogar selbst Psychologe und betrachtete den Rechenunterricht als Anwendungsfeld der Psychologie. Besonderen Einfluß übte die Gestaltpsychologie aus, eine psychologische Richtung, die eine besondere Affinität zur Mathematik entwickelte. In ihrem Gefolge wurden in der Rechendidaktik viele bildliche Darstellungen und Vorstellungen betont, die auch heute noch verwendet werden (Kringel„mengen", Hundertertafeln usw.).

Ein weiterer sehr wertvoller Zug der Rechendidaktik, auf den man heute nur mit Neid blicken kann, war der enge Bezug zur Schulpraxis. Unter dem starken Einfluß der Reformpädagogik wurden auch z.T. sehr lebendige Unterrichtsvorschläge entwickelt. Allerdings ist die tatsächliche Praxis mit ziemlicher Sicherheit weithin dogmatisch und starr gewesen, was durch z.T. minutiöse methodische Anleitungen zumindest begünstigt worden sein dürfte.

Die Konzeption von *J. Kühnel* und *J. Wittmann* wurde auch in ihren pädagogischen und bildungstheoretischen Bezügen sehr detailliert ausgearbeitet. *H. Karaschewski* gab 1966 in seinem sehr lesenswerten Buch „Wesen und Weg des ganzheitlichen Rechenunterrichts" eine sehr schöne Gesamtdarstellung dieses sogenannten „ganzheitlichen Rechenunterrichts".

Nach dem 2. Weltkrieg entwickelte sich die Rechendidaktik kontinuierlich weiter. Unter dem Anstoß durch *H. Aebli* [1]) zog vor allem *A. Fricke* [2]) aus der genetischen Psychologie *J. Piagets,* welche die Gestaltpsychologie zwischenzeitlich abgelöst hatte, didaktische Folgerungen und entwickelte einen operativen Mathematikunterricht.

Bei einer kritischen Würdigung des Rechenunterrichts fällt aus heutiger Sicht vor allem auf, daß zur Wissenschaft Mathematik im wesentlichen keine echte Beziehung hergestellt

---

1) *Aebli* 1951/1963.

2) Vgl. *A. Fricke/H. Besuden* 1970.

wurde. Vielfach wurden sogar Fronten aufgebaut, wozu freilich das äußere Erscheinungsbild der Mathematik und die verzerrende Selbstdarstellung von Mathematikern nicht unwesentlich beigetragen haben dürften. So schreibt *Karaschewski* (1966, S. 18) „Wir geben unumwunden zu, daß wir einen Wesensunterschied zwischen dem elementaren Volksschulrechnen einerseits und der Mathematik andererseits in noch höherem Maße für gegeben halten als etwa zwischen ‚Deutsch' und ‚Germanistik', ‚Naturkunde' und ‚Biologie'!" Die Abgrenzung des Rechenunterrichts gegen die Mathematik ist u.E. der eigentliche Grund, weshalb es Ende der sechziger Jahre zu einem so grundlegenden Umbruch kam, obwohl die traditionelle Didaktik sich ja durchaus weiterentwickelt hatte und auch neue Strömungen, wie der operative Ansatz, weitere Fortschritte bewirkt hatten.

Der Umbruch erfolgte nicht von innen heraus, sondern wurde von außen erzwungen. Soweit man dies heute übersehen kann, waren vor allem zwei Anstöße maßgebend: *Die Entwicklung im Ausland und die Reform des gymnasialen Mathematikunterrichts in Deutschland selbst.*

In den USA führte der Sputnikschock gegen Ende der fünfziger Jahre zu einer großangelegten Revision des gesamten Bildungswesens. Es wurde eine große Anzahl von Curriculumprojekten, vor allem für die Mathematik und die naturwissenschaftlichen Fächer ins Leben gerufen, bei denen sich auch namhafte Fachwissenschaftler beteiligten. Den Mathematikprojekten war die Orientierung an als grundlegend angesehenen mathematischen Ideen eigen, die sich von den traditionellen Vorstellungen wesentlich unterschieden. Daher rührt die Parole „New Math". Trotz dieser Gemeinsamkeit waren die einzelnen Programme außerordentlich heterogen. Einige Projekte, z.B. das Madison-Projekt von *R. Davis,* waren auch betont kind-zentriert.

Ähnliche Projekte wurden in kleinerem Maßstab auch in anderen Ländern ins Leben gerufen. Für die Grundschule eines der interessantesten Projekte ist das Nuffield-Projekt in England, das sich an Grundauffassungen der genetischen Psychologie Piagets orientierte. Dieses Projekt war ebenfalls ausgesprochen kind-zentriert, wie die englischen Ansätze sich überhaupt durch eine große pädagogische Sensibilität auszeichnen (vgl. ATM 1970, Vorwort).

Der zweite Anstoß zur Grundschulreform ging von den Bestrebungen zur Reform des gymnasialen Mathematikunterrichts in Deutschland selbst aus. Diese Bewegung, die in Fortsetzung einer von *F. Klein* zu Anfang unseres Jahrhunderts begründeten Tradition von Hochschulmathematikern und Gymnasiallehrern getragen wurde, strebte – wie ähnliche Bewegungen im westlichen Europa – danach, die Kluft zwischen Schul- und Hochschulmathematik zu verkleinern. Faktisch ergab sich auf diese Weise, daß die in den fünfziger und sechziger Jahren herrschende Auffassung der Mathematik als Strukturmathematik (im Sinne der Bourbakisten) in die Gymnasien hineingetragen wurde. Bei der Durchführung des Programms ergaben sich Schwierigkeiten, die man mit einer Ausdehnung der Reform auch auf die Grundschule zu bewältigen hoffte. Weitgehende Ansätze in diese Richtung waren bereits vorher von *Papy* in Belgien unternommen worden, der einen stark strukturmathematisch orientierten Mathematikkurs für Kindergärtnerinnen abgehalten und publiziert hatte [1]).

---

[1]) *Papy, G.* 1960.

Das Zusammenwirken der beiden Reformanstöße, nämlich die recht heterogenen Ansätze im Ausland und die Reform des Gymnasialunterrichts in Deutschland selbst, führte für die deutsche Grundschule zu einer einseitigen Selektion derjenigen Entwicklungen im Ausland, die mit der Strukturmathematik verbunden waren. So wurde „Mengenlehre-Logik-Strukturen" das Programm der „Neuen Mathematik" in Deutschland. Protagonist wurde der international wirkende Didaktiker *Z. P. Dienes,* dessen Schriften durch geschickte Verlagsarbeit weit verbreitet wurden und der auch im Fernsehen auftrat.

Nicht zuletzt aus der Hysterie heraus, im Wettlauf um neue Voraussetzungen für die wirtschaftliche Konkurrenzfähigkeit anderen Ländern gegenüber zu spät zu kommen, beschloß im Oktober 1968 die KMK-Konferenz die oben schon erwähnten Richtlinien. Diese Richtlinien brachten vor allem für die Grundschule einschneidende Veränderungen mit sich. Völlig neu war der Themenkreis 1 „Mengen und ihre Verknüpfungen", über den die Richtlinien folgendes ausführen:

Eigenschaften von Gegenständen, Menge, Element ($\in$), Mengenbild und Mengenschreibweise, Grundmenge, Teilmenge ($\subset$), die Verknüpfungen Durchschnitt ($\cap$), Vereinigung ($\cup$), Ergänzung von Mengen, Eigenschaften der Verknüpfungen, Gebrauch von Platzhaltern (Variable)	Der Mengenbegriff ist grundlegend für alle Themenkreise und wird im Zusammenhang mit ihnen erarbeitet. Die Sachverhalte werden in kindgemäßer Weise experimentell erarbeitet, die Erfahrungen durch unvollständige Induktion gewonnen.

Nach Veröffentlichung der KMK-Richtlinien und der Länderlehrpläne, die den Richtlinien schnell folgten, entbrannte ein erbitterter Kampf über Sinn und Unsinn der Reform, der nur selten sachlich geführt wurde und teilweise groteske Formen annahm, u.a. auch deshalb, weil es vielen der Beteiligten an der Kompetenz und vielleicht an dem notwendigen Verantwortungsgefühl mangelte. Zu den Befürwortern einer Reform gehörte die überwiegende Mehrzahl der Grundschulmathematikdidaktiker, wenn auch einzelne von ihnen die Forderung nach wesentlichen Revisionen erhoben. Zu den Befürwortern gehörte auch ein kleiner Teil der Lehrerschaft. Der weitaus überwiegende Teil war im Gegensatz dazu abwehrend eingestellt. Dazu gesellten sich später einige Ärzte und Mathematiker. Die verunsicherte Elternschaft ergriff teils für teils gegen die Reform Partei, vermutlich je nachdem sie beeinflußt wurde. Die Auseinandersetzung erreichte im Frühjahr 1974 ihren Höhepunkt, als sich einige Länderparlamente und die Fernsehreihe „pro und contra" mit der „Mengenlehre" befaßten und der Spiegel die Frage stellte „Macht Mengenlehre krank?".

In der Zwischenzeit war die interne didaktische Diskussion weitergegangen und hatte teilweise schon ihren Niederschlag in neuen Länderlehrplänen gefunden. Die KMK nahm 1976 die Revision der Richtlinien in Angriff und verabschiedete im Dezember 1976 eine Neufassung der Richtlinien für die Grundschule (vgl. Anhang).

Wie immer man die hektische Entwicklung und die verschiedenartigen Interessen, die im Spiel waren, nachträglich beurteilen mag, keine der beteiligten Gruppen wird ihr Maß von Mitschuld an offenkundigen Fehlentwicklungen abstreiten können und gut daran tun, ihr Verhalten zu analysieren.

Was die Didaktiker betrifft, so haben sie ihren neuen Spielraum ausgenützt, um frei und kühn Unterrichtsideen zu produzieren. Dabei wurden – vom heutigen Standpunkt aus betrachtet – neben sehr guten auch unbrauchbare, sterile, ja unsinnige Vorschläge gemacht. Es wäre jedoch verfehlt, das an sich zu kritisieren, denn es läßt sich in solchen Fällen niemals mit Sicherheit vorher sagen, was wertvoll sein wird und was nicht. *Der eigentliche Fehler der Didaktiker lag vielmehr darin, daß diese frisch produzierten Ideen vielfach nicht als erprobungs-, diskussions- und modifikationsbedürftig angesehen; für den unmittelbaren Gebrauch in Schulen empfohlen, ja angepriesen, und in Richtlinien und Büchern viel zu schnell festgeschrieben wurden.*

Ungünstig ist es auch gewesen, daß das Hauptgewicht auf neue Inhalte gelegt wurde. Neue Methoden des mathematischen Arbeitens mit Kindern und pädagogische Fragen des Mathematikunterrichts wurden stark in den Hintergrund gedrängt. Von den bekannten Kursen hat sich u.W. allein der Kurs „alef" von *H. Bauersfeld* bewußt um diesen Aspekt bemüht.

Der entscheidende Fehler der Didaktiker war es jedoch, daß die Reform des Mathematikunterrichts in der Grundschule nicht kontinuierlich an den traditionellen Unterricht angeschlossen wurde, was notwendig und möglich gewesen wäre. Vielmehr wurde für den Unterricht eine völlig neue Basis postuliert. Entgegen primitivsten Bedingungen des Lernens wurden die Voraussetzungen der Lehrer (als Lerner) nicht genutzt und das Problem der Lehrerfortbildung wurde gravierend verschärft.

Was die Lehrerschaft angeht, so hat sie es versäumt, die weitere Entwicklung des Rechenunterrichts von sich aus zu verfolgen, wie es z.B. englische Lehrergruppen mit einem bemerkenswerten Engagement getan haben. Die Lehrerschaft hat dadurch die Zügel aus der Hand verloren. Als die Reform unumgänglich erschien, hat sich der überwiegende Teil der Lehrerschaft nicht bereit gefunden, sich über die neuen Vorschläge eine eigene Einsicht zu verschaffen und sie an den eigenen Berufserfahrungen kritisch zu bewerten. Sehr viele Lehrerinnen und Lehrer der Grundschule vollführen heute anhand der Schulbücher und Lehrerhefte eine Art „Blindflug". Faktisch ist ein großer Teil von ihnen in einer Weise vom Lehrbuch abhängig geworden, die mit dem nach außen zur Schau gestellten Berufsbild nicht vereinbar ist.

Aus den Fehlern der Vergangenheit sind für die zukünftige Zusammenarbeit von Didaktikern und Praktikern folgende Lehren zu ziehen: Die Didaktiker müssen der bewährten unterrichtlichen Tradition (jedoch nicht irgendeiner x-beliebigen Praxis!) in Zukunft stärker Rechnung tragen und sich im klaren darüber sein, daß ihre Empfehlungen der Erprobung bedürfen. Die Lehrerschaft muß ihren früheren didaktischen Spielraum wieder zurückgewinnen und nützen, damit sie aktiv an der Erprobung mitwirken kann. Keine der beiden Seiten kann ihren Teil der Verantwortung auf die andere Seite abschieben bzw. sich durch Verweis auf schuldhaftes Verhalten der anderen Seite von eigener Verantwortung befreien.

Die Didaktiker haben in den beiden letzten Jahren zu einer weitgehenden Einigung zusammengefunden. Voraus ging seit Ende der sechziger Jahre eine intensive fachliche Diskussion, bei der wesentliche neue Einsichten gewonnen wurden, die manchen von einem Saulus in einen Paulus verwandelt haben. Eine brauchbare Plattform für die weitere Diskussion wurde 1974 bei einer vom Arbeitskreis Grundschule veranstalteten Tagung in einer Resolution „Grundschulreform und Mathematik" formuliert (vgl. Anhang).

2.2. Ein Ansatz zu einer Konsolidierung des Mathematikunterrichts in der Grundschule

Der folgende Ansatz deckt sich zum größten Teil mit dem revidierten Lehrplan des Landes NRW vom Jahre 1973, der unter der Federführung von *H. Winter* entstanden ist und – wie schon sein Vorgänger – auf die übrigen Länderlehrpläne einen großen Einfluß ausgeübt hat. Von früheren Konzeptionen hebt sich der Ansatz in erster Linie dadurch ab, daß die sogenannte „Mengenlehre" nicht mehr als eigener Themenkreis auftritt – ein Punkt, der viel zu wenig beachtet wird.

Nach heutiger Auffassung muß der Mathematikunterricht auf allen Stufen als Synthese verschiedener Dimensionen gesehen werden (vgl. „Grundfragen", Abschnitt 1). Dementsprechend sieht man sich bei der Entwicklung einer didaktischen Konzeption für den Mathematikunterricht folgender komplexen Problematik gegenüber:

Wie kann man in der allgemeinen Konzeption und in der Praxis des Mathematikunterrichts der Wissenschaft Mathematik, den Ansprüchen der Gesellschaft, den Dispositionen und dem Recht der Schüler auf freie persönliche Entfaltung im Rahmen des Möglichen immer besser und immer neu gerecht werden?

Zur Beantwortung dieser Frage muß man auf allgemeine Lernziele, Lerninhalte und didaktische Prinzipien eingehen, wie es im NRW-Lehrplan und in der Resolution „Grundschulreform und Mathematik" auch geschieht.

2.2.1. Allgemeine Lernziele

Eine der bleibenden Einsichten, welche die Reform des Mathematikunterrichts an den allgemeinbildenden Schulen mit sich gebracht hat, ist es, den Mathematikunterricht in der Grundschule nicht isoliert von den übrigen Stufen, sondern als einen organischen Teil des gesamten Mathematikunterrichts anzusehen. Was allgemeine Lernziele des Unterrichts in der Grundschule anbelangt, kann es sich dementsprechend nicht darum handeln, eigene Ziele für die Grundschule zu formulieren, sondern nur darum, wie in der Grundschule an den übergreifenden Zielen des Mathematikunterrichts insgesamt gearbeitet werden kann.

In „Grundfragen", Abschnitt 7.3., ist der von *H. Winter* angegebene Katalog allgemeiner Lernziele ausführlich diskutiert. Der NRW-Lehrplan spezifiziert diese Lernziele exemplarisch in folgender Weise (S. 2 bis 4):

„Allgemeine fachspezifische Fähigkeiten

Der Schüler soll lernen zu *argumentieren,* d.h., er soll zu folgendem befähigt werden: Aussagen begründen, überprüfen und verteidigen; Aussagen anderer gegebenenfalls in Frage stellen; Scheinargumente aufdecken; Gegenargumente anhören und unwiderlegbare Argumente akzeptieren; sich an Vereinbarungen (Regeln, Definitionen ...) halten; sich nicht mit unvollständiger Information zufrieden geben.

Speziell auf arithmetischem Gebiet sollen folgende Fähigkeiten entwickelt werden: die Lösung von Rechenaufgaben rechtfertigen; den Lösungsweg angeben und begründen; die Lösung kontrollieren (z.B. durch Gegenrechnung); Zahlaussagen auf ihre Wahrheit hin untersuchen; den Zusammenhang mit anderen Zahlaussagen (z.B. „Nachbaraufgaben")

aufdecken; bekanntes Wissen in neuen Zusammenhängen systematisch und bewußt einsetzen.
Die Argumentationsweise braucht – vor allem in den ersten Schuljahren – nicht verbal zu sein. Verweise auf Handlungen oder Bilder und Diagramme können z.B. als gleichwertig angesehen werden.

Der Schüler soll lernen, sich *kreativ* zu verhalten: Gesetzmäßigkeiten („Was fällt auf?") beobachten und artikulieren; Vermutungen aufstellen; selbständig Lösungswege finden (durch denkendes Probieren, durch Abschätzen, durch Vereinfachen, durch Verbildlichung usw.), bekannte Lösungswege auf neue Fragen übertragen; Lösungswege variieren (z.B. die Teilschritte anders anordnen); Regeln ausschöpfen (z.B. Rechenregeln zum Vereinfachen von Rechenausdrücken anwenden); zu gegebenen Aufgaben „passende" andere finden; eine Anfangssituation sinngemäß fortsetzen (z.B. Zahlenfolgen fortsetzen); situationsadäquat Alternativen bilden (z.B. Verneinungen mit ins Auge fassen: „teilbar durch 5" – „nicht teilbar durch 5", „gleich" – „ungleich"); Sachverhalte systematisch vergleichen, d.h. Gemeinsames und Unterscheidendes feststellen (z.B. 1 X 1-Reihen-Vielfachmengen vergleichen: In welchen kommen alle 10 Ziffern an der Einerstelle vor und in welcher Reihenfolge?); sich durch Kombinieren von bekanntem „Material" neues erschließen (z.B. Begriffe logisch verknüpfen, etwa „gerade" und „durch 3 teilbar" zu „gerade und durch 3 teilbar", „weder gerade noch durch 3 teilbar", „gerade, aber nicht durch 3 teilbar").
Es geht vor allem darum, die Schüler zu befähigen, sich in Situationen nicht völlig hilflos zu fühlen, in denen ein Routineverfahren nicht ohne weiteres hilft (z.B. in Sachaufgaben). Hier sind auch bescheidende Leistungen im Hinblick auf individualisierte Lernprozesse zu würdigen.
Der Schüler soll lernen, Situationen zu *mathematisieren:* mathematische Informationen aus einer entsprechend einfachen Sachsituation ziehen (z.B. den Zusammenhang von Dingen, Ereignissen, Mengen, Größen usw. erkennen) durch Vergleichen, Zuordnen, Zählen, Schätzen, Messen, Befragen, Ablesen; Daten über reale Sachverhalte und ihren Zusammenhang übersichtlich darstellen (z.B. in Listen, Tabellen, Diagrammen); sachbezogene Fragen verstehen oder selbst finden; die in Sachaufgaben liegenden Informationen zuerst in Bildern, dann in Worten darstellen; Daten der Fragestellung entsprechend weiter verarbeiten (z.B. Größen addieren, subtrahieren, multiplizieren, dividieren, additiv oder multiplikativ vergleichen, anordnen, klassifizieren, Mittelwerte bilden); die rechnerisch neu gewonnenen Daten auf die Sachsituation zurückbeziehen (z.B. die Lösung einer Sachaufgabe interpretieren); verschiedene Sachsituationen auf Gemeinsames und Unterscheidendes hin vergleichen; Sachsituationen typisieren; zu formalen Aussagen (mit Zahlen; Mengen, Größen) Sachsituationen aus der Umwelt finden.

Fachspezifische Grundtechniken

Außer der Entwicklung des begründenden, des findigen und des anwendungsorientierten Denkens sollen im Mathematikunterricht geistige Grundtechniken gelernt bzw. ausdifferenziert werden, die sowohl im alltäglichen Denken ständig eingesetzt werden als auch innerhalb des mathematischen Denkens die Grundfertigkeiten darstellen.

Der Schüler soll lernen zu *klassifizieren:* Dinge nach Vorschriften sortieren, einteilen (z.B. Zahlen in gerade und ungerade, Kinder nach Gewicht, Blumen nach Farbe der Blütenblätter); Vertreter (Beispiele) für Klassen (Begriffe) angeben, zeigen, zeichnen (Beispiele für Siebenermengen angeben, Beispiele für quadratische Figuren zeichnen); die kennzeichnende Eigenschaft der Mitglieder einer Klasse (Menge) finden (Was sind das für Zahlen 51, 54, 57? „durch 3 teilbar und zwischen 50 und 60"); Dinge nach mehreren Gesichtspunkten gleichzeitig sortieren (z.B. die Zahlen von 1 bis 20 nach „gerade – ungerade" und zugleich nach „größer als 10 – nicht größer als 10"); zu einer angegebenen Klassifizierung die Sortierungsvorschrift finden. (Wie sind z.B. hier die Zahlen von 1 bis 10 sortiert worden: {1}, {2, 3, 5, 7}, {4, 9}, {6, 8, 10}? – Nach der Anzahl der Teiler.)

Der Schüler soll lernen *zu ordnen:* Dinge nach Vorschrift ordnen (z.B. Zahlen der Größe nach, Zahlen der Teilbarkeit nach, Vielecke der Eckenzahl nach, Kinder der Größe, dem Alter nach), und zwar linear (in Reihe – z.B.: Zahlen nach der Größe), hierarchisch (z.B.: Menschen nach Wohnbezirken. Land, Bezirk, Kreis, Gemeinde), zyklisch (kreisförmig – z.B.: die Jahreszeiten); Dinge nach verschiedenen Vorschriften gleichzeitig ordnen (Kinder nach Alter *und* Gewicht, tabellarische Darstellung); die Ordnungsvorschrift einer gegebenen Ordnung erkennen (Wonach sind diese 7 Zahlen angeordnet: 50, 51, 53, 40, 19? Nach der Größe ihres Unterschiedes zu 50. – Wonach sind diese 5 Kinder geordnet: Doris, Elke, Eva, Karin, Ulla? – Nach den Vornamen alphabetisch); – mit Hilfe von Zahlnamen eine Ordnung herstellen, z.B. durch fortlaufendes Numerieren (Seiten in einem Heft) oder durch andersartiges Verschlüsseln (Postleitzahlen).

Der Schüler soll lernen zu *generalisieren* und zu *spezifizieren:* an Einzeldingen etwaige gemeinsame Eigenschaften finden, aus Einzelaussagen zu einer Regel, Gesetzmäßigkeit kommen, Vermutungen aufzustellen und überprüfen; entscheiden, ob eine Eigenschaft auf alle Dinge einer Gesamtheit zutrifft oder ob es Ausnahmen gibt.

Der Schüler soll lernen zu *analogisieren:* Zuordnungen zwischen verschiedenen Situationen herstellen (z.B. zwischen Zahlen und Mengen, zwischen Zahlen und Punkten auf dem Zahlenstrahl); Zuordnungsvorschriften erkennen; – Entsprechungen zwischen verschiedenen Situationen finden und mit eigenen Worten ausdrücken; – Ähnlichkeiten zwischen verschiedenen Bereichen nennen.

Mit diesem Lernziel ist auch die wichtige Aufgabe der Transferbildung angesprochen: Die Fähigkeit, gelernte Begriffsbildungen und Verfahren auf andere, neue Situationen zu übertragen.

Der Schüler soll lernen zu *formalisieren:* Sachverhalte in Zeichnungen, Diagrammen, Zeichen wiedergeben, aus Zeichen, Symbolen usw. Information ziehen; Zahlen in Stellenwertsystemen darstellen und aus dieser Darstellung Information gewinnen; Variable (Platzhalter) benutzen.

Eines der wichtigsten Teillernziele ist das *Rechnen,* das ist die Fertigkeit, Zahlverknüpfungen nach einem System von Regeln, die sich auf die Zahldarstellung beziehen, sicher und geläufig auszuführen.

Die aufgeführten Lernziele haben nicht nur eine kognitive, sondern auch eine affektive Komponente: So hat z.B. Argumentieren-*Können* zur Voraussetzung Argumentieren-*Wollen,* d.h. das Bestreben, so lange zu suchen, bis man von der Wahrheit einer Behauptung vollständig überzeugt ist.

Gerade dem Mathematikunterricht der Grundschule fällt die Aufgabe zu, günstige emotionale Voraussetzungen für ein strenges Denken zu schaffen. Insbesondere gehört dazu, *Freude* an mathematischer Arbeit zu wecken und eine *Sensibilität* für mathematische Fragestellungen und Begriffsbildungen zu förden."

2.2.2. Inhalte des Mathematikunterrichts in der Grundschule

Der Öffnung des Grundschulunterrichts zur Mathematik hin ist es zuzuschreiben, daß eine breite Palette von mathematischen Inhalten auf Einsatzmöglichkeiten in der Grundschule hin bearbeitet und diskutiert wurde. Im Laufe dieser Diskussion haben sich einige bedeutsame Gewichtsverlagerungen ergeben, die insbesondere auch den in den KMK-Richtlinien von 1968 als grundlegend für den gesamten Unterricht angesehenen Themenkreis „Mengen und ihre Verknüpfungen" betreffen.

Man unterscheidet heute in der Didaktik sorgfältig zwischen zwei verschiedenen Funktionen der „Mengenlehre". *Einerseits* kann die mengentheoretische Kardinalzahltheorie als Grundlage für die Arithmetik verwendet werden, *andererseits* wird die Mengensprache zu einer schematisierenden Beschreibung begrifflicher Zusammenhänge innerhalb und außerhalb der Mathematik benutzt.

Gegenüber den Auffassungen der „Neuen Mathematik" wird die Mengenlehre heute weithin nicht mehr als die geeignete Grundlage für die Bildung des Zahlbegriffs und der Zahloperationen in der Schule angesehen. Vielmehr wird der Zahlbegriff von Anfang an in seiner ganzen Komplexität aufgegriffen. In der Bedeutung gestiegen ist jedoch die Mengen*sprache,* die kein Inhalt ist, und z.B. auch im neuen NRW-Lehrplan nicht mehr als Inhalt erscheint. Der Lehrplan spricht in Abschnitt 2.2 (S. 10 bis 19) vom Nutzen der *strukturellen Leitbegriffe* Menge – Relation – Verknüpfung – Funktion – Struktur und gibt eine Sammlung von Beispielen dafür an, wie diese Begriffe dienend eingesetzt werden können. In engem Zusammenhang mit den strukturellen Leitbegriffen muß auch die Untersuchung strukturierter Mengen, insbesonders *nichtnumerischer strukturierter Mengen* gesehen werden (vgl. Abschnitt 1.4).

Mit dem Rollenwechsel der „Mengenlehre" ist die alte Dominanz der *Arithmetik* wiederhergestellt worden, wenn auch in anderer Ausprägung als im traditionellen Unterricht. Kern der Arithmetik ist nach wie vor die additive und multiplikative Struktur der natürlichen Zahlen. Dazu gehören eine sichere Beherrschung des kleinen Einspluseins (Addition einstelliger Zahlen), des kleinen Einmaleins (Multiplikation einstelliger Zahlen) und der schriftlichen Rechenverfahren. Die Schüler sollen aber Zahlen weitergehend studieren. Hervorragend geeignet für die Anreicherung des Arithmetikunterrichts sind das kombinatorische Zählen, nichtdekadische Stellenwertsysteme, Induktion und algebraisch-zahlentheoretische Themen (vgl. die Beispiele in Abschnitt 1.2).

Die Entbehrlichkeit der „Mengenlehre" bei der Einführung der natürlichen Zahlen bietet für den Unterricht Vorteile, die leider viel zu wenig gesehen und ausgenützt werden. Der Zwang, Mengen bereits zu Beginn des ersten Schuljahrs in großem Umfang zu thematisieren, weil sie die Grundlage für die Zahlen abgeben sollen, entfällt. Die Mengensprache kann daher um ihrer selbst willen bis zum Ende des vierten Schuljahrs zeitlich und thematisch flexibel entwickelt werden, wobei in den ersten Jahren die Umgangssprache und geeignete bildliche Darstellungen weitgehend ausreichen. Mit der Entscheidung für diesen Weg hebt sich die Konzeption des vorliegenden Buches wesentlich von Vorschlägen der „Neuen Mathematik" ab.

Neben die Arithmetik tritt im Vergleich zum traditionellen Rechenunterricht eine neue klassische Disziplin, nämlich die *Geometrie.* Es ist der Didaktik in den letzten Jahren gelungen, geometrische Fragestellungen ausfindig zu machen und entsprechend zu bearbeiten, die in der Grundschule ein breit angelegtes Studium räumlicher Phänomene ermöglichen. Ein besonderer Vorzug dieser Themen sind ihre leichte Zugänglichkeit, ihr Problemgehalt und ihre nahezu symbolfreie Beschreibbarkeit, die ein ideales Gegengewicht zum Arithmetikunterricht schaffen (vgl. Abschnitt 1.3). Im Rahmen der Geometrie können auch geometrische Darstellungsweisen erarbeitet werden, die man in ihrer Gesamtheit ohne Übertreibung als „geometrische Sprache" bezeichnen kann und die eine fundamentale Rolle für die Entwicklung der kindlichen Intelligenz spielen.

Entsprechend dem Lernziel „Mathematisieren können" ist die Pflege der *Anwendungen der Mathematik* ein wichtiges Anliegen auch des Grundschulunterrichts. Im traditionellen Unterricht dominierten Anwendungen der Arithmetik, die unter dem Stichwort „Sachrechnen" liefen. Heute sind neben den Themenkreis „Größen und Sachrechnen" auch Anwendungen getreten, bei denen geometrische Begriffe oder die Mengensprache verwendet werden. Außerdem bemüht man sich nicht nur um eine Erschließung deterministischer Situationen (bei denen Zufallsereignisse ausgeklammert sind), sondern auch um die Erschließung stochastischer (d.h. vom Zufall beherrschter) Situationen (vgl. hierzu Abschnitt 1.5).

Eine Übersicht über die wesentlichen Inhalte und ihr relatives Gewicht im Unterricht gibt Bild 1. Innerhalb der großen Gebiete sind vielfache Wahlmöglichkeiten denkbar, so daß ein weites Feld für Erprobungen gegeben ist.

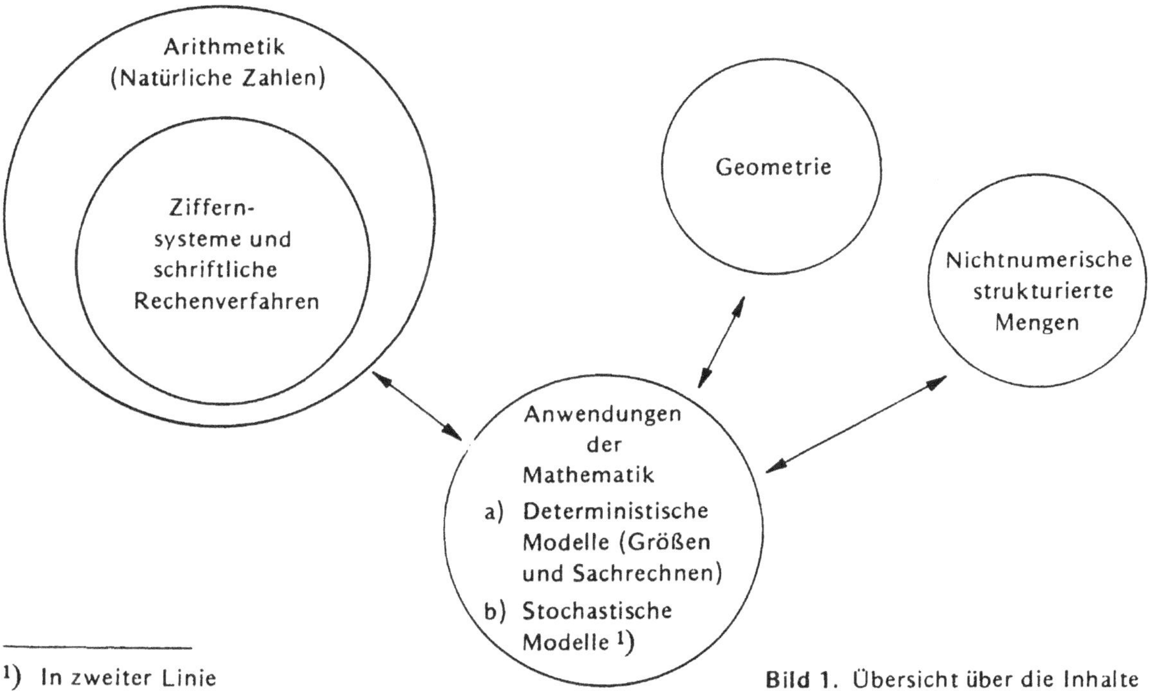

Bild 1. Übersicht über die Inhalte

1) In zweiter Linie

2.2.3. Didaktische Prinzipien

Wir kommen nun auf einige didaktische Prinzipien für den Mathematikunterricht zu sprechen, die eine wichtige Rolle bei der Stoffauswahl, der Anlage und Führung des Unterrichts sowie der Auswahl des Übungsmaterials spielen. Die Prinzipien und ihr Hintergrund sind in den „Grundfragen" (Abschnitte 8 und 10) ausführlich dargestellt, so daß wir sie hier nur kurz wiederzugeben brauchen und zwar unter Zuschnitt auf den Unterricht in der Grundschule.

Prinzip der Orientierung an mathematischen Grundideen. Das Prinzip verlangt, den Unterricht inhaltlich und methodisch *von tragenden Ideen* her zu gestalten. Insbesondere sollten danach Kinder von Anfang an substantielle Mathematik kennenlernen und nicht mit einer eigens für sie geschaffenen „Kinder"-Mathematik vorlieb nehmen müssen.

Vom Prinzip der Orientierung an mathematischen Grundideen her ergeben sich Ansprüche an eine entsprechende Fachausbildung der Lehrerinnen, die wesentlich höher sind als gemeinhin für nötig gehalten wird. Die in der Öffentlichkeit weit verbreitete Vorstellung, es genüge ein sympathischer, mütterlicher Typ, um Kindern die nötige Mathematik beizubringen, ist heute dringend revisionsbedürftig.

Die Forderung, den Unterricht an grundlegenden Ideen der Mathematik auszurichten, bestimmt die Auswahl der Themen. Sie darf aber nicht als Ignorierung der Eigenart des kindlichen Denkens aufgefaßt werden. Dies kommt deutlich zum Ausdruck in einem weiteren Prinzip.

Spiralprinzip. Grundlegende Ideen sollten im Unterricht in mehreren Durchgängen auf jeweils verschieden hohem Niveau behandelt werden, wobei man jeweils die Darstellungsmittel verwenden sollte, die gerade zugänglich sind. Mit dem Fortschreiten auf der „Spirale" werden anfangs intuitive, ganzheitliche, undifferenzierte Vorstellungen zunehmend von formaleren, deutlicher strukturierten, analytisch durchdrungenen Kenntnissen überlagert.

Für die Grundschule ist es von größter Wichtigkeit, daß sich viele grundlegende Begriffe der Mathematik über Handlungen an konkretem Material („enaktiv") oder über bildliche Darstellungen („ikonisch") entwickeln lassen. Es ist daher kein Wunder, daß im Zuge einer Realisierung des Spiralprinzips in der Didaktik der Grundschule viele Lernspiele mit neuen Materialien und neue zeichnerische Darstellungen erfunden worden sind, die zur „Präfiguration" der symbolischen Darstellungsweisen dienen sollen.

Entgegen einem häufig anzutreffenden Mißverständnis ist mit dem Triplett „enaktiv-ikonisch-symbolisch" nicht die Vorstellung zu verbinden, das Denken schreite generell vom „Enaktiven", über das „Ikonische" zum „Symbolischen" fort und handlungsgebundene Darstellungen würden daher von Bildern und diese von der Symbolsprache abgelöst. Die drei Darstellungsformen sollten vielmehr simultan und zur wechselseitigen Stützung eingesetzt werden (*Prinzip der Interaktion der Darstellungsformen*).

Die Auseinandersetzung der Schüler mit der Mathematik sollte von einer genetischen Sicht des Mathematiklernens her organisiert werden *(genetisches Prinzip).* Dabei spielen drei Gesichtspunkte zusammen. Einmal sollten neue Themen auf das Vorverständnis der Kinder bezogen werden *(Prinzip des sinnvollen Lehrens).* Zweitens sollten Bezüge zu anderen Inhalten und zur Wirklichkeit hergestellt werden *(Prinzip der Beziehungshaltigkeit).* Drittens sollten die Themen über die Bearbeitung von Problemkontexten erschlossen werden *(Heuristisches Prinzip).*

Vom genetischen Prinzip her ergibt sich eine Unterrichtsarbeit, die *Frédérique Papy* treffend als *Pädagogik der Situationen* bezeichnet hat (*F. Papy* 1973, 16): „Unser Unterricht ist durchdrungen von der Pädagogik der Situationen... Da letztlich niemand weiß, welche Form der Mathematik unsere Schüler in ihrem Beruf verwenden werden, ist es notwendig, sie mit dem Weg der Mathematisierung und der Entdeckung mathematischer Inhalte vertraut zu machen... Das Ziel wird darin bestehen, wichtige Inhalte der modernen Mathematik auszuwählen. Man schafft Situationen, die Kinder interessieren, und ruft Reaktionen hervor, welche auf ganz natürliche Weise zu diesen Begriffen führen. Auf diese Art bewahren die erworbenen mathematischen Gedankengänge den vertrauten Charakter der Ausgangssachverhalte, die diesen wiederum eine Stütze geben..."

Im Gegensatz zum traditionellen Unterricht finden bei der Pädagogik der Situationen der Unterrichtsverlauf und die Atmosphäre, in der sich die geistige Auseinandersetzung der Kinder entfaltet, eine besondere Beachtung. Die Erschließung von Problemen, die Zerlegung in Teilprobleme, die Verallgemeinerung, Spezialisierung und Analogisierung von Problemen, das Vermuten, das Testen von Vermutungen, das intelligente Ausbügeln von Fehlern (die Kindern als natürliche Begleiterscheinung beim Problemlösen erklärt werden müssen), das Ausdenken von Problemen usw., alle diese Aktivitäten müssen *an sich* gepflegt werden und dürfen nicht hinter den inhaltlichen Lernzielen verschwinden.

Die Rolle der Lehrerin besteht in dieser Sicht hauptsächlich darin, Probleme verständlich zu machen und die Schüler bei der Erforschung von Situationen anzuleiten, im Vertrauen darauf, daß die geistige Kraft einer Klasse zur Bewältigung der anstehenden Aufgaben ausreicht. In der traditionellen Vorstellung ist die Lehrerin dagegen eine Instruktorin, die Kenntnisse und Fertigkeiten vermittelt und dabei aus Mißtrauen gegen das Leistungsvermögen der Schüler die wesentlichen Informationen selbst einbringt.

Auch bei der Pädagogik der Situationen wird nicht in einmaligen Durchgängen gelernt, so daß besondere Maßnahmen zum Üben und Festigen der bei der Auseinandersetzung mit Problemen angebahnten Erkenntnisse nötig sind. Nach dem *Prinzip des aktiven Lernens* geschieht dies am besten durch die Lösung von Aufgaben, bei denen ein ständiger Transfer der Erkenntnisse auf weitere Spezialfälle stattfinden kann. Die Abwandlung von Aufgaben nach dem *operativen Prinzip* sowie die fortwährende *Stabilisierung* von Erkenntnissen und ihre *Integration* untereinander sind bei der Aufgabengestaltung besonders zu berücksichtigen *(Integrationsprinzip, Prinzip der Stabilisierung).*

2.3. Probleme, die noch zu lösen sind

Unsere Einführung in die Situation des Grundschulunterrichts wäre nicht vollständig, wenn wir nicht noch auf einige tiefliegende Probleme eingehen würden, die im Augenblick die Arbeit in der Grundschule ernsthaft beeinträchtigen und die zumindest teilweise gelöst werden müssen, wenn man von einigermaßen geordneten Verhältnissen sprechen will.

Zunächst wird man hier an die Probleme denken, die mit möglichst optimalen *unterrichtspraktischen Ausarbeitungen* von didaktischen Ansätzen wie dem unter 2.2 geschilderten verbunden sind. Es geht dabei um die Konstruktion von Unterrichtsbeispielen, ihre praktische Erprobung unter verschiedenen Bedingungen und ihre Adaptation. Es geht dabei weiter um die Klärung grundsätzlicher Fragen, z. B. inwieweit man Symbole einführen sollte, inwieweit die eine oder andere Unterrichtsform an der oder jenen Stelle empfehlenswert ist, inwieweit bestimmte Ziele auf bestimmten Stufen erreichbar sind u.a.m. Unserer Überzeugung nach können diese Probleme im Laufe der Zeit nur gelöst werden, wenn die Lehrerschaft bereit ist, aktiv mitzuarbeiten, und den Mut zu überschaubaren Experimenten aufbringt.

Von einem Erfolg einzelner Bemühungen kann natürlich nur dann gesprochen werden, wenn sie einen Schritt in die Richtung der allgemeinen und inhaltlichen Zielvorstellungen darstellen, wie sie in 2.2 dargelegt wurden. Daran gemessen stellen leider viele Entwicklungen der letzten Zeit, insbesondere auf dem Schulbuchsektor, einen gefährlichen, ja besorgniserregenden Rückschritt dar, weil sie derartig auf die routinemäßige „Durchnahme' von einzelnen Fertigkeiten zugeschnitten sind, daß von der erforderlichen Förderung der kognitiven Strategien und entsprechend freieren Unterrichtsformen nicht die Rede sein kann. Es gehört zu den traurigen Erfahrungen, daß die meisten Lehrerinnen und Lehrer gerne zu solchen Materialien greifen, die Sicherheit und leichte „Praktikabilität" versprechen, vor allem aber keine eigenen Anstrengungen erfordern.

Ein zweites sehr schwerwiegendes Problem liegt in der nahezu *nicht mehr vorhandenen Beziehung des Mathematikunterrichts zu anderen Bereichen,* insbesondere dem Sachunterricht und dem Deutschen.

Die Hauptursache für diese verhängnisvolle Entwicklung muß man wohl darin sehen, daß sich die didaktische Entwicklungsarbeit lange Zeit fast ausschließlich in die von *Dienes* gewiesene Richtung bewegt hatte, der dafür eingetreten war, die reale Welt durch eine ihm didaktisch günstiger erscheinende Welt künstlicher, dafür mathematisch rein strukturierter Materialien zu ersetzen, und der dafür eine Reihe von Beispielen geliefert hatte. Vielen Didaktikern gefiel es in dem Paradies, das *Dienes* ihnen geschaffen hatte, weil es sich infolge der völlig neuen Möglichkeiten leicht darin arbeiten ließ. Das Problem der Entfremdung zwischen dem Mathematikunterricht und dem übrigen Unterricht wird durch die zunehmende Einführung des Fachlehrersystems im Zusammenwirken mit einer ständig sinkenden Allgemeinbildung der Abiturienten noch gewaltig verschärft. Die einzelne Lehrerin hat jedoch unabhängig von der Hinwendung der Didaktiker zu den Wirklichkeitsbezügen der Mathematik selbst die Möglichkeit, den Mathematikunterricht aus seiner Isolierung herauszuführen, indem sie in ihrem eigenen Erfahrungsbereich bewußt und beharrlich nach Themen und Aufgaben Ausschau hält, die von den Schülern mit den im Unterricht gewonnenen Mitteln bearbeitet werden können (vgl. die Beispiele in 1.5). Aus solchen Bemühungen kann sich im Laufe der Zeit ein „pädagogisches Auge" entwickeln.

Das dritte Problem, das wir hier behandeln wollen, das Problem der *Humanisierung* des Unterrichts, ist eigentlich ein schwer faßbarer Komplex. Es betrifft zudem nicht nur den Mathematikunterricht, liegt aber dort besonders offen. Auch die Grundschule ist in den letzten Jahren zunehmend in den Sog von Tendenzen geraten, die das gesamte Bildungswesen in seiner Substanz bedrohen. Diese Tendenzen haben verschiedene Ursprünge und verschiedene Auswirkungen. Das allgemeine Streben nach sozialem Aufstieg mit *Schulbildung* allein haben dazu geführt, daß von einem großen Teil der Eltern an Kinder und Lehrerinnen ein *Leistungsanspruch* herangetragen wird, der im traditionellen Unterricht undenkbar gewesen wäre. Die Folgen sind u.a. eine Überbetonung der intellektuellen Förderung gegenüber einer breiten pädagogischen Förderung, die Beherrschung des Unterrichts durch rigide Verfahren des „Durchnehmens", „Einübens" und „Testens", bei welchen Lernprozesse nicht mehr ausreifen können und bei welchen Fehler, die Angst vor Fehlern, die Anzahl der Fehler in einem Test und die Noten im Bewußtsein aller Schüler (nicht nur der mathematisch schwächeren) die entscheidenden Faktoren des Unterrichts werden.

Ein anderer Druck wird auf die Lehrerin von der *Begabungsideologie* her ausgeübt. Die Forderung nach Chancengleichheit (neuerdings Chancengerechtigkeit) ist von einigen ihrer Vertreter in dem Sinne verstanden worden, daß verschiedene „Begabungen" von Kindern im wesentlichen auf verschiedene Anregung der entsprechenden Umwelt zurückzuführen seien und durch geeignete Modifikation des Unterrichts (z.B. Abkehr vom „Mittelklassenstil") ausgeglichen werden könnten. Hier werden Hoffnungen geweckt, die wiederum zu massiver Einflußnahme auf den Grundschulunterricht führen.

Schließlich seien noch die Probleme genannt, die sich aus der Ideologie der *antiautoritären Erziehung* (oder verwandter Richtungen) ergeben. Begriffe wie „Disziplin", „Arbeitshaltung" u.ä. sind in der Pädagogik heutzutage weithin nicht mehr zugelassen. Demgegenüber tritt ein nahezu unbeschränkter Glaube an die selbstregulative Kraft des einzelnen und der „Gruppe". Viele Lehrerinnen übernehmen bewußt oder unbewußt solche Auffassungen und halten es daher nicht für sinnvoll oder wagen es nicht, auf Kinder aktiv erzieherisch einzuwirken, auch wenn sich dabei ein Klima ergibt, in dem inhumane Verhaltensweisen der Schüler untereinander und gegen die Lehrerin die Oberhand gewinnen und erfolgreicher Unterricht nicht mehr möglich wird.

Wie schon gesagt, sind die hier genannten pädagogischen Probleme komplex und gestatten keine glatten Lösungen. Vielleicht aber ist es als Gegengewicht gegen die heutigen Leistungs-, Begabungs- und Antiautoritätsfanatiker ganz hilfreich die (vom heutigen Standpunkt möglicherweise naiv erscheinenden) einfachen Auffassungen eines der großen Rechendidaktiker, nämlich von *Johannes Wittmann*, neu zu überdenken, der für die praktische unterrichtliche Arbeit in der Grundschule u.a. folgende Aufgaben und Forderungen formulierte (*J. Wittmann* 1958, 16–20):

„Eine erste Forderung ist diese: Der Lehrer muß sich bei all seinem Tun bewußt sein, daß die Kinder als lebendige menschliche Wesen gewisse übereinstimmende Weisen der Äußerung und Entfaltung ihres seelisch-körperlichen Lebens besitzen, darüber hinaus aber zu ganz individueller Ausprägung ihres Wesens, ihres Charakters und ihrer kleinen Persönlichkeit drängen und ihm als diese *individuellausgeprägten Wesen* begegnen, die sich nach einem verborgenen Lebensplan entwickeln...

Der Lehrer muß die individuelle Eigenart der Kinder achten und ernst nehmen. Er darf nichts unternehmen, wodurch die Kinder in dieser ihrer Entwicklung gestört, gehemmt oder unterdrückt werden könnten. Das *Geheimnis der Erziehung*, der Möglichkeit der Erziehung beruht darin, daß der Lehrer durch das unterrichtliche Tun einerseits die allgemein menschlichen Lebensäußerungen der Kinder beansprucht und bildet: den Drang nach Ganzheit, das Aufmerkenwollen, die Lust der Betätigung der Phantasie, die in Lust und Unlust, Freude und Schmerz sich bekundende affektive Stellungnahme zur Welt, den Hunger nach Sinneseindrücken, das Tätigseinwollen, das Streben nach Zielen, die Freude am Schönen, Wahren und Guten – daß er aber andererseits das Kind gerade in dem anspricht, was ihm ganz persönlich zukommt, was es den Lehrer eben durch sein Angesprochenwerden erkennen läßt.

Der Lehrer muß bereit sein, den Kindern entsprechend ihrer Artung bei allem Lernen die rechte Zeit zu lassen; er darf nicht erwarten, daß die gleichen Maßnahmen bei allen Kindern zu derselben Zeit die gleichen Erfolge zeitigen werden. Dann wird er erfahren, daß auch schwache Kinder zu erfreulichen Leistungen kommen, obwohl sie nicht alle zu den gleichen Erfolgen geführt werden können.

Auch das muß der Lehrer bedenken, daß die Kinder bei ihrem Lernen immer die gleichen seelischen Grundkräfte entfalten und entfalten müssen, gleichgültig ob sie diesem oder jenem Gegenstand zugewandt sind (ob sie z. B. Zahlbegriffe bilden und mit ihnen arbeiten oder lesen und schreiben lernen), ob es Kinder der Normalschule oder der Hilfsschule sind. ...

Der Lehrer muß *alles systematische Vorgehen vermeiden.* Er darf nie von irgendwelchen zu frühen Abstraktionen ausgehen, darf nie Kenntnisse vermitteln wollen, sondern muß die Kinder alle Kenntnisse und Erkenntnisse selbst erwerben lassen.

Die Kinder müssen von Anfang an *auf alle Weise tätig sein* dürfen. Eine Frage an den Leser: Welche Weisen des Tuns kommen in Frage? Freies Sich-Bewegen im Raum, freies Sprechen im Schildern von Begebenheiten, in der Darstellung eigener Erlebnisse, im gegenseitigen Sich-Ansprechen, freier Gebrauch der Hände (Kneten, Malen, Zeichnen, Legen von Plättchen oder Maiskörnern; Handhabung von Dingen, Bauhölzern usw.), freies Singen, freie Betätigung der Phantasie, freies beziehliches Auffassen, freies Verhalten im Umgang mit dem Lehrer, den Kindern und fremden Erwachsenen.

Der Lehrer muß alles Uniformieren, alles Abrichten, alles paukende Einprägen, kurz jeden *Drill unterlassen.* Er darf nicht Böses kommen sehen, wenn die Kinder in ihrer Freiheit sich zunächst noch nicht immer richtig zu verhalten wissen, Störungen verursachen und sich noch nicht in der sicheren Form bewegen, die wohl angestrebtes Ziel sein muß, aber nicht von Anfang an gefordert werden darf.

Den Kindern muß für all ihr Tun die *Zeit gelassen* werden, die sie benötigen, um zum Abschluß ihres Tuns zu kommen.

Der Lehrer muß es so einrichten, daß das Tun der Kinder immer erfolgreich ist. Er muß bedenken, daß das Erfolgsbewußtsein nicht nur mit intellektuellen Aufgaben verbunden ist. Es kann – in einer die ganze Persönlichkeit durchpulsenden Stärke – schon vorhanden sein, wenn das Kind aus der Bank heraustritt, nach vorne geht und sich vor die Klasse stellt, oder wenn es im Spiel richtig mitspielt, wenn es Plättchen in eine Reihe legt oder ein Äffchen knetet. Die Redeweise: „Ich kann das nicht!" darf nie von Kindern gehört werden!

Die Kinder müssen lernen, sich in ihrem Tun *gegenseitig zu beachten* und zu achten, auf einander Rücksicht zu nehmen einander zu helfen...

Der Lehrer muß die Kinder in all ihrem Tun sehr *ernst nehmen!* Er darf sie nie mit Maßstäben messen, die vielleicht für Erwachsene berechtigt sind sondern muß sie mit Behutsamkeit, Güte und Verständnis behandeln als Wesen, die erst gebildet werden sollen. Das gilt für alle Fälle von Ungehorsam und anscheinend sittlichen Verfehlungen! Er muß an das Gute im Kinde glauben! Dieser Glaube schließt durch seine suggestive Macht das Kind auf und macht es bereit zum guten Handeln. Der Lehrer muß auch Verfehlungen als auf dem Wege zum Guten liegend ansehen und die Kinder über die Verfehlungen zum Guten führen, nicht durch Moralisieren, sondern durch Handelnlassen.

Der Lehrer muß wissen, daß er eine ungeheure *geistige Macht* über die Kinder besitzt, die oft größer ist als die der Eltern. Er muß bedenken, daß er diese Macht mißbrauchen kann, daß er sie aber auch verscherzen kann, wenn er nicht in der rechten Weise besonnen, umsichtig, voraussehend, gütig und helfend die Kinder behandelt. Er muß sich diese geistige Macht über die Kinder erhalten! Dazu gehört, daß er die Kinder zu echter *Disziplin* in ihrem körperlichen und geistigen Verhalten erzieht. Es ist das eine für alles gedeihliche Leben in und außer der Schule lebenswichtige Angelegenheit, von der letzten Endes auch aller Erfolg des Unterrichts abhängt."

Literatur

Zur traditionellen Rechendidaktik der Grundschule:

Kühnel 1916, 1959, *J. Wittmann* 1958, 1967, *Oehl* 1962, *Karaschewski* 1966, *Breidenbach* 1969. Zur Geschichte der Rechendidaktik vgl. *Ellrott/Schindler* (1975, 28–40).

Zu den allgemeinen Zielen der Reform:

Bauersfeld 1969, *Winter* 1971, ATM (1970, Vorwort), *Dienes/Golding* 1966. Einen guten Eindruck über die im Zeitraum 1968–1972 erschienenen Mathematikwerke für die Grundschule und über den seinerzeit vorherrschenden Zeitgeist liefern die vom Arbeitskreis Grundschule e.V. 1972 herausgegebenen Bändchen „Mathematik in der Grundschule“ und „Materialien zum Mathematikunterricht in der Grundschule“.

Zur Kritik an der Reform:

Karaschewski 1969, *Freudenthal* 1971, *Kline* 1974. Deutsche Vereinigung für mathematische Logik und Grundlagenforschung 1973 (vgl. Anhang zu diesem Abschnitt).

Eine sehr informative kritisch vergleichende Analyse des ganzheitlichen Unterrichts und einiger neuer Lehrwerke hat von einem psychologischen Standpunkt aus *G. Steiner* 1973 vorgenommen.

Weiterer Verlauf der fachdidaktischen Diskussion:

Die fachdidaktischen Entwicklungen zum Mathematikunterricht in der Primarstufe in Deutschland lassen sich am besten an der Reihe „Beiträge zum Mathematikunterricht“ (Hannover: Schroedel) studieren, in der seit 1967 alljährlich die Vorträge auf den Bundestagungen für Didaktik der Mathematik publiziert werden.

Eine zutreffende Beschreibung und Analyse der Entwicklung bis etwa 1972 geben *Garlich/Messner* [1]) in einem Gutachten für die Stiftung Volkswagenwerk. Sehr ausführlich und an vielen Beispielen des Grundschulunterrichts illustriert ist die kritische Analyse der Reform des Mathematikunterrichts in *Ellrott/Schindler* (1975). Über den Stand um 1974 geben die Hefte 8 und 9 des 6. Jahrgangs (1974) der Zeitschrift „Die Grundschule“ Auskunft, die dem Thema „Grundschulreform und Mathematik“ gewidmet sind. Besonders hingewiesen sei auf die Beiträge von *Damerow* (Disziplin und spontane Aktivität, 452–458) und *Winter* (*Winter* 1974).

Anhang:

1. Resolution „Grundschulreform und Mathematik“

Die Teilnehmer der vom „Arbeitskreis Grundschule e.V.“ veranstalteten Expertentagung „Grundschulreform und Mathematik“ (Dortmund 21./22. Mai 1974) übergeben die nachstehende Resolution der Öffentlichkeit.

Die Entwicklung des Rechenunterrichts zum Mathematikunterricht ist ein unverzichtbarer Bestandteil der Grundschulreform. Sie ist von einem großen Teil der Lehrerschaft positiv aufgenommen und mitgestaltet worden; auch die Eltern haben durch ihre Vertretungen diese Entwicklung insgesamt begrüßt. Trotz erschwerender äußerer Bedingungen sind entscheidende Verbesserungen bewirkt und ist ein Stand erreicht worden, der einen Rückgang auf den konventionellen Rechenunterricht ausschließt und eine Fortführung der Reform verlangt.

Die Resolution dient diesem Ziel. Sie faßt die erfolgreichen Bemühungen zusammen, lädt ein zur Diskussion und fordert alle Betroffenen und Verantwortlichen auf, die Reform der Grundschule und ihres Mathematikunterrichts zu fördern.

---

1) *A. Garlich/R. Messner*, Curriculare Entwicklungstendenzen im Elementarunterricht der Bundesrepublik Deutschland. In: *Bennwitz/Weinert* (Hrsg.), CIEL – ein Förderungsprogramm zur Elementarerziehung und seine wissenschaftlichen Voraussetzungen. Göttingen 1973, 77–263, bes. 176–209.

Mathematikunterricht als unverzichtbarer Teil der Grundschulreform

1. *Über einige Prinzipien der Grundschulreform* besteht Übereinstimmung:

– Die Grundschule muß mehr als bisher an die unterschiedliche Ausgangslage der Kinder anknüpfen, erkennbare Benachteiligungen aufzuheben versuchen und bei jedem Kind die positive Einstellung zum Lernen in allen Bereichen bewahren oder entwickeln.

Nur so kann jedem Kind seine optimale Möglichkeit für die Schullaufbahn eröffnet werden gemäß Art. 2 Grundgesetz (*Entfaltungsrecht*).

– Anders als früher muß jedem Kind eine von der wirtschaftlichen und gesellschaftlichen Stellung der Eltern unabhängige Schullaufbahn eröffnet und offen gehalten werden gemäß Art. 3 GG (*Gleichheitsprinzip*).

Diesem Entfaltungsrecht und Gleichheitsprinzip kann nur durch veränderte Erziehungsziele, Lerninhalte und Vermittlungsformen entsprochen werden.

2. Auch die *Notwendigkeit einer Grundschulreform* ist unbestritten:

– Die Grundschule in ihrer überlieferten Form kann weder dem gesellschaftlichen Auftrag noch den individuellen Ansprüchen der Kinder gerecht werden.

– Dies gilt auch für einen Rechenunterricht, der sich auf die überlieferten Zielsetzungen, Inhalte und Vermittlungsformen beschränkt.

Diese Notwendigkeit einer Reform ist im Strukturplan des Deutschen Bildungsrates und in der Empfehlung der Kultusminister zur Arbeit in der Grundschule (2.7.1970) unterstrichen und deren Durchführung den Lehrern zur Aufgabe gemacht worden.

3. Die *Fortentwicklung des Rechen- zum Mathematikunterricht* ist ein unverzichtbarer Bestandteil der Grundschulreform:

Außer durch die von den Kultusministern geforderten Verbesserungen der äußeren Schulbedingungen kann diese Aufgabe nur gelöst werden durch eine gleichgerichtete pädagogische Reform der Grundschule insgesamt und des überlieferten Rechenunterrichts im besonderen. Diese bezieht sich auf

– die fächerübergreifenden Erziehungs- und Lernziele der Grundschule,
– die im Mathematikunterricht zu vermittelnden Inhalte,
– die Unterrichtsmethoden und Vermittlungsformen des Mathematikunterrichts.

Die Substanz der Reform des Mathematikunterrichts und ihre Begründung

1. *Substanz der Reform des Mathematik-Unterrichts*

1.1. *Fächerübergreifende Erziehungs- und Lernziele*

Sie erfordern eine überzeugende Verschränkung des Mathematikunterrichts mit den anderen Lernbereichen der Grundschule. Dies geschieht durch eine stärkere Orientierung an spontanen und selbst durchgeführten Lernprozessen und durch Ausbildung

– des sozialen Verhaltens in unterschiedlichen Gruppierungen,
– von allgemeinen Fähigkeiten (z.B. Klassifizieren, Anordnen, Schematisieren, Verallgemeinern, usw.),
– des Denkens in Relationen und Kombinationen,
– der Fähigkeit zu schlußfolgerndem Denken,
– der Fähigkeit zum kritischen Beurteilen und zum Argumentieren,
– der Fähigkeit, Strategien zum Problemlösen zu bilden.

In diesem Punkt klaffen der Anspruch und die Verwirklichung der Reform noch weit auseinander.

1.2. *Inhalte des Mathematikunterrichts*

– Kernpunkt der Reform ist eine aktive Auseinandersetzung der Schüler mit Sachverhalten, die ihnen Erfahrungen mit fundamentalen mathematischen Ideen (zu Zahlen, Größen, Figuren und Ereignissen, zu Mengen, Relationen, Abbildungen und Verknüpfungen, zu Symmetrien und Strukturen, zu Zeichen und Algorithmen, zu Sprache und Logik) ermöglichen.

Der ausdrückliche Umgang mit Mengenbegriffen macht nur einen bescheidenen Teil des Mathematikunterrichts aus; die Bezeichnung „Mengenlehre" ist daher keine angemessene Beschreibung für die eigentliche Substanz der Reform.

– Ein weiterer Kernpunkt der Inhaltsreform ist die Einbeziehung eines fortentwickelten Rechenunterrichts in den Mathematikunterricht. Diese Fortentwicklung besteht in einer Erweiterung der methodischen Möglichkeiten und in einer stärkeren Betonung der mathematischen Zusammenhänge im Rechnen, verbunden mit einer Bereicherung des sogenannten Sachrechnens.

Wo neue Mathematik und Rechenunterricht als Gegensätze getrennt werden, ergeben sich Fehllösungen. Rechenfertigkeit und Rechenfähigkeit sind im neugestalteten Mathematikunterricht vielmehr auf eine breitere Grundlage zu stellen.

1.3. *Veränderte Unterrichtsmethoden und Vermittlungsformen*

Ein Kernpunkt der Reform ist in den veränderten Unterrichtsmethoden und Lernprozessen zu sehen. Diese sind gekennzeichnet durch

- eigene Erfahrungen an didaktischen Materialien,
- Formen sozialen Lernens in Gruppensituationen,
- Berücksichtigung des spielerischen Moments,
- Nutzung vielfältiger bildhafter Darstellungsmittel,
- Ermunterung zu spontanem Denken, Lernen und Sprechen,
- Ermutigung zur Auseinandersetzung mit neuen Situationen,
- stärkere Orientierung des Unterrichts an Problemen,
- Bewußtmachen von Transfermöglichkeiten,
- flexible Aufgaben und unterschiedliche Lösungsmöglichkeiten.

Diese unterrichtspraktischen Möglichkeiten erheben im einzelnen nicht den Anspruch, völlig neu zu sein. In Verbindung mit den mathematischen Ideen ist das methodische Repertoire aber erheblich vergrößert worden, so daß eine bessere Anpassung an die Bedürfnisse des einzelnen Schülers erreicht werden kann.

2. *Begründung der Reform des Mathematikunterrichts*

2.1. Der bisherige Rechenunterricht konnte den gewandelten Zielsetzungen der Grundschule nicht mehr gerecht werden, weil er seine eigenen Zielvorstellungen nur zum Teil erfüllte und weil er durch eine inhaltliche Verengung auf Zahlenrechnen wichtige andere mathematische Grunderfahrungen nicht ermöglichte.

2.2. Neuere Erkenntnisse der Psychologie im Hinblick auf Fragen der Genese mathematischer Ideen, der allgemeinen Denkentwicklung, der Motivation, der Begabung und des Lernens erforderten Konsequenzen für die Unterrichtsgestaltung.

2.3. Die didaktische Analyse fundamentaler Begriffsbildungen der Mathematik und ihre Umsetzung in konkrete Unterrichtsentwürfe lieferten Möglichkeiten, den Unterricht im Sinne der genannten übergreifenden und fachspezifischen Zielvorstellungen zu gestalten.

2.4. Die zunehmende Bedeutung mathematischer Methoden in vielen Bereichen menschlicher Betätigung konnte nicht ignoriert werden. Sie erforderte eine stärkere Berücksichtigung elementarer Verfahren zur Mathematisierung von Sachverhalten.

2.5. In einem veränderten Schulsystem, das statt auf frühzeitige Auslese mehr auf die Kontinuität der individuellen Lernprozesse bedacht ist, sind die elementaren und die nachfolgenden Lernprozesse auch in der Mathematik stärker aufeinander zu beziehen und die Schulstufen miteinander abzustimmen.

Bedingungen für die Verwirklichung der Reform

Die ersten Schritte zur Verwirklichung der Reform sind sicher auch von manchen Fehlentwicklungen und Mißerfolgen begleitet gewesen, die nicht der Reform und ihren Zielsetzungen im ganzen angelastet werden sollten. Vielmehr sollten diese Erfahrungen berücksichtigt, Fehler korrigiert und Fortschritte gefördert werden. Bei einer solchen Fortführung der Reform sind die folgenden Bedingungen zu beachten:

1. Im Reformprozeß kommt dem *Lehrer eine Schlüsselrolle* zu. Daher ist die Lehrerausbildung und -fortbildung entscheidend für Erfolg oder Mißerfolg aller Bemühungen.

— Die *Lehrerausbildung* muß die Lehrer befähigen, alte und neue Inhalte in veränderten Lernsituationen zu vermitteln und außerdem das Fach Mathematik nicht isoliert, sondern im pädagogischen Zusammenhang mit den anderen Lernbereichen zu unterrichten. Dies setzt einen Ausbau der Lehrerbildung für den Primarbereich entsprechend den Forderungen des „Arbeitskreises Grundschule" voraus.

— Gleiches gilt für die *Lehrerfortbildung*, da dieses Ziel nur durch eine intensivierte praxisnahe Weiterbildung verwirklicht werden kann.

2. *Richtlinien und Lehrpläne* müssen unter Beteiligung der Betroffenen und in enger Verbindung mit der Praxis weiterentwickelt werden. Eine Festschreibung durch Feinlernzielkataloge wie in manchen Länderrichtlinien sollte im Interesse einer fruchtbaren Weiterentwicklung der Reform unterbleiben.

3. *Schulbücher und Unterrichtsmaterialien* müssen verbessert werden, wobei die Rolle des Schulbuches als eines Hilfsmittels und nicht als einer Richtschnur verdeutlicht werden sollte.

— Die Überbürdung der Schulbücher (und Lehrpläne) mit Lernstoffen muß abgebaut werden; sie ist der Grund für die Verunsicherung mancher Lehrer bei der Auswahl von Inhalten und Lernweisen.

— Die Überschätzung der neuen Inhalte gegenüber den neuen Lernweisen muß abgebaut werden. Sie hat häufig zu einer Überbewertung des Kalküls auch bei den Inhalten geführt.

— Eine kurzatmige Hinführung zu Fachtermini und Symbolen sollte vermieden werden.

— Strukturbegriffe (speziell der Mengenbegriff) haben in der Grundschule vorwiegend dienende Funktion und dürfen daher nicht lehrgangsartig behandelt werden.

4. Eine *Verbesserung der äußeren Lernbedingungen* ist dringend erforderlich. Entsprechend dem Programm des „Arbeitskreises Grundschule e.V." sind zu fordern: Verringerung der Klassenstärken, gute Ausstattung mit Arbeitsmitteln, eine Unterrichtszeit von mindestens fünf Wochenstunden für Mathematik innerhalb eines wesentlich erweiterten Unterrichtspotentials für die Grundschule, besonders für das 1. Schuljahr.

5. Besonderes Gewicht hat die *Zusammenarbeit von Eltern und Schule* bei der Neugestaltung des Mathematikunterrichts. Durch Elternabende und Unterrichtshospitationen sollten die Eltern informiert werden und Einblick in das selbständige Lernen ihrer Kinder gewinnen.

2. Stellungnahme zur Mengenlehre in der Schule

In diesem Schuljahr ist an den Schulen der Bundesrepublik die Einführung der Mengenlehre in den Mathematikunterricht verbindlich geworden. Die neuen Richtlinien sind in der Öffentlichkeit eingehend diskutiert worden. Der Vorstand der Deutschen Vereinigung für mathematische Logik und Grundlagenforschung der exakten Wissenschaften (DVMLG), der fast alle Universitätslehrer angehören, die auf dem Gebiet der Mengenlehre forschen, möchte mit der folgenden Erklärung zur Diskussion beitragen.

(1) In den vergangenen Jahren hat sich die Erkenntnis durchgesetzt, daß der Mathematikunterricht an den Schulen einer Modernisierung bedarf. Wir befürworten das und möchten durch diese Stellungnahme nicht die Gegner einer solchen Erneuerung bestärken. Doch sehen wir uns veranlaßt, kritisch zu dem Stellung zu nehmen, was an der Schule unter der Bezeichnung „Mengenlehre" betrieben wird.

(2) Die Mengenlehre ist eine wichtige mathematische Disziplin, die jedoch keineswegs im Zentrum des mathematischen Interesse steht. Trotzdem hat sie eine übergreifende Bedeutung, da einfache mengentheoretische Begriffsbildungen und Sprechweisen überall in der modernen Mathematik vorkommen. An der Schule spielt allenfalls diese „Gebrauchsmengenlehre" eine Rolle, die eher eine Sprache als ein eigener mathematischer Stoff ist.

(3) Nach unserer Meinung gehört es durchaus zu den Aufgaben des Mathematikunterrichts, den Schüler mit der heutigen mathematischen Sprache bekannt zu machen. Die notwendigen mengentheoretischen Sprechweisen sollten aber allmählich und zwanglos eingeführt werden, und zwar bei der Behandlung anderer mathematischer Stoffe. Denn die mengentheoretische Sprache erweist

sich erst dann als nützlich, wenn ein gewisser Bestand an mathematischem Wissen bereits gewonnen ist, das dann angemessen zu formulieren ist.

(4) Dagegen wirkt es gekünstelt, wenn man mengentheoretische Sprechweisen einführt, während man sich ebenso und sogar besser umgangssprachlich ausdrücken kann. Es besteht die große Gefahr, daß die Mengenlehre nur als eine Methode erscheint, einfache Sachverhalte kompliziert auszudrücken. Das ist schon weitgehend eingetreten; die Mengenlehre ist zum Schrecken vieler Eltern geworden, und auch manchen Lehrern ist die Relevanz vieler Übungen z.B. zum Einkreisen, Klassifizieren und Zuordnen nicht einsichtig. So wird viel Zeit für eine nur halbverstandene Terminologie aufgewendet, und es besteht die Gefahr, daß andere Stoffe, die für die Schule geeigneter sind, verdrängt oder nur unzureichend behandelt werden.

(5) Die Berücksichtigung der Mengenlehre im Unterricht erfordert in jedem Fall eine sorgfältige Vorbereitung. Hier liegen Versäumnisse vor. Einerseits ist noch keineswegs befriedigend geklärt, wie die mengentheoretischen Begriffsbildungen und Sprechweisen in sinnvoller Weise in den Mathematikunterricht einbezogen werden sollten. Zum anderen sind die Lehrer nicht genügend vorbereitet und sollen jetzt etwas unterrichten, dessen Bedeutung sie zum Teil gar nicht übersehen. Schließlich enthalten viele Bücher zur Mengenlehre in der Schule unverständliche und sogar fehlerhafte Formulierungen, die eher geeignet sind, Lehrer und Schüler zu verwirren, als zu einem guten Unterricht beizutragen.

Für den Vorstand der DVMLG
gez. Prof. Dr. Arnold Oberschelp
Vorsitzender der DVMLG Universität Kiel

Mai 1973

3. Empfehlungen und Richtlinien zum Mathematikunterricht in der Grundschule

(Beschluß der KMK-Konferenz vom 3.12.1976)

Am 3.10.1968 hat die Kultusministerkonferenz „Empfehlungen und Richtlinien zur Modernisierung des Mathematikunterrichts an den allgemeinbildenden Schulen" beschlossen. Diese Empfehlungen bilden die Grundlage der seither erarbeiteten Mathematiklehrpläne der einzelnen Länder. Besonders im Bereich der Grundschulen haben die KMK-Empfehlungen und die Lehrpläne der Länder zu einer intensiven öffentlichen Diskussion geführt.

Dabei wurde deutlich, daß von den Empfehlungen und Richtlinien förderliche Impulse für einen an modernen Arbeitsformen orientierten Mathematikunterricht in der Grundschule ausgegangen sind. Die Erfahrung hat gezeigt, daß dieser Mathematikunterricht die Entwicklung der kindlichen Fähigkeiten in einem breiteren Rahmen zu fördern vermag, als dies vorher möglich schien. Erstmals wurde zudem die fachliche Kontinuität des Mathematikunterrichts für alle Stufen und Schularten zum Grundsatz erhoben. Auf der anderen Seite hat die Formulierung der Empfehlungen als grob gegliederter Stoffplan zu divergierenden und teilweise übersteigerten Interpretationen Anlaß gegeben.

Der Stand der Diskussion und die Unterrichtserfahrungen erlauben und erfordern nunmehr eine Präzisierung der Empfehlungen für den Bereich der Grundschule, besonders mit dem Ziele, eine einheitliche Weiterentwicklung der Lehrpläne der Länder zu sichern.

I. Grundsätze

Der Mathematikunterricht hat seinen Anteil an der allgemeinen Entwicklung, Erziehung und Ausbildung des Kindes zu leisten. Dabei sollen möglichst viele Fähigkeiten angesprochen und gefördert werden. Hierzu gehören u.a. die Fähigkeit, Zusammenhänge mit Hilfe von Zahlen zu erfassen, die Fähigkeit zu schlußfolgerndem Denken, die Fähigkeit zur altersgemäßen Darstellung von gegebenen Sachverhalten, Kombinationsvermögen und geometrisches Vorstellungsvermögen. Außerdem muß in der Grundschule eine Reihe von Fertigkeiten vermittelt werden, wie die Beherrschung der vier Grundrechenarten und einfache Arbeitstechniken, z.B. der Umgang mit Tabellen und Diagrammen, die Benutzung einfacher Zeichengeräte.

Der Unterricht soll möglichst weitgehend von der Erfahrung der Schüler ausgehen. Konkrete Situationen, der Einsatz von Arbeitsmaterialien und Spiele schaffen eine breite Grundlage, von der aus die angestrebten

Ziele erreicht werden können. Formalisierungen sollten behutsam vorgenommen werden und der Altersstufe angemessen sein; der Schüler muß sie als sinnvoll erkennen und leicht handhaben können. Sie dürfen nur soweit erfolgen, wie sie für den Aufbau des Unterrichts wesentlich sind.

Besondere Aufmerksamkeit erfordern die vier Grundrechenarten. Der Schüler muß die Grundvorgänge verstehen und durch regelmäßige Übungen und Wiederholungen eine dauerhafte Sicherheit gewinnen. Dabei ist jedoch übersteigertes Üben zu vermeiden, vielmehr sollen durch Variation der Aufgabenstellung und angemessenen Wechsel der Übungsformen auch hier immer wieder Anregungen gegeben werden, die die Beweglichkeit des Denkens fördern.

Im Rahmen des Unterrichts der Grundschule hat die Mathematik auch ihren Anteil am Aufbau und an der Schulung sprachlicher Fähigkeiten zu leisten. Der natürliche Sprachgebrauch des Kindes ist zu berücksichtigen. Ein klares Erfassen und Mitteilen mathematischer Sachverhalte erfordert jedoch eine fachgerechte Sprechweise, die behutsam entwickelt werden muß, wenn die bloß nachahmende Übernahme unverstandener Sprachmuster vermieden werden soll. Andererseits darf nicht übersehen werden, daß Denkprozesse und Denkergebnisse auch durch Handlungen und bildliche Darstellungen mitgeteilt werden können, bei denen weitgehend auf Verbalisierung verzichtet wird.

Besonders zu Beginn der Schulzeit ermöglicht und fördert der handelnde Umgang mit geeignetem Material die Eigentätigkeit des Schülers; dabei läßt sich die vor allem bei Kindern im Grundschulalter weit verbreitete Freude am eigenen Tun aufgreifen. Sie sichert eine wertvolle Erfahrungsbasis für den weiteren Unterricht. Anzustreben ist ein möglichst großes Maß an Selbständigkeit und eine stetige Entwicklung der Kritikfähigkeit gegenüber der eigenen Arbeit.

Im Laufe der letzten Jahre wurden unterschiedliche Formen des Unterrichts verstärkt erprobt. Sie sollten auch im Mathematikunterricht gepflegt werden, soweit sie seinen Zielsetzungen förderlich sind.

II. Lernziele für die Jahrgangsstufen 1 bis 4 der Grundschule

Der folgende Katalog legt die Ziele fest, die in den Jahrgangsstufen 1 bis 4 erreicht werden sollen. Die Gliederung nach Themenkreisen läßt die Stoffabfolge im Unterricht teilweise offen. Logische Übungen und der Umgang mit Mengen sollen nicht isoliert stehen, sondern in den gesamten Mathematikunterricht integriert werden. Erste Erfahrungen mit Merkmalen von Gegenständen werden an realen Objekten und Lehrmaterial gesammelt. Später werden auch Zahlen, Größen und geometrische Figuren einbezogen.

Durch Vergleichen, Unterscheiden und Ordnen entdecken die Schüler Beziehungen (Relationen). Diese werden in geeigneter Weise (z.B. Kette, Pfeildiagramm, Tabelle) dargestellt und die Darstellungen gedeutet.

Sachaufgaben sollen am Erfahrungsbereich der Schüler und an realen Situationen der Umwelt orientiert sein.

Häufig lassen sich Ziele des Mathematikunterrichts mit denen anderer Fächer verbinden. Die Möglichkeiten des fächerübergreifenden Unterrichts können vor allem in den Themenkreisen „Gegenstände und ihre Merkmale" und „Größen" genutzt werden.

Jahrgangsstufe 1/2

1. Gegenstände und ihre Merkmale

Gegenstände vergleichen, unterscheiden, beschreiben und sortieren. Gegenständen Merkmale (Eigenschaften) zuordnen. Zu einem vorgegebenen Merkmal alle Gegenstände (Elemente) aus einem Vorrat (Grundmenge) aussondern und als Teilmenge beschreiben.

Teilmengen von Gegenständen bilden, die ein bestimmtes Merkmal nicht haben.

Zu zwei vorgegebenen Merkmalen alle Gegenstände aus einem Vorrat heraussuchen, die beide Merkmale, genau eines der beiden Merkmale, mindestens eines der beiden Merkmale, keines der beiden Merkmale besitzen.

Eine Menge nach zwei Merkmalen einteilen, die Einteilung auf verschiedene Weise darstellen (Tabelle, Baum-, Venn-, Karnaughdiagramm), die Darstellungen deuten.

2. Arithmetik

Jahrgangsstufe 1: Erarbeitung des Zahlenraums von 0 bis mindestens 20

Kardinaler Aspekt der Zahl. Mengen von Gegenständen auf verschiedene Weisen hinsichtlich der Anzahl ihrer Elemente vergleichen, ordnen und sortieren.

Zu einer vorgegebenen Menge die Anzahl der Elemente angeben.

Zu einer vorgegebenen Zahl verschiedene Mengen finden.

Ziffern schreiben und lesen.

Zahlen mit Hilfe zugehöriger Mengen vergleichen, die Zeichen $<$, $>$, $=$ zwischen Zahlen verwenden.

Ordinaler Aspekt der Zahl. Die Zählreihe veranschaulichen. Vorgänger und Nachfolger von Zahlen angeben. Mengen von Gegenständen durch Numerieren der Gegenstände ordnen und abzählen. Die Ordnungszahlwörter verwenden.

Zahlen mit Hilfe der Kette der natürlichen Zahlen vergleichen; Ungleichungen lösen.

Addition und Subtraktion. Zahlen durch Rückgriff auf Mengengliederungen zerlegen und aufbauen. Zwei Zahlen durch Rückgriff auf Mengen konkreter Gegenstände addieren und subtrahieren. Die Zeichen + und − verwenden (Sprechweisen: „plus" und „minus").

Zu überschaubaren Mengengliederungen zusammengehörende additive und subtraktive Gleichungen aufstellen wie

$3 + 5 = 8$; $5 + 3 = 8$
$8 - 5 = 3$; $8 - 3 = 5$

Einfache Gleichungen und Ungleichungen mit einem Platzhalter lösen. Zahlen verdoppeln, gerade Zahlen halbieren. Einfache Zahlenfolgen bilden und fortsetzen, z.B. Zählen in 2er, 3er, ...-Schritten. Additive und subtraktive Operatoren auf Zahlen anwenden. Die Wirkung von Operatoren auch mit Wertetafeln darstellen. Erste Erfahrungen zur Kommutativität und Assoziativität zu vorteilhaftem Rechnen ausnutzen.

Jahrgangsstufe 2: Erarbeitung des Zahlenraums bis mindestens 100

Zahldarstellungen. Ein und dieselbe Menge realer Objekte beispielhaft nach verschiedenen Grundzahlen bündeln; diese Bündelungen zeichnerisch darstellen und in Stellentafeln notieren.

Mit der Zehnerbündelung arbeiten. Zahlen im Zehnersystem schreiben und Zahldarstellungen deuten. Zahlen über ihre Darstellung vergleichen. Den Zahlenstrahl verwenden. Vorgänger und Nachfolger bilden. Ungleichungen der Form $a < \square < b$ lösen.

Addition und Subtraktion. Die Zahlendarstellung im Zehnersystem zu vorteilhaftem Rechnen ausnutzen. Addieren und subtrahieren, Gleichungen und Ungleichungen lösen, Verknüpfungstafeln aufstellen, Operatoren verwenden.

Additive und subtraktive Beziehungen zwischen Zahlen aus Sachzusammenhängen herleiten; Sachaufgaben lösen.

Multiplikation und Division. Die fortgesetzte Addition gleicher Summanden als Multiplikation beschreiben. Das Zeichen · („mal") verwenden.

Zahlen anhand verschiedener Modellvorstellungen multiplizieren; auch aus kombinatorischen Fragestellungen multiplikative Zusammenhänge herauslösen.

Erste Erfahrungen zur Kommutativität und Distributivität zu vorteilhaftem Rechnen ausnutzen. Mengen von konkreten Gegenständen aufteilen und verteilen. Aufteil- und Verteilaufgaben ohne und mit Rest multiplikativ notieren und lösen.

In Umkehrung von vorgegebenen Multiplikationsaufgaben die zugehörigen Divisionsaufgaben aufstellen, das Zeichen : („geteilt durch", „durch") verwenden; Divisionsaufgaben z.B. durch Rückgriff auf Mengenzerlegungen lösen. Einfache Gleichungen und Ungleichungen mit einem Platzhalter lösen.

Multiplikations- und Divisionsoperatoren auf Zahlen anwenden. Wertetafeln aufstellen. Einmaleinsfolgen bilden (sichere Beherrschung des kleinen Einmaleins erst Ende des 3. Schuljahres).

3. Größen

Längen. Gegenstände hinsichtlich ihrer Länge miteinander vergleichen und ordnen. Die Länge von Gegenständen mit selbstgewählten Einheiten messen. Die Einheiten m und cm verwenden. Längen und Abstände schätzen. Lineal und Bandmaß verwenden. In Verbindung mit Sachaufgaben mit Längen rechnen.

Geldwerte. Münzen und Banknoten bis zu 100 DM-Schein benennen und nach ihrem Wert ordnen. Unter Verwendung von Rechengeld Geld wechseln und Geldbeträge auf verschiedene Weisen durch Münzen und Banknoten darstellen. Geldbeträge vergleichen und ordnen. Waren hinsichtlich ihres Preises vergleichen und ordnen.

In Kommaschreibweise vorgegebene Geldbeträge durch DM und Pf getrennt lesen und durch Münzen oder Banknoten darstellen.

In Verbindung mit Sachaufgaben mit Geldbeträgen rechnen.

Zeit. In Verbindung mit dem sachkundlichen Unterricht auf der Uhr die vollen, halben und viertel Stunden ablesen. Die Zeiteinheiten Stunde, Tag, Woche, Monat verwenden. Benachbarte Zeiteinheiten zueinander in Beziehung setzen. Die Namen der Wochentage und Monate kennen. Das Datum lesen und aufschreiben.

4. Geometrische Grunderfahrungen

Lagebeziehungen von Gegenständen beschreiben (vor, hinter, über, ...). Lagebeziehungen in Pfeilbildern und Tabellen darstellen und solche Darstellungen deuten.

Gegenstände in Mustern anordnen, Muster umordnen (Reihe, Doppelreihe, Kreis, Rechteck-Felder).

Grundformen von linienhaften, flächigen und räumlichen Gegenständen erkennen und benennen.

Die Bezeichnungen Dreieck, Quadrat, Rechteck, Kreis, Würfel, Quader, Kugel verwenden.

Figuren und Muster mit Legeplättchen legen und auf Gitterpapier malen; spiegelsymmetrische Figuren herstellen und aufsuchen.

Jahrgangsstufe 3/4

1. Umgang mit Mengen; logische Übungen

Mengen mit Hilfe von Eigenschaften bilden, die durch „und“, „oder“, „nicht“ zusammengesetzt sind.

Zahlenmengen bilden, z.B. Teilermengen, Vielfachmengen, Lösungsmengen von Gleichungen und Ungleichungen. Schnitt- und Vereinigungsmengen unter Verwendung von Diagrammen bilden; mit Hilfe dieser Diagramme geeignete Sachzusammenhänge klären. Einfache kombinatorische Aufgaben mit Hilfe von Diagrammen bearbeiten.

Mengen mit Hilfe von Mengenklammern in aufzählender Form angeben, auch mit Buchstaben bezeichnen.

Die Bezeichnungen Teilmenge, Schnittmenge, Vereinigungsmenge verwenden. Die Zeichen $\in$, $\notin$, $\subseteq$, $\cap$, $\cup$ kennen.

2. Arithmetik

Jahrgangsstufe 3: Erarbeitung des Zahlenraums mindestens bis 1000.
Jahrgangsstufe 4: Erarbeitung des Zahlenraums mindestens bis 1 000 000.

Stellenwertsysteme. Nach verschiedenen Grundzahlen bündeln; die Ergebnisse in Stellentafeln darstellen.

In Verbindung mit Stellentafeln zählen, Vorgänger und Nachfolger bestimmen. Zahldarstellungen aus nichtdezimalen Systemen in das Zehnersystem übersetzen und umgekehrt, z.B. mit konkretem Material.

Zahlen im Zehnersystem darstellen und Zahldarstellungen deuten. Den Zahlenstrahl verwenden. Beziehungen zwischen Zahlen feststellen, z.B. „ist kleiner als“, „ist die Hälfte von“, „ist um 100 größer als“.

Grundrechenarten. Zehnerzahlen, Hunderterzahlen, ... addieren und subtrahieren.

Das kleine Einmaleins sicher beherrschen (bis Ende der Jahrgangsstufe 3). Zehnerzahlen, Hunderterzahlen ... multiplizieren und dividieren.

Rechnungen unter Ausnutzung von Kommutativität, Assoziativität, Distributivität ausführen und kontrollieren. Klammern verwenden.

Gleichungen und Ungleichungen durch systematisches Probieren lösen.

Mengen der Lösungen unterschiedlich darstellen, z. B. am Zahlenstrahl, in einer Tabelle, in aufzählender Form. Zahlenfolgen bilden und fortsetzen. Teiler und Vielfache einer Zahl angeben. Operatoren verwenden.

Die Bezeichnungen addieren, Summand, Summe, subtrahieren, Differenz, multiplizieren, Faktor, Produkt, dividieren verwenden. Sachaufgaben lösen.

Schriftliche Rechenverfahren. Das schriftliche Addieren durch Übungen in Stellentafeln zu unterschiedlichen Grundzahlen vorbereiten. Im Zehnersystem schriftlich addieren und subtrahieren (Jahrgangsstufe 3). Das schriftliche Multiplizieren und Dividieren durch halbschriftliche Verfahren vorbereiten. Mit bis zu dreistelligen Zahlen schriftlich multiplizieren (Jahrgangsstufe 4). Durch einstellige Zahlen schriftlich dividieren (Jahrgangsstufe 4). Überschlags- und Kontrollrechnungen durchführen. Sachaufgaben lösen.

3. Größen

Längen. Die Einheiten km, m, dm, cm, mm gebrauchen.

Die Beziehungen zwischen km und m, m und cm, dm und cm, cm und mm kennen und beim Umrechnen anwenden.

Die Kommaschreibweise bei m und cm kennen.

Gewichte. Gegenstände hinsichtlich des Gewichts vergleichen. Das Gewicht von Gegenständen mit Hilfe von selbstgewählten Einheiten messen.

Die Einheiten g, kg, t gebrauchen.

Rauminhalte. Behälter hinsichtlich ihres Fassungsvermögens vergleichen. Die Einheit *l* verwenden.

Zeitspannen. Zeitspannen messen. Die Beziehungen zwischen den Zeitspannen kennen (Jahr, Monat, Woche, Tag, Stunde, Minute, Sekunde). Zeitpunkte an der Uhr ablesen.

In Sachzusammenhängen mit Geldwerten, Längen, Gewichten, Rauminhalten, Zeitspannen rechnen. Größen schätzen.

Im Zusammenhang mit Größen die Brüche $\frac{1}{2}, \frac{1}{4}, \frac{3}{4}$ verwenden. Ergebnisse von Messungen und Zählungen graphisch darstellen.

4. Geometrie

Einfache Körper aufbauen und zerlegen. Modelle und Netze darstellen. Auf Gitterpapier geometrische Figuren zeichnen; deckungsgleiche Figuren finden.

Parkettierungen herstellen. Figuren mit geeigneten Einheitsflächen auslegen; Flächeninhalte vergleichen.

Achsensymmetrische Figuren herstellen; gegebene Figuren auf Symmetrie überprüfen.

Anhang

Die Formen des schriftlichen Rechnens

1. Bei der Subtraktion wird die Ergänzungsmethode angewandt:

   Beispiele:

   a) $\begin{array}{r} 395 \\ -\underline{254} \\ 141 \end{array}$ b) $\begin{array}{r} 521 \\ -\underline{378} \\ 143 \end{array}$

   Es wird gesprochen:

   Zu a): 4 plus $\underline{1}$ gleich 5
   5 plus $\underline{4}$ gleich 9
   2 plus $\underline{1}$ gleich 3

   Zu b): 8 plus $\underline{3}$ gleich 11
   8 plus $\underline{4}$ gleich 12
   4 plus $\underline{1}$ gleich 5

   (Die unterstrichene Zahl ist zu betonen.)

2. Bei der Multiplikation stehen beide Faktoren in derselben Zeile. Die Multiplikation beginnt mit der höchsten Stelle des zweiten Faktors. Die Teilprodukte werden ihrem Stellenwert entsprechend unter den zweiten Faktor gesetzt.

   Beispiel:

   $$\begin{array}{l} \underline{5472 \cdot 368} \\ 16416 \\ 32832 \\ \underline{43776} \\ 2013696 \end{array}$$

3. Bei der Division werden in der Regel die Teilprodukte erst niedergeschrieben und dann subtrahiert:

   Beispiel:

   $$\begin{array}{l} 2578 : 7 \\ 2578 = 7 \cdot 368 + 2 \\ \underline{21} \\ 47 \\ \underline{42} \\ 58 \\ \underline{56} \\ 2 \end{array}$$

Literatur zur Diskussion der neuen KMK-Empfehlungen

M. Glatfeld, Arithmetik und Geometrie im KMK-Entwurf, Die Grundschule 9 (1977), H. 3, 128–136

3. Didaktische Analyse zentraler Themen des Mathematikunterrichts in der Primarstufe

Nach der Betrachtung einzelner Unterrichtsbeispiele in Kapitel 1 und einer globalen Übersicht in Kapitel 2 wollen wir nun einen mittleren Standpunkt beziehen und die wesentlichen Gebiete des Mathematikunterrichts in der Primarstufe einer *didaktischen Analyse* unterziehen. Wir verstehen dabei „didaktische Analyse" im Sinne von „Grundfragen", Abschnitt 11, wo in die didaktische Analyse eines Lerninhalts folgende Punkte einbezogen werden:

A. Mathematische Analyse
B. Anwendungen
C. Genetische Erschließung des Lerninhalts unter Berücksichtigung allgemeiner Lernziele und didaktische Prinzipien
D. Spezifikation von Lernzielen
E. Kognitive Strategien
F. Hilfsmittel für das Lernen
G. Überprüfung des Lernfortschritts und der Lernergebnisse

In dieser Ausführlichkeit ist eine didaktische Analyse allerdings nur für die kurz- und mittelfristige Planung von Unterrichtseinheiten bzw. von Teilgebieten sinnvoll. Für die langfristige Planung von Unterricht, wie sie im vorliegenden Kapitel intendiert wird, ist über die Punkte D und G nicht sinnvoll zu entscheiden. Der Punkt E läßt sich zudem – zumindest implizit – in C aufnehmen, weil bei der Beschäftigung mit Problemkontexten kognitive Strategien stets konstitutiv sind. Die restlichen Punkte sind für die langfristige Planung jedoch relevant und werden daher bei den folgenden didaktischen Analysen in mehr oder weniger strenger Anlehnung an die obige Gliederung berücksichtigt.

Auch was das Maß an Konkretisierung betrifft, werden wir uns im folgenden auf einem Niveau bewegen, das zwischen den Niveaus der Kapitel 1 und 2 liegt. Jedoch werden einzelne Unterrichtsbeispiele immerhin durch Angabe von Problemen, dem mathematischen Hintergrund und Materialien einigermaßen beschrieben. In vielen Fällen kann auf die Beispiele von Kapitel 1 zurückgegriffen oder auf detailliert ausgearbeitete Beispiele in der didaktischen Literatur bzw. in Schulbüchern verwiesen werden. Eine gewisse Zahl von Vorschlägen bleibt jedoch der phantasievollen Ausgestaltung der Leserin überlassen. In diesem Sinn schlägt das vorliegende Kapitel eine Brücke zum vierten Kapitel, in dem *„didaktische Fragmente"* dieser Art eigens thematisiert werden sollen.

3.1. Arithmetik (Natürliche Zahlen)

Wie schon in den Kapiteln 1 und 2 betont wurde, ist der Themenkreis „Arithmetik" der wichtigste und umfangreichste und auch der Themenkreis, für den das bei weitem größte didaktische Material verfügbar ist. Im folgenden können nur die allernötigsten Grundideen behandelt werden. Für viele interessante Einzelheiten und Ansätze, die nicht einmal erwähnt werden können, sei auf die Literatur am Ende des Kapitels verwiesen.

Von den folgenden sechs Themen sind die drei ersten von zentraler Wichtigkeit. Die drei letzten dienen mehr der Anreicherung der Arithmetik und bieten Material an, aus dem in der Praxis eine geeignete Auswahl zu treffen ist.

3.1.1. Erstrechenunterricht

3.1.1.1. Die Komplexität des Zahlbegriffs

Eine der fruchtbarsten Einsichten, die sich aus einer Kritik der „Neuen Mathematik" heraus entwickelt haben, ist die Auffassung des Zahlbegriffs als eines komplexen Begriffs, bei dem sich mehrere Aspekte gegenseitig ergänzen (*Wittmann* 1972, *Steiner* 1972, 731, *Freudenthal* 1973, S. 159 ff.). Man kann die Aufgliederung in mehrere Aspekte verschieden weit treiben, wie aus folgender Aufstellung und Beschreibung hervorgeht:

Ordinaler Aspekt:	*Zählzahl:* Folge der natürlichen Zahlen, die im *Zählprozeß* (*Grundzahlen* „eins, zwei, drei, ...") durchlaufen wird. Der Zählprozeß kann ohne Bezug auf zu zählende Objekte auch für sich ablaufen. *Ordnungszahl:* Verwendung der Zahlen zur Markierung des *Rangplatzes* von Elementen in einer total geordneten Reihe. (*Ordnungszahlen* „der erste, der zweite, ..." als Antwort auf die Frage „Der wievielte?")
Kardinaler Aspekt [1]: (Anzahl)	Zahlen werden zur Bezeichnung der Mächtigkeit von „Mengen" benutzt (*Anzahl* der Elemente). Zugehörige Frage: *Wie viele*? Sprachlich werden die Grundzahlen, eventuell mit Benennung, verwendet.
Operatoraspekt:	Zahlen werden zur Bezeichnung der *Vielfachheit* (Multiplizität) einer Handlung oder eines Vorganges benutzt. (Entsprechende Frage: *Wie oft*?) Sprachlich wird der Operatoraspekt durch die *Zahladverbien* (einmal, zweimal, dreimal ...) erfaßt.
Maßaspekt [1]: (Maßzahl, Größen)	Dieser Aspekt steht in engem Zusammenhang mit dem Operatoraspekt und auch mit dem kardinalen Aspekt. Natürliche Zahlen dienen hier als *Maßzahlen für Größen* relativ zu einer jeweils gewählten Einheit (entsprechende Fragen: *Wie lang? Wie groß?* usw.)
Rechenzahlaspekt:	*Algebraischer Aspekt:* Die Menge der natürlichen Zahlen bildet bezüglich der Rechenoperationen eine *algebraische Struktur,* in der nach gewissen Gesetzen gerechnet werden kann. *Algorithmischer Aspekt:* Die natürlichen Zahlen lassen sich in Stellenwertsystemen durch Ziffernreihen darstellen. In dieser Zifferndarstellung können die Grundrechenoperationen mit *Algorithmen* ausgeführt werden.

[1]) In 3.1.3 werden wir sehen, daß es sinnvoll ist, Anzahlen und Maßzahlen unter den *Größenaspekt* zu subsumieren.

Codierungsaspekt: Die natürlichen Zahlen werden zur *Bezeichnung* und Unterscheidung von Objekten benützt (Telefonnummern, Postleitzahlen, Koordinaten usw.).

Der Zusammenhalt zwischen den verschiedenen Aspekten wird durch den Zählzahlaspekt bewirkt. Durch *Abzählen* läßt sich der Rangplatz, durch *Auszählen* die Anzahl der Elemente einer „Menge" und die Vielfachheit eines Vorgangs, durch *Abtragen* einer Einheit die (relative) Maßzahl einer Größe, und durch *Weiterzählen* z.B. die Addition gewinnen. Interessant an den Aspekten ist, daß einige (Zählzahl, Rechenzahl) sich auf die *Zahlen an sich* beziehen, während die anderen (Ordnungszahl, Anzahl, Operator, Maßzahl und Codierungsaspekt) *verschiedene Bedeutungen der Zahlen* bei Anwendungssituationen erfassen. Angesichts dieser Vielfalt ist es erstaunlich, daß in allen Fällen ein und dieselbe mathematische Struktur, nämlich die Zahlreihe, zugrundeliegt.

3.1.1.2. Mathematische Begründungen der natürlichen Zahlen

Entsprechend den verschiedenen Aspekten des Zahlbegriffs und verschiedenen philosophisch-erkenntnistheoretischen Positionen über die angebliche Priorität des einen oder anderen Aspektes vor anderen, sind zur Begründung der natürlichen Zahlen viele verschiedene Wege eingeschlagen worden.

Bei einem ersten Typ von Begründung, wie er in der Semantik üblich ist, werden die Zahlen und ihre Rechengesetze aus Theorien gewonnen, die man als grundlegender voraussetzt.

Wichtig geworden sind hier.

(a) eine Gründung der natürlichen Zahlen auf die *Mengenlehre* (Kardinalzahlen),
(b) eine Gründung der natürlichen Zahlen auf *Größenbereiche* (Operatoren).

Eine Begründung in einem anderen Sinn ist die konstruktive Einführung der natürlichen Zahlen durch Lorenzen, die von der „Zählpraxis" ausgeht.

Ein weiterer Standpunkt, der auf den Mathematiker Kronecker zurückgeht, betrachtet die natürlichen Zahlen als gottgegeben und als nicht begründungsbedürftig. Eine moderne Verkörperung dieses Standpunktes sind axiomatische Forderungen der natürlichen Zahlen (z.B. im Axiomensystem von Peano-Dedekind).

Im folgenden werden einige dieser Begründungen besprochen, wobei jedesmal erklärt wird, wie man zu den Zahlen, den Rechenoperationen und der Kleinerrelation kommt. Es gibt daneben noch eine Vielzahl anderer Möglichkeiten, die z.T. Kompromisse zwischen den von uns dargestellten Wegen sind. Über die mathematischen Vor- und Nachteile, die philosophische Bewertung und die didaktische Eignung der verschiedenen Vorschläge wurden und werden noch viele, z.T. erbitterte, Diskussionen geführt. Insbesondere ist über die Frage, ob der kardinale oder der ordinale Aspekt der grundlegende Aspekt sei, viel gestritten worden (vgl. dazu z.B. *Wittmann* (Hrsg.) 1971, *Griesel* 1971, *Ebbinghaus* [1]) 1974, *Winter* 1974, *Fricke* 1971).

---

[1]) *Ebbinghaus, H. D.* (Hrsg.), Natürliche Zahlen und Mengen. Der Mathematikunterricht Heft 5 (1974).

(α) *Die konstruktive Definition der natürlichen Zahlen nach Lorenzen*

Lorenzen (vgl. z.B. *Lorenzen* 1965) beginnt mit folgendem *Kalkül* zur Konstruktion von Zahlzeichen, der den Zählzahlaspekt in den Vordergrund stellt:

(I) I ist ein Zahlzeichen.

(II) Wenn das Zahlzeichen n schon konstruiert ist, darf das Zeichen nI konstruiert werden.

Fortgesetzte Anwendung der Regel (II) führt auf die Reihe von Strichlisten

I, II, III, IIII, ...

Zwischen Strichlisten kann man operativ eine Gleichheit definieren (was wir hier übergehen), die auf folgende Regel führt: *Zwei Strichlisten heißen gleich* (man sagt, sie bedeuten dieselbe Zahl), *wenn ein Abhakprozeß, der bei jedem Schritt von beiden Listen einen Strich abtrennt, beide Listen gleichzeitig erschöpft.* Die Addition + definiert man durch folgende Regeln:

(A I) n + I = nI

(A II) n + mI = (n + m) I

Man gewinnt hieraus induktiv das Resultat für jede gewünschte Additionsaufgabe.

Beispiel:	IIII + IIIII		
Zuerst:	IIII + I	= IIIII	(A I)
Dann schrittweise:	IIII + II	= (IIII + I) I	(A II)
		= IIIIII	
	IIII + III	= (IIII + II) I	(A II)
		= IIIIIII	
	IIII + IIII	= (IIII + III) I	(A II)
		= IIIIIIII	
	IIII + IIIII	= (IIII + IIII) I	(A II)
		= IIIIIIIII	

Dabei wird jeweils das Resultat der vorgehenden Zeile benützt.

Entsprechend wird die Multiplikation durch folgende Regeln definiert:

(M I) n · I = n

(M II) n · (mI) = n · m + n

Die Kleinerrelation erhält man ebenfalls durch einen Kalkül

(K I) I < nI

(K II) Von n < m darf man zu nI < mI übergehen.

(β) *Das Axiomensystem von Peano-Dedekind*

Dieses System ist eine axiomatische Fassung des Zählzahlaspekts und der durch Zählen erzeugten Menge der natürlichen Zahlen. Begrifflich fußt es auf der Mengensprache.

Grundbegriffe sind: Menge $\mathbb{N}$ der natürlichen Zahlen.
Nachfolgerabbildung, bezeichnet durch $'$.
Spezielles Element, bezeichnet mit 1.

Axiome

P.1. 1 ist eine natürliche Zahl.
P.2. Für jede Zahl $n \in \mathbb{N}$ ist der Nachfolger n' ebenfalls Element von $\mathbb{N}$.
P.3. Für alle $n \in \mathbb{N}$ gilt $1 \neq n'$.
P.4. Aus $n' = m'$ folgt $n = m$.
P.5. Eine Menge M natürlicher Zahlen, welche die Zahl 1 und mit jeder Zahl $n \in M$ auch n' enthält, ist gleich $\mathbb{N}$.

Der Strichlistenkalkül von Lorenzen liefert ein Modell des Axiomensystems, wenn man

$$\mathbb{N} = \{|, ||, |||, ||||, ...\}, \quad 1 \underset{\text{def}}{=} | \quad \text{und} \quad n' \underset{\text{def}}{=} n|$$

setzt. Alle anderen möglichen Modelle der natürlichen Zahlen sind zu dem Strichlistenmodell isomorph.

Für die axiomatisch definierten Zahlen kann man die Addition, Multiplikation und Kleinerrelation in derselben Weise wie in 3.1.2.1 definieren.

Für die strukturierte Menge $(\mathbb{N}, +, \cdot, <)$ lassen sich Rechengesetze ableiten, die $(\mathbb{N}, +, \cdot, <)$ als einen totalgeordneten Halbring mit Einselement ausweisen. Diese Gesetze sind der Inbegriff des *algebraischen Aspekts.*

(γ) *Die Gründung der natürlichen Zahlen auf die Mengenlehre*

Ausgangsbasis sind ein geeignetes Universum von „endlichen" Mengen, die Mengenoperationen, die Relation „gleichmächtig" und die Teilmengenrelation.

Zahlen entstehen als Kardinalzahlen aus einer Abstraktion gemäß der Äquivalenzrelation „... ist gleichmächtig zu...": Eine Kardinalzahl ist *das,* was gleichmächtigen Mengen gemeinsam ist.

Die Rechenoperationen und die Größenrelation für natürliche Zahlen werden gemäß der Tabelle in Bild 1 auf die Mengenlehre gegründet:

Zahlen	=	<	+	−	·	:
Mengen	Gleichmächtigkeit	bijektiv abbildbar auf echte Teilmenge	disjunkte Vereinigung	Restmengenbildung	kartesisches Produkt	Zerlegung in gleichmächtige Teilmengen

Bild 1

Dieses im Logizismus entwickelte Programm, für das sich die „Neue Mathematik" entschieden hat, ist unter didaktischem Aspekt in *Griesel* 1971 genau ausgeführt. Der Ansatz führt, wie z.B. in *Freudenthal* 1973, 169 ff. dargelegt wird, auf eine Reihe mathematischer Schwierigkeiten. Später werden wir sehen, daß er auch andere Probleme aufwirft.

(δ) *Die Definition der natürlichen Zahlen als Operatoren auf Größenbereichen*

Hier wird ein Größenbereich, z.B. der Größenbereich der Längen, zugrundegelegt, in dem eine Addition und Kleinerrelation von Größen gegeben sind.

Zahlen werden rekursiv als *Operatoren,* d.h. als *Abbildungen* des Größenbereichs in sich definiert:

$$\left.\begin{array}{l} 1\,G \underset{\text{def}}{=} G \\ n'G \underset{\text{def}}{=} n\,G \underset{\substack{\uparrow \\ \text{Addition im Größenbereich}}}{+} G \end{array}\right. \quad \text{für alle Größen } G \text{ des Bereiches}$$

Die Addition natürlicher Zahlen (Operatoren) wird auf die Addition im Größenbereich, die Kleinerrelation zwischen Zahlen auf die Kleinerrelation von Größen, und die Multiplikation von Zahlen wird als *Hintereinanderschaltung* von Operatoren definiert. Eine ausführliche Darlegung dieser Begründung liefert *Kirsch* 1970.

3.1.1.3. Psychologische Befunde zur Entwicklung des Zahlbegriffs

Eine Entscheidung darüber, wie die natürlichen Zahlen in der Schule eingeführt werden sollen, kann nicht allein auf mathematisch-philosophische Argumente gegründet werden, noch dazu, wenn diese kontrovers sind.

In der Psychologie sind viele Experimente durchgeführt worden, bei denen die Reaktion von Kindern verschiedener Altersstufen auf Testaufgaben über verschiedene Aspekte des Zahlbegriffs untersucht wurde.

Die heute bekannteste und umfangreichste Untersuchung dieser Art wurde von *Piaget* und *Szeminska* etwa um 1940 durchgeführt (vgl. *Piaget/Szeminska* 1972). An diese Arbeit schloß sich eine Vielzahl von Folgeuntersuchungen an. Schon vor *Piaget/Szeminska* hat *Oehl* (1935) interessante Untersuchungen über „Zahlendenken und Rechnen bei Schulanfängern" angestellt, die leider nicht systematisch weiterentwickelt wurden. An einer systematischen Untersuchung der Vorerfahrungen über Zahlen, die Kinder in die Schule mitbringen, fehlt es leider immer noch.

Um der Leserin einen gewissen Eindruck zu geben, stellen wir im folgenden einige Experimente vor.

Oehl (1935, 311) *„Reihungsgeschehen" und „Zahlwortsprechen":*

„Herbert H. soll Perlen auf eine Schnur reihen. Das ganze Verhalten ist sehr konzentriert, der Junge arbeitet langsam, aber sicher, er nimmt jede Perle einzeln aus dem Behälter. Bei 3 Perlen, die er aufgereiht hat, wird nach der Anzahl gefragt, sie wird simultan erfaßt und angegeben. Danach reiht er ohne zu zählen weiter auf. Es wird nun versucht, ihn zum gleichzeitigen Mitzählen zu bekommen. —‚Wieviel sind es jetzt?' — Er zählt — ‚5'. Als er bei der nächsten Perle keine Anstalten macht mitzuzählen, frage ich ihn wieder. Die Antwort kommt sofort, ohne Zählen. — ‚6'. — So muß bei jeder weiteren Perle immer gefragt werden: ‚Und jetzt?' — Nur dann kommt eine Antwort, und zwar ohne erst von 1 an zählen zu müssen. Auf diese Weise gibt er noch ‚7' und ‚8' an. Dann frage ich nicht mehr. Sofort hört auch das Mitzählen auf. Erst als er 12 Perlen auf dem Faden hat, frage ich wieder. Nun muß er von 1 an zählen, hat also nicht etwa im Stillen mitgezählt. — Der Versuch wird nach 3 Tagen wiederholt, mit demselben Ergebnis."

Piaget/Szeminska 1941: *„Kardinale Invarianz"*

Material: 8 blaue Plättchen,
8 rote Plättchen.

Technik: Dem Kind werden zwei Reihen von Plättchen vorgelegt.

○○○○○○○○ (blau)
●●●●●●●● (rot)

Das Kind wird gefragt, ob es ebensoviele blaue wie rote Plättchen gibt.
Danach wird eine Reihe auseinandergezogen und die Frage erneut gestellt.
Schließlich wird eine Reihe auf einen Haufen geschoben und erneut gefragt, ob es ebensoviele blaue wie rote gibt.

Verhalten der Kinder:

Stadium 1: (bis etwa 4/5 J.): *Keine Invarianz.* Typische Reaktion: „Es gibt mehr blaue, weil die Reihe länger ist."

Stadium 2: (Übergangsstadium): Manchmal Invarianz, manchmal nicht. Zögernde Beurteilung.

Stadium 3: (ab etwa 5 J.): Invarianz. Die Anzahl wird als unabhängig von der räumlichen Lagerung der Objekte erkannt.

Piaget/Szeminska 1941: *Begriff des Rangplatzes*

Material: 10 Puppenfiguren aufsteigender Größe aus Holz, 10 Bälle aufsteigender Größe.

Technik: Die Puppen werden der Größe nach angeordnet, die Bälle werden vom Kind der Größe entsprechend zugeordnet. Danach wird etwa die Reihe der Bälle auseinandergezogen. Der Versuchsleiter greift dann einen Ball heraus und fragt, welcher Puppe dieser Ball gehört. Nach der Antwort wird der Ball zurückgelegt und ein anderer entfernt usw.

Verhalten der Kinder:

Stadium 1: Räumlich dirigiertes oder willkürliches Herausgreifen.

Stadium 2: Lösung der Aufgabe in einfachen Fällen und „Fastlösungen" (Täuschung um 1).

Stadium 3: Volle Lösung der Aufgaben.

Gréco 1962: *„Quotité"* [1])

Material und Technik sind hier wie bei dem Versuch zur kardinalen Invarianz gewählt, mit dem wichtigen Unterschied, daß die Kinder zum Zählen aufgefordert werden.

Man beobachtet bei vielen Kindern Reaktionen folgender Art: „Es sind beide Male gleichviele Marken, nämlich 6, aber in dieser Reihe sind es mehr" – oder „Nein. Es sind doch gleich viele, hier 6 und hier 6".

Gréco zieht aus den Reaktionen der Kinder den Schluß, daß der Zählzahlaspekt nicht, wie *Piaget* meint, bloßer Verbalismus ist, sondern eine *relativ eigenständige Bedeutung* hat und andere Aspekte, etwa den kardinalen befruchten kann.

Einen umfangreichen, jedoch leider nicht sorgfältig interpretierten und ausgewerteten Versuch hat *Brainerd* [2]) durchgeführt (eine Kurzfassung findet man in *Brainerd* 1973) [3]).

---

1) *Gréco, P.,* Quantité et quotité. Etudes d'epist. génét. XIII (1962).

2) *Brainerd, Ch. J.,* Mathematical and Behavioral Foundations of Number. The Journal of General Psychology 88 (1973), 221–281.

3) *Brainerd, Ch. J.,* The Origins of Number Concepts. Scientific American 228 (1973), 101–109.

Er hat den Entwicklungsstand von Kindern bez. kardinaler Invarianz, Ordnungsrelationen und numerischer Kompetenz bei kleinen Zahlen verglichen und gefunden:

(1) Die kardinale Invarianz bildet sich im Durchschnitt später als die beiden anderen Kompetenzen aus.

(2) Durch Training der „ordinalen“ Kompetenz läßt sich die numerische Kompetenz wesentlich mehr steigern als durch Training der kardinalen Kompetenz.

Brainerd stellt aufgrund seiner Versuche den Ansatz der Neuen Mathematik via kardinalem Aspekt in Frage.

Mpiangu und Gentile [1]) berichten, daß Kinder, welche den Kardinalzahlbegriff noch nicht ausgebildet haben, von einem Unterricht, der in den Zehnerraum einführt, in der gleichen Weise profitieren wie Kinder, die über den kardinalen Aspekt verfügen.

Insgesamt legen die bisherigen psychologischen Befunde über den Zahlbegriff folgendes nahe: *Eine eindeutig festliegende Entwicklung des Zahlbegriffs beim Kinde gibt es selbst näherungsweise nicht. Insbesondere kann kein Aspekt als grundlegend für die anderen bezeichnet werden. Die verschiedenen Aspekte entwickeln sich vielmehr parallel zu einander und beeinflussen sich während der Entwicklung gegenseitig. Je nach Kind, je nach Entwicklungsstand und je nach Aufgabe kann dieser oder jener Aspekt führend gegenüber einem anderen sein.*

Von einer psychologischen Gründung des Zahlbegriffs auf andere als primitiver angesehene Begriffe, z.B. logische Begriffe, wie es bei mathematischen Begründungen der Fall ist, kann nicht gesprochen werden. Jedoch entwickelt sich der Zahlbegriff in wechselseitiger Beeinflussung mit logischen Begriffen, insbesondere den Ordnungsrelationen und dem Mengenbegriff [2]).

3.1.1.4. Allgemeine Konzeption des Erstrechenunterrichts

Als Erstrechenunterricht bezeichnet man den Arithmetikunterricht in den beiden ersten Schuljahren. Kern des Erstrechenunterrichts ist die Einführung der natürlichen Zahlen bis 100, die Einführung der vier sogenannten Grundrechenarten (Addition, Subtraktion, Multiplikation, Division), das „kleine Einspluseins“ (das ist die Addition einstelliger Zahlen die sich im „Zwanzigerraum“ abspielt) und das „kleine Einmaleins“ (das ist die Multiplikation einstelliger Zahlen, deren natürlicher Rahmen der „Hunderterraum“ ist). Es gibt in der didaktischen Literatur viele verschiedene Konzeptionen des Erstrechenunterrichts, die sich u.a. dadurch unterscheiden, daß sie aus psychologischen oder mathematischen Gründen verschiedene Aspekte des Zahlbegriffs in den Vordergrund rücken.

Beispiele

Akzent auf Anzahlaspekt: Ganzheitliche Kurse (*Joh. Wittmann, Karaschewski*), Kurse der „Neuen Mathematik“

Akzent auf Operatoraspekt: Kurs von *Fricke/Besuden*

Akzent auf Zählzahlaspekt: Kurs von *Kühnel*

---

[1]) *Mpiangu, B. D./Gentile, R. J.*, Is Conservation of Number a Necessary Condition for Mathematical Understanding? Journal Res. Math. Educ. 6 (1975), No. 3, 179–192.

[2]) Vgl. hierzu *Schwirtz, W.*, Zur Bedeutung des Phänomens der Mengeninvarianz für den mathematischen Anfangsunterricht, in: Beiträge zur Mathematikdidaktik, Festschrift für *Wilhelm Oehl*, Hannover 1976, 101–110.

Gute Kurse entwickeln im weiteren Verlauf des Unterrichts auch die anderen Aspekte. Es gibt aber auch einseitige Kurse.

Bei einer Gesamtbewertung der verschiedenen Argumente erscheint uns folgende Konzeption am sinnvollsten:

(1) *Die Aspekte des Zahlbegriffs sollen von Anfang an parallel zu einander entwickelt und miteinander integriert werden.* Insbesondere sollen die natürlichen Zahlen von Anfang an in der Form von *Zählzahlen* als *Objekte sui generis* auftreten und gleichzeitig als *Anzahlen, Ordnungszahlen, Operatoren, Maßzahlen, Rechenzahlen* verwendet werden.

Entsprechend diesem Zugang von verschiedenen Aspekten aus sollen verschiedenartige Materialien und bildliche Darstellungen als Lernhilfen herangezogen werden:

homogene Materialien (Plättchen (für manche Zwecke in zwei Farben), Steckbrett, Steckrollen, Knöpfe, Perlen u.ä.), *Cuisinaire-Stäbe, strukturierte Materialien* (für die Integration von Zahlen und Mengen), *Maßstäbe, Darstellungen von Zahlen* durch Kringel„mengen", Strichlisten, Punktreihen, Punktgitter, Zahlenstrahl, Mengenbilder, Rechteckstreifen usw.

(2) *Die Rechenoperationen sollen von verschiedenartigen Verwendungssituationen aus exemplarisch „begründet" werden,* d.h. es soll auf bestimmte konkrete Bedeutungen der Operationen zurückgegriffen werden.

Beispiel: Addition

(a) 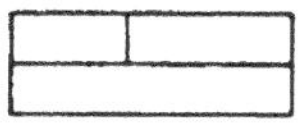 2 + 3 = 5

\+ bedeutet hier das *„Zusammensetzen"* von Stäben

(b) ○○ 2 + 3 = 5
○○○

\+ bedeutet hier *„Hinzulegen"*

(c) 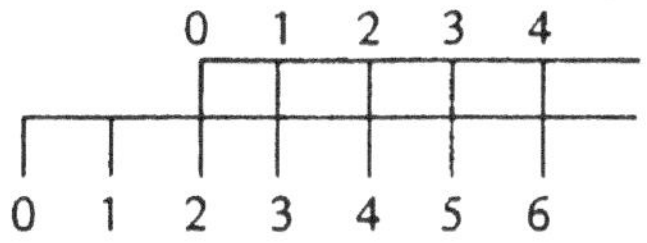

Additiver Rechenstab:
\+ bedeutet hier *„Weiterzählen"*

(3) *Keine der mathematischen Begründungen ist als Vorbild für die Einführung der natürlichen Zahlen in der Schule geeignet,* weil

(a) die Methodenreinheit mathematischer Begründungen der Komplexität des Zahlbegriffs nicht Rechnung trägt,

(b) der logische Aufbau für die *psychologische* Bildung des Zahlbegriffs irrelevant ist.

Jedoch kann die Grundidee der *Konstruktion* von Zahlen bei Lorenzen in einer modifizierten Form für eine *didaktische* Konstruktion der Zahlen nutzbringend verwendet werden:

Ausgangszahlen sind diejenigen kleinen Zahlen, die – wie psychologische Experimente zeigen – als Kardinalzahlen simultan erfaßbar sind („subitizing"): nämlich 0, 1, 2, 3, 4, 5 (Fünferraum).

Als *Operationen zur Erzeugung neuer Zahlen* werden verwendet: Zählen, Verdoppeln, Fastverdoppeln, Bündeln, Zusammensetzen, Malnehmen.

Bei *Lorenzen* gibt es demgegenüber nur ein „Atom", nämlich „I", und nur eine einzige Konstruktionsregel, nämlich „Strichanhängen".

Beispiele für die Erzeugung von weiteren Zahlen

Zehnerraum:

6 = *Doppeltes* von 3
6 = *Nachfolger* von 5
8 = *Doppeltes* von 4
10 = *Doppeltes* von 5
10 = 1 Zehner*bündel*
7 = *Nachfolger* von 6
7 = *Zusammensetzung* von 4 und 3 (Fastverdoppelung von 4 oder 3)
9 = *Nachfolger* von 8
9 = *Zusammensetzung* von 5 und 4 (Fastverdoppelung)
9 = drei*mal* 3

11 = *Zusammensetzung* von 10 und 1
12 = *Zusammensetzung* von 10 und 2
12 = *Doppeltes* von 6
20 = 2 Zehner*bündel* (= 1 Zehner · 2)
21 = *Zusammensetzung* von 20 und 1
37 = *Zusammensetzung* von 30 und 7
100 = 10 Zehner (= 1 Hunderter*bündel*)
= *Doppeltes* von 50
1000 = 10 Hunderter*bündel* (= 100 · 10)
usw.

Bemerkungen zu dieser Konstruktion:

(a) Es treten verschiedene Aspekte des Zahlbegriffs nebeneinander auf.

(b) Die Zusammensetzung wird zunächst nur bei *gewissen* Zahlen zur Erzeugung neuer Zahlen vorgenommen. Erst wenn ein Abschnitt der Zahlenreihe vorhanden ist, wird die Zusammensetzung (Addition) *beliebiger* Zahlen definiert.

(c) Bei mathematischen Begründungen werden möglichst wenige Grundbegriffe vorausgesetzt und andere daraus durch Definitionen uno actu abgeleitet. Bei der didaktischen Konstruktion wird von einer in logischer Hinsicht *redundanten* Basis und einem *redundanten* Satz von Erzeugungsoperationen ausgegangen und es werden *allmählich* immer mehr „neue" Zahlen erzeugt.

(d) Gleichungen, wie $2 + 3 = 4 + 1$, $37 + 5 = 42$, sagen aus, daß verschiedene Verfahren zur Konstruktion einer Zahl (z.B. $2 + 3$ und $4 + 1$, $37 + 5$ und 42) *äquivalent* sind in dem Sinne, daß sie die gleiche Zahl *erzeugen*. Die Aufdeckung und Nutzbarmachung solcher Äquivalenzen ist ein grundlegendes Lernziel des Arithmetikunterrichts.

(4) *Individuelle Zahlbegriffe*

Bisher war nur in sehr vager Weise „vom Zahlbegriff" bzw. vom Begriff „natürliche Zahl" die Rede. Unter diesen Begriff fallen die natürlichen Zahlen 1, 2, 3, 4, ... Wenn von natürlicher Zahl als Zählzahl, Operator, Rechenzahl usw. gesprochen wurde, war gemeint, daß jede einzelne Zahl als Element der Zahlreihe auftritt, eine Vielfachheit bedeuten kann, in Rechnungen vorkommt usw.

Man kann aber auch eine *einzelne Zahl* als Begriff ansehen, unter den eine Klasse von Beispielen fällt, bei denen in verschiedensten Zusammenhängen und Bedeutungen diese Zahl zugeordnet wird.

Beispiel: Begriff „zwei"

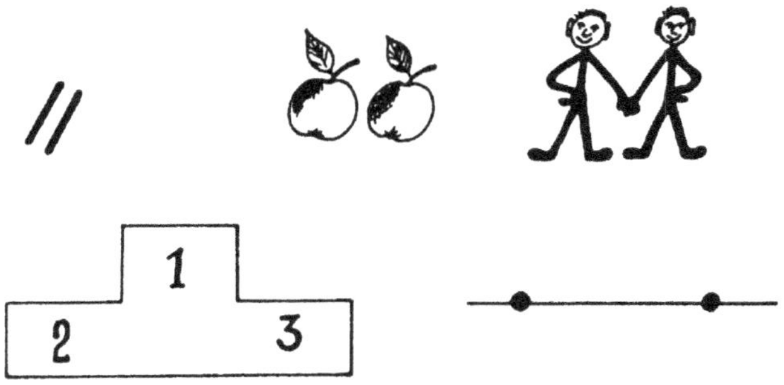

*Zwei*taktmotor, *Doppel*deutigkeit

usw.

Die Entwicklung dieser individuellen Zahlbegriffe ist – wie die anderer Begriffe – ein langjähriger Prozeß, der durch geeignete Lernhilfen unterstützt werden kann.

Aus „Grundfragen", Abschnitt 8.3.3, kann man folgende Maßnahmen zur Begriffsbildung der Zahlen entnehmen:

(α) *Operative Begriffsbildung*
(d.h. Konstruktion von Zahlen wie oben)

(β) *Begriffsbildung ausgehend von Beispielen*
(Verwendung von Zahlen als Anzahlen, Ordnungszahlen usw., unter Verallgemeinerung auf immer umfassendere Verwendungsbereiche)

(γ) *Integration und Diskrimination der Zahlen untereinander und Integration mit anderen Begriffen*
(z.B. logisch-mengentheoretische Begriffe)

Bei der unterrichtlichen Praxis soll von folgenden Prinzipien Gebrauch gemacht werden:

(α) *Bedingungen des Begriffslernens*
Vorlage von „Mengen", Reihen, Längen, Stäben etc., denen Zahlen unter verschiedenem Aspekt zuzuordnen sind. Umgekehrt Vorgabe von Zahlen und Angabe von „Mengen" etc. Dabei Variationen des Aspekts, des Kontextes und der Darstellungsform (vgl. für Beispiele Schulbücher des ersten Schuljahrs).

(β) *Integrationsprinzip*

Beispiel: $8 = 2^3$
$8 = 4 + 4$
$8 = 7 + 1$
8 ist keine Primzahl
8 ist gerade
....

(γ) *Operatives Prinzip*

Die Menge der natürlichen Zahlen einschließlich der von den elementaren Operationen Zählen, Verdoppeln, Fastverdoppeln, Bündeln, addieren, multiplizieren durch Zusammensetzung *erzeugten* Operationen ist eine Gruppierung (vgl. „Grundfragen", 8.1.4.3). Die statischen Zustände der Gruppierung sind die Zahlen, zwischen denen die Operationen Übergänge stiften, die man durch Pfeile veranschaulichen kann. Pfeile kann man zu *Überbrückungspfeilen* zusammensetzen (*Kompositionsfähigkeit*), wenn das Ende des ersten an den Anfang des zweiten anschließt. Bei der Zusammensetzung von Pfeilen gilt das *Assoziativgesetz.* Man kann weiter Pfeile umkehren (*Reversibilität*). Schließlich liefert die Zusammensetzung eines Pfeiles mit seinem Inversen einen *identischen Pfeil.*
Eine Illustration gibt Bild 2.

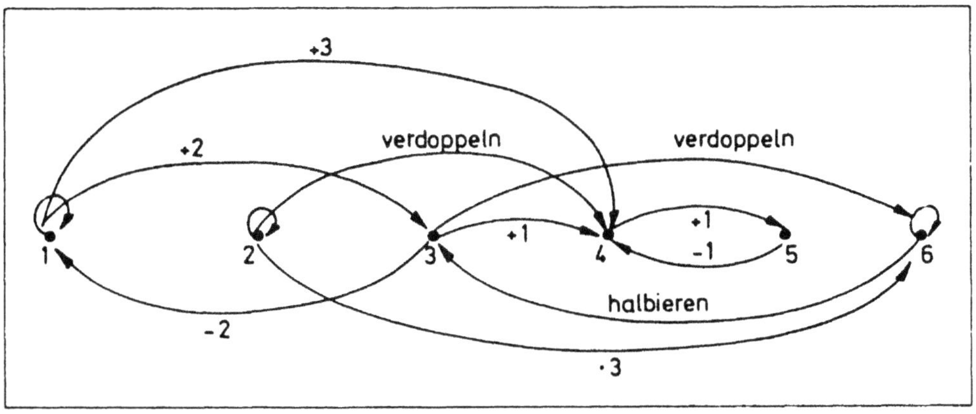

Bild 2

Würde man Zahlen völlig ohne Berücksichtigung der Pfeile sehen, würde gleichsam eine „tödliche" Ruhe herrschen. Würde man Zahlen mit Pfeilen, aber die Pfeile isoliert von einander sehen, würde ein *starres System* von Übergängen zwischen Zahlen vorliegen. Erst wenn man Zahlen, Pfeile und sämtliche mögliche Zusammensetzungen von Pfeilen als eine Ganzheit auffaßt, erhält man eine Gruppierung, die als ein *dynamischer Organismus* anzusehen ist. Ein Unterricht, der auf die Ausbildung von Gruppierungen ausgerichtet ist, heißt *operativ.* Er strebt flexibles, mobiles, Zusammenhänge ausnützendes Denken an (vgl. hierzu *Fricke/Besuden* 1970 und „Grundfragen", 8.1.5.5).

Im Zusammenhang mit dem operativen Prinzip ist ein zweiter Gesichtspunkt sehr wichtig: Man soll auch darauf achten, was mit Zahleigenschaften und Zahlbeziehungen *geschieht, wenn* operiert wird.

Beispiele:

(a) Was geschieht mit dem *Unterschied,* wenn Plättchen hinzu oder weggelegt werden (Bild 3)?

(b) $a + b = c$
Was geschieht mit der Summe, wenn die Summanden erhöht oder erniedrigt werden?

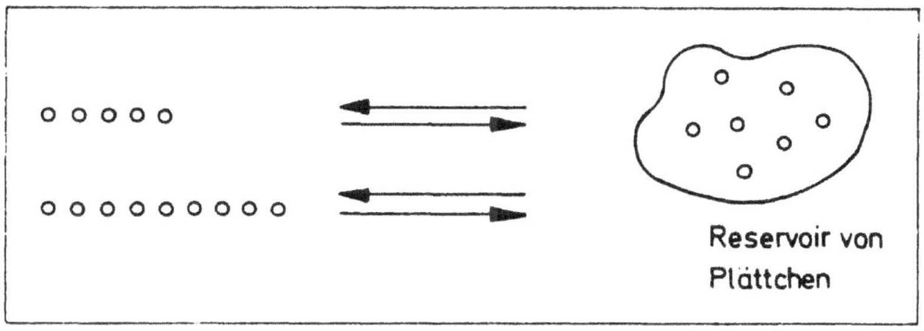

Bild 3

(δ) *Prinzip der Stabilisierung*
Das Prinzip verlangt eine Anwendung der Zahlen in neuen Kontexten und die Verzahnung (Integration) mit anderen Begriffen.

Beispiel: Totalgeordnete Menge (Kette) mit strukturiertem Material: Übersetzung von Beschreibungen von Rangplätzen mit Ordnungszahlen in Beschreibungen mit Hilfe von Eigenschaften der Elemente.

Zum Beispiel: Welchen Rangplatz hat das kleine, blaue, ovale Plättchen? Wie viele Plättchen liegen zwischen dem ... und dem ... Plättchen? usw.

(5) *Die Zahlreihe*

Für die Tatsache, daß von den individuellen Zahlbegriffen hin zur Gruppierung der Zahlreihe eine Genese stattfindet, liefern Experimente der Genfer Schule eindrucksvolle Belege. Hierfür zwei Beispiele.

Morf 1962: *„Konnexität“* [1])

Material: Plättchen

Technik: Vorgelegt wird eine „Menge“ von etwa 15 Plättchen, die während des Versuchs unverändert bleibt. Eine zweite „Menge“ wird parallel dazu aufgebaut, indem ein Plättchen nach dem anderen hinzugelegt (bis ca. 30 Plättchen) bzw. durch Wegnahme eines Plättchens nach dem anderen ausgehend von einer „Menge“ mit ca. 30 Plättchen abgebaut wird. Das Kind soll sagen, ob und ggf. wann die beiden „Mengen“ gleichviele Elemente haben. M.a.W. es soll festgestellt werden, inwieweit die Kinder die Lückenlosigkeit („Konnexität“) der Zahlreihe erkannt haben.

Verhalten: Es gibt Kinder, die sowohl über die quotité als auch die Erkenntnis der kardinalen Invarianz verfügen und trotzdem während des Aufbaus der zweiten Menge von der Aussage „Es sind weniger“ sprunghaft zu der Aussage „Jetzt sind es mehr“ springen, ohne die Stelle zu markieren, wo in beiden „Mengen“ gleich viele Plättchen sind.

Gréco (1963) [2]): *„Immer – noch – eins“ – Struktur der Zahlreihe*

Material: Streichholzschachteln, die 1, 2, 3, 4, 5, 6;
15, 16, 17, 18, 19, 20, 21, 22, 23;
31, 32, 33, 34, 35, 36, 37, 38, 39 Hölzer enthalten.

---

[1]) *Morf, A.*, Recherches sur l'origine de la connexité de la suite des premiers nombres. Etudes d'épist. génét. XIII (1962), 71–103.

[2]) *Gréco, P.*, Le progrès des inférences itératives et des notions arithmétiques chez l'enfant et d'adolescent. Etudes d'épistém. génét. XVII (1963), 143–281.

Technik: Die Schachteln werden entsprechend den drei Zahlabschnitten in drei Gruppen einer Reihe angeordnet. Die Schachteln mit 1, 2, 3, 4, 5, 6 und 15 Hölzern sind geöffnet. Die Kinder erfahren, daß in jeder Gruppe von Schachtel zu Schachtel immer ein Streichholz mehr vorliegt.

Kindern von 7 bis 14 Jahren werden Fragen vorgelegt, welche die Fähigkeit zu einfachen arithmetischen Schlüssen testen.

Beispiele:

1. Es wird gefragt, welche Schachtel ebenso viele Streichhölzer enthält wie eine gegebene Schachtel, in die noch 3 (4, 5, ...) Hölzer zusätzlich gelegt werden.
2. Der Versuchsleiter nimmt zwei Schachteln einer Gruppe an sich und fordert die Kinder auf, zwei andere Schachteln zu nehmen, die zusammen ebenso viele Hölzer beinhalten.

Verhalten der Kinder: Die Aufgaben werden zum Teil erst mit 12 bis 14 Jahren gelöst.

Auch im Unterricht ist oft zu beobachten, wie die Kinder den Bereich der Zahlen und ihrer Operationen zunehmend erobern müssen.

Beispiele:

(a) Obwohl die Aufgabe $7 + 6$ in der Form $7 + \underset{3+3}{\underbrace{6}} = 10 + 3 = 13$ berechnet werden kann, kann die analoge Aufgabe $17 + 6$ noch Mühe bereiten.

(b) Wenn Rückwärtszählen von 10 aus leicht beherrscht wird, braucht Rückwärtszählen von 20 aus nicht zu gelingen.

3.1.1.5. Das „kleine Einspluseins" (Additionstafel)

Der natürliche Zahlraum, in dem das kleine Einspluseins angesiedelt ist, ist der Zwanzigerraum, da 9 + 9 gerade 18 ist. Aus diesem Grund stellt der Zwanzigerraum nach dem Fünferraum und dem Zehnerraum einen weiteren Einschnitt in der Zahlreihe dar. Manche Kurse gehen im ersten Schuljahr sogar nicht über den Zwanzigerraum hinaus.

Über die Fundierung der Addition und Subtraktion ist schon gesprochen worden, jetzt sollen noch diejenigen zwei didaktischen Aufgaben betrachtet werden, die beim kleinen Einspluseins noch zu lösen sind:

(1) Überführung einer Summe in die dekadische Darstellung.
(2) Operative Herausarbeitung der additiven und subtraktiven Beziehungen.

Die Arbeit an beiden Aufgaben muß Hand in Hand vor sich gehen.

Durch die elementaren Operationen *Zählen* und *Verdoppeln* kann man folgende „einfachen" Additionsaufgaben gewinnen:

1 + 1 = 2	2 + 2 = 4	
2 + 1 = 3	3 + 3 = 6	
3 + 1 = 4	4 + 4 = 8	
4 + 1 = 5	5 + 5 = 10	
5 + 1 = 6		
6 + 1 = 7		
7 + 1 = 8		
8 + 1 = 9		
9 + 1 = 10	Aus diesen Aufgaben lassen sich die meisten anderen operativ gewinnen.	

Beispiele:

4 + 2 = 6, da 3 + 3 = 6
5 + 2 = 7, da 6 + 1 = 7
6 + 2 = 8, da 3 + 3 = 6 und
3 + 3 + 2 = (3 + 1) + (3 + 1) = 4 + 4 = 8

ikonisch:
● ● ● | ●   4 + 4
● ● ● | ●
6 + 2

Folgende „operative“ Frage steht im Hintergrund:

Was geschieht mit a + b, *wenn* a *oder* b *oder beide um* 1 *erhöht oder erniedrigt werden?*

Man gelangt von a + b zu folgenden Nachbaraufgaben

$$(a+1)+b = (a+b)+1$$
$$a+(b+1) = (a+b)+1$$
$$(a+1)+(b+1) = (a+b)+2$$
$$\left.\begin{aligned}(a+1)+(b-1) &= a+b\\ (a-1)+(b+1) &= a+b\end{aligned}\right\}\ \text{„Invarianz“}$$

Ausgehend von den so gewonnenen Aufgaben löst man weitere Aufgaben, weil sie *Tauschaufgaben* bereits gelöster Aufgaben sind.

Beispiel: 2 + 6 = 8, da 6 + 2 = 8

Nicht erfaßt werden die beiden Aufgaben 6 + 3 und 7 + 3. Die Aufgabe 6 + 3 ist herleitbar aus $2 \cdot 3$ und $9 = 3 \cdot 3$, wobei letztere Aufgabe als weitere Grundaufgabe hinzugenommen wird.

7 + 3 = 10 ist herleitbar aus 7 + 2 = 9 oder aus 5 + 2 = 7 und 2 + 3 = 5 (zeichnerisch in Bild 4).

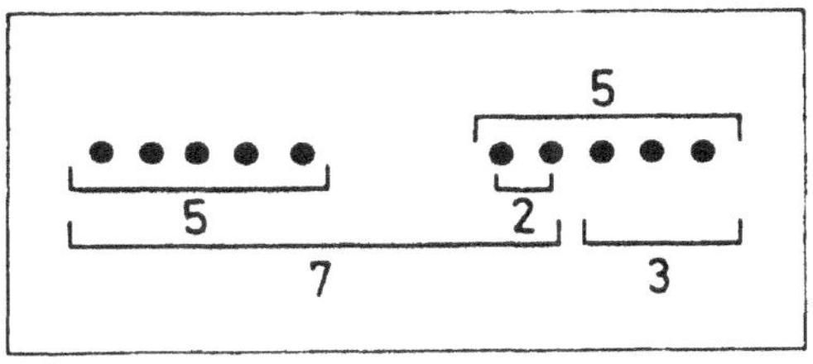

Bild 4

Eine sehr gute Hilfe für Additionsaufgaben im Zehnerraum besteht in der Erarbeitung der Folgen der geraden und ungeraden Zahlen, über die man die Addition (und Subtraktion) von 2 leicht erledigen kann.

Von außerordentlicher Bedeutung für das weitere Vorgehen ist ein weiterer Typ operativer Übungen, nämlich Zerlegungen der Zahlen bis 10 in Summanden (Beispiel in Bild 5).

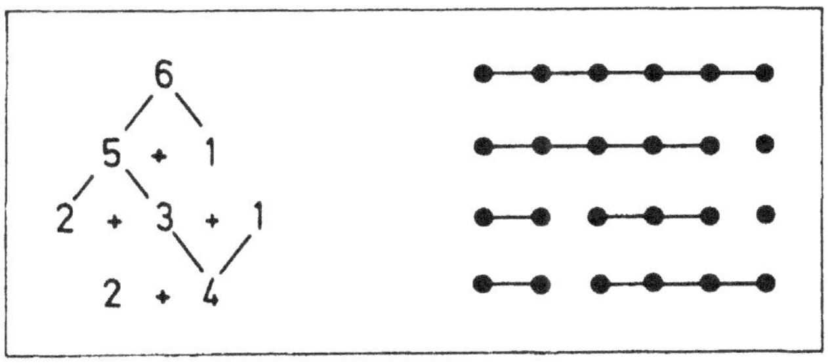

Bild 5

Bezüglich der Schemata „verfeinern" (einer Zerlegung) und „vergröbern", liegt hier übrigens für jede Zahl eine Gruppierung vor. Zerlegungen einer Zahl in *zwei* Summanden, genauer die Auffindung des einen Summandens, wenn der andere gegeben ist, sind eine unentbehrliche Grundlage für die Lösung von Additionsaufgaben, bei denen die Zahl 10 überschritten wird. Diesen Zehnerübergang haben wir in 1.2.1 ausführlich behandelt. Ergänzend muß hier angemerkt werden, daß neben dem kanonischen Zehnerübergang auch noch andere Lösungswege zugelassen sind, wie überhaupt im Erstrechenunterricht eine Standardisierung von Rechenwegen unter allen Umständen zu vermeiden ist.

Andere Möglichkeiten:

(α) *Verdoppeln:* $6 + 6 = 10 + 2$

Ebenso $7 + 7, 8 + 8, 9 + 9$

(β) *Nachbaraufgaben:* $7 + 6 = 13$, da $6 + 6 = 12$
$9 + 7 = 16$, da $10 + 7 = 17$

(γ) *Tauschaufgaben:* $2 + 9 = 11$, da $9 + 2 = 11$
$4 + 8 = 12$, da $8 + 4 = 12$

Das Streben nach einer Vielfalt von Lösungswegen und die Diskussion darüber, welcher Weg bei bestimmten Aufgaben vorzuziehen ist, sind wesentliche Teile des operativen Vorgehens im Erstrechenunterricht.

Das operative Vorgehen verlangt auch, daß das Zusammensetzen und Zerlegen bzw. Addition und Subtraktion als inverse Operationen in engster Verbindung behandelt und wechsel seitig für einander nutzbar gemacht werden.

Beispiele: $10 - 3 = 7$, denn $7 + 3 = 10$.
Wegen $9 + 2 = 11$, gilt $11 - 2 = 9$.

Dieser Zusammenhang wird bei enaktiver Darstellung besonders klar:

Es ist wichtig zu sehen, daß Subtraktionsaufgaben in einer doppelten Weise inhaltlich gedeutet werden können. Zum Beispiel kann $11 - 2$ die Zahl bedeuten, die man erhält, wenn man von 11 die Zahl 2 subtrahiert. $11 - 2$ kann aber auch als die Zahl interpretiert werden, die man um 2 ergänzen muß, um 11 zu erhalten. Formal kann man den beiden Formen die Gleichungen

$$x + 2 = 11$$
und
$$2 + x = 11$$

zuordnen. Trotz der inhaltlich verschiedenen Bedeutung haben natürlich beide Gleichungen die gleiche Lösung (Kommutativität der Addition).

Später werden wir sehen, daß eine analoge Situation bei den multiplikativen Operationen zu Schwierigkeiten führt, die nicht so leicht überspielt werden können wie hier.

3.1.1.6. Addition und Subtraktion im Hunderterraum

Der große Vorteil, den Stellenwertsysteme mit sich bringen, liegt darin, daß sich die Addition und Subtraktion bzw. Multiplikation und Division beliebig großer Zahlen auf die Aufgaben des kleinen Einspluseins bzw. des kleinen Einmaleins reduzieren läßt (vgl. 1.2.2). Bereits bei Additionen und Subtraktionen im Hunderterraum wird dies deutlich.

Beispiel: $27 + 25 = 27 + 20 + 5 = 40 + 7 + 5 = 47 + 5 = 50 + 2 = 52$
(mit den Zerlegungen $25 = 20 + 5$, $27 = 20 + 7$, $5 = 3 + 2$)

Folgende vorgeordnete Kenntnisse werden ausgenützt:

- die *Konstruktion* der zweistelligen Zahlen aus Zehnern und Einern
- *Zerlegungen* in Zehner und Einer
- *Aufgaben des kleinen Einspluseins.*

Es empfiehlt sich, folgende Spezialfälle zuerst in Angriff zu nehmen:

- Addition einer einstelligen Zahl (z.B. 47 + 5)
- Addition eines reinen Zehners (z.B. 27 + 20)

Auf diese beiden Typen läßt sich jede andere Aufgabe reduzieren.

Eine bewährte enaktiv-ikonische Hilfe ist die *Hundertertafel* (ein 10 mal 10-Feld von „Punkten" oder „Kringeln"), die in unterschiedenen Varianten Verwendung findet (vgl. z.B. Bild 6).

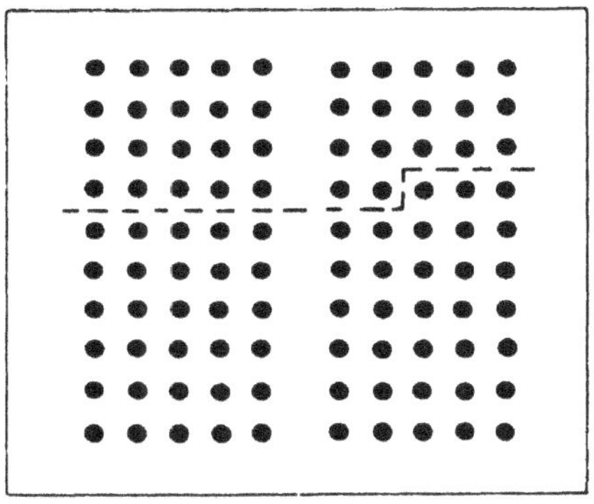

Bild 6

Mit Hilfe eines geeignet angeschnittenen Kartons (eine Lage ist in Bild 6 gestrichelt eingezeichnet) kann man Zahlen abgrenzen. Der Karton erlaubt eine operative Erarbeitung der Funktion „Zahlbild → Zahlname", wobei als elementare Operationen das Verschieben des Deckkartons nach rechts um einen Punkt und nach unten um eine Zeile fungieren. Spezielle zusammengesetzte Operationen sind gerade die Addition von Einern und die Addition von reinen Zehnern.

Auch bei Additionen und Subtraktionen im Hunderterraum sind streng dekadische Lösungswege nur eine Möglichkeit neben anderen.

Beispiele: *Nachbaraufgaben* $49 + 38 = 50 + 37 = 87$
Umstrukturieren $56 + 44 = 50 + 50 = 100$
(mit der Zerlegung $56 = 50 + 6$)

3.1.1.7. Die multiplikativen Operationen und das kleine Einmaleins (Multiplikationstafel)

Gemäß einer allgemeinen Forderung unserer Konzeption ist auch die Multiplikation von *Verwendungssituationen* her einzuführen. Die einfachste und gleichzeitig weitreichendste Methode setzt am *Operatoraspekt* an und führt die Multiplikation als verkürzte Addition ein.

Beispiel: $3 \cdot 7 = 7 + 7 + 7$; $3 \cdot 7$ cm = 7 cm + 7 cm + 7 cm
oder in anderer Auffassung
$3 \cdot 7 = 3 + 3 + 3 + 3 + 3 + 3 + 3$
3 cm $\cdot$ 7 = 3 cm + 3 cm + 3 cm + 3 cm + 3 cm + 3 cm + 3 cm

Von den beiden Zahlen fungiert eine als *Operator,* die andere als *Kardinalzahl* oder *Größe.*

Das Beispiel zeigt auf eine *Crux* in der *Schreibweise:* Soll man den Operator *links* oder *rechts* schreiben?

Vorteil der Linksschreibweise: Sie stimmt mit dem umgangssprachlichen Gebrauch überein: dreimal 7.

Vorteil der Rechtsschreibweise: Sie ist auf das wichtige Schema

Eingabe [Operator] Ausgabe

zugeschnitten. Überdies wird die Rechtsschreibweise bei dem vorgeschriebenen Algorithmus für die schriftliche Multiplikation ohnehin verwendet.

Wenn die Lehrerin durch das verwendete Buch nicht streng festgelegt ist, möchten wir ihr als Kompromiß vorschlagen, den Schülern gleich beide Möglichkeiten vorzustellen.

Beispiel: $3 \cdot 7$
1. Möglichkeit: Das Mal wird zur 3 „gezogen“:
dreimal 7
2. Möglichkeit: Das Mal wird zur 7 „gezogen“:
3 mal 7
(in der Bedeutung 3 siebenmal)

Man kann beide Möglichkeiten sprachlich unterscheiden, indem man das Morphem „mal“ an die zugehörige Zahl unmittelbar anhängt und die andere Zahl durch eine kleine Pause trennt.

Mit Hilfe von Kringelrechtecken, der grundlegenden Darstellungsform für Produkte, können sich die Kinder klar machen, daß die beiden Versionen dieselbe Zahl meinen.

Beispiel:

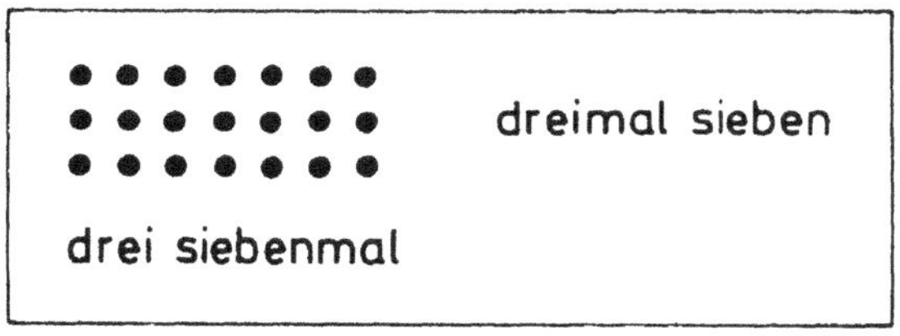

Produkte, wie z.B. $3 \cdot 7$, liefern eine neue Art einer Konstruktion von Zahlen. Es ist ganz klar, daß man wissen möchte, wie diese neuen Konstruktionen in die Standardkonstruktionen, d.h. in die dekadische Darstellung zu übersetzen sind. Prinzipiell besteht hier kein Problem, weil eine Multiplikation als verkürzte Addition eingeführt wurde und die Addition von Zahlen im Hunderterraum bereits beherrscht wird.

Nach der Klärung der Bedeutung von Multiplikationsaufgaben geht es an eine operative Erarbeitung der Multiplikationstafel mit dem Ziel, eine dynamische Sicht der Zusammenhänge bei Multiplikationsaufgaben anstelle einer isolierten Einzelmemorierung zu erzielen.

Aus drei elementaren Operatoren, nämlich · 2, · 10, · 5 (äquivalent zu (· 10), (: 2)) kann man alle übrigen Operatoren erzeugen.

Beispiel: Siebenerreihe (Bild 7)

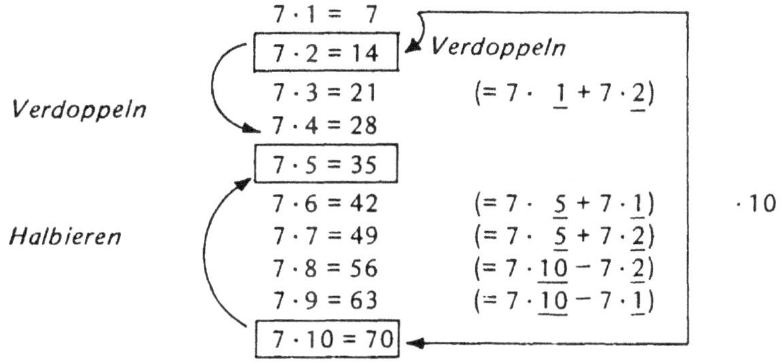

Bild 7

Man sieht, daß es genügt, die Kernaufgaben 7 · 2, 7 · 10, 7 · 5 auswendig parat zu haben, da aus diesen durch operative Beziehungen die anderen Aufgaben erschlossen werden können.

Weitere operative Beziehungen ergeben sich, wenn die *verschiedenen Einmaleinsreihen* in Zusammenhang gebracht werden (z.B. 6 · 4 = 3 · 8) und wenn *Tauschaufgaben* (z.B. 4 · 6 = 6 · 4), sowie *Nachbaraufgaben* (7 · 6 = 6 · 6 + 6) expliziert werden.

Hilfreich ist es, wenn die Schüler die Folge der Quadratzahlen auswendig verfügbar haben.

Ebenso wie aus operativen Gründen Addition und Subtraktion in engster Verbindung gesehen und behandelt werden müssen (additive Operationen), gehören auch die multiplikativen Operationen, Multiplikation und Division, zusammen.

Bei der Einführung der Division als Umkehrung der Multiplikation ergibt sich eine Schwierigkeit, die wir ausführlich betrachten wollen. In 3 · 7 = 21 können entweder 3 und 21 als Kardinalzahlen (oder Größen) und 7 als Operator oder 7 und 21 als Kardinalzahlen und 3 als Operator gedeutet werden. Im ersten Falle führt die Umkehrung der Aufgabe auf

(α) 3 · □ = 21 gesucht: Operator,

im zweiten Falle auf

(β) 3 · □ = 21 gesucht: Kardinalzahl.

Von den Zahlaspekten her sind (α) und (β) inhaltlich völlig verschieden. In der traditionellen Rechendidaktik nennt man den Fall (α) *Messen* (bei Größen) oder *Aufteilen* (bei Kardinalzahlen), den Fall (β) *Verteilen.*

Die formale Lösung 21 : 3 = 7 („21 dividiert durch 3", kurz „21 durch 7") kann also bedeuten

21 *ausgemessen mit* 3 = 7 (siebenmal) bzw.
21 *aufgeteilt in Gruppen zu* 3 = 7 oder
21 *verteilt auf* 3 *Gruppen* = 7

Früher war es üblich, die Fälle (α) und (β) in der Grundschule durch eigene Zeichen zu erfassen (: für (β), ⁝ oder ÷ für (α)) und diese erst später zu verschmelzen. Manche ganzheitlichen Kurse (z.B. der von *Johannes Wittmann*) sprechen sogar von fünf Grundrechenarten. Die Auseinandersetzungen um die rechten Sprachformen und Symbole nehmen in der traditionellen Didaktik einen breiten Raum ein und muten manchmal an wie der Streit der Byzantiner um das Geschlecht der Engel.

Vom heutigen Standpunkt aus liefert die Mathematik eine Sprache, mit der man Situatione beschreiben kann. $21 : 3 = 7$ ist danach eine Sprachform, die je nach Kontext verschiedene bedeuten kann. So etwas ist in der Umgangssprache etwas Alltägliches (vgl. z.B. den Satz „Helmut holte eine Birne herbei").

Folgendes praktische Vorgehen paßt sich der Flexibilität, die wir bei der Einführung der Multiplikation empfohlen haben, u.E. am besten an: $21 : 3$ (kurz gesprochen als „21 durch 3") wird als Kurzform sowohl für

(α) 21 *durch*geteilt in *Dreier*gruppen

als auch für

(β) 21 *durch*geteilt in *drei* Gruppen

verwendet.

Auf der ikonischen Ebene bedeutet $21 : 3$ die Umordnung von Bild 8, wobei man die erste Interpretation erhält, wenn man die Spalten betrachtet (7 *Dreier*gruppen), und die zweite Interpretation, wenn man die Zeilen des Punktgitters betrachtet (drei Siebenergruppen). Die Umordnung ist übrigens gerade *invers* zu der Überführung von $3 \cdot 7$ in die dekadische Darstellung 21.

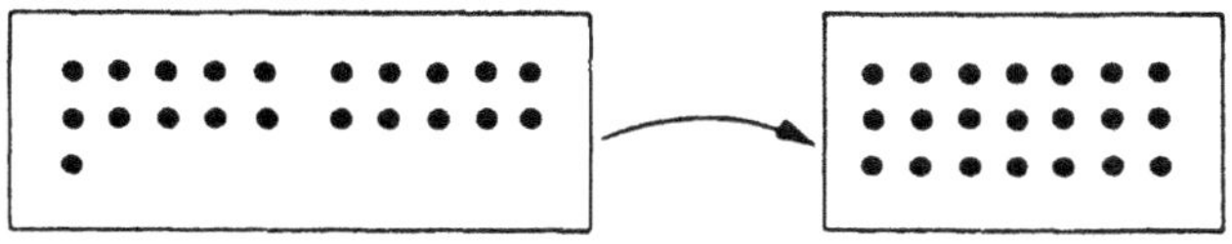

Bild 8

Schließlich gibt es bei der Division eine zweite Schwierigkeit, die damit zusammenhängt, daß $a : b$ nicht für alle natürlichen Zahlen definiert ist. Im praktischen Leben müssen aber auch Teilaufgaben bewältigt werden, wo b nicht Teiler von a ist. Man behilft sich hier durch Divisionen mit „Rest", z.B. 28 : 6 = 4 Rest 4. Gegen diese Restschreibweise ist im Zug des mit der „Neuen Mathematik" verbundenen „Präzisierungsstrebens" heftig polamisiert worden, da man aus dieser Schreibweise einen Widerspruch zu den Eigenschaften der Gleichheitsrelation hervorkehren kann [1]:

$$\left.\begin{array}{l} 28 : 6 = 4 \text{ Rest } 4 \\ 24 : 5 = 4 \text{ Rest } 4 \end{array}\right\} \quad \text{also } 28 : 6 = 24 : 5, \text{ was falsch ist!}$$

Die Restschreibweise ist aus diesem Grunde aus den Lehrbüchern verschwunden. Als Ersatz wird

$$28 = 4 \cdot 6 + 4 \quad \text{oder} \quad 28 : 6 \to 4 \text{ Rest } 4$$

angeboten (und ist teilweise sogar amtlich vorgeschrieben).

---

1) Wenn man unbedingt will.

Diese Lösungen sind aber sehr künstlich. Die erste verdeckt den Charakter der Division als Operation, die zweite ist nicht fortsetzbar. Die Gründe, die gegen die Restschreibweise vorgebracht worden sind, sind u.E. irrelevant. Es geht in der Grundschule nämlich gar nicht darum, daß die mathematische Sprache „präzise" und kontextfrei sei. Es genügt, daß sie innerhalb des jeweiligen Kontextes *klar* ist und daß sie, wenn der Kontext sich weitet, verfeinert werden kann. Da die Restschreibweise entsprechend fortsetzbar ist,

$$28 : 6 = 4 \text{ Rest } 4$$

wird zu

$$28 : 6 = 4\tfrac{4}{6},$$

ist sie zu Unrecht verdrängt worden.

Zusammenfassung:

Nach Abschluß des Erstrechenunterrichts im 2. Schuljahr müssen folgende Lernziele erreicht sein:

- Addieren und Subtrahieren im Hunderterraum, insbesondere kleines Einspluseins
- Kleines Einmaleins und Umkehrung von Einmaleinsaufgaben

Diese Lernziele bilden die Grundlage für die schriftlichen Rechenverfahren, die im 3. und 4. Schuljahr zu erarbeiten sind.

Der beste Weg zur Erreichung dieser Ziele besteht in einer ständigen, intensiven, abwechslungsreichen Übung im Rahmen sinnvoller Problemstellungen (vgl. Prinzip der Stabilisierung). Die Unterrichtsbeispiele in 1.2, insbesondere in 1.2.5 und 1.2.6, geben zahlreiche Hinweise, wie man hier vorgehen kann. Stereotypes Einüben (Päckchen, beziehungsloses Auswendiglernen des Einmaleins) verdirbt nicht nur die Einstellung der Kinder zur Mathematik, sondern ist auch ineffektiv.

Pädagogischer Rat:

Da in der Regel die Vorkenntnisse der Kinder über Zahlen unterschiedlich sind und auch die Verinnerlichung von „Zahlhandlungen" bis hin zum denkenden Rechnen mit unterschiedlichem Tempo verläuft, darf die Lehrerin nicht erwarten, daß sich alle Kinder zur selben Zeit von den konkreten und zeichnerischen Lernhilfen lösen können. Spätentwicklern sollte man für diesen Prozeß ruhig den ganzen Erstrechenunterricht über Zeit lassen.

Literatur

Zur Komplexität des Zahlbegriffs: Freudenthal 1973, Kap. 11, *Wittmann* 1972.

Mathematischer Hintergrund: Griesel 1971, *Kirsch* 1970a, 1970b, *Siemon* 1972, *Ebbinghaus, H. D.* (Hrsg.), Natürliche Zahlen und Mengen, MU 5/74.

Psychologischer Hintergrund: G. Steiner 1973, *Seidel* 1973.

Historischer Hintergrund: Gericke, H., Geschichte des Zahlbegriffs, Mannheim 1970.

Konzeptionen des Erstrechenunterrichts: Fricke 1971, *Griesel/Hollmann* 1969, *Oehl* 1962, *Winter* 1972, 1974.

Aufgaben für die Leserin

1. Leiten Sie aus dem operativen Kalkül (M I) und (M II) die Gleichung $2 \cdot 3 = 6$ her.
2. Begründen Sie $2 \cdot 3 = 6$ mit Hilfe des kartesischen Produktes von Mengen.
3*. Führen Sie mit Vorschulkindern das Experiment von *Gréco* 1963 „quotité"durch (vgl. *G. Steiner* 1973, 46–47).
4*. Suchen Sie aus einem Schulbuch für die 1. Klasse Beispiele für das Lernen der Begriffe 0, 1, 2, 3, 4, 5. Unter welchen Aspekten treten die Zahlen auf? Welche Verwendungssituationen werden für die Einführung der Addition ausgenützt?
5. Woran liegt es, daß sich bei der Umkehrung der Addition im Gegensatz zur Umkehrung der Multiplikation keine besonderen Schwierigkeiten ergeben?
6*. Finden Sie Begriffe des täglichen Lebens, wo eine Zahleigenschaft einer „Struktur" zur Namensgebung verwandt wird? (z.B. *zwei*gleisig, *Drei*rad, usw.).
7. Von dem englischen Mathematiker *Conway* stammt folgendes strategische Spiel für 2 Personen: Ein Würfel wird geworfen und definiert so eine bestimmte Ausgangslage. Die angezeigte Zahl (an der Deckfläche) wird registriert. Der erste Spieler dreht den Würfel wahlweise um eine der Kanten der Bodenfläche um 90°, so daß eine andere Zahl nach oben kommt. Diese Zahl wird zu der registrierten Zahl addiert. Der zweite Spieler dreht wieder um 90°, die angezeigte Zahl wird erneut addiert usw. Gewonnen hat der Spieler, der als erster die Zahl 34 erreicht.
   Welches Motiv könnte die Lehrerin veranlassen, dieses Spiel in den Erstrechenunterricht hineinzunehmen?

3.1.2. Stellenwertsysteme und schriftliche Rechenverfahren

3.1.2.1. Das Bündelungsprinzip

Der Zahlraum bis 100, in dem sich der Erstrechenunterricht abspielt, läßt sich mit Hilfe zeichnerischer Darstellungen und mit Hilfe konkreter Materialien leicht überschaubar machen. Solche Hilfsmittel sind auch über den Hunderterraum hinaus noch einsatzfähig, haben aber eine bestimmte Grenze. Die Möglichkeit, in den Zahlraum beliebig tief einzudringen, setzt daher ein völlig neues Mittel der Zahldarstellung voraus, wie es in einem mühsamen Prozeß während der menschlichen Kulturgeschichte im systematischen Bündeln kleiner Einheiten zu größeren gefunden wurde. In voller Konsequenz wurde dieses Bündelungsprinzip vermutlich erstmals von *Archimedes* (ca. 300 v. Chr.), einem der größten Mathematiker aller Zeiten, angewandt, als er in einem Brief an den König Gelon die *Endlichkeit* der Anzahl der Sandkörner im Universum nachwies. *Archimedes* führte diesen Beweis, indem er eine Zahl konstruierte, die nach Konstruktion größer als die Anzahl der Sandkörner ist[1]).

Die Erkenntnis von *Archimedes* blieb auf einen kleinen Kreis von Eingeweihten beschränkt und ging wieder verloren, da seine Schrift erst in neuerer Zeit wieder entdeckt wurde. Es dauerte noch einmal 1000 Jahre, bis sich im Mittelalter nach einem jahrhundertelangen erbitterten Kampf zwischen Anhängern des römischen Ziffernsystems und Anhängern des indisch-arabischen dekadischen Systems, das wegen seines heidnischen Ursprungs bekämpft wurde, das dekadische System endgültig durchsetzte.

---

1) *Archimedes*, Werke, Wiss. Buchgesell. Darmstadt 1963, 349–364.

Bei der Einführung der Grundschüler in den weiteren Zahlraum muß das *Bündeln* als grundlegendes und durchgängiges Prinzip deutlich herausgestellt werden. Im Anschluß an das Bündeln wird die Zifferndarstellung entwickelt.

Es wird angestrebt, daß die Schüler am Ende des vierten Schuljahres mit Zifferndarstellungen, insbesondere bei den schriftlichen Rechenverfahren, sicher umgehen können. Die Arbeit an diesem Lernziel muß – um eine alte Bergsteigerregel zu verwenden – langsam, stetig und unverdrossen geführt werden. Zifferndarstellungen und der Umgang mit ihnen müssen auf enaktive und ikonische Darstellungen aufgebaut und allmählich von diesen unabhängig gemacht werden. Die traditionelle Rechendidaktik hat hierzu hervorragende Wege entwickelt, die mit modernen Hilfsmitteln weiter ausgebaut werden können.

Folgende Materialien eignen sich:

– *enaktiv:* Mini-Computer, Geld (Spielgeld), Bündelungsspiele, Rechenbrett (Abakus) in verschiedenen Ausführungen, Mehrsystemblöcke.

– *ikonisch:* Dekadisch strukturierte Zahlentafeln (Einer, Zehnerstreifen, Hundertertafeln, Tausenderstreifen, Zehntausenderquadrat usw.), dekadisch strukturierter Zahlenstrahl.

3.1.2.2. Der mathematische Hintergrund von Stellenwertsystemen

Die Grundideen des dekadischen Ziffernsystems und des Rechnens in diesem System lassen sich leichter verstehen, wenn man das dekadische System als Spezialfall der umfassenderen Klasse von Stellenwertsystemen zu beliebigen Basen $b \neq 1$ betrachtet. Deswegen wollen wir im folgenden Stellenwertsysteme allgemein untersuchen.

Wir wählen als *Basis* eines Stellenwertsystems eine natürliche Zahl $b > 1$ aus. Als Stufenzahlen bezüglich b bezeichnen wir die Potenzen

$$1\ (= b^0),\ b\ (= b^1),\ b^2,\ b^3,\ b^4 \ldots .$$

Aus jeder Stufenzahl b^m erhält man die nachfolgende, indem man b mal b^m zu einem *Bündel* zusammenfaßt ($b \cdot b^m = b^{m+1}$).

Grundlegend ist der folgende *Darstellungssatz:*

Jede natürliche Zahl z *läßt sich eindeutig in der Form*

$$z = z_m b^m + z_{m-1} b^{m-1} + \ldots + z_0 b^0$$

darstellen, wobei der Koeffizient z_m *der höchsten Potenz von Null verschieden ist und alle Koeffizienten* $z_0, \ldots, z_m$ *nur Werte von* 0 *bis* $b-1$ *annehmen.*

Beweis:

(α) Existenz einer Darstellung (induktive Konstruktion)

Die Darstellung $1 = 1 \cdot b^0$ der Zahl 1 erfüllt die Bedingungen des Satzes. Wir nehmen an, daß wir mit unserer Konstruktion von Darstellungen der natürlichen Zahlen schon bis vor die Zahl $\bar{z}$ vorgedrungen seien, d.h. für alle z mit $z \leqslant \bar{z} - 1$ Darstellungen der verlangten Art gefunden haben. Wir wollen nun zeigen, daß wir daraus eine Darstellung für $\bar{z}$ konstruieren können.

Die Stufenzahlen $1 = b^0, b, b^2, \ldots$ zerlegen die Zahlreihe in die Abschnitte

$$[1, b-1], [b, b^2-1], \ldots, [b^k, b^{k+1}-1], \ldots,$$

welche paarweise disjunkt sind. $\bar{z}$ liegt daher in genau einem dieser Abschnitte, so daß es einen eindeutig bestimmten Exponenten m mit

$$b^m \leqslant \bar{z} \leqslant b^{m+1} - 1 < b^{m+1}$$

gibt. Der Abschnitt $[b^m, b^{m+1} - 1]$ wird durch die $(b-2)$ Zahlen

$$2b^m, 3b^m, \ldots, (b-1)\,b^m$$

weiterzerlegt in Teilabschnitte

$$[b^m, 2b^m - 1], [2b^m, 3b^m - 1], \ldots, [(b-1)\,b^m, b^{m+1} - 1].$$

Somit gibt es eine Zahl z_m mit $1 \leqslant z_m \leqslant b-1$, so daß

$$(*) \qquad z_m b^m \leqslant \bar{z} \leqslant (z_m + 1)\,b^m - 1 < (z_m + 1)\,b^m$$

Fallunterscheidung

(1) Im Falle $\bar{z} - z_m b^m = 0$, ist $\bar{z} = z_m b^m$ eine Darstellung der verlangten Art.

(2) Im Falle $\bar{z} - z_m b^m \neq 0$, setzen wir $\bar{\bar{z}} = \bar{z} - z_m b^m$.

$\bar{\bar{z}}$ ist dann eine von Null verschiedene Zahl, die kleiner als $\bar{z}$ ist. Nach Induktionsannahme haben wir für $\bar{\bar{z}}$ schon eine Darstellung

$$\bar{\bar{z}} = z_k b^k + \ldots + z_0$$

gefunden, wobei $z_k \neq 0$ und $0 \leqslant z_\mu \leqslant b-1$ für alle $\mu = 0, \ldots, k$.

Aus (*) folgert man, wenn man auf allen Seiten der Doppelungleichung $z_m b^m$ subtrahiert, die Ungleichung

$$0 \leqslant \underbrace{\bar{z} - z_m b^m}_{= \bar{\bar{z}}} < b^m$$

aus der sofort $k < m$ ersichtlich ist. Für $\bar{z}$ erhält man nun insgesamt die Darstellung

$$\bar{z} = z_m b^m + \bar{\bar{z}} = z_m b^m + z_k b^k + \ldots + z_0,$$

die man, falls $k < m-1$ ist, formal zu

$$\bar{z} = z_m b^m + 0 \cdot b^{m-1} + \ldots + 0 \cdot b^{k+1} + z_k b^k + \ldots + z_0$$

ergänzen kann. Damit hat man für $\bar{z}$ eine passende Darstellung gefunden.

Nach dem Prinzip der vollständigen Induktion folgt aus unseren Überlegungen die Existenz einer Darstellung der verlangten Art für alle natürlichen Zahlen.

(β) *Eindeutigkeit der Darstellung (indirekter Beweis)*

Wäre die Darstellung nicht eindeutig, so gäbe es wenigstens eine Zahl mit wenigstens zwei verschiedenen Darstellungen der verlangten Art. Unter allen Zahlen, die wenigstens zwei verschiedene Darstellungen besitzen, wählen wir die kleinste, bezeichnet mit z_{min}, aus (Prinzip des kleinsten Verbrechers). Für z_{min} haben wir also zwei Darstellungen

$$z_{min} = z_m b^m + \dots + z_0$$
$$z_{min} = z'_k b^k + \dots + z'_0$$

z_{min} kann nicht gleich 1 sein, da die Zahl 1 offenbar nur die einzige Darstellung $1 = 1 \cdot b^0$ zuläßt. Es gibt daher Zahlen unter z_{min} und diese haben alle *eindeutig* bestimmte Darstellungen, denn z_{min} war ja als kleinste Ausnahmezahl gewählt worden. Nun sind wir in der Lage, einen Widerspruch herzuleiten.

Zunächst sieht man, daß $z_0 = z'_0$ sein muß, denn z_0 und z'_0 sind der Rest bei der Division von z_{min} durch b.

Fallunterscheidung

(1) $z_0 = z'_0 \neq 0$

In diesem Fall wären auch die Darstellungen

$$z_{min} - 1 = z_m b^m + \dots + (z_0 - 1)$$
$$z_{min} - 1 = z'_k b^k + \dots + (z'_0 - 1)$$

des Vorgängers von z_{min}, verschieden. Das ist ein Widerspruch, da $z_{min} - 1$ nach Wahl von z_{min} eine *eindeutig* bestimmte Darstellung hat.

(2) $z_0 = z'_0 = 0$

In diesem Fall ist z_{min} durch b teilbar und man gelangt für die Zahl $z_{min} : b$ zu den verschiedenen Darstellungen

$$z_{min} : b = z_m b^{m-1} + \dots + z_1$$
$$z_{min} : b = z'_k b^{k-1} + \dots + z'_1 .$$

Da auch $z_{min} : b$ kleiner als z_{min} ist, hat man wiederum einen Widerspruch.

Die ursprüngliche Annahme der Nichteindeutigkeit der Darstellung ist somit widerlegt.

Aus dem Darstellungssatz kann nun sofort eine Ziffernddarstellung entwickelt werden. Wir führen für die b Zahlen $0, 1, \dots, b-1$ *Ziffern* (Schreibfiguren) $\alpha_0, \alpha_1, \alpha_2, \dots, \alpha_{b-1}$ ein. Dann können wir für

$$z = z_m b^m + z_{m-1} b^{m-1} + \dots + z_1 b + z_0$$

abkürzend die Ziffernfolge $\alpha_{z_m} \alpha_{z_{m-1}} \dots \alpha_{z_0}$ schreiben.

Diese Ziffernfolge heißt die *Zifferndarstellung* von z im Stellenwertsystem zur Basis b.

Die Rechenverfahren lösen die Aufgabe, ausgehend von der Zifferndarstellung zweier Zahlen die Zifferndarstellungen der Summe, der Differenz, des Produkts und des Quotienten effektiv zu berechnen. Der entscheidende Vorteil, den die Stellenwertdarstellung bzw. Zifferndarstellung mit sich bringt, ist die Reduktion der Rechenarbeit im wesentlichen auf Rechnungen mit Zahlen ≤ (b − 1) („einstellige" Zahlen), insbesondere auf das „kleine Einspluseins" und das „kleine Einmaleins" des Stellenwertsystems zur Basis b.

Beispiele

(1) b = 4 (Vierersystem)

Als Ziffern für die Zahlen 0, 1, 2, 3 könnten wir die Ziffern „0", „1", „2", „3" des dekadischen Systems übernehmen. Wir wollen aber zur besseren Verdeutlichung der Freiheit in der Ziffernwahl die Kleinbuchstaben „n" (Null), „e" (Eins), „z" (zwei) und „d" (drei) verwenden.

Kleines Einspluseins (Additionstafel):

+	n	e	z	d
n	n	e	z	d
e	e	z	d	en
z	z	d	en	ee
d	d	en	ee	ez

Die Summen liegen im zn-Raum (d.i. der Achterraum)

Kleines Einmaleins (Multiplikationstafel):

•	n	e	z	d
n	n	n	n	n
e	n	e	z	d
z	n	z	en	ez
d	n	d	ez	ze

Die Produkte liegen im enn-Raum (d.i. der Sechzehnerraum)

Rechenbeispiele:

```
  z n d n e        dekadisch:  561
+   z d e n                  + 180
-----------                  -----
  z d z e e                    741

z n d n e  ·  z d e n       561 · 180
---------------------       ---------
e n e z n z                  561
  e z z e n d                 44880
      z n d n e n           -------
---------------------        100980
e z n z z e d e n
```

Bei der Berechnung von Summe und Produkt werden die einzelnen Teilresultate aus der Additions- und Multiplikationstafel entnommen. Im Falle eines zweiziffrigen Teilresultats wird die hintere Ziffer aufgeschrieben, die zweite Ziffer liefert einen Übertrag zur nächsten Stelle.

In diesem Sinne ist das Rechnen mit großen Zahlen auf das mit einstelligen zurückführbar.

(2) b = 12 (Zwölfersystem)

Als Ziffern kann man etwa verwenden: 0, 1, 2, 3, 4, ... , 9, δ (doppelte Fünf), ƃ (Synthese der Ziffern 6 und 5).

Zehn darf hier nicht als „10" geschrieben werden, da „10" im Zwölfersystem 1 Zwölfer bedeutet.

Rechenbeispiele:

```
  3δ9              dekadisch:  561
+ 130                        + 180
-----                        -----
  519                          741

3δ9 · 130          dekadisch:  561 · 180
---------                      ---------
  3δ9                             100980
   ƃ830
---------
  4δ530
```

3.1.2.3. Der Ausbau zum Tausenderraum

Bei den bisher konstruierten Zahlen kam das Bündelungsprinzip insoweit schon zum Vorschein, als 10 Einer zu 1 Zehner sowie 10 Zehner zu 1 Hunderter gebündelt wurden (und umgekehrt jeweils entbündelt). Der erste Schritt beim weiteren Aufbau ist die Bündelung der neuen Einheit „1 Hunderter".

Bekannt:

10 Einer $\rightleftarrows$ 1 Zehner (1 Z)
10 Zehner $\rightleftarrows$ 1 Hunderter (1 H)
10 Hunderter $\rightleftarrows$ 1 Tausender (1 T)

Modellierungen zeigen die Bilder 9a und 9b.

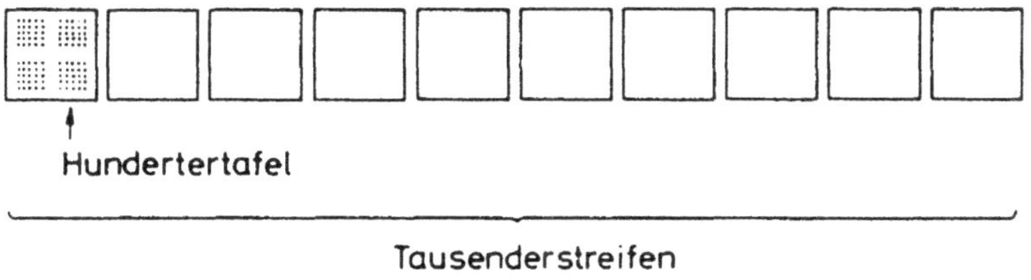

Bild 9a. Zeichnerische Darstellung des weiteren Ausbaus

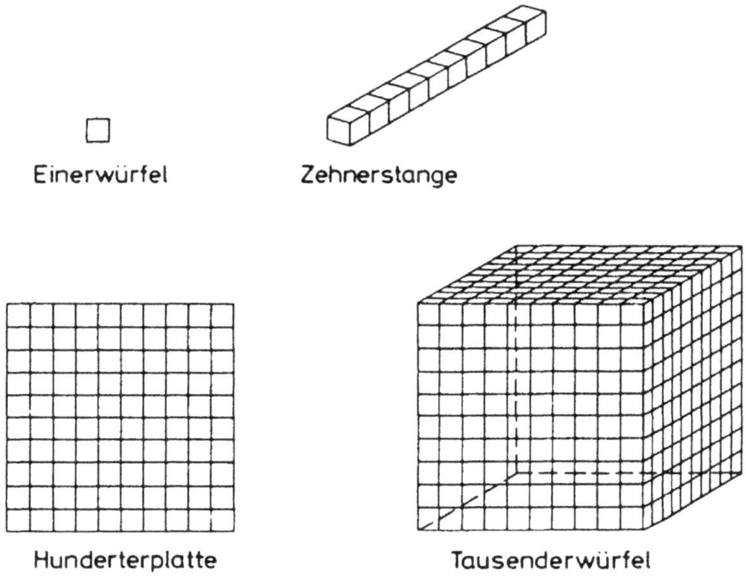

Bild 9b. Modellierung des weiteren Ausbaus mit Hilfe von Würfeln

Bequemer ist die Schematisierung in Bild 10, wie *Oehl* sie verwendet.

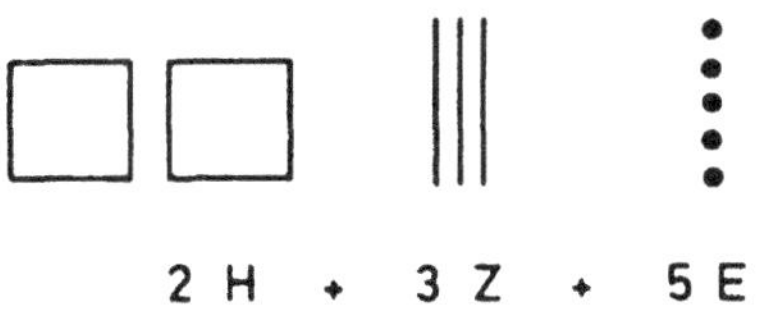

Bild 10

Die ausführlichen Darstellungen und Schreibweisen werden allmählich verkürzt zu dem sogenannten Stellenwertschema (Bild 11),

H	Z	E
2	3	5

Bild 11

das im Abakus enaktiv modelliert ist, und zur Stellenschreibweise 235 überleitet.

Erfahrungsgemäß ergeben sich bei Kindern Schwierigkeiten mit Zahlen, in denen die Ziffer 0 auftritt.

Beispiel: 203 muß von 23 wohl unterschieden werden (Bild 12).

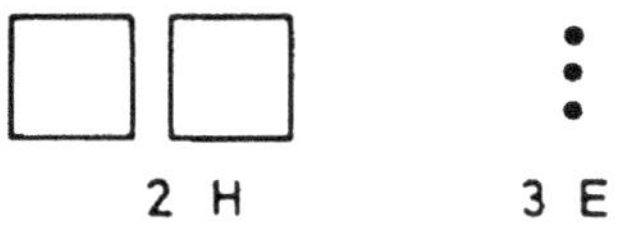

H	Z	E
2	0	3

Bild 12

Besondere Bedeutung für die Strukturierung des Zahlstrahles bis 1000 spielen die „reinen" Zehner und „reinen" Hunderter, nämlich

10, 20, ... , 100, 110, ... , 190, 200, 210, ... , 990, 1000

Das Prinzip der Interaktion der Darstellungsformen verlangt es, die Übersetzungen der verschiedenen Darstellungsformen ineinander besonders zu üben, z.B.

Zifferndarstellung in Zeichnung und umgekehrt
Zifferndarstellung in Darstellung am Rechenbrett und umgekehrt
Zifferndarstellung in Summe und umgekehrt (z.B. 235 = 200 + 30 + 5).

Von besonderer Wichtigkeit ist dabei die Konkretisierung des Stellenwertschemas am Dezimal-Abakus, wo das Wechseln 10 E ⇄ 1 Z usw. sehr anschaulich wird.

Eine schöne Anwendung des operativen Prinzips erlaubt die Gruppierung der Stufenzahlen 1, 10, 100, 1000, ... , die vom Operator (· 10) (Bündeln) erzeugt wird (Bild 13)

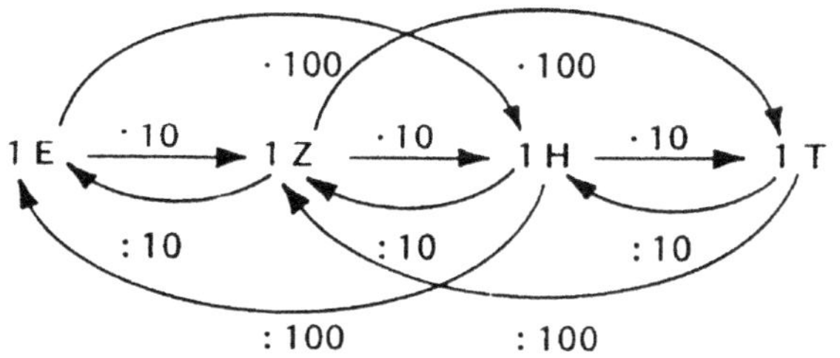

Bild 13

Diese Gruppierung kann beim weiteren Zahlaufbau fortgesetzt werden, indem etappenweise neue Stufenzahlen eingeführt und zu den schon vorhandenen operativ in Beziehung gesetzt werden. Auf die Wichtigkeit dieser Gruppierung wurde schon in 1.2.4 hingewiesen.

3.1.2.4. Rechenoperationen im Tausenderraum

Bevor an eine algorithmische Behandlung der Zahloperationen gedacht werden kann, muß eine solide *inhaltliche* Grundlage geschaffen werden, d.h. die Operationen müssen unter

Berücksichtigung der jeweils günstigen Zerlegungen gegebener Aufgaben in einfachere Aufgaben ausgeführt werden. Wie schon im Hunderterraum müssen auch im Tausenderraum vor allem operative Zusammenhänge ausgebeutet werden.

Damit auf jeweils schon gelöste Aufgaben zurückgegriffen werden kann, empfiehlt sich eine „Lernzielanalyse" folgender Art, bei der jeweils enaktive, ikonische und symbolische Darstellungen parallel geführt werden können.

Addition

(1) *Reine Hunderter*

400 + 300 = 700

Solche Aufgaben können und sollten *in sprachlicher Form* bereits in den Erstrechenunterricht einbezogen werden.

(2) *Reine Zehner*

140 + 80 = 200 + 20 = 220
(80 = 60 + 20)

Hier bietet sich eine Zerlegung zum Zwecke des „Hunderterübergangs" ebenso an, wie früher eine zum Zehnerübergang.

Interessant ist auch eine „Reduzierung" der Aufgabe in die Form 14 Z + 8 Z = 22 Z.

In dieser Form könnten im Erstrechenunterricht ebenfalls schon Vorbereitungen getroffen werden.

(3) *Addition ohne Hunderterüberschreitung*

217 + 32

Lösung am Rechenbrett (Bild 14):

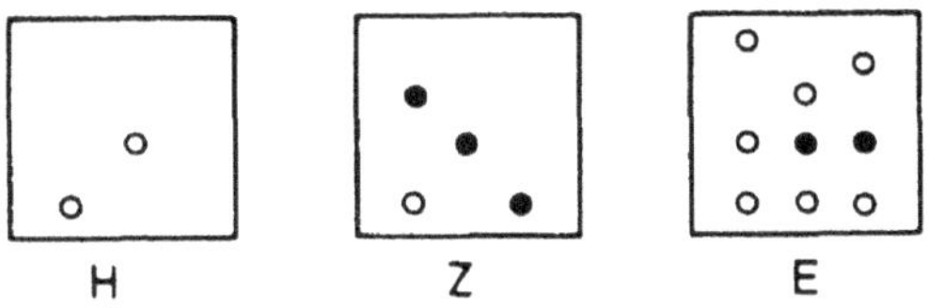

Bild 14

Ikonische Lösung (Bild 15):

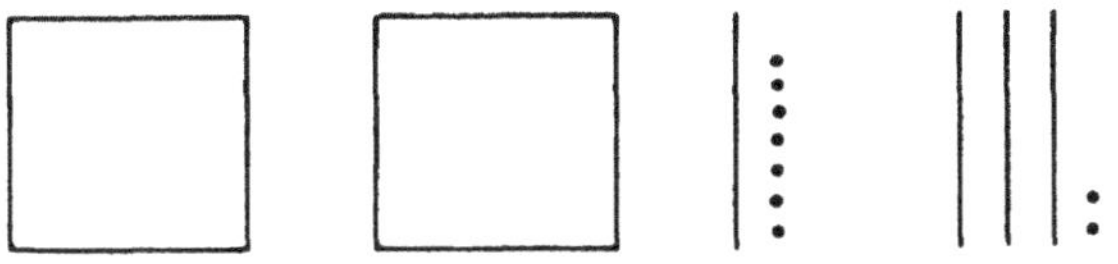

Bild 15

Symbolisch:

217 + 32 = 200 + 49 = 249
(217 = 200 + 17)

(4) *Hunderterüberschreitung, wobei zweiter Summand reiner Zehner ist*

84 + 20 =

Lösung am Rechenbrett in Bild 16:

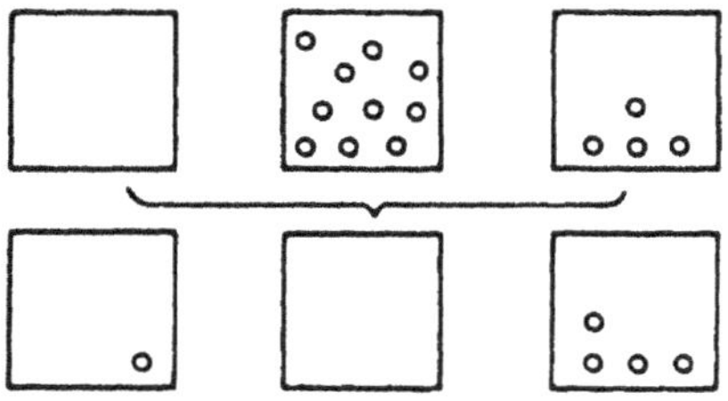

Bild 16

Symbolisch:

84 + 20 = 100 + 4
80 + 4

8 Z + 4 E + 2 Z = 1 H + 4 E

(5) *Hunderterüberschreitung, wobei der zweite Summand höchstens zweistellig ist*

84 + 25 = 104 + 5 = 109
20 + 5

Alternative: 8 Z + 4 E + 2 Z + 5 E = 10 Z + 9 E = 1 H + 9 E

375 + 69 = 375 + 60 + 9 = 435 + 9 = 444

Alternative: 375 + 69 = 445 − 1 = 444
70 − 1

(6) *Zweiter Summand reiner Hunderter* (ohne Tausenderüberschreitung)

375 + 400 = 700 + 75 = 775
300 + 75

(7) *Addition dreistelliger Zahlen* (ohne Tausenderüberschreitung)

375 + 426 = 775 + 26 = 800 + 1 = 801
400 + 26 25 + 1

Multiplikation

Wir geben wieder eine „Lernzielanalyse" an

(1) *Zehnereinmaleins* (auf der Grundlage des kleinen Einmaleins)

$30 \cdot 7 = 3\,Z \cdot 7 = 21\,Z = 2\,H\,1\,Z = 210$

Die große Gefahr dabei ist, daß die Schüler zu schnell zu dem mechanischen „Null anhängen" übergehen. *Oehl* empfiehlt, nach dem Vorbild des kleinen Einmaleins an den Reihen anzusetzen, also z. B. an der Reihe

30, 60, 90, 120, 150, ... , 300.

Eine andere, mehr begriffliche Begründung, bei der $3 \cdot 7$ und $30 \cdot 7$ der „Größe" nach verglichen werden, benützt eine „kommutatives Diagramm" (Bild 17).

Die Relation „... ist das Zehnfache von ... " bleibt bei der Multiplikation erhalten, weil die Anwendung eines multiplikativen Operators „linear" ist.

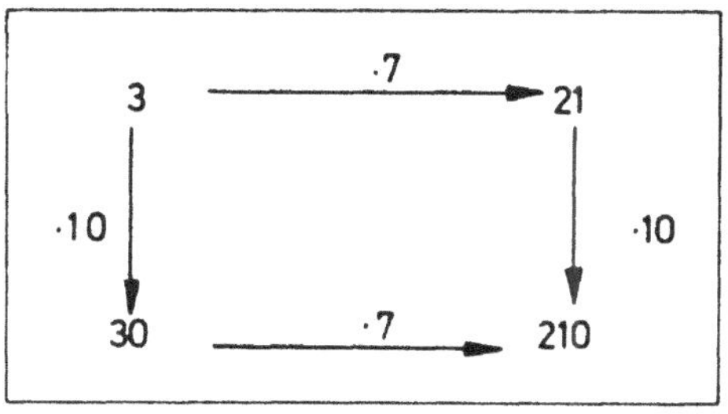

Bild 17

Diese Begründung, so abstrakt sie scheinen mag, trifft genau den Kern des Stellenwertsystems, denn das Rechnen mit großen Zahlen wird auf das mit kleinen zurückgeführt. („Kleine Aufgaben" werden in „große" transformiert.) Die Begründung ist daher auf höhere Stufenzahlen leicht *fortsetzbar.*

(2) *Multiplikation zweistelliger Zahlen mit einstelligen*

$23 \cdot 4 = 20 \cdot 4 + 3 \cdot 4 = 80 + 12 = 92$

$20 + 3$

Ikonisch (Bild 18):

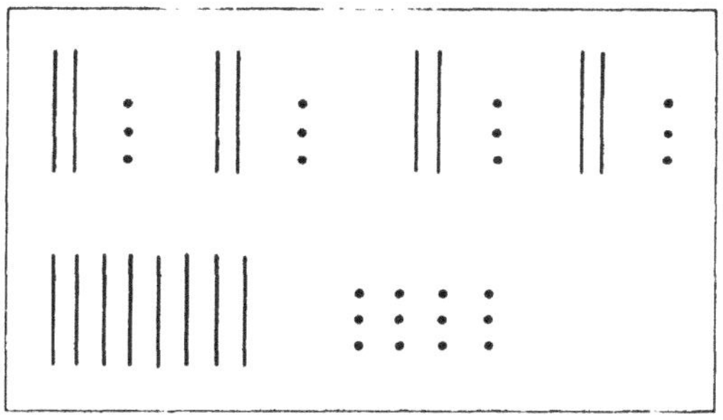

Bild 18

Enaktiv (Bild 19):

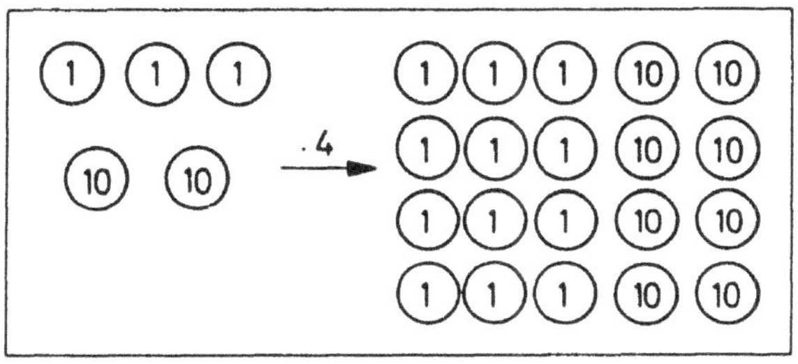

Bild 19

Das hier zur Anwendung gelangende Distributivgesetz (Verteilungsgesetz) ist eine inhaltlich naheliegende Umformung, welche die Anwendung bereits beherrschter Aufgaben erlaubt (*Rechenvorteil*).

(3) *Multiplikation zweistelliger Zahlen mit reinen Zehnern*

$26 \cdot 30 = (26 \cdot 3) \cdot 10 = 78 \cdot 10 = 780$

Diese Umformung muß wieder inhaltlich begründet werden. Hinweis auf eine Möglichkeit der Begründung:

Pakete mit 26 Kugeln Inhalt werden auf 30 Plätze gestellt (Bild 20).

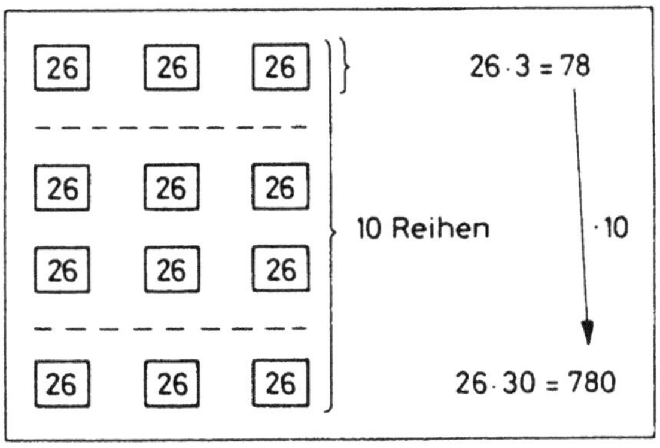

Bild 20

Die inhaltliche Abstützung dieser Methode, welche in der multiplikativen Zerlegung bzw. Verknüpfung von Operatoren besteht, muß mit aller Sorgfalt geleistet werden, weil sie auch für die schriftliche Multiplikation (vgl. 1.2.4) und später für die Bruchrechnung grundlegend ist.

(4) *Multiplikation reiner Hunderter mit Einern*

$200 \cdot 3 = 600$

Auch solche Aufgaben können schon in den Erstrechenunterricht einbezogen werden.

(5) *Multiplikation dreistelliger Zahlen mit Einern*

Grundlegend ist wieder das Distributivgesetz

$$\begin{array}{r} \underline{215 \cdot 3 = 645} \\ 200 \cdot 3 = 600 \\ 10 \cdot 3 = 30 \\ \underline{5 \cdot 3 = 15} \\ 645 \end{array}$$

Subtraktion und Division

In weitgehend analoger Weise lassen sich Subtraktion und Division analysieren (vgl. *Oehl* 1962, 113 ff., 129 ff.). Die Division wird dabei explizit als Umkehrung der Multiplikation behandelt, d.h. a : b wird als die Zahl ermittelt, deren Produkt mit b den Dividenden a ergibt bzw. ihm bis auf einen Rest nahekommt. Vom Vorwissen der Kinder her läßt sich a : b in der Regel nicht auf einen Schlag, sondern nur schrittweise ermitteln, indem man a zuerst grob, dann immer feiner, durch Produkte mit dem Faktor b approximiert.

Beispiel:

$$\begin{array}{l} \underline{6419 : 3 = 2139} \text{ Rest } 2 \\ \underline{6000} : 3 = 2000 \\ 419 \\ \underline{300} : 3 = 100 \\ 119 \\ \underline{90} : 3 = 30 \\ 29 \\ \underline{27} : 3 = 9 \\ \text{Rest } 2 \end{array}$$

Die in 3.1.2.3 und 3.1.2.4 beschriebene Arbeit im Tausenderraum ist ein Vorbild für die Erschließung des Zahlraums bis zu 1 000 000 und das inhaltliche Rechnen darin. Auf der Grundlage inhaltlicher Vorstellungen über Zahlen können sich allmählich allgemeine („formale") Schemata entwickeln, von denen aus eine Erarbeitung der schriftlichen Rechenverfahren möglich ist.

Beispiel für den Übergang von inhaltlichen Vorstellungen zu formalen

Inhaltlich: ... .. ≡ = □□□ □□

$3 + 2 = 5$ $30 + 20 = 50$ $300 + 200 = 500$

Allgemein: $3 \cdot s + 2 \cdot s = 5 \cdot s$, wo s *beliebige* Stufenzahl.

3.1.2.5. Die schriftlichen Rechenverfahren im dekadischen System

Mathematisch gesehen sind die schriftlichen Rechenverfahren *Algorithmen* zur effektiven Berechnung der Ziffernda rstellung von Summe, Differenz, Produkt und Quotient zweier (oder mehrerer) in Zifferndarstellung vorgegebener Zahlen. Allgemein versteht man unter einem Algorithmus ein endliches, genau spezifiziertes „mechanisches" Verfahren (Programm), mit Hilfe dessen aus gegebenen *Eingabedaten* (input) gewisse *Ausgabedaten* (output) gewonnen werden können. Algorithmen werden enaktiv, ikonisch oder symbolisch beschrieben, so daß ein Mensch oder eine Maschine nach ihnen vorgehen kann.

Beispiele für Algorithmen

(1) Euklidischer Algorithmus zur Bestimmung des g.g.T. zweier natürlicher Zahlen.
Input: $a, b \in N$, Output: g.g.T. (a, b)

(2) Algorithmus zur Primzahlbestimmung
Input: $n \in N$, Output: „n ist Primzahl" oder „n ist nicht Primzahl"

(3) Schriftliche Addition
Input: Zahlen a, b in Zifferndarstellung
Output: a + b in Zifferndarstellung

Die Bedeutung von Algorithmen wurde und wird vielfach unterschätzt. Man verbindet mit ihnen Vorstellungen von langweiliger Routine. Dabei wird übersehen, daß die *Entwicklung* von Algorithmen eine fundamentale mathematische Aktivität ist, die in gleichem Maße wie andere Bereiche der Mathematik eine außerordentliche Erfindungskraft erfordert.
Die Verfügbarkeit der elektronischen Rechner ist die Ursache für die Begründung einer neuen Disziplin, der Computerwissenschaft, in deren Zentrum die Konstruktion und Analyse von Algorithmen steht.

Im Grundschulunterricht muß entsprechend dieser Sichtweise daraufhin gearbeitet werden, daß die Kinder möglichst den mechanischen Charakter der schriftlichen Verfahren erkennen und verstehen, daß diese mechanische Arbeit Rechenhilfsmitteln (insbesondere Computern) übertragen werden kann.

Bei der didaktischen Erschließung des Zahlraums wurde die Zifferndarstellung der Zahlen stufenweise aus enaktiven und ikonischen Darstellungen entwickelt, da Zahlen auf einem Bedeutungshintergrund angesiedelt sind. Aus demselben Grund werden die schrftlichen Verfahren, wo es möglich ist, in analoger Weise aus enaktiven und ikonischen Darstellungen entwickelt.

Im folgenden geben wir für die einzelnen Verfahren die Hauptschritte an.

(α) *Die schriftliche Addition*

(1) Additionsspiele auf Rechenbrettern (Beispiel in Bild 21)

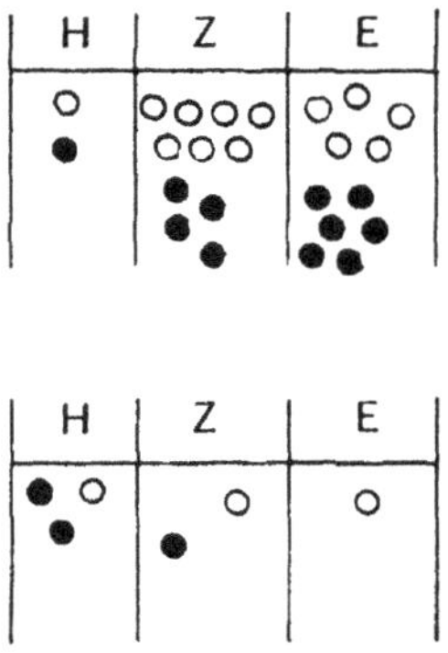

$$\begin{array}{r} 175 \\ +\ 146 \\ \hline \end{array}$$

wird überführt in

321

Bild 21

(2) Rechnen im Stellenwertschema mit Registrieren des Übertrages (Bild 22)

	H	Z	E
	4	5	2
+	2	6	9
	1	1	
	7	2	1

Bei der Berechnung der einzelnen Spalten werden die Stellenwerte mitgesprochen

Bild 22

(3) Das Stellenwertschema fällt weg, die Stellenwerte werden aber sprachlich noch genannt.

(4) Auch die Stellenwerte werden nicht mehr genannt. Die Additionen in jeder Spalte werden aber noch ausführlich gesprochen.

(5) Schriftliche und sprachliche Kurzform: Bei der Berechnung der einzelnen Spalten werden nur noch die additiven Zwischenwerte gesprochen, der Endwert wird während des Sprechens notiert (Übertrag in nächste Spalte).

(β) *Die schriftliche Subtraktion*

Die Differenz $b - a$ der Zahlen a, b ist Lösung beider Gleichungen

(*) $x + a = b$ (Subtrahieren, Abziehen)
(**) $a + x = b$ (Ergänzen).

Je nachdem von welcher Form man ausgeht, gelangt man zu zwei verschiedenen Formen der schriftlichen Subtraktion: (*) führt zur „norddeutschen" oder „Abziehmethode", (**) führt zur „süddeutschen" oder „Ergänzungsmethode".

In den deutschen Schulen ist die süddeutsche Methode verbindlich vorgeschrieben. Diese Methode hat den Vorteil, daß mehrere Posten in einem Verfahren subtrahiert werden können und daß kompliziertes „Ausborgen" überflüssig ist.

Die Berechnung der Differenz ist unproblematisch, solange man die einzelnen Stellen separat behandeln kann (Beispiel Bild 23).

	T	H	Z	E
	2	9	5	5
-	1	4	3	2
	1	5	2	3

Bild 23

Im anderen Fall nützt man eine operative Beziehung aus: Die Differenz zweier Zahlen bleibt invariant, wenn man zu beiden Zahlen dieselbe Zahl addiert.

	T	H	Z	E
	2	9	5	5
-	1	4	6	7
	1	4	8	8

Bild 24

Man fügt hier zum Minuenden in der Einerspalte 10 Einer hinzu und gleichzeitig im Subtrahenden 1 Zehner in der Zehnerspalte. Beide Zahlen vergrößern sich um 10 und die Differenz bleibt erhalten. Diese Umformung erlaubt es, 7 Einer zu 15 Einern zu ergänzen (Beispiel Bild 24).

Die Schritte bei der Einführung der schriftlichen Subtraktion sind analog zu denen der Addition. Es ist jedoch sinnvoll, bei Schritt (1) mit zwei Rechenbrettern zu arbeiten (Bild 25).

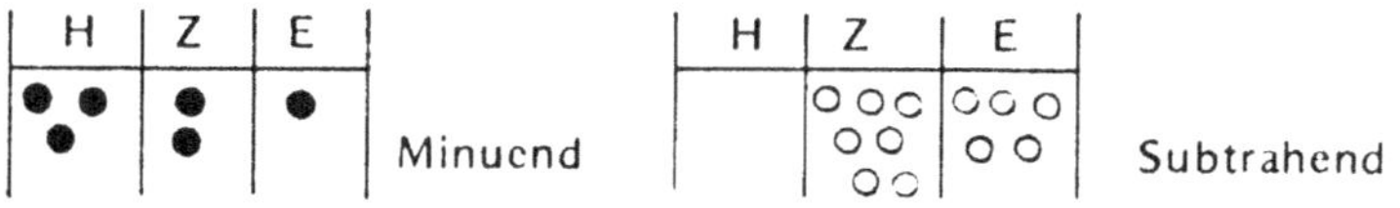

Bild 25

Auf dem Rechenbrett des Subtrahenden wird in anderer Plättchenfarbe schrittweise die Differenz gelegt.

(γ) *Die schriftliche Multiplikation*

Vgl. hierzu die ausführliche Bearbeitung in Abschnitt 1.2.4.

(δ) *Die schriftliche Division*

Der Algorithmus für die schriftliche Division ist der bei weitem komplizierteste. Seine vollständige Erlernung ist mit viel Mühe verbunden und es stellt sich mit Recht die Frage, ob sich die Mühe lohnt. Die Lehrpläne sehen heute für das 4. Schuljahr überwiegend nur noch Divisionen mit einstelligen Divisoren vor. Es ist u.E. damit zu rechnen, daß die Verfügbarkeit von Taschenrechnern in Zukunft die Erlernung des Divisionsalgorithmus ganz entbehrlich macht. Für eine didaktische Analyse des Divisionsalgorithmus sei auf *Oehl* (1962, 179 ff.) verwiesen.

3.1.2.6. Taschenrechner

Es ist zu erwarten, daß Taschenrechner in absehbarer Zukunft alltägliche Gebrauchsgegenstände sein werden. Daher ist es nur natürlich, daß sie auch Eingang bereits in die Grundschule finden. Es stellt sich die Frage, in welcher Weise man Taschenrechner am besten einführt. Detaillierte Antworten wird man zwar nur aus Unterrichtsversuchen erhalten (zu denen wir auch die Leserin auffordern möchten). Grundsätzlich aber läßt sich von vorneherein schon folgendes sagen:

Die sinnvolle Benützung von Taschenrechnern setzt die Fähigkeit zu einer kritischen Kontrolle des Gerätes voraus. Irrtümer und Flüchtigkeitsfehler bei der Bedienung kommen so häufig vor und Gerätedefekte sind nie auszuschließen, so daß der Benutzer verloren wäre, wenn er nicht eine Reihe von Testaufgaben und überschlagsmäßige Kontrollrechnungen im Kopf sicher ausführen könnte. Für die Grundschule bedeutet das, daß die Fähigkeiten im Kopfrechnen, wie sie bisher angestrebt wurden, auch weiterhin angestrebt werden müssen. Von der Übung der Fertigkeit im schriftlichen Rechnen sollte das Gewicht mehr in Richtung überschlagsmäßigen Rechnens, insbesondere des Umgangs mit Größenordnungen (Zehnerpotenzen), verlagert werden.

Die schriftlichen Verfahren sollten aber im Prinzip beherrscht werden, ehe der Taschenrechner zur Erleichterung umfangreicher Rechnungen eingesetzt wird. In den Unterricht müssen dann aber auch typische Beispiele einbezogen werden, bei denen die Leistungsfähigkeit des Taschenrechners bei der Verarbeitung umfangreicher Daten sichtbar wird.

Beispiel: Berechnung der Länge des Autobahnnetzes der Bundesrepublik Deutschland.

Literatur

Umfassende Darstellung der mathematischen Grundlagen: Knuth, D., The Art of Computer Programming, Vol. 2.: Seminumerical Algorithms 1969, chap. 4.

Stellenwertsysteme: Griesel 1971, Abschnitt 3.

Aufbau des Zahlraums: Oehl 1962, Abschnitte III und IV.

Rechenverfahren: Oehl 1962, Abschnitt V.

Über praktische Erfahrungen mit Taschenrechnern in amerikanischen Grundschulen wird berichtet im Sonderheft „Minicalculators" der Zeitschrift The Arithmetic Teacher **23** (1976), No. 7.

Aufgaben für die Leserin

1*. Schreiben Sie die Additions- und Multiplikationstafel im Zwölfersystem auf.

2. Die Hindus entwickelten eine Methode der schriftlichen Addition, bei der man von den höheren Stellenwerten ausgeht[1]).

```
(a)  1234          (b)  1234
     5678               5678
     ----               9123
     68                 4567
      10                ----
       12              19
     ----               14
     6912                18
                          22
                       -----
                       1
                       105
                          102
                       -----
Bild 26                20602
```

Arbeiten Sie aus den Beispielen in Bild 26 das Prinzip der Methode heraus und berechnen Sie danach die Summe 4321 + 2912 + 329. Wo liegt der Vorteil der Methode, wo der Nachteil?

---

1) Vgl. *Higgins, J. S.*, Addition and Subtraction, Math. Gazette **48** (1964) S. 185–187.

3*. Subtraktion „von vorne nach hinten" [1]).

Hier werden negative Zahlen (gekennzeichnet durch Überstreichen) eingeführt, wenn die stellenweise Subtraktion in natürlichen Zahlen nicht möglich ist. Die negativen Zahlen werden anschließend wieder beseitigt.

Arbeiten Sie die Methode aus den folgenden beiden Beispielen heraus:

$$
\text{(a)}\quad
\begin{array}{r}
77821 \\
-\ 29903 \\
\hline
5\bar{2}\bar{1}2\bar{2} \\
48 \\
7918 \\
\hline
47918
\end{array}
\qquad\qquad
\text{(b)}\quad
\begin{array}{r}
863 \\
-\ 797 \\
\hline
1\bar{3}\bar{4} \\
07 \\
66 \\
\hline
066 = 66
\end{array}
$$

Berechnen Sie danach 4567 - 3678.

4. In welcher Weise wird auf dem Niveau der Rechenbretter der entscheidende Schritt im komplizierten Fall der süddeutschen Subtraktionsmethode vollzogen?

5. Im Handel erhältlich sind Taschenrechner, die so konstruiert sind, daß bei Eintippen einer Rechenaufgabe nicht die Lösung aufleuchtet. Vielmehr muß die Lösung im Kopf berechnet und eingetippt werden. Ist sie korrekt, leuchtet eine grüne Eule auf, ist sie falsch, eine rote. Halten Sie es für sinnvoll, dieses Gerät im Erstrechenunterricht einzusetzen?

6. Wir haben immer wieder darauf hingewiesen, daß Lernen sich nicht in der Weise vollzieht, daß der Lernende Wissen von der Lehrerin einfach übernimmt, sondern in der Weise, daß der Lerner angeregt durch die Lehrerin Wissen selbst konstruiert. In dieser Theorie ist es ganz natürlich, daß die ersten solchen Konstruktionen noch nicht adäquat sind und sich bei ihrer Anwendung systematische „Fehler" (im Gegensatz zu Flüchtigkeitsfehlern, bedingt durch Unaufmerksamkeit, Ermüdung und dgl.) ergeben. Aufgabe der Lehrerin ist es, solche systematischen Fehler zu erkennen und dem Schüler unter Zurückgehen auf bereits verstandenes Wissen erkennen zu lassen. Aus einer solchen „Kritik" kann der Schüler Informationen für eine Neu-Konstruktion ziehen.

Untersuchen Sie vor folgendem Hintergrund das folgende Material, in dem häufig vorkommende systematische Fehler beim schriftlichen Addieren und Subtrahieren durch je drei Beispiele beschrieben sind. Worin besteht jeweils der systematische Fehler und welche Therapie schlagen Sie vor?

$$
\text{(1)}\quad
\begin{array}{r} 519 \\ +\ 82 \\ \hline 511 \end{array}\quad
\begin{array}{r} 345 \\ +\ 76 \\ \hline 311 \end{array}\quad
\begin{array}{r} 483 \\ +\ 57 \\ \hline 410 \end{array}
\qquad\qquad
\text{(2)}\quad
\begin{array}{r} 463 \\ +\ 21 \\ \hline 442 \end{array}\quad
\begin{array}{r} 221 \\ +\ 78 \\ \hline 143 \end{array}\quad
\begin{array}{r} 115 \\ +\ 22 \\ \hline 93 \end{array}
$$

$$
\text{(3)}\quad
\begin{array}{r} 519 \\ +\ 82 \\ \hline 511 \end{array}\quad
\begin{array}{r} 345 \\ +\ 76 \\ \hline 511 \end{array}\quad
\begin{array}{r} 483 \\ +\ 57 \\ \hline 711 \end{array}
\qquad\qquad
\text{(4)}\quad
\begin{array}{r} 476 \\ +\ 17 \\ \hline 25 \end{array}\quad
\begin{array}{r} 205 \\ +\ 86 \\ \hline 21 \end{array}\quad
\begin{array}{r} 754 \\ +\ 28 \\ \hline 26 \end{array}
$$

$$
\text{(5)}\quad
\begin{array}{r} 53 \\ -\ 14 \\ \hline 49 \end{array}\quad
\begin{array}{r} 72 \\ -\ 56 \\ \hline 26 \end{array}\quad
\begin{array}{r} 45 \\ -\ 19 \\ \hline 36 \end{array}
\qquad\qquad
\text{(6)}\quad
\begin{array}{r} 427 \\ -\ 36 \\ \hline 491 \end{array}\quad
\begin{array}{r} 593 \\ -\ 76 \\ \hline 523 \end{array}\quad
\begin{array}{r} 274 \\ -\ 181 \\ \hline 193 \end{array}
$$

3.1.3. Anwendungen der Arithmetik (Sachrechnen)

3.1.3.1. Interpretation von Zahlen, Verknüpfungen, Relationen

Bei der Diskussion der Komplexität des Zahlbegriffs wurde schon festgestellt, daß einige der Aspekte des Zahlbegriffs auf die Verwendung von Zahlen bei der Erfassung von realen

[1]) Vgl. *Higgins, J. S.,* Addition and Subtraction, Math. Gazette 48 (1964) S. 185–187.

Situationen zugeschnitten sind. Eine natürliche Zahl kann bedeuten: eine *Anzahl*, eine *Maßzahl*, einen *Operator* (der auf Größen angewandt wird), eine *Ordnungszahl* oder eine *Nummer*. Die bei weitem häugisten und wichtigsten Anwendungen beziehen nur die drei erstgenannten Aspekte ein, so daß wir uns im folgendem auf sie beschränken wollen.

Vergleicht man z.B. die Aufgaben

$$3 \cdot 5 \text{ Kinder} = 15 \text{ Kinder}$$
$$40 \text{ Dosen} - 12 \text{ Dosen} = 28 \text{ Dosen}$$

mit den Aufgaben

$$3 \cdot 5 \text{ m} = 15 \text{ m}$$
$$40 \text{ m} - 12 \text{ m} = 28 \text{ m},$$

so stellt man fest, daß sie nicht wesentlich verschieden sind. Anzahlen können wie Größen addiert und subtrahiert werden und man kann auf sie natürliche Zahlen als Operatoren anwenden. Es ist daher sinnvoll, Anzahlen als Größen des *diskreten* Größenbereichs der natürlichen Zahlen aufzufassen, in dem Größen im Gegensatz zu *kontinuierlichen* Größenbereichen nicht beliebig unterteilt werden können.

Dieser von *Kirsch* (1970, 43–44) bezogene Standpunkt zeichnet sich dadurch aus, daß er unmittelbar in die Bruchrechnung fortsetzbar ist, was bei der mengentheoretischen Begründung der Anzahlen (Kardinalzahlen) wie sie von der Neuen Mathematik vertreten wurde, nicht der Fall ist[1]).

Ebenso wie die Zahlen können auch Verknüpfungen und Relationen interpretiert werden:

+ addieren, hinzunehmen, vergrößern, zusammensetzen, anfügen, erhöhen, verlängern, steigen usw., Summe, Gesamt-, Zusammen-.

− subtrahieren, abziehen, vermindern, verkleinern, erniedrigen, sinken, verkürzen usw., Unterschied, Spanne ... .

· multiplizieren, malnehmen, vervielfachen, mehrfach abtragen, Produkt ...

: dividieren, teilen, verteilen, aufteilen, messen mit, Quotient ...

< kleiner, leichter, kürzer, weniger usw.

Dieser Aufstellung entsprechend kann man auch dem algebraischen Aspekt der Zahlen einen Realitätsbezug zusprechen.

3.1.3.2. Funktionen

Bei vielen Anwendungsaufgaben treten Größenbereiche nicht isoliert auf, sondern sind durch Funktionen aufeinander bezogen.

Beispiele:

(α) Preis für Schulmilch pro Woche bei einer bestimmten Anzahl von Kindern.
(β) Parkgebühr für eine bestimmte Parkzeit.
(γ) Höhe des Wasserspiegels in einem Gefäß bei einer bestimmten Füllmenge.
(δ) Durchsatz durch Pumpe in einer bestimmten Zeit.
(ϵ) Kosten für Fußbodenbelag bei einem bestimmten Preis und einer bestimmten Zimmergröße.

---

[1]) Für eine weitergehende Diskussion vgl. 3.5

Die Definitions- und Wertbereiche dieser Funktionen sind (diskrete oder kontinuierliche) Größenbereiche. Die funktionalen Zusammenhänge sind keineswegs nur linear, z.B. ist die Funktion (β) nichtlinear, ebenso (γ), wenn das Gefäß nicht zylindrisch ist. Auch in den Fällen (α) und (ϵ) ist die Linearität wegen der Rabattgepflogenheiten nur beschränkt gegeben. Im modernen Sachrechnen bemüht man sich, die früher übliche Einschränkung auf lineare Zusammenhänge (Proportionalitäten) zu überwinden [1]. Auch schon auf dem Niveau der Grundschule gibt es viele reale Situationen mit interessanten Funktionsverläufen, die von den Kindern untersucht werden können.

Beispiele:

(1) Aussaat von Samenkörnern (Weizen), verschiedenartige Belichtung und Bewässerung, Registrierung der Länge der Saat von Tag zu Tag (Länge als Funktion der Zeit).

(2) Inhalt einer Talsperre als Funktion der Höhe des Wasserspiegels (Simulation an selbstgefertigtem Modell).

(3) Benzinkosten als Funktion der getankten Benzinmenge.

(4) Parkkosten als Funktion der Parkzeit im Parkhaus (für Kunden und Nicht-Kunden).

(5) Aufsteigen von gefärbtem Wasser in Streifen verschiedener Papiersorten in Abhängigkeit von der Zeit.

(6) Bremsweg eines Autos in Abhängigkeit von der Geschwindigkeit.

(7) Kosten für ein Telefongespräch in Abhängigkeit von Zeit und Entfernung je nach Tarif (vgl. die Angaben in dem Verzeichnis der Ortskennzahlen).

(8) Kosten für ein Inserat in Abhängigkeit von Größe, Wortzahl, Auflagenhöhe usw. (zu erfragen bei den Anzeigenredaktionen).

Bei jedem der genannten Beispiele können eine Reihe von Fragen aufgeworfen werden, die z.T. aus der Mathematik herausführen, was bei Anwendungen der Mathematik selbstverständlich erwünscht ist. Einige der Beispiele können zu Projekten mit vielfältigen Teilaufgaben ausgebaut werden [2] (vgl. dazu 3.6).

3.1.3.3. Typen von Sachaufgaben und geeignete zeichnerische Darstellungen

Bei Sachaufgaben ist immer folgender Prozeß zu durchlaufen:

(1) Gegeben oder zu ermitteln sind *Daten* und *Fragen*.

(2) Die *Daten* sind den Fragen entsprechend sinnvoll zu verarbeiten.

(3) Die unter (2) gewonnenen Daten sind zu *interpretieren* (Antworten auf Fragen).

Wenn die Daten Größen oder Operatoren sind, kann man Typen von Sachaufgaben je nach den Datenverarbeitungsoperationen in (2) unterscheiden:

(a) Sachaufgaben, bei denen *Größenvergleiche* anzustellen sind.

---

[1] Sehr schöne Beispiele für die S I sind enthalten in: *H. J. Vollrath,* Ware-Preis-Relationen im Unterricht. Der Mathematikunterricht, Heft 6/1973, 58–76.

[2] Vgl. z.B. Sachunterricht in der Grundschule, Sozialbereich Zeitung, Westermann-Verlag Braunschweig 1973.

Beispiele (Winter/Ziegler)
Gegeben ist eine Tabelle mit den Einwohnerzahlen verschiedener deutscher Städte.

Fragen: a) Runde die Zahlen auf volle Tausender (volle Zehntausender) auf!
b) Ordne die Städte nach ihren Einwohnerzahlen!
c) Welche Städte haben mehr Einwohner als Bonn (Frankfurt)?
d) Sortiere die Städte in 3 Gruppen: weniger als 500 000/500 000 bis 1 000 000/mehr als 1 000 000!

(b) Sachaufgaben, bei denen Größen zu *verknüpfen* sind.

Beispiel (Winter/Ziegler)
Müllers wollen ein Haus kaufen, es kostet 165 870 DM. Herr Müller hat 37 540 DM angespart, Frau Müller hat ein Sparguthaben von 29 546 DM. Die Bausparkasse leiht 37 800 DM. Der noch fehlende Betrag soll bei der Kreissparkasse geliehen werden. (Der Aufgabe ist der Rechenbaum Bild 27 beigegeben.)

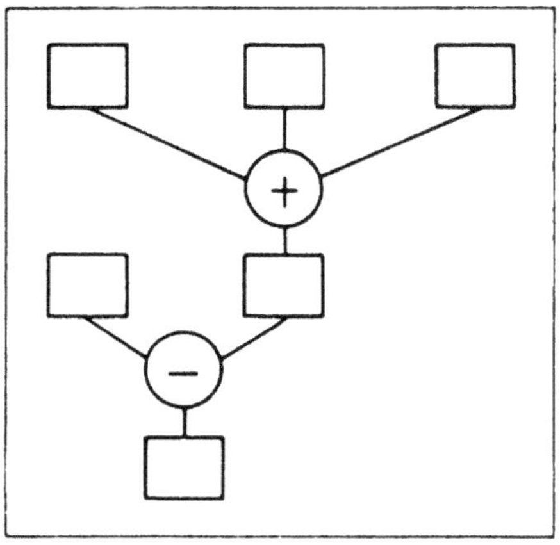

Bild 27

(c) Sachaufgaben mit *funktionalen* Zusammenhängen

Beispiel (Winter/Ziegler)
An der Tankstelle

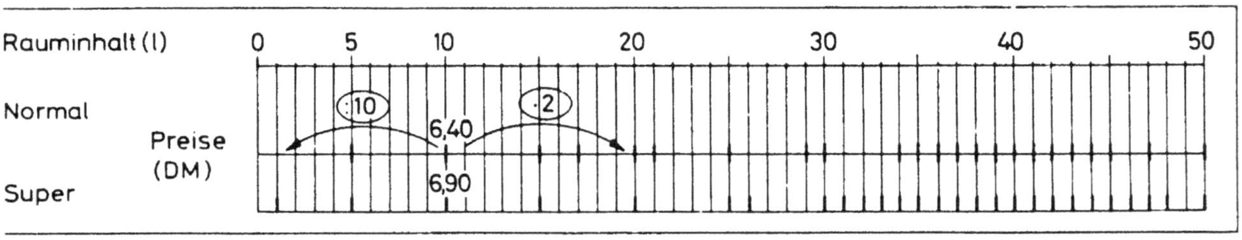

a) Finde die gesuchten Preise. Lege dazu 2 Listen an.

Normal	1 *l*	5 *l*	15 *l*
	0,64 DM	3,20 DM	9,60 DM

b) Frau Weiß tankt 49 *l* Normalbenzin und zahlt mit einem 100-DM-Schein.
c) Herr Weiß tankt für 33,12 DM Superbenzin.

(d) *Komplexe* Sachaufgaben, bei denen mehrere der Datenverarbeitungsoperationen unter (a), (b), (c) gleichzeitig auftreten.

Beispiel (Winter/Ziegler)
a) Herr Adler tankt 47 *l* Normalbenzin und zahlt dafür 32,43 DM. Wie hoch ist der Literpreis?
b) In der vorigen Woche war der Literpreis für Normalbenzin noch 2 Pf niedriger.
c) Der Literpreis für Superbenzin stieg von 73 Pf auf 76 Pf. Frau Quant tankt 43 *l*.

Diese Klassifikation von Sachaufgaben ist für die Lehrerin hilfreich, weil sie damit die erforderlichen Vorkenntnisse und den Schwierigkeitsgrad der Aufgaben abschätzen kann. Nicht sinnvoll wäre es jedoch, nach dem Schema zu unterrichten oder gar Kinder auf entsprechende Rechenroutinen einzustellen.

Für die Lösung von Sachaufgaben kann man mit Nutzen verschiedene zeichnerische Darstellungsformen anwenden.

Situationsskizzen

Situationsskizzen erleichtern die simultane Vergegenwärtigung der Daten und ihre Zusammenhänge. Sie scheinen jedoch die Erkenntnis der Zusammenhänge nicht zu erleichtern. Vielmehr muß eine zumindest grobe Übersicht über die Struktur einer Aufgabe schon vorhanden sein, wenn sinnvolle Skizzen entstehen sollen.

Situationsskizze für das unter (b) genannte Beispiel:

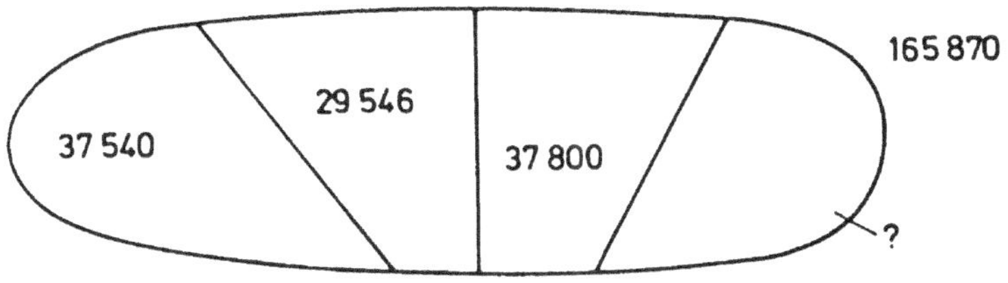

Bild 28

Die Fähigkeit, brauchbare Situationsskizzen entwerfen zu können, kann, wie die Fähigkeit, sich schriftlich zu äußern, nur allmählich entwickelt werden. Der beste Weg hierzu scheint uns darin zu bestehen, an den spontanen Darstellungen der Kinder anzusetzen, die Flexibilität der Kinder für eine Revision von Darstellungen zu schulen und den kritischen Blick für relevante und irrelevante Details zu schärfen. Nach unseren Beobachtungen werden die Darstellungen im Lauf der Zeit von selbst schematischer.

Rechenbäume

Für die Darstellung von Verknüpfungsoperationen haben *Breidenbach* und *Bauersfeld* (*Bauersfeld* 1965) Simplexdiagramme eingeführt, die unter expliziter Einbeziehung von Plätzen für Verknüpfungen zu *Rechenbäumen* weiterentwickelt wurden. Im Buch von *Winter/Ziegler* werden Rechenbäume im großen Umfang eingesetzt.

Auch das Zeichnen von Rechenbäumen setzt eine zumindest grobe Einsicht in die Aufgabenstruktur voraus. Rechenbäume erleichtern jedoch die Gesamtschau und die kritische Kontrolle der Lösung. Damit die Schüler lernen können, mit Rechenbäumen flexibel zu arbeiten, empfiehlt es sich, Flanellmodelle von „Knoten" (mit aufgedruckten Verknüpfungen bzw. zum Beschriften) und „Kanten" zur Verfügung zu stellen, mit Hilfe deren Rechenbäume an der Flanelltafel auf- und abgebaut werden können.

Zahlenstrahl

Wenn nicht nur einzelne Größen, sondern Größenbereiche oder Ausschnitte von solchen eine Rolle spielen, sind ein oder mehrere *Zahlenstrahlen (Leitern)* mit entsprechender Unterteilung das Darstellungsmittel par excellence. Begrifflich gesehen handelt es sich bei diesen Darstellungen um Abbildungen von Größenbereichen (Zeit, Masse, Geschwindigkeit usw.) in den Größenbereich der *Längen*, den am einfachsten zugänglichen Größenbereich. Die Wahl der Einheiten bietet eine große Flexibilität.

Darstellungen von Funktionen

Standardmittel sind *Wertetabellen, Doppelleitern mit Zuordnungspfeilen* (vgl. ATM 1970, 96–103) und *graphische Darstellungen* in Koordinatensystemen.

Die Umsetzung von Wertetabellen in graphische Form und umgekehrt ist wie in ähnlichen anderen Fällen (Prinzip der Interaktion der Darstellungsformen) bewußt zu pflegen.

3.1.3.4. Schwierigkeiten der Kinder bei der Lösung von Sachaufgaben

Die Lösung von Sachaufgaben (vgl. das allgemeine Lernziel „mathematisieren können") ist eine außerordentlich komplexe Tätigkeit und bereitet den Kindern die größten Schwierigkeiten im gesamten Mathematikunterricht der Grundschule. Die Erfolge im Sachrechnen sind entsprechend mäßig, wenn nicht enttäuschend. Leider ist die Analyse der Schwierigkeiten, die Kinder im Sachrechnen haben, noch mehr als lückenhaft, so daß man auf Mutmaßungen angewiesen ist.

Eine naheliegende Schwierigkeit besteht darin, daß Kinder den Kontext einer Sachaufgabe nicht genügend kennen. Die sozialen Umgebungen der einzelnen Kinder sind so unterschiedlich und das heutige Leben ist so vielgestaltig, daß Kinder in der Regel viele Dinge, die dem gebildeten Erwachsenen völlig selbstverständlich scheinen, nur teilweise oder überhaupt nicht kennen. Die Kinder vom Land verfügen über andere Kenntnisse als Kinder in der Stadt und Kinder eines Stahlkochers über andere als Kinder eines Bauunternehmers. Wie kann man dieser Schwierigkeit begegnen? Die einzige Möglichkeit besteht darin, im Mathematikunterricht Sachunterricht zu treiben bzw. auf Situationen zurückzugreifen, die im Sachunterricht besprochen wurden. Vor der Bearbeitung einer Textaufgabe aus einem neuen Gebiet muß also eine Sachdiskussion stehen, die Kinder mit den Gegebenheiten vertraut macht[1]). Anstelle eines häufigen Kontextwechsels, wie er in Schulbüchern häufig anzutreffen ist, sollte man eher innerhalb ein- und desselben Kontextes mehrere Aufgaben formulieren. Besonders interessant ist dabei die operative Durcharbeitung eines Aufgabenfeldes.

Weitere Schwierigkeiten treten beim Verständnis der Formulierung einer Aufgabe auf. Selbst, wenn die Aufgabe mit Bedacht abgefaßt ist – was sehr häufig nicht zutrifft – bleibt ein Spielraum für Interpretationen. Kinder können aus ihrer Sicht Aspekte in die Aufgabe hineinlegen, an die der Aufgabensteller nicht dachte oder Aspekte ignorieren. Natürlich folgen die Kinder bei der Bearbeitung der Aufgabe ihrer eigenen Version. Sehr oft ergibt sich dann eine korrekte Lösung – nur eben einer anderen Aufgabe als in der Aufgabenstellung „eigentlich" intendiert war. Wie wir schon an anderer Stelle deutlich gemacht haben, darf die Lehrerin in solchen Fällen keine formalen Bewertungskriterien anwenden, sondern muß alle Lösungen gelten lassen, die in sich stimmig sind.

---

1) Im ganzheitlichen Unterricht ergab sich dies ganz von selbst, weil dort gewisse Themen nach allen Seiten verfolgt werden konnten.

Eine dritte Schwierigkeit ergibt sich bei der Übersetzung umgangssprachlicher Formulierungen in mathematische Symbole (vgl. die Aufstellung in 3.1.4.1). Zur Überwindung dieser Schwierigkeit empfiehlt *Oehl* (1962, 16), die Begriffe aus Verwendungssituationen heraus einzuführen: „Damit ein Kind einen mathematischen Begriff auf Sachsituationen anwenden kann, muß es vorher durch wiederholtes Tun erlebt haben, wie dieser Begriff aus Sachsituationen von ganz bestimmter Struktur herauswächst.“ [1] Hinzuzufügen ist, daß Kinder dabei auch umgangssprachliche Beschreibungen der Begriffe kennenlernen müssen.

Nach Überwindung der oben genannten Schwierigkeiten befinden sich die Kinder in der Mathematik und müssen dort Rechnungen, Schätzungen, Vergleiche anstellen. Es wird also wieder eine nichttriviale Kompetenz verlangt. Relativ leicht ist die Interpretation der Lösung als Antwort auf die eingangs gestellte Frage.

Literatur

ATM 1970, Kapitel 5/6.

Oehl (1962, 14–20), *Winter* 1974, 1976b.

Aufgaben für die Leserin

1*. Lösen Sie die im obigen Teil genannten Sachaufgaben.

2*. Durchmustern Sie Lehrpläne für den Sachunterricht der Grundschule nach geeigneten Funktionen.

3. Erfragen Sie (z.B. von einer Fahrschule) eine Faustformel für den Bremsweg in Abhängigkeit von der Geschwindigkeit und legen Sie eine graphische Darstellung an. Vergleichen Sie Ihre Resultate mit der Empfehlung „halber Tachoabstand“.

4*. Wieviel würde ein fünfminütiges Telefongespräch von Ihrem Heimatort nach Dortmund je nach Zeitpunkt bzw. Tarif kosten?

3.1.4. Nichtdekadische Stellenwertsysteme

Während sich der traditionelle Rechenunterricht vollständig auf das dekadische Stellenwertsystem beschränkt hatte, wurden im Zuge der „Neuen Mathematik“ auch nichtdekadische Stellenwertsysteme in den Unterricht einbezogen. Eine führende Rolle spielten dabei die Vorschläge von *Dienes*, der für diesen Zweck eigens seine Mehrsystemblöcke entwickelt hatte (*Dienes* 1966).

Dienes plädierte für eine Behandlung nichtdekadischer Systeme schon im Erstrechenunterricht, weil es ihm um eine deutliche Herausarbeitung des Stellenwertprinzips an mehreren Beispielen ging (Mehrmodellmethode beim Begriffslernen). In der Praxis hat sich jedoch gezeigt, daß bei einer so frühen Einführung nichtdekadischer Systeme Aufwand und Effekt in keinem Verhältnis stehen. Viel günstiger ist es, nichtdekadische Stellenwertsysteme im 4. Schuljahr zu thematisieren, wenn die Kinder mit dem dekadischen System schon gut vertraut sind. Wir erklären uns das so: Wenn man über verschiedene Darstellungen von Zahlen reden will, benötigt man eine schon entwickelte Zahlsprache. Die für uns natür-

---

[1] Vgl. hierzu auch *Griesel* 1976.

liche Zahlsprache, die im Erstrechenunterricht zusammen mit der Konstruktion von Zahlen aufgebaut und in den folgenden Jahren weiterentwickelt wird, ist die Sprache des Zehnersystems. Das Zehnersystem ist also nicht nur ein Stellenwertsystem neben anderen, sondern es liefert erst die Sprache, in der man andere Systeme beschreiben kann. Diese Auffassung schließt es nicht aus, daß im Erstrechenunterricht auf präsymbolischem Niveau bereits nichtdekadisch gebündelt wird.

Wir empfehlen die Behandlung nichtdekadischer Stellenwertsysteme im 4. Schuljahr aus folgenden Gründen. *Erstens* soll durch den neuen Kontext der Umgang mit Zahlen und Zifferndarstellungen *stabilisiert* werden (Prinzip der Stabilisierung). *Zweitens* sollen die Kinder einige Stellenwertsysteme kennenlernen, die im Zusammenhang mit dem Computer wichtig sind (insbesondere das Zweiersystem). *Drittens* sollen im Zusammenhang mit verschiedenen möglichen Stellenwertsystemen *kulturhistorische Fragen* diskutiert werden (insbesondere die Frage, weshalb sich das dekadische System durchgesetzt hat).

Vorschlag für eine Unterrichtseinheit von ca. 5 Stunden

Einstiegsgeschichte (Zählen im Dreiersystem):

„Die achtjährige Petra sitzt am Fenster und zählt Autos. Sie hat dazu auf eine Tafel verschiedene Spalten gezeichnet, wie sie es in der Schule gelernt hat, und zählt damit folgendermaßen. Bei dem ersten Auto malt sie in die erste Spalte einen Strich, beim zweiten Auto noch einen Strich, ... , beim neunten Auto noch einen Strich. Beim zehnten Auto aber wischt sie alle Striche in der ersten Spalte aus und malt dafür einen Strich in die zweite Spalte. Beim nächsten Auto malt sie wieder einen Strich in die erste Spalte.“

Während dieser Einführung wird das Gesagte an der Wandtafel illustriert.

Es folgen Aufgaben, bei denen Strichverteilungen vorgegeben werden und die Kinder in Zahlwörter übersetzen sollen. Zur Erklärung der Bedeutung der Striche in den verschiedenen Spalten wird zum altgewohnten (dekadischen) Stellenwertschema ergänzt.

Nun geht die Geschichte weiter: „Während Petra zählt, kommt der vierjährige Franz dazu und fragt, ob er auch zählen helfen darf. Aber Petra sagt: ‚Dazu bist du noch zu klein, du kennst ja nur die Zahlen 1 und 2.‘ Fränzchen ist sehr traurig und geht zu seinem Vater und klagt ihm sein Leid. Da hat der Vater eine gute Idee. Er geht zu Petra und zeigt ihr, daß man auch so zählen kann, daß Fränzchen helfen kann. Vater macht das so: Er zeichnet wieder verschiedene Spalten. Beim ersten Auto zeichnet er einen Strich in die erste Spalte, beim zweiten Auto, noch einen Strich in die erste Spalte, beim dritten Auto wischt er beide Striche in der ersten Spalte aus und zeichnet dafür einen Strich in die zweite Spalte, beim vierten Auto zeichnet er einen Strich in die erste Spalte, ... , beim neunten Auto wischt er alle Striche in der ersten und zweiten Spalte aus und malt einen Strich in die dritte Spalte, ... “.

Die Beschreibung wird wieder an der Wandtafel illustriert. Mit den Kindern wird das neue Zählverfahren analysiert. Man gelangt zu dem Stellenwertschema (Bild 29).

27	Neuner	Dreier	Einer

Bild 29

Es schließen sich Aufgaben an, bei denen Strichverteilungen in dekadische Darstellungen überführt werden und umgekehrt (Bild 30).

27	N	D	E	
|	|	||	|	$1 \cdot 27 + 1 \cdot 9 + 2 \cdot 3 + 1 \cdot 1 = 33$
||		|	||	$2 \cdot 27 + 1 \cdot 3 + 2 \cdot 1 = 58$

Bild 30

Die Überführung etwa von 96 in die Dreierdarstellung gibt dazu Anlaß, als neue Stufenzahl 81 anzuschließen und die Systematik der Stufenzahlen herauszuarbeiten.

In einem nächsten Schritt werden die Strichlisten durch Ziffern ersetzt, die am besten *farbig* geschrieben werden. Schließlich kann man das Stellenwertschema weglassen und ist bei der Zifferndarstellung im Dreiersystem angelangt.

Wenn die Kinder mit der neuen Zifferndarstellung vertraut sind, kann man sie die grundlegenden Ideen des Zehnersystems in das Dreiersystem übertragen lassen, wobei die Lehrerin selbst entscheiden mag, wie weit sie mit den Kindern gehen kann und will:

Ziffern
Einspluseins
Einmaleins
Additionsalgorithmus
(unterstützt durch Rechenbrett)
Multiplikationsalgorithmus

} im Dreiersystem (zur Unterscheidung vom Zehnersystem in einer Farbe notiert)

Weiterführungsprobleme

„Fränzchen ist nun ein bißchen gewachsen. Er kennt jetzt auch die Zahlen 3 und 4. Wie könnte er jetzt zählen?" Daran anschließend eine kurze Besprechung des *Fünfersystems* (Ziffern, Stufenzahlen).

Weitere Frage: Gibt es ein Zweiersystem? Stufenzahlen? Ziffern? Einspluseins? Einmaleins?

Im Anschluß daran werden die Kinder über die Bedeutung des Zweiersystems für den Bau von Computern informiert.

Abschließend findet eine Diskussion über die verschiedenen Systeme (Länge der Zifferndarstellung, Anzahl der Ziffern, Umfang von kleinem Einspluseins und Einmaleins) statt. Hier ergibt sich für die Lehrerin Gelegenheit, einen kulturhistorischen Bericht über die Verwendung anderer Stellenwertsysteme zu geben und mögliche Gründe für die Wahl des einen oder anderen Systems finden zu lassen.

Bemerkungen zur Zifferndarstellung in nichtdekadischen Systemen:

(1) Die Basis, in der man gerade arbeitet, muß klar ersichtlich sein. Die einfachste Möglichkeit besteht in der Verwendung verschiedener Farben. Andere, etwas umständlichere, Lösungen bestehen in der Hinzufügung der Basis als Index, z.B. 4315_9 oder $(4315)_9$.

(2) $(4315)_5$ muß „vier-drei-eins-fünf (im Fünfersystem)" gesprochen werden. Unsinnig wäre „viertausenddreihundertfünfzehn".

Literatur

Zur Didaktik nichtdekadischer Stellenwertsysteme: *Dienes* 1966.

Zur Kulturgeschichte der Zahlsysteme: *Menninger* 1958.

Aufgaben für die Leserin

1. Finden Sie eine einfache Übersetzungsregel vom Zweiersystem ins Achtersystem (Beachten Sie, daß $8 = 2^3$ ist).
2. Die Teilbarkeit einer Zahl durch 9 kann im dekadischen System durch die Neunerregel sehr einfach beantwortet werden. Worauf beruht die Neunerregel? Zeigen Sie, daß man mit einem analogen Argument eine *Viererregel* im Fünfersystem, allgemein eine (b - 1)-Regel im b-System begründen kann.

3*. Warum gibt es kein Einersystem?

4*. Ein anderer Typ von Stellenwertsystem: Das „symmetrische" Dreiersystem. Man verwendet hier zwar die üblichen Stufenzahlen des Dreiersystems, für die Darstellung jedoch anstelle der Koeffizienten 0, 1, 2 die Koeffizienten −1, 0, 1 (−1 dargestellt durch die Ziffer $\bar{1}$).

(1) Zeigen Sie, daß jede ganze Zahl z eindeutig in der Form $z = z_m 3^m + z_m 3^{m-1} + \ldots + z_0$ darstellbar ist, wobei z_μ für alle $\mu = 0, \ldots, m$ eine der Zahlen −1, 0, 1 und $z_m \neq 0$ ist. Hinweis: Gehen Sie von der Darstellung der natürlichen Zahlen im gewöhnlichen Dreiersystem aus.

(2) Wie hängen die Darstellungen für 2 und −2 zusammen?

(3) Stellen Sie die Additions- und Multiplikationstafel des symmetrischen Dreiersystems auf. Vergleichen Sie mit dem Zehnersystem.

(4) Welche Zahl wird durch $1\,\bar{1}\,0\,\bar{1}$ dargestellt? Berechnen Sie $1\,\bar{1}\,0\,\bar{1} \cdot 1\,\bar{1}\,0\,\bar{1}$!

5. Bei der Einführung des Dreiersystems nach dem oben beschriebenen Vorschlag haben wir beobachtet, daß Kinder anfangs fälschlicherweise annehmen, daß *zwei* Striche in der einen Spalte durch einen Strich in der folgenden Spalte ersetzt werden dürfen. Inwiefern liegt dieser Irrtum nahe? Wie kann man ihn ausräumen?

6*. Wählen Sie aus *Menninger* 1958 Informationen aus, die für Kinder im 4. Schuljahr verständlich und interessant erscheinen.

3.1.5. Kombinatorisches Zählen

Das kombinatorische Zählen ist die „Kunst des Zählens ohne zu zählen" genannt worden. Damit ist der Kern des kombinatorischen Zählens sehr gut getroffen, nämlich die Anwendung ökonomischer Zählstrategien anstelle eines mühsamen und unübersichtlichen Stück-für-Stück-Zählens. Solche Zählstrategien beruhen darauf, daß man eine vorhandene Struktur des zu zählenden Bereichs ausnützt oder eine geeignete Strukturierung vornimmt. Man nennt das kombinatorische Zählen daher auch manchmal *strukturiertes* oder *systematisches Zählen*. Im Rahmen der Zähltheorie, einem Teilgebiet der Kombinatorik, werden Zählstrategien systematisch untersucht.

Es fehlt im täglichen Leben und auch im traditionellen Rechenunterricht nicht an Beispielen für einen ersten Typ des kombinatorischen Zählens, nämlich einem geeigneten räumlich-zeitlichen Strukturieren einer „Menge" konkreter Objekte im Hinblick auf leichteres Zählen:

a) Zählen mit Hilfe gegliederter Strichlisten, z. B. 𝍸 𝍸 ||

b) Anordnung der Objekte in einer Reihe, in Zweier-, Dreierreihen usw.

c) Aufteilung von Kringelmengen in Zehner (Bild 31).

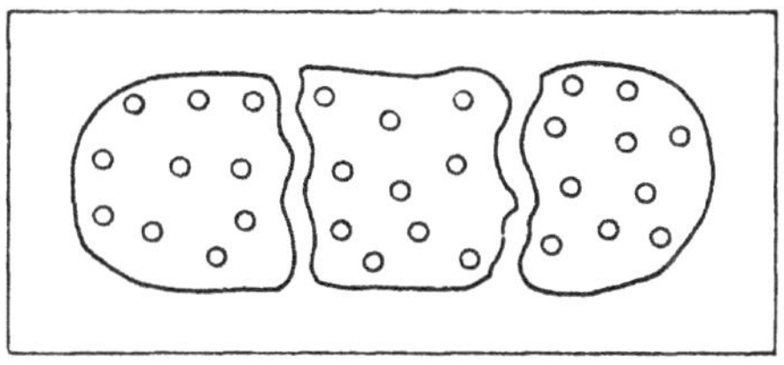

Bild 31

d) Berechnung des Volumens eines Quaders mit den Seiten a, b, c cm (a, b, c ganzzahlig): Der Quader enthält c Schichten, jede Schicht enthält b Streifen, jeder Streifen enthält a Würfel vom Volumen 1 cm^3. Daher enthält der Quader $a \cdot b \cdot c$ Würfel vom Volumen 1 cm^3.

e) Ein Würfel hat 12 Kanten, denn er hat 4 an der Deckfläche, 4 an der Seite und 4 an der Grundfläche.

Für die Grundschule kommen noch zwei weitere Zählstrategien in Frage, die wir in Kapitel 1 schon an Beispielen kennengelernt haben:

– Die Strategie „*Aufspalten und Zählen*".
– Das Prinzip von *Inklusion und Exklusion* (manchmal auch Ein- und Ausschaltprinzip genannt).

Die erste dieser beiden Strategien ist auf Probleme zugeschnitten, in denen es darum geht herauszufinden, wie viele verschiedene Möglichkeiten es bei einem Entscheidungsverfahren gibt, das aus Teilschritten mit gewissen Wahlmöglichkeiten zusammengesetzt ist.

Zeichnerisch kann man solche Verfahren durch Baumdiagramme erfassen, die Abzählung der Spitzen des Baumes mittels wiederholter Multiplikation liefert die Lösung.

Die zweite der beiden Strategien benützt man zur Bestimmung der Anzahl derjenigen Objekte einer endlichen Menge, die keine der Eigenschaften eines bestimmten Satzes von Eigenschaften haben (Exklusion), wenn bekannt ist, wie viele Objekte jeweils die verschiedenen Kombinationen von Eigenschaften haben (Inklusion) (vgl. Abschnitt 1.2.3). Allgemein lautet das Prinzip von Inklusion und Exklusion folgendermaßen.

Gegeben sei eine Menge von N Objekten. Wir betrachten einen Satz $a_1, \ldots, a_r$ von Eigenschaften, die diesen Objekten zukommen können oder nicht. Im allgemeinen kann ein Objekt eine oder mehrere dieser Eigenschaften haben. Wir führen folgende Bezeichnungen ein:

$N(a_i)$ = Anzahl der Elemente, welche die Eigenschaft a_i haben $(i = 1, \ldots, r)$.
$N(a_i')$ = Anzahl der Elemente, welche die Eigenschaft a_i nicht haben.
$N(a_i\, a_j)$ = Anzahl der Elemente, welche die Eigenschaften a_i und a_j haben.
$N(a_i'\, a_j')$ = Anzahl der Elemente, welche weder die Eigenschaft a_i noch die Eigenschaft a_j haben.

usw.

$N(a_1'\, a_2' \ldots a_r')$ = Anzahl der Elemente, welche keine einzige der Eigenschaften a_i besitzen.

Dann gilt:

$$\begin{aligned} N(a_1' a_2' \ldots a_r') = {} & N - N(a_1) - N(a_2) - \ldots - N(a_r) + N(a_1 a_2) + N(a_1 a_3) + \ldots + \\ & + N(a_{r-1} a_r) - N(a_1 a_2 a_3) - N(a_1 a_2 a_4) - \ldots - N(a_{r-2} a_{r-1} a_r) + \\ & + \ldots + (-1)^r N(a_1 a_2 \ldots a_r). \end{aligned}$$

Beweis:

Der Fall $r = 1$ ist trivial: $N(a_1') = N - N(a_1)$. Wir nehmen an, daß die Formel für $k-1$ Eigenschaften schon bewiesen sei, d.h. wir dürfen uns stützen auf

$$(*) \qquad \begin{aligned} N(a_1' a_2' \ldots a_{k-1}') = {} & N - N(a_1) - N(a_2) - \ldots - N(a_{k-1}) + N(a_1 a_2) + \\ & + N(a_1 a_3) + \ldots + N(a_{k-2} a_{k-1}) - \ldots \\ & + (-1)^{k-1} N(a_1 a_2 \ldots a_{k-1}). \end{aligned}$$

Nun betrachten wir für eine Menge von N Objekten mit k Eigenschaften $a_1, a_2, \ldots, a_k$ die Menge der $N(a_k)$ Objekte, welche die Eigenschaft a_k haben. Auf diese Menge und die $k-1$ Eigenschaften $a_1, a_2, \ldots, a_{k-1}$ kann die Induktionsvorausetzung angewandt werden, was zu

$$(**) \qquad \begin{aligned} N(a_1' a_2' \ldots a_{k-1}' a_k) = {} & N(a_k) - N(a_1 a_k) - N(a_2 a_k) - \ldots - N(a_{k-1} a_k) + \\ & + N(a_1 a_2 a_k) + N(a_1 a_3 a_k) + \ldots + N(a_{k-2} a_{k-1} a_k) \\ & - \ldots\ldots\ldots \\ & + (-1)^{k-1} N(a_1 a_2 \ldots a_k) \end{aligned}$$

führt. Wenn wir (**) von (*) subtrahieren, erhalten wir

$$\begin{aligned} N(a_1' a_2' \ldots a_k') = {} & N(a_1' a_2' \ldots a_{k-1}') - N(a_1' a_2' \ldots a_{k-1}' a_k) = N - N(a_1) - N(a_2) - \ldots - \\ & - N(a_k) + N(a_1 a_2 + N(a_1 a_3) + \ldots + N(a_{k-1} a_k) - \ldots + \\ & + (-1)^k N(a_1 a_2 \ldots a_k). \end{aligned}$$

Man beachte dabei, daß $-(-1)^{k-1} = (-1)^k$ ist.

Mit Hilfe der Mengensprache und der Mengensymbolik kann man das Prinzip anders formulieren. Dazu führen wir ein

M = Menge aller betrachteten Elemente
A_i = Teilmenge der Elemente mit Eigenschaft a_i
$\overline{T}$ = Komplement einer Teilmenge T bez. M
$|T|$ = Anzahl der Elemente einer Menge T

Dann gilt:

$$\begin{aligned} |\overline{A_1 \cup \ldots \cup A_r}| = {} & |M| - |A_1| - \ldots - |A_r| + |A_1 \cap A_2| + |A_1 \cap A_3| + \ldots + \\ & + |A_{r-1} \cap A_r| - |A_1 \cap A_2 \cap A_3| - \ldots - |A_{r-2} \cap A_{r-1} \cap A_r| \\ & \ldots + (-1)^r |A_1 \cap \ldots \cap A_r| \end{aligned}$$

Da $|M| - |\overline{A_1 \cup \ldots \cup A_r}| = |A_1 \cup \ldots \cup A_r|$ ist, kann man dies auch umformen in:

$$\begin{aligned} |A_1 \cup \ldots \cup A_r| = {} & |A_1| + \ldots + |A_r| - |A_1 \cap A_2| - |A_1 \cap A_3| - |A_{r-1} \cap A_r| + \\ & + |A_1 \cap A_2 \cap A_3| + \ldots + |A_{r-2} \cap A_{r-1} \cap A_r| - \ldots + \\ & - (-1)^r |A_1 \cap \ldots \cap A_r| \end{aligned}$$

Folgende Spezialfälle sind besonders wichtig:

$$r = 2\colon |\overline{A_1 \cup A_2}| = |M| - |A_1| - |A_2| + |A_1 \cap A_2|$$

Dies kann man am Venndiagramm (Bild 32) unmittelbar ablesen.

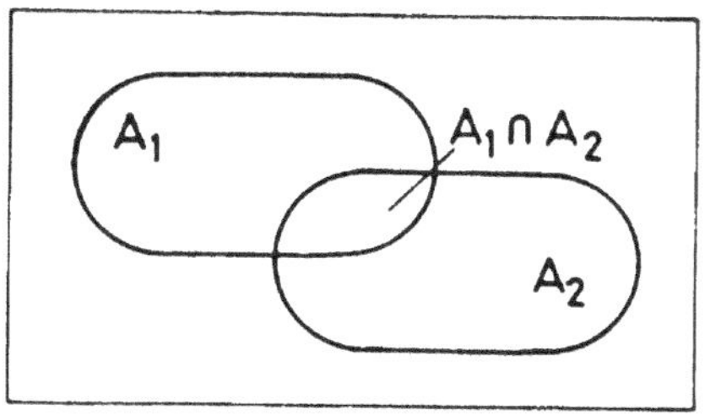

Bild 32

$$r = 3\colon |\overline{A_1 \cup A_2 \cup A_3}| = |M| - |A_1| - |A_2| - |A_3| + |A_1 \cap A_2| + |A_1 \cap A_3| + |A_2 \cap A_3| - |A_1 \cap A_2 \cap A_3|$$

Die hier genannten Zählstrategien spielen in den Anwendungen der Mathematik eine besondere Rolle[1]), die Strategie „Aufspalten und Zählen" (Baumdiagramm) insbesondere bei kombinatorischen Aufgaben in der Wahrscheinlichkeitsrechnung (Fortsetzung in der Sekundarstufe I).

Für die Grundschule bietet sich eine Einführung in „Räumlich Strukturieren und Zählen", „Aufspalten und Zählen" und „Erschwerte Addition und Subtraktion" auf dem konkret-experimentellen und ikonischen Niveau an. Eine Ablösung der Strategien von den einzelnen Beispielen und eine Schematisierung in Formeln muß der zweiten Windung der Spirale in der Sekundarstufe I vorbehalten bleiben.

Geeignete Problemkontexte

(1) *Räumlich Strukturieren und Zählen*
Enaktive oder ikonische Präsentation von Objektbereichen, die geschickt zu zählen sind (vgl. die Beispiele in der Einleitung des Abschnitts und Abschnitt 1.2.8)

(2) *Aufspalten und Zählen* (vgl. Abschnitte 1.2.7 und 1.4.1)

(3) *Erschwerte Addition und Subtraktion* (vgl. Abschnitt 1.2.3)

Als *Hilfsmittel* können herangezogen werden: konkrete Materialien, die im Sinne der entsprechenden Zählstrategien strukturierbar sind; Bilder, die zeichnerisch strukturierbar sind; Baumdiagramme, Venn- und Karnaughdiagramme.

Literatur

Mathematischer Hintergrund: *Jeger, M.*, Einführung in die Kombinatorik, Suttgart 1973, Kapitel 3, Kapitel 5.

Liu, C. L., Introduction into Combinatorial Mathematics, New York 1968, 97–98.

---

[1]) Vgl. z.B. *Kemeny, J. G.* et al., Mathematik für die Wirtschaftspraxis Berlin-New York 1972[2], Kapitel III.

Aufgaben für die Leserin

1. Gegeben ist ein primitiver Setzkasten mit den Buchstaben A, M, O. Von jedem Buchstaben liegt nur eine Type vor. Welche verschiedenen Wörter mit drei Buchstaben kann man setzen? Wie viele verschiedene Wörter mit vier Buchstaben gibt es, wenn im Setzkasten von jedem der drei Buchstaben mindestens 4 Typen vorhanden sind?
2. In einem Flugzeug befinden sich 9 Knaben, 5 deutsche Kinder, 9 Männer, 7 ausländische Knaben, 14 deutsche Staatsbürger, 6 männliche Deutsche und sieben Ausländerinnen. Wie viele Personen sind insgesamt im Flugzeug?

3*. Verfolgen Sie den Induktionsschritt im Beweis des Prinzips von Inklusion und Exklusion von $r = 2$ nach $r = 3$ im Venndiagramm.

4*. Ein Experiment mit Kindern (4–7 Jahre).
Material: Papier, Filzstifte.
Technik: Malen Sie vor den Augen des interviewten Kindes eine geschlossene Perlenkette mit ca. 6 locker aufgereihten Perlen. Bitten Sie das Kind, die Perlen zu zählen. Wenn das Kind sie korrekt abgezählt hat, versuchen Sie folgenden Konflikt zu erzeugen: Sagen Sie „Das stimmt nicht" und zählen Sie erneut, wobei Sie über schon gezählte Perlen hinauszählen und so eine größere Zahl erhalten. Beobachten Sie die Reaktion und den eventuellen Gegenangriff des Kindes.

5*. Stellen Sie eine Aufgabensammlung mit Zählproblemen aus der Umwelt zusammen, die durch geeignetes räumliches Strukturieren zu lösen sind.
(*Beispiele:* Plätze in einem Saal, Drähte einer Hochspannungsleitung, Kinder einer Schule, Schafe in einem Pferch, Einwohner einer Stadt.)

3.1.6. Induktion

3.1.6.1. Grundgedanken

Der letzte Themenkreis, den wir hier im Hinblick auf eine Stabilisierung und Bereicherung der arithmetischen Fähigkeiten didaktisch analysieren wollen, rankt sich um eine fundamentale mathematische Idee, die Idee der *Induktion* oder – synonym dazu – der *Rekursivität.*

Zur Illustration dieser Idee gehen wir aus von der *Folge* der natürlichen Zahlen (Zählzahlaspekt). In vielen Situationen innerhalb und außerhalb der Mathematik werden Objektbereiche nach dem Vorbild der Zahlreihe durchlaufen, d.h. man wählt Schritt für Schritt jeweils ein Objekt aus und numeriert es. Begrifflich handelt es sich um eine Abbildung der Menge $\mathbb{N}$ der natürlichen Zahlen in eine Menge M (die auch gleich $\mathbb{N}$ sein kann). Man spricht gewöhnlich von einer *Folge* (von Objekten aus M). In der Schulmathematik kommen am häufigsten Folgen von Zahlen, Figuren, Zerlegungen, Formeln und Aussagen vor.

Bei Folgen nun kann eine rekursive (induktive) Beziehung zwischen den Gliedern gegeben sein, d.h. jedes Glied – mit Ausnahme einiger Anfangsglieder – ist auf die vorhergehenden Glieder (in einem speziellen Fall nur auf das unmittelbar vorhergehende Glied) bezogen.

Je nachdem man die Vorstellung von den vorhergehenden Gliedern hin zum folgenden oder von jedem Glied zu den vorhergehenden hat, spricht man von „induktiv" bzw. „rekursiv".

Dreierlei Formen der Rekursivität kommen vor:

(1) *Induktive* (rekursive) *Definitionen:* Jedes Glied – mit Ausnahme der Anfangsglieder, die direkt gegeben sind – wird als Funktion vorhergehender Glieder definiert.

Beispiel: $s_1 = 3$, $s_{n+1} = 2 \cdot s_n$ (für n = 1, 2, ...) ist eine induktive Definition der Folge 3, 6, 9, 12, ...

(2) *Induktive* (rekursive) *Berechnungen oder Konstruktionen:* Es liegt eine Vorschrift vor, wie man jedes Glied – mit Ausnahme einiger Anfangsglieder – berechnen bzw. konstruieren kann, wenn die vorhergehenden Glieder schon berechnet bzw. konstruiert sind.

Beispiel: $(a + b)^{n+1} = (a + b) \cdot (a + b)^n$ ist eine rekursive Methode zur Berechnung der Binomialformeln.

(3) *Induktive Beweise* (Beweisprinzip der vollständigen Induktion): Der Beweis jeder Aussage einer Folge – mit Ausnahme des „Induktionsanfangs" – kann auf den Beweis der vorhergehenden Aussagen zurückgeführt werden.

Im Kontrast zu rekursiven Verfahren stehen *direkte* (explizite) Definitionen, Berechnungen und Beweise.

Beispiele

(α) $s_n = q^n$ (geometrische Folge)

(β) $(a + b)^n = \sum_{k=0}^{n} \binom{n}{k} a^k b^{n-k}$ (Binomialformel)

(γ) Beweis, daß $9^n - 1$ stets gerade ist: 9 ist ungerade, daher auch 9^n für alle n. Somit $9^n - 1$ für alle n gerade.

3.1.6.2. Folgen, die Probleme für die Grundschule hergeben

(1) Folgen der Dreieckszahlen (Trigonalzahlen), Quadratzahlen (Tetragonalzahlen), Fünfeckszahlen (Pentagonalzahlen), ... , allgemein m-gonal-Zahlen (vgl. ATM 1970, 31 ff. und Bild 33).

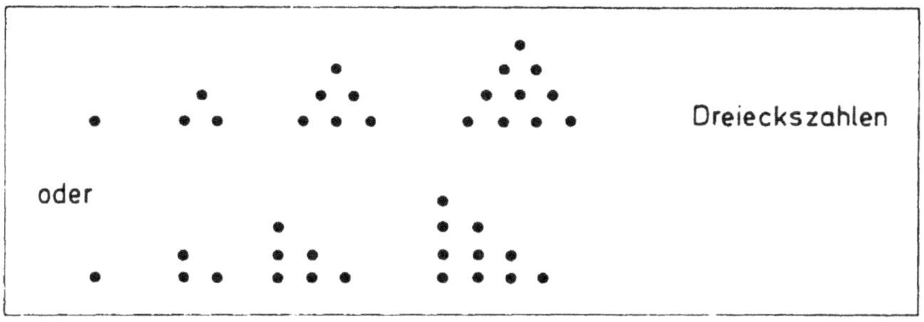

Bild 33a

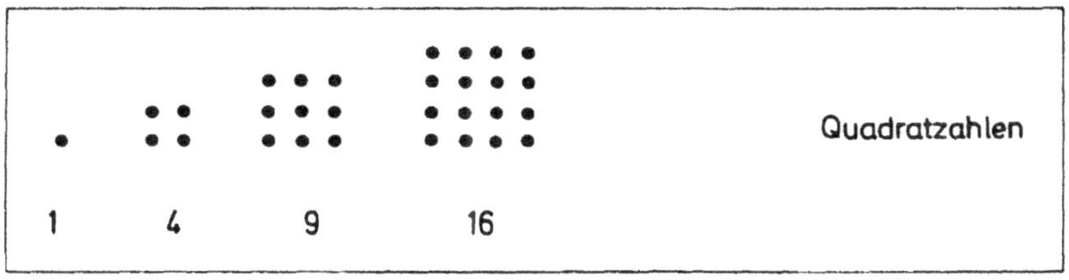

Bild 33b

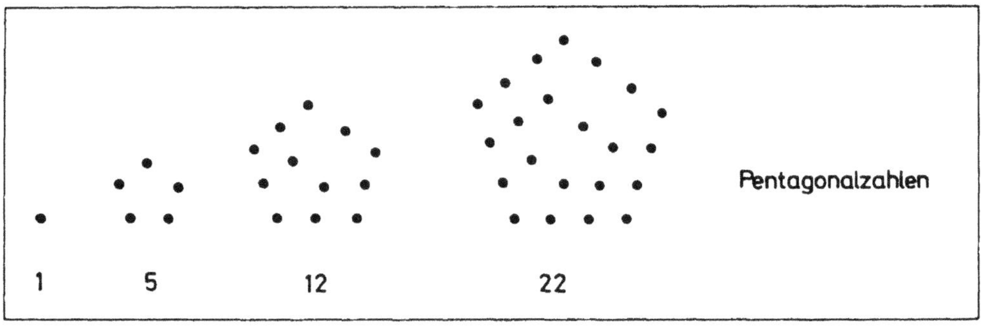

Bild 33c

Allgemein wird die Folge der m-gonal-Zahlen ($m \geqslant 3$) induktiv folgendermaßen definiert: Man beginnt mit einem Punkt, wählt als nächstes die Ecken eines regelmäßigen m-ecks. Wenn das Punktmuster für $n \geq 2$ konstruiert ist, konstruiert man das $(n + 1)$-te Punktmuster, indem man an das n-te Muster einen Kranz von Punkten so hinzufügt, daß die äußeren Punkte ein regelmäßiges m-eck bilden, auf dessen Seiten (einschließlich beider Ecken) je $(n + 1)$ der äußeren Punkte gleichmäßig verteilt sind.

Diese Konstruktion ist leichter zu übersehen, wenn man die einzelnen Punktmuster jeweils in einer Figur integriert und die jeweils hinzukommenden Punkte abwechselnd verschieden markiert (Bild 34).

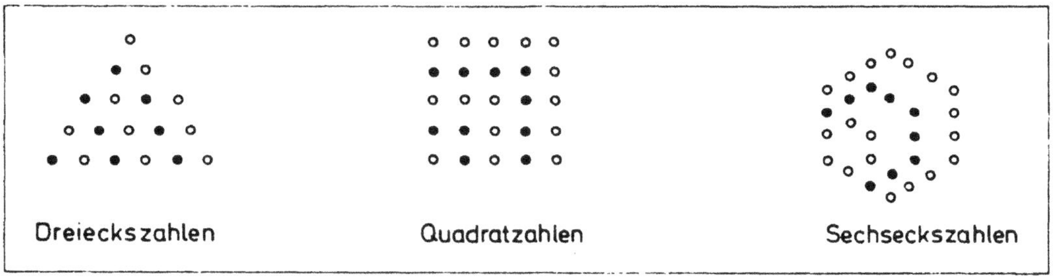

Bild 34

Wenn man mit $G_n^{(m)}$ das n-te Glied der Folge der m-gonal-Zahlen bezeichnet, gelten folgende rekursiven Beziehungen

(α) $G_{n+1}^{(m)} = G_n^{(m)} + (m - 2) \cdot n + 1$

(β) $G_n^{(m+1)} = G_n^{(m)} + G_{n-1}^{(3)} \quad (G_0^{(3)} \underset{def}{=} 0)$

Begründung

(α) Beim Übergang von $G_n^{(m)}$ zu $G_{n+1}^{(m)}$ werden an $(m - 2)$ Seiten n Punkte hinzugefügt, außerdem ein weiterer Punkt.

(β) Ein (m + 1)-Eck hat eine Seite mehr als ein m-Eck. Daher kommen beim Schritt von n nach n + 1 bei dem (m + 1)-Eck n Punkte mehr dazu als bei dem m-Eck. Ausführlich:

$$G_2^{(m+1)} = G_2^{(m)} + 1$$
$$G_3^{(m+1)} = G_3^{(m)} + 1 + 2$$
$$G_4^{(m+1)} = G_4^{(m)} + 1 + 2 + 3$$
$$\dots$$
$$G_n^{(m+1)} = G_n^{(m)} + 1 + 2 + \dots + n - 1$$
$$= G_n^{(m)} + G_{n-1}^{(3)}$$

Es ist interessant, daß die Griechen durch Legen von Steinchenmustern auf die m-gonal-Zahlen und einige ihrer Gesetzmäßigkeiten stießen[1]). Sie nannten die beim Übergang von $G_n^{(m)}$ zu $G_{n+1}^{(m)}$ hinzukommende Punktereihe den „Gnomon" (Winkelhaken).

Einige Sätze über m-gonal-Zahlen

(α) $G_n^4 = n^2 = 1 + 3 + 5 + \dots + 2 \cdot (n - 1)$

Begründung: 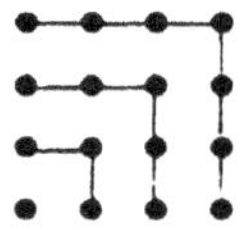

(β) Explizite Formel für $G_n^{(m)}$

$$G_n^{(m)} = n + (m - 2) \cdot \frac{n(n-1)}{2}$$

Beweis durch vollständige Induktion.

(γ) Jede natürliche Zahl ist als Summe von höchstens drei Dreieckszahlen darstellbar (*Gauß*).

(δ) Jede natürliche Zahl ist als Summe von höchstens vier Quadratzahlen darstellbar (*Lagrange*).

(ϵ) Jede natürliche Zahl ist als Summe von m oder weniger m-gonal-Zahlen darstellbar (*Cauchy*).

Die Sätze (γ)–(ϵ) wurden von den berühmten Mathematikern *Gauß*, *Lagrange* bzw. *Cauchy* mit zahlentheoretischen Hilfsmitteln bewiesen. Die Beweise sind zu umfangreich, als daß sie hier wiedergegeben werden könnten.

(2) *Abzählprobleme bei geometrischen Konfigurationen*

(α) Wie viele Quadrate sind in einem n X n Quadratgitter enthalten (Bild 35)?

---

1) Vgl. hierzu *O. Becker*, Grundlagen der Mathematik in geschichtlicher Entwicklung, Kapitel II.4. „Die Arithmetik der Spielsteine" Freiburg-München 1954.

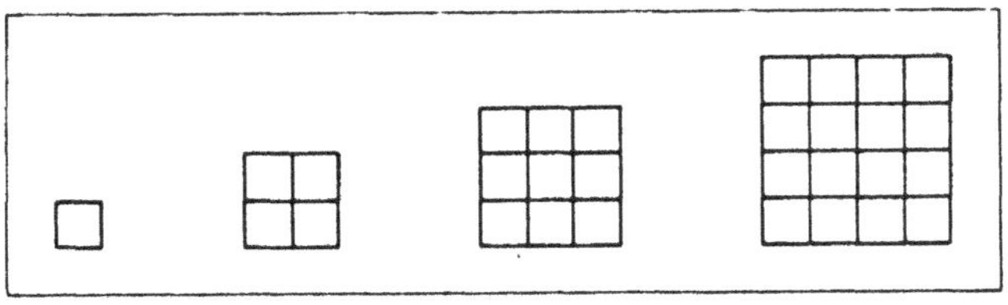

Bild 35

Rekursionsformel:

$$A_{n+1} = A_n + (n+1)^2$$

Begründung: Im (n + 1)-ten Punktgitter gibt es ebensoviele Quadrate der Größe (k + 1) X (k + 1) wie im n-ten Punktgitter Quadrate der Größe k X k, außerdem noch $(n+1)^2$ Quadrate der Größe 1 X 1.

(β) Anzahl der Schnittpunkte von n Geraden in „allgemeiner Lage" (ATM 1970, 53–56): Die Hinzunahme einer (n +1)-ten Geraden zu n vorhandenen erzeugt n neue Schnittpunkte, wenn die Gerade durch keinen der schon vorhandenen Schnittpunkte geht (allgemeine Lage).
Daher gibt es bei n Geraden

$$1 + 2 \ldots + (n-1) = G_{n-1}^{(3)} = \frac{n(n-1)}{2}$$

Schnittpunkte.

(γ) Anzahl der Teilgebiete, in die n Gerade in allgemeiner Lage die Ebene zerlegen (Bild 36).

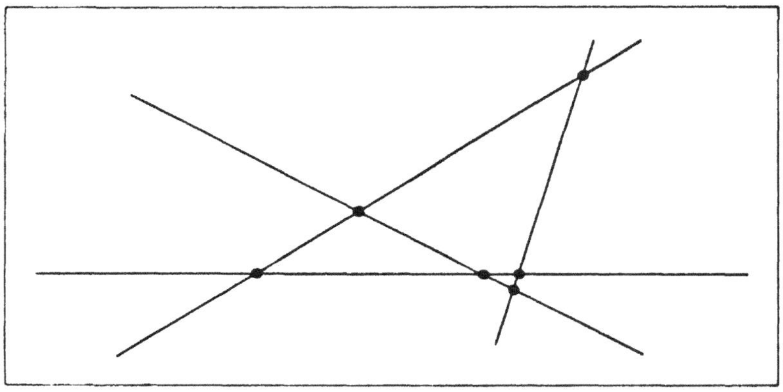

Bild 36

Anzahl n der Geraden	1	2	3	4	5
Anzahl T_n der Teilgebiete	2	4	7	11	15

Es gilt $T_1 = 2$

$$T_{n+1} = T_n + n + 1.$$

Begründung: Die (n + 1)-Gerade zerlegt ebensoviele der schon vorhandenen Gebiete in zwei Gebiete, wie die schon vorhandenen n Geraden auf der (n + 1)-ten Geraden Abschnitte ausschneiden, nämlich n + 1 Stück.

Für T_n gilt die explizite Darstellung

$$T_n = 1 + \frac{n(n+1)}{2} .$$

3.1.6.3. Niveau der Behandlung in der Grundschule

Es würde uns nicht überraschen, wenn die eine oder andere Leserin bei der Lektüre des vorhergehenden mathematisch nicht ganz einfachen Abschnitts zu der Überzeugung gekommen wäre, daß wir mit diesem Thema das Maß dessen, was in der Grundschule bei durchschnittlichen Verhältnissen erreicht werden könne, schlicht überzogen hätten. Es ist daher gerade an dieser Stelle am Platze, wenn wir eine grundsätzliche Überlegung, die wir schon in den Kapiteln 1 und 2 in etwas allgemeinerer Form dargelegt haben, am vorliegenden Beispiel noch einmal illustrieren.

Wir haben das Thema ausgewählt, weil es Gehalt an *Grundideen* und an mathematischer Substanz besitzt. Damit sind von vorneherein so vielfältige Beziehungen des Themas sowohl zu einfacheren als auch komplexeren Wissensfeldern der Mathematik und ihrer Anwendungen gegeben, daß eine sehr hohe Wahrscheinlichkeit für eine erfolgreiche Anwendung des *Spiralprinzips* (vorwegnehmendes Lernen, Fortsetzbarkeit) besteht. Bei einer Prüfung bestätigt sich diese Vermutung. Einerseits nämlich spielt die rekursive Betrachtung von Folgen eine große Rolle in der S I (z.B. Inhaltsberechnung beim Kreis, Iterationsverfahren, Schleifen in Flußdiagrammen usw.) und in der S II (Prinzip der vollständigen Induktion, Folgen in der Analysis). Andererseits kann – wenn das Thema im 3. oder 4. Schuljahr in Angriff genommen wird – auf einschlägige Vorerfahrungen und Vorkenntnisse zurückgegriffen werden: Fortsetzung von Folgen verschiedener Art, Zählen, Rechnen, Zeichnen von Punktgittern, Kenntnis von geometrischen Formen (Dreieck, Quadrat). Auf diesem Hintergrund kann die Fortsetzung von *Anfangsstücken* der in 3.1.6.2 diskutierten Folgen als *Problem verständlich* gemacht werden. Die Kinder haben die Möglichkeit, diese Probleme anhand geeigneter Zeichnungen *experimentell* zu untersuchen und Schritt für Schritt Beziehungen herauszufinden. Dabei werden sie von selbst oder nach Anleitung der Lehrerin rekursive Beziehungen benachbarter Folgenglieder finden und als ökonomische Zählstrategie ausnützen (z.B. daß man nicht jedes Punktmuster von Anfang an neu auszählen muß, sondern nur die „neuen" Punkte hinzurechnen braucht). Auf diese Weise erfahren die Kinder in einer ersten Form den Nutzen der Induktionsidee. Mit den gefundenen Folgen kann man in ähnlich experimentellem Sinn weiter arbeiten.

Es wäre nun verfehlt zu glauben oder zu unterstellen, eine solche Thematik könne bzw. solle von fixierten Lernzielen (oder gar Feinlernzielen) her entwickelt werden, die von Stunde zu Stunde „erreicht" und „gefestigt" werden. Der Unterricht muß sich vielmehr ganz davon bestimmen, inwieweit Probleme verständlich gemacht werden können und welche Beiträge Kinder zu verstandenen Problemen (oder nur Teilaspekten eines Problems) leisten. Stunden dieser Art werden sehr oft „offen" enden und dies ist ganz natürlich (vgl. ein sehr schönes Beispiel aus dem hier behandelten Themenkreis in ATM 1970, 57–59).

„Offene" Stunden werden in der pädagogischen Folklore nicht besonders gewürdigt, vielfach sogar als „Antiunterricht" verworfen (z.B. weil am Schluß der Stunde nicht bestimmte wohlformulierte Lernziele erreicht wurden, an die zur weiteren Festigung leicht Hausaufgaben angeschlossen werden können). Wiederum am vorliegenden Beispiel kann man sehen, daß diese Bewertung „offenen" Unterrichts in keiner Weise gerechtfertigt ist. Bei der Untersuchung von Folgen werden wesentliche inhaltliche und allgemeine Zielsetzungen von Kapitel 2 direkt gefördert: Der *Umgang mit Zahlen* (vgl. hierzu sinngemäß Abschnitt 1.2) und die kognitiven Strategien *„sich kreativ verhalten"* und *„argumentieren"*. Man kann ganz im Gegenteil behaupten, daß durch die uniforme Routine der lernzielbeherrschten Stunden wesentliche Lernziele, nämlich die kognitiven Strategien, nicht gefördert werden.

3.1.6.4. Problemkontexte

(1) m-gonal-Zahlen (vgl. hierzu ATM 1970, 31–33).

(α) Fortsetzung von Anfangsstücken der Folge der Dreieckszahlen, Quadratzahlen, Fünfeckszahlen, Sechseckszahlen.

(β) Aufstellung einer Tabelle und Auffindung von Gesetzmäßigkeiten mit Begründungs*versuchen* (Bild 37).

Dreieckszahlen	1	3	6	10	15	21	28	30
Quadratzahlen	1	4	9	16	25	36	49	64
Fünfeckszahlen	1	5	12	22	35	51	70	92
Sechseckszahlen	1	6	15	?	?			

Bild 37

1 + 3 = 4, 3 + 6 = 9, 6 + 10 = 16, ...

Ikonische Begründungen Bild 38.

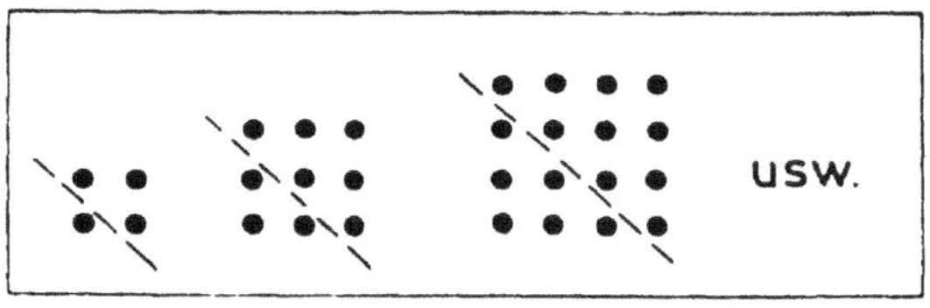

Bild 38

1 + 4 = 5, 3 + 9 = 12, 6 + 16 = 22, ...

Spalten sind arithmetische Folgen. Warum?

Differenzenfolgen (Gnomonfolgen) sind wieder arithmetische Progressionen,

bei Dreieckszahlen:	2	3	4	5	6	7	8
bei Quadratzahlen:	3	5	7	9	11	13	15
bei Fünfeckszahlen:	4	7	10	13	16	19	22
bei Sechseckzahlen:	5	9	...				

Warum?

(γ) *Arbeiten mit Folge der Dreieckszahlen*

Erobern von Zahlen: Die Schüler dürfen alle Dreieckszahlen besetzen. Wenn es einem Kind gelingt, eine Zahl als Summe von zwei oder drei Dreieckszahlen darzustellen, darf die Klasse diese Zahl neu erobern. Die Eroberung kann fortgesetzt werden, solange es den Kindern Spaß macht. (Z.B. Eroberung des Hunderterraums.)

Vielleicht taucht die Frage auf, ob „es immer geht". Dies wäre eine willkommene Gelegenheit für die Lehrerin, etwas über *C. F. Gauß* zu erzählen (vgl. dazu *Bell, E. T.*, Große Mathematiker, Düsseldorf 1967).

(2) *Abzählprobleme bei geometrischen Konfigurationen*

Fortsetzung der Konfigurationen und Folgen ausgehend von n = 1, Aufstellen von Tabellen, Erkennen rekursiver Beziehungen (vgl. ATM 1970, 51–59).

Als Hilfsmittel für die Untersuchung dieser Aufgaben benützt man natürlicherweise Papier, Zeicheninstrumente und feine verschiedenfarbige Filzstifte (zur Markierung der Punkte). Für die Dreiecks- und Quadratzahlen ist kariertes Papier geeignet. Bei den Fünfecks- und Sechseckszahlen empfiehlt es sich, Hilfsstrahlen vorzugeben, auf welche die Eckpunkte zu plazieren sind. Auch Einzeichnen der Seiten ist hilfreich (Bild 39).

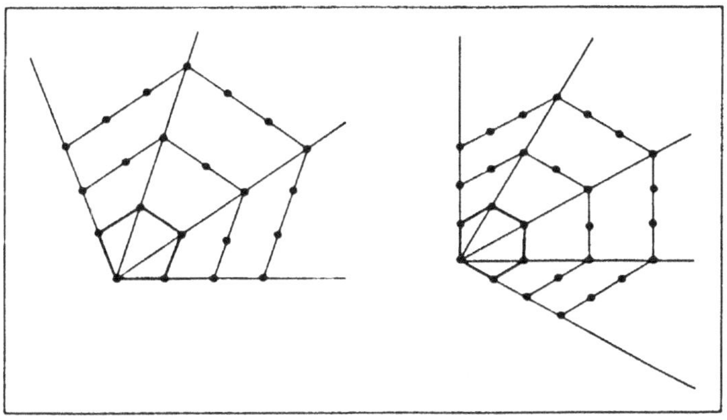

Bild 39

Die vorliegenden Aufgaben erlauben außer der Entwicklung mathematischer Termini wie „Folge", „nächste (vorgehende) Zahl der Folge", „Fortsetzen einer Folge" die Förderung einer „heuristischen" Sprache:

„Ich *vermute,* daß ... ", „es *könnte* ... ", „wir sollten einmal *prüfen,* ob ... ", „ich habe *entdeckt,* ... ", „Gesetzmäßigkeit", „Zahlenmuster", u.ä.

Literatur

Zur vollständigen Induktion:

Sominski, I. S., Die Methode der vollständigen Induktion, Berlin 1971.

Golowina, L. I. und *Jaglom, I. M.*, Vollständige Induktion in der Geometrie, Berlin 1973.

Zur Geschichte der m-gonal-Zahlen (figurierte Zahlen):

Dickson, L. E., History of the Theory of Numbers, Vol. II, Chap. I, New York 1966.

Didaktische Analysen und Unterrichtsvorschläge:

ATM 1970, Kapitel 3 „Induktion".

Eperson, D. B., Points, lines and regions, Math. Gazette **53** (1969), 51–53 und **54** (1970), 275–277.

Gerrish, F., How many triangles? Math. Gazette **54** (1970), 241–246.

Aufgaben für die Leserin

1*. Zeichnen Sie die Punktmuster der Hexagonalzahlen bis $n = 10$ und verifizieren Sie an der gefundenen Folge die rekursiven Beziehungen 3.1.5.2 (1) (α) (β). Wie lautet die Gnomon-Folge?

2. Betrachten Sie analog zur Quadratgitterfolge die Folge von Dreiecksgittern (Bild 40).

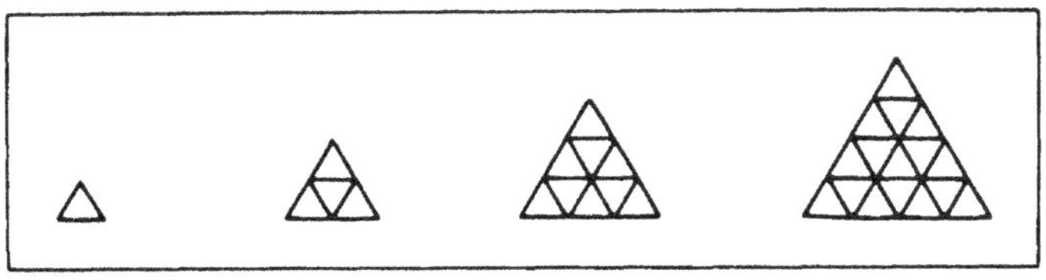

Bild 40

3. Die Multiplikation haben wir als verkürzte Addition eingeführt. Zeigen Sie, daß sich die Multiplikation auf additive Operationen mit Dreieckszahlen zurückführen läßt, nämlich

$$n \cdot m = G_n^{(3)} + G_{m-1}^{(3)} - G_{n-m}^{(3)}.$$

(wobei $G^3 = G_{-1}^3 = 0$).

4*. Geben Sie für die einzelnen Stichpunkte der Beschreibung des allgemeinen Lernziels „sich kreativ verhalten" in Abschnitt 2.2 soweit möglich Beispiele aus dem Themenkreis des vorliegenden Abschnitts an.

5*. Sortieren Sie die verschiedenen Fragen und Aufgaben des Problemkontextes über figurierte Zahlen nach ihrer vermutlichen Schwierigkeit und überzeugen Sie sich, daß für jeden Schüler „etwas dabei ist".

3.2. Geometrie

Der NRW-Lehrplan weist für die Geometrie in der Grundschule die zwei Hauptgebiete „Erfahrungen zu Formen und zur Symmetrie" und „Topologische Grunderfahrungen" aus. Diese beiden Themenkreise decken die wichtigsten Vorschläge ab, die für das „geometrische Vorspiel" in der Grundschule entwickelt wurden, und sollen daher im folgenden didaktisch analysiert werden. Es muß aber beachtet werden, daß es noch viele Fragestellungen außerhalb dieser Hauptgebiete gibt, die sich für die Grundschule eignen[1]).

Bei der Entscheidung, Geometrie in den Grundschulunterricht aufzunehmen, treffen verschiedene Linien der Argumentation zusammen, die *Winter* (1971b, 44–49) eingehend diskutiert. Einmal werden die spezifischen Beiträge angeführt, die der Geometrieunterricht zur Förderung der *allgemeinen Lernziele* „sich kreativ verhalten" (vgl. Abschnitt 1.3) und „mathematisieren können" (insbesondere Mathematisierung räumlicher Situationen einschließlich Größen vgl. Abschnitt 1.5) leistet. Zweitens – und das läßt sich anhand der Durchdringung der natürlichen Sprache mit geometrischen Vorstellungen belegen – ist die Ausprägung des räumlichen Handelns und Denkens von grundlegender Bedeutung für die *allgemeine Intelligenzentwicklung* (vgl. „Grundfragen", Abschnitt 8.1.3.5). Schließlich legt auch das *Spiralprinzip* einen Geometrieunterricht schon in der Grundschule nahe.

[1]) Zum Beispiel die Vorschläge zur Schulung des räumlichen Vorstellungsvermögens, in: *Fricke, A.*, Räumliche Streckenzüge im Geometrieunterricht der Grundschule, Did. d. Math. 1 (1974) 1–11 und in *Besuden* 1974.

Vom Arithmetikunterricht hebt sich die Geometrie in der Grundschule durch ein besonderes Charakteristikum ab, das wir bereits in Abschnitt 2.2.2 erwähnt haben: Die einzelnen Themen sind in sich geschlossen und können *unabhängig voneinander* aus Vorerfahrungen entwickelt werden. Es bedarf daher für die Geometrie in der Grundschule keines besonderen Lehrgangs.

3.2.1. Erfahrungen zu Formen und zur Symmetrie

3.2.1.1. Grundideen

Ein einfaches, aber sehr wichtiges Klassifikationsprinzip für geometrische Objekte unseres Erfahrungsraumes ist die „Dimension". Man unterscheidet *linienförmige* (eindimensionale), *flächige* (zweidimensionale) und *körperliche* (dreidimensionale) Gebilde. Punkten als abstrakten Idealgebilden ordnet man die Dimension 0 zu. Die natürliche Sprache ist sehr reich an Eigenschaften und Relationen, mit denen man geometrische Gebilde qualifizieren kann, und an Verben, die Handlungen an geometrischen Gebilden beschreiben.

Eigenschaften: lang, kurz, dünn, gerade, krumm, offen, geschlossen, eben, wellig, eckig, rund, symmetrisch, oval, kugelförmig, würfelförmig, bauchig, ...

Relationen: ... kreuzt ... , ... ist benachbart zu ... , ... begrenzt ... , ... ebenso lang wie ... , ... ist länger als, ... steht senkrecht auf ... , liegt zwischen ... , ... ist enthalten in ... , ... liegt zwischen ... , ...

Handlungen an Objekten: verschieben, drehen, umklappen, spiegeln, dehnen – stauchen, zerlegen – zusammensetzen, erweitern – reduzieren, vergrößern – verkleinern, verfeinern – vergröbern, messen, ...

Die elementaren Sätze der Geometrie sagen etwas aus über die Existenz gewisser Objekte, ihre Koexistenz in gewissen Konfigurationen,sowie über mögliche Operationen mit Objekten.

Einige grundlegende Sätze.

(1) Für jedes n gibt es regelmäßige *Vielecke* (Polygone) mit n Ecken.

(2) Es gibt genau 5 Typen *regulärer Polyeder:* Tetraeder, Würfel, Oktaeder, Dodekaeder, Ikosaeder.

(3) Es gibt genau drei Typen *regulärer Parkettierungen* der Ebene mit kongruenten regulären Vielecken: Parkettierungen mit regulären Dreiecken, mit Quadraten und mit regulären Sechsecken.

(4) Es gibt genau 8 Typen *semiregulärer Parkettierungen* mit regelmäßigen Vielecken verschiedener Sorten [1]).

(5) Die Ebene kann mit kongruenten Dreiecken beliebiger Form parkettiert werden, ebenso mit kongruenten Vierecken beliebiger Form.

(6) Existenz von Symmetrien beim gleichschenkligen Dreieck, Rechteck, Parallelogramm, Drachen, Kreis und Eigenschaften symmetrischer Figuren, Beschreibung der Symmetrien durch die *Symmetriegruppe.*

---

[1]) Vgl. zum Beispiel *Cundy, H. M.* and *Rollet, A. P.*, Mathematical Models, Oxford at the Clarendon Press, 1961, 60–63.

(7) Anzahl der Polyominos, Abzählprobleme (vgl. 3.1.5).

(8) *Spezielle Sachverhalte:*

(α) Zerlegbarkeit (Zusammensetzbarkeit) einer Figur in (aus) Teilfiguren.

(β) Parkettierungen mit Hilfe von Polyominos.

(γ) Übungen am Geobrett (Geoboard).

(δ) Kippungen einer Streichholzschachtel.

3.2.1.2. Niveau der Behandlung in der Grundschule

Die Schüler sollen anhand geeigneten konkreten und bildlichen Materials möglichst selbstständig erste geometrische Erfahrungen machen. Sie sollen vom einzelnen Beispiel aus zu Einsichten kommen und sich diese *plausibel* machen. Mathematische Beweise und die Notwendigkeit für Beweise sind Kindern der Grundschule noch nicht zugänglich, wohl aber können sie auf Warum-Fragen Antworten finden, die von einem höheren Standpunkt aus als Beweisideen erkennbar sind. Ein treffendes Beispiel findet man in ATM 1970, 138.

Die auf diese Weise gewonnenen Erfahrungen dienen für den Geometrieunterricht in der S I als Grundlage.

3.2.1.3. Anwendungen von Formen

Geometrische Formen werden im täglichen Leben, in der Familie und in der Kunst vielfach verwendet: Handtücher, Türen, Tische, Verkehrsschilder, Fliesen, Tapetenmuster, Verpackungen, Häuser, Türme usw.

Weiter werden mit Hilfe geometrischer Modelle nichtgeometrische Begriffe und Sachverhalte dargestellt. Die bildlichen Darstellungsmittel kann man als „geometrische Sprache" auffassen. Die moderne Mathematikdidaktik benützt solche Ikonisationen in sehr starkem Umfang (vgl. „Grundfragen", Abschnitt 8.2.2).

Schließlich werden durch die regelmäßigen Figuren und durch Parkettierungen zentrale Ideen der Naturwissenschaft erschlossen, etwa der regelmäßige Aufbau von Kristallen aus Elementarbausteinen.

3.2.1.4. Problemkontexte

(1) *Phänomenologischer Vergleich* (Gemeinsamkeiten, Ähnlichkeiten, Unterschiede) *verschiedener Objekte* mit dem Ziel der Herausarbeitung von Eigenschaften (linienhaft, flächig, räumlich). Material: Sammlung verschiedenartiger Gegenstände.

(2) *Phänomenologischer Vergleich verschiedener geometrischer Formen* (repräsentiert durch Modellklötze oder Modellfiguren) (vgl. z.B. *Mors* 1976, 50–52).

(3) *Detailuntersuchung der einzelnen Formen* (vgl. z.B. für den Würfel *Kuhn* 1976).

(4) *Polyominos* (vgl. Abschnitt 1.3.1).

(5) *Parkettierungen mit regelmäßigen Figuren gleicher Kantenlänge. Material:* Ausreichend viele regelmäßige Figurenplättchen. Frage: Mit welchen Plättchen (a) der gleichen Sorte, (b) verschiedener Sorten kann man ein Parkett (Pflaster) legen? (vgl. ATM 1970, Kapitel 7).

(6) *Dreh- und Wendespiele mit regelmäßigen Figuren* (vgl. ATM 1970, S. 139 ff., *Mors* 1976, 62–64).

(7) *Legespiele* (Zusammensetzspiele) (vgl. *Ellrott/Schindler* 1975, 279). Gegeben ist ein Satz geometrischer Figurenplättchen, durch deren geeignete Zusammensetzung verschiedene vorgegebene Umrisse ausgelegt werden können [1].

(8) *Kippungen einer Streichholzschachtel* (vgl. Abschnitt 1.3.3).

(9) Offene Aufgabe: Herstellung von Einrichtungsgegenständen für eine Puppenstube [2].

(α) Puppenbett. Form, Größe, Material (z.B. Kombination von Streichholzschachteln), Matratze, Bettuch, Kopfkissen, Zudecke (mit passenden Maßen).

(β) Möbel: Tische, Stühle (herstellbar z.B. aus Streichholzschachteln).

(γ) Plazierung der Möbel und Fixierung ihres Stellplatzes: Grundrißzeichnungen.

(10) *Übungen am Geobrett* (vgl. ATM 1970, 157–183). In seiner gebräuchlichsten Ausführung ist ein Geobrett ein quadratisches Stück Sperrholz, das in 5 X 5 = 25 quadratische Felder (von etwa 8 cm Seitenlänge) unterteilt ist. In den Mittelpunkten der Felder sitzen Nägel, die soweit herausragen, daß zwischen ihnen Gummibänder zu Vielecken verschiedener Formen gespannt werden können.

3.2.1.5. Hilfsmittel für das Lernen

Folgende Lernhilfen sollten herangezogen werden:

Konkrete Modelle und bildliche Darstellungen verschiedener Formen (Formenspiel von *H. Bauersfeld* u.a. [3], Cuisinaire-Stäbe, Kombikub [4]), selbstgefertigte Figuren und Modelle), Material für Legespiele, Folien für Wendespiele, Geobrett, Zeichenpapier, Zirkel, Lineal, Geodreieck, verschiedene Stifte.

Literatur

Mathematischer Hintergrund:

Aschkinuse, W. G., Vielecke und Vielfache, in: Enzyklopädie der Elementarmathematik, DVW Berlin, Bd. IV, 393–456.

Fejes-Toth, L., Reguläre Figuren, Budapest-Leipzig 1964.

Weyl, H., Symmetrie, Basel-Stuttgart 1955.

Didaktische Analysen und Unterrichtsbeispiele:

ATM 1970, Kapitel 7; *Bauersfeld* 1976; *Besuden* 1974; *Ellroth/Schindler* 1975, 276–286.

Harris, J./Fielker, D., Some thoughts about geometry, Math. Teaching **68** (1974), 10–14; *Kuhn* 1976.

Kuper, M./Walter, M., From edges to solids, Math. Teaching **74** (1976) 20–23; *Mors* 1976; *Winter* 1971b.

In der Zeitschrift *Educational Studies in Mathematics* 7 (1976) 203 ff. ist das Waterland-Projekt des IOWO Utrecht dargestellt, das viele anwendungsbezogene geometrische Fragestellungen ganzheitlich integriert.

---

[1] Legespiele sind zu beziehen von Klett und von der Firma Pussy.

[2] Diese Idee wurde bearbeitet in der Staatsarbeit von Ursula Schumacher, Praktische Ansätze zu geometrischen Begriffsbildungen, Pädagogische Hochschule Ruhr 1971.

[3] Schroedel, Hannover.

[4] Herder, Freiburg.

Aufgaben für die Leserin

1*. Stellen Sie aus Karton 10 Kopien eines Vierecks mit einer einspringenden Ecke her und überzeugen Sie sich, daß die Ebene mit diesen Figuren parkettiert werden kann.

2. Parkettieren mit Dominosteinen (1 X 2-Rechtecken). Gegeben sei ein 2 X n-Streifen. Die Anzahl der Möglichkeiten, ihn mit Dominos zu parkettieren, werde mit p_n bezeichnet. Ermitteln Sie $p_1, p_2, p_3, p_4, \ldots$ empirisch und finden Sie eine Rekursivformel.

3. Die Aufgabe über reguläre und semireguläre Parkettierungen ist sehr materialaufwendig. Überlegen Sie, wie viele einzelne Figuren der verschiedenen Typen ein Schüler etwa braucht (bzw. bei Partnerarbeit zwei Schüler brauchen). Wie kann man die Formen ökonomisch selbst herstellen?

4*. Welche Möglichkeiten bietet der in Ihrem Lande gültige Lehrplan „Kunst und Textilgestaltung" für eine Einbeziehung des Themas „Puppenstube" in den Kunstunterricht?

5. In welcher Weise können Prospekte von Fliesenfabriken in den Unterricht einbezogen werden?

3.2.2. Topologische Grunderfahrungen

Es scheint lohnend, vor der didaktischen Analyse des hier anstehenden Themas die Aufmerksamkeit auf den Verlauf der Diskussion zu richten, die schließlich zur Einbeziehung des Themas in den Grundschulunterricht geführt hat.

Der Anstoß zur „Topologie" [1]) kam ohne Zweifel von den psychologischen Untersuchungen der Genfer Schule um *Jean Piaget.* Versuche mit Kindern (deutsche Übersetzung *Piaget/Inhelder* 1971), noch mehr vielleicht aber theoretische Vorstellungen über die Konvergenz zwischen psychologischen Grundstrukturen und den von Bourbaki eingeführten Mutterstrukturen (von denen ein Typ gerade die topologischen Strukturen sind) führten Piaget und seine Mitarbeiter zu der Theorie von der psychogenetischen Priorität „topologischer" Begriffe vor „projektiven" und „euklidischen" Begriffen (*Piaget/Inhelder* 1971, 15): „Der kindliche Raum, der seinem Wesen nach aktiv und operatorisch ist, beginnt mit elementaren topologischen Anschauungen und wird erst viel später zugleich projektiv und euklidisch.... Der Geometrieunterricht würde sehr viel gewinnen, wenn er sich an die spontane Entwicklung der Begriffe anpaßte. Das gilt umsomehr, weil ... diese Entwicklung mit der Konstruktion der Mathematik viel näher verwandt ist als die meisten sogenannten ‚elementaren' Lehrbücher. Es ist gesagt worden, man müßte die Cantorsche Mengenlehre in der Grundschule unterrichten [2]). Unserer Meinung nach gilt beinahe dasselbe für die Elemente der Topologie."

So schön die Versuche in *Piaget/Inhelder* 1971 teilweise sind, so zweifelhaft sind jedoch die weit über die experimentellen Befunde hinausgehenden theoretischen Folgerungen [3]).

---

1) D.i. diejenige mathematische Disziplin, die sich aus der mathematischen Modellierung von Lage-, Nachbarschafts-, Umgebungs-, Zusammenhangs- und ähnlichen Beziehungen unter Ausklammerung euklidischer Begriffe wie Gerade, parallel, senkrecht, Länge, Winkelmaß entwickelt hat. Man hat die Topologie manchmal als „Geometrie ohne Maß" oder „Geometrie auf der Gummihaut" bezeichnet, was sehr grobe Bezeichnungen sind.

2) sic!

3) Vgl. dazu *Kapadia, R.,* A critical examination of Piaget-Inhelder's view on topology, Educ. Studies in Math. 5 (1974), 419–424 und *Martin, J. L.,* A test with selected topological properties of Piaget's hypothesis concerning the spatial representation of the young child, J. Res. Math. Educ. 7 (1976), 26–38.

Ein vermutlich zutreffenderes Bild erhält man, wenn man für die Entwicklung geometrischer Begriffe eine Wechselbeziehung topologischer und euklidischer Aspekte (wenn diese Termini überhaupt etwas bedeuten) annimmt, wie wir sie schon bei der Entwicklung des Zahlbegriffs diskutiert haben.

Überraschenderweise haben sich nun viele der von *Piaget* angeregten Unterrichtsvorschläge zur „Topologie", nachdem sie einmal existierten, hinsichtlich der in der Einleitung zu diesem Kapitel genannten Kriterien als sehr wertvoll erwiesen, so daß sie des ursprünglichen Bezugs zur Piagetschen Psychologie nicht mehr bedürfen.

3.2.2.1. Mathematischer Hintergrund

Die Themen, die wir hier didaktisch analysieren wollen, gehören überwiegend zur Linien- und Flächentopologie. Zu den Flächen, die für die Grundschule von Interesse sind, gehört außer den allgemein bekannten Flächen Ebene und Kugel auch der Torus und das Möbiusband (herzustellen aus einem Rechteckstreifen, der einmal verdrillt und an den Schmalseiten zusammengeklebt wird). Wenn man auf einer beliebigen Fläche Punkte wählt und Linien zeichnet, die von den gezeichneten Punkten ausgehen und in ihnen enden, erhält man einen (geometrischen) *Graphen.* Der Begriff „Graph" ist von außerordentlicher Bedeutung für die Modellierung von Situationen, bei denen zwischen gewissen Objekten Verbindungen oder Beziehungen bestehen: Verkehrsnetze, Wegenetze, Relationsgraphen (vgl. 1.5.2) usw. Abstrakt kann man einen Graphen definieren[1]) als eine (nichtleere) Menge von Elementen zusammen mit einer zweistelligen Relation. Abstrakte Graphen kann man geometrisch realisieren, wenn man den Elementen eineindeutig Punkte einer Fläche zuordnet, und für jedes Relationspaar die entsprechenden Punkte durch eine Linie verbindet.

Die ersten Graphen, die in der historischen Entwicklung der Mathematik eine Rolle gespielt haben, waren diejenigen Graphen, die von der Menge der Ecken eines Polyeders mit der Relation „ ... ist durch eine Kante verbunden mit ... " gebildet werden. Von daher rühren die Termini „Ecken" und „Kanten" für die Elemente bzw. Paare von Elementen. (Für weitere Einzelheiten vgl. *Müller/Wölpert* 1976.)

Einen zusammenhängenden Graphen (d.h. jede Ecke kann durch eine Folge von Kanten mit jeder anderen verbunden werden) nennt man ein *Netz.* Ein Netz auf einer Fläche nennt man eine *Landkarte.* Die Anzahl der in einer Ecke eines Netzes eintreffenden Kanten nennt man Kantenzahl der Ecke.

Folgende Probleme sind klassische Probleme bzw. Sätze der Topologie.

(1) *Durchlaufbarkeit eines Netzes, so daß jede Kante genau einmal durchlaufen wird* (Existenz Eulerscher Wege).

Lösung: Genau diejenigen Netze, deren Ecken (a) gerade Kantenzahlen oder (b) bis auf zwei Ausnahmen gerade Kantenzahlen haben, sind in einem Zuge durchlaufbar (*Euler*).

Der Beweis beruht darauf, daß bei jedem Durchgang durch eine Ecke die Kantenzahl um 2 sinkt. Bei Ecken gerader Kantenzahl sind daher fortgesetzte Durchgänge möglich bis alle Kanten ausgenützt sind. Bei Ecken ungerader Kantenzahl bleibt eine Kante

[1]) Es gibt verschiedene Definitionen.

übrig, die Anfang bzw. Ende eines Weges sein muß. Sind nur zwei Ecken ungerader Kantenzahl vorhanden, dann gibt es einen Weg, der bei der einen dieser beiden Ecken beginnt, bei der anderen endet und alle Kanten durchläuft (vgl. *Müller/Wölpert* 1976, 45 ff.).

(2) *Durchlaufbarkeit eines Netzes, so daß jede Ecke genau einmal durchlaufen wird* (Hamiltonsche Wege). Die Charakterisierung solcher Netze ist ein ungelöstes Problem.

(3) *Eulerscher Polyedersatz für Landkarten in der Ebene:* Für die Anzahl E der Ecken, K der Kanten und F der Flächen (Länder) gilt

$$E + F - K = 2.$$

(4) *Färbungsprobleme für Landkarten.* Gegeben ist eine Landkarte. Gesucht ist die minimale Anzahl der Farben, die benötigt werden, um die Landkarte so zu färben, daß Länder, die eine Grenze (Kante) gemein haben, verschiedene Farben benötigen.

Bis heute nicht bewiesen ist die Cayleysche Vermutung, nach der für jede Landkarte vier Farben ausreichen. Bewiesen ist nur, daß jedenfalls fünf Farben ausreichen (Fünffarbensatz). Für gewisse Typen von Landkarten gibt es vollständige Lösungen (z.B. Zweifarbensatz, vgl. *Hering* 1974).

3.2.2.2. Niveau und Umfang der Behandlung in der Grundschule

Sämtliche oben angegebenen Probleme können in der Grundschule an Beispielen aufgegriffen werden, an denen die „Ecken“ und „Kanten“ und die Fragestellung eine konkrete Bedeutung haben. Anstelle der abstrakten Termini ist ganz auf eine der jeweiligen Situation angemessene Situationssprache zurückzugreifen (z.B. „Orte“ und „Wege“ in einem Verkehrsnetz). Glücklicherweise sind die von den Mathematikern ursprünglich untersuchten Problemstellungen (Königsberger Brückenproblem, Färben von Landkarten) selbst konkret.

Wie auch sonst empfiehlt sich ein experimenteller Zugang. Die Kinder sollen probieren und über ihre erfolgreichen oder nicht erfolgreichen Versuche nachdenken. Vielleicht erkennen sie dabei allgemeine Gesetzmäßigkeiten und Gründe für Erfolg bzw. Nichterfolg.

3.2.2.3. Problemkontexte

(1) *Von Königsdorf zu Königsberg* (vgl. Abschnitt 1.3.3, *Niman* 1975).

(2) *Durchlaufen einer Wohnung* mit verschiedenen Zimmern und Türen dazwischen, so daß jede Tür genau einmal passiert wird.

Das Problem ist äquivalent zum Durchlaufen von Netzen, weil man jedes Zimmer und die Umgebung der Wohnung als „Ecke“ und Verbindungstüren als „Kanten“ ansehen kann (vgl. *Galtier* 1973).

(3) *Ein Weg durch den Wuppertaler Zoo.* Vorgegeben ist der Zooplan (vgl. 1.3.3). Die Kinder dürfen zunächst die Tiere ankreuzen, die sie besuchen wollen. Anschließend gilt es, einen Weg zu finden, der sie an jeder angekreuzten Stelle genau einmal vorbeiführt.

(4) *Färben von Landkarten* (vgl. *Hering* 1974).

(5) *Erzeugung von Graphen mit vorgegebenen Eigenschaften*

Beispiele:

(a) Zeichne alle verschiedenen Netze mit drei Ecken! (Was „verschieden" sein soll, bleibt mit den Kindern erst zu diskutieren.)

(b) Zeichne ein Netz mit 4 Ecken. Jede Ecke soll die Kantenzahl 3 haben.

Diese Aufgaben sind besonders kreativitätsfördernd.

(6) *Herstellung und vergleichende Untersuchung des Kreisbandes und des Möbiusbandes* (vgl. *Müller/Wölpert* 1976, 118 ff.).

(7) *Relationsgraphen* (vgl. z.B. *Hole* 1975).

Geeignete Hilfsmittel sind für (1)–(5) Farbstifte oder Filzstifte in verschiedenen Farben. Damit Versuche leicht korrigiert werden können, empfehlen sich Folien, die über ein Netz gelegt werden können und auf die mit Filzstiften gezeichnet werden kann.

Literatur

Mathematischer Hintergrund: Müller/Wölpert 1976, Kapitel 3–6.

Psychologische Untersuchungen: Steiner, G. 1973, 76–120, *Stückrath* 1963.

Didaktische Analysen und Unterrichtsvorschläge:

Ellrott/Schindler 1975, *Gultier* 1973, *Hering* 1974, *Hole* 1975, *Löttgen* 1972, *Niman* 1975, *Winter* 1971b.

Einen guten Überblick geben die Analysen zu „Geometrie in der Grundschule" in ZDM 1976, Heft 1, 1–18, Heft 2, 49–79 (vgl. insbesondere die Beiträge von *Klose/Krauter* und von *Bodendiek* in Heft 2).

Aufgaben für die Leserin

1*. In Bild 1 ist der Eckengraph des Ikosaeders abgebildet. Finden Sie einen Hamiltonschen Rundweg. Beachten Sie, daß eine Folie hilfreich ist.

Die Firma 3 M bietet vorgezeichnete Figuren als ein Spiel „Hedron" an.

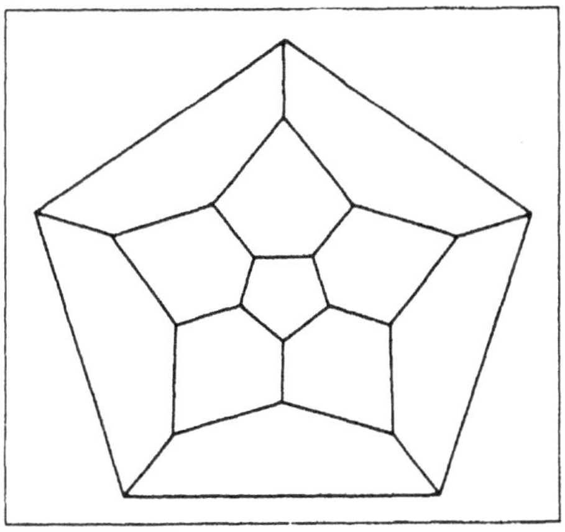

Bild 1

2*. Finden Sie einen Weg durch das Haus in Bild 2, der durch jede Tür genau einmal führt.

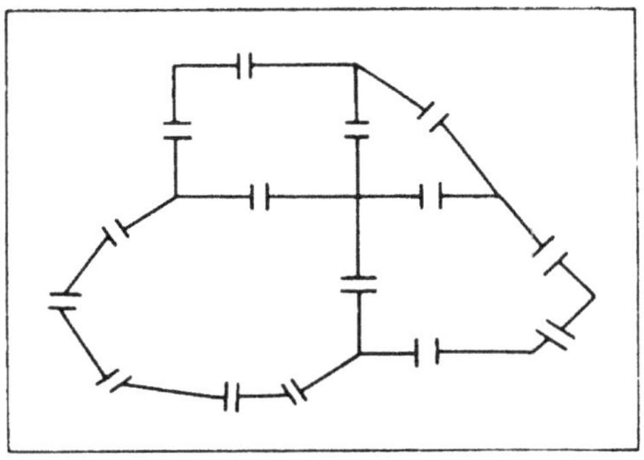

Bild 2

3*. Eine Landkarte mit lauter Ecken gerader Kantenzahl ist mit zwei Farben zu färben (vgl. z.B. *Hering* 1974). Versuchen Sie, folgende Idee zu einem Beweis auszubauen: Wähle eine beliebige Ecke und beginne, die Länder, die in der Ecke zusammenstoßen, abwechselnd in der einen und anderen Farbe zu färben. (Warum „schließen" sich diese Färbungen, wenn man einmal herum ist?) Setzen Sie die an anderen Ecken induzierten Färbungen in entsprechender Weise fort. Warum gibt es nie Komplikationen?

4*. Überlegen Sie, wie in eine experimentelle Untersuchung von Landkarten mit dem Ziel „Eulerscher Polyeder-Satz" eingeführt werden könnte.
Für einen operativen Beweis des Satzes vgl. z.B. *Wittmann, E.* Eine Erweiterung des operativen Prinzips, in: Festschrift für Wilhelm Oehl, Hannover 1976, 168–169.

5. Warum ist bei Eltern für den vorliegenden Themenkreis wenig Verständnis zu erwarten? Was würden Sie zur Verteidigung anführen, wenn Sie eine Mutter oder ein Vater kritisch befragt?

3.3. Strategische Spiele

Der Themenkreis „Strategische Spiele" taucht in der Übersicht von Abschnitt 2.2 mit Recht nicht auf, denn es handelt sich hier um einen Inhalt, der in der Grundschule nicht in erster Linie an sich interessant ist. Daß wir ihn im vorliegenden Abschnitt trotzdem analysieren, hat seinen Grund darin, daß strategische Spiele einen Aspekt des Arbeitens mit Kindern sehr deutlich zu illustrieren erlauben, auf den wir besonderen Wert legen: die Förderung kognitiver Strategien und die Erarbeitung sowie Übung von Fertigkeiten *anhand möglichst substantieller Probleme, die von den Kindern experimentell untersucht werden können.*

Den Zugang zum Mathematiklernen über sogenannte „lernorientierte Spiele" bewußt entwickelt zu haben, ist wohl einer der entscheidenden Beiträge von *Dienes* zur neueren Didaktik. Im Anschluß an *Dienes* haben viele Autoren Beispiele konstruiert (vgl. *Homann* 1974). Bei aller Bedeutung, die wir diesem Ansatz im Prinzip zumessen, muß aber die große Gefahr der Künstlichkeit, Irrelevanz und Willkür gesehen werden, in die man bei der Konstruktion von lernorientierten Spielen leicht verfällt. Viele Beispiele von *Dienes* (etwa in *Dienes* 1967) lassen sich hier als Beleg anführen. Es ist in diesem Zusammenhang von besonderem Gewicht, daß die im vorliegenden Abschnitt thematisierten Spiele nicht von Didaktikern künstlich konstruiert worden sind, sondern eine *mathematische Authentizität* besitzen.

3.3.1. Grundideen

Ein Musterbeispiel für strategische Spiele ist das in Abschnitt 1.2.9 beschriebene NIM-Spiel, an dem sich alle wesentlichen Begriffe exemplarisch illustrieren lassen: Spielregel, Spielzug

(Zug), Spielstand (Position), Anfangsposition (Stand am Anfang), Endposition (Stand am Ende), von einer bestimmten Position aus mögliche Züge, Gewinn, Verlust, Strategie (Spielen nach Plan), Gewinnstrategie (Strategie, die bei rationalem Spielen Gewinn garantiert).

Zur Abgrenzung von anderen Spielen ist es wichtig, daß bei NIM die einzelnen Züge nicht durch Zufallsmechanismen ausgewählt werden (wie es bei stochastischen Spielen der Fall ist), sondern von den Spielern selbst festgelegt („determiniert") werden. Weiter ist dem Spieler bei jedem Zug der Spielstand völlig bekannt (im Gegensatz etwa zu einem Kartenspiel). Das NIM-Spiel gehört somit zu einer Klasse strategischer Spiele, die man als *deterministische Zweipersonenspiele mit vollständiger Information* bezeichnet. Für diese Klasse, auf die wir uns im vorliegenden Abschnitt beschränken wollen, gilt folgender Hauptsatz:

Gegeben ein strategisches Zweipersonenspiel mit vollständiger Information. Dann gibt es eine Strategie, die entweder dem als ersten ziehenden Spieler oder dem als zweiten ziehenden stets Gewinn oder zumindest Patt garantiert. Falls Patt nicht vorkommen kann, besitzt genau einer der beiden Spieler eine Gewinnstrategie.

Bemerkung: Welcher der beiden Spieler eine Gewinn- bzw. Pattstrategie hat, und wie diese Strategie aussieht, ist für viele Spiele nicht bekannt, z.B. für das Schachspiel nicht.

Der Beweis des Satzes kann hier nicht wiedergegeben werden[1]. Wir wollen jedoch die Beweisidee anhand eines NIM-Spieles illustrieren. Wir wählen den Fall, wo ein oder zwei Plättchen gelegt werden dürfen und der Spieler gewinnt, der als erster die Zahl 15 erreicht. Jedem strategischen Spiel kann ein *Spielbaum* zugeordnet werden, dessen Ecken (Knoten) die Positionen und dessen Kanten die möglichen Züge von einer Position zu anderen Positionen bedeuten. Bild 1 zeigt das Anfangsstück des Spielbaums für unseren Spezialfall.

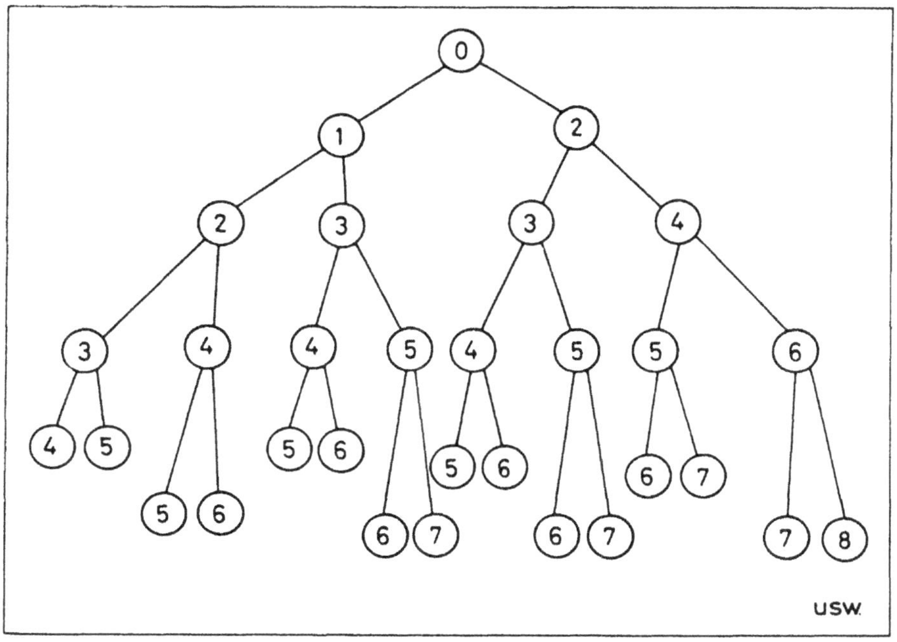

Bild 1

[1] Vgl. z.B. *Berge,* Graphes et hypergraphes, Paris 1970, chap. 14.

Es läßt sich zeigen, daß aus der Menge der Knoten des Spielbaumes eine Teilmenge S ausgewählt werden kann, für die folgendes gilt:

(α) Jeder Zug, der von einem Knoten in S ausgeht, führt *notwendig* zu einem Knoten außerhalb von S.

(β) Zu jedem Knoten außerhalb von S, der keine Endposition markiert, gibt es einen Zug, der zu einem Knoten in S führt.

(γ) Gewinnbringende Endpositionen liegen in S, verlustbringende außerhalb.

Für das Spiel bedeutet die Menge S folgendes: Ein Spieler, der mit einem Zug einmal in die Menge S gelangt ist, kann es einrichten, daß er, solange das Spiel nicht beendet ist, stets mit jedem Zug wieder nach S zurückkehrt. Diese Strategie sichert ihm Gewinn oder zumindest Patt, da Endpositionen außerhalb von S Verlust- oder Pattpositionen sind.

In unserem Spezialfall ist die Menge S (die man inhaltlich als Menge der „sicheren" Positionen betrachten kann) definiert durch die Menge der Knoten, die mit einem Vielfachen von 3 bezeichnet sind. Die Anfangs- und Endpositionen (0 Plättchen, 15 Plättchen) gehören zu S. Daher besitzt der zweite Spieler eine Gewinnstrategie.

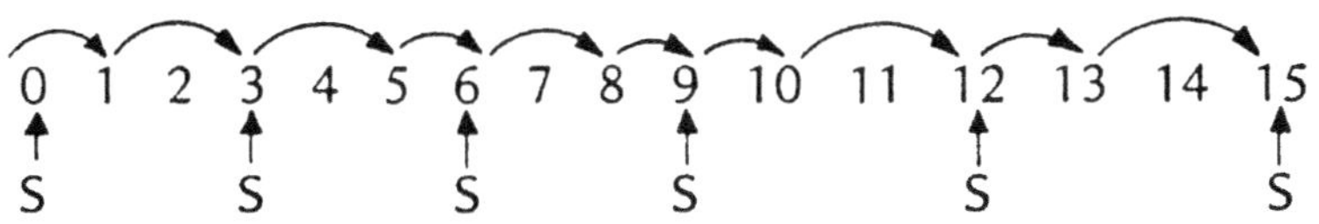

Der erste Spieler ist bei jedem Zug gezwungen, S zu verlassen. Der zweite Spieler kann stets zu einem Element von S zurückkehren. Falls wir 16 Plättchen anstelle von 15 Plättchen betrachten, ist S zu definieren als die Menge der Positionen mit Zahlen, die bei Division durch 3 den Rest 1 ergeben. In diesem Fall gehört die Anfangsposition nicht zu S, so daß der erste Spieler eine Gewinnstrategie hat. Denn mit dem ersten Zug $0 \rightarrow 1$ gelangt er nach S, und kann immer nach S zurück, bis er die Gewinnposition 16 erreicht hat.

Deterministische Spiele gehören zur „reinen" Mathematik, da sie keine interessanten Anwendungen besitzen. Dagegen finden stochastische Zwei- und Mehrpersonenspiele (relevant für SI und SII) wichtige Anwendungen in der Ökonomie. Der deutsche Nobelpreisträger *M. Eigen* hat ein Buch geschrieben, in dem stochastische Kugelspiele zur Simulation und Illustration biologischer Phänomene verwendet werden[1]). Die Grundidee des strategischen Verhaltens ist schon im täglichen Leben von Bedeutung. Es ist klug, im Umgang mit Menschen – den man in vagem Sinn als strategisches Spiel betrachten kann – die eigenen Aktionen zur Erreichung eines Zieles nicht blind, sondern unter Einbeziehung zu erwartender Reaktionen der Mitbetroffenen zu planen.

3.3.2. Niveau der Behandlung in der Grundschule

Die Idee des strategisch und taktisch klugen Verhaltens ist Kindern aus eigenen Spielerfahrungen und Beobachtungen im täglichen Leben bekannt. Hieran anschließend sind strategische Spiele, deren Züge an konkreten Material oder an Zeichnungen ausgeführt werden können, leicht verständlich zu machen. Die Kinder sollen im Spiel durch Beobachtung des Spielverlaufes Vermutungen für strategisch kluges Spielen entwickeln, diese

[1]) *Eigen, M./Winkler, R.*, Das Spiel, München 1975

Vermutungen testen und dabei erhärten bzw. modifizieren, erweitern usw. Das Funktionieren einer Strategie sollte an vielfältigen Spielverläufen inhaltlich eingesehen werden. Die Lehrerin darf den Kindern nicht verbal-begriffliche Beschreibungen und Begründungen aufdrängen, sondern sollte die Kinder zu Beschreibungen und Begründungen anregen und entsprechende Beiträge der Kinder zur Diskussion stellen, ordnen und sprachlich verbessern. Strategische Spiele werden am besten an geeigneten Stellen des Arithmetik- und Geometrieunterrichts eingebaut und dienen dann zunächst der Stabilisierung gewisser arithmetischer und geometrischer Fertigkeiten. Darüber hinaus fördern sie die allgemeinen Lernziele „argumentieren" und „sich kreativ verhalten". Unter dem Aspekt der Fortsetzbarkeit ist eine Analogie wichtig, auf die Winter aufmerksam gemacht hat: Das schematische Operieren in Regelspielen ist wesensverwandt mit dem mathematischen Beweisen, wie die folgende Gegenüberstellung zeigt [1].

Axiome	Ausgangspositionen
Folgerungsregeln	Spielregeln
gefolgerte Sätze	erreichbare Spielsituationen

3.3.3. Strategische Spiele, die sich für die Grundschule eignen

(1) *NIM* (vgl. Abschnitt 1.2.9).

(2) *Spiel von Grundy*

Ausgangsposition: Eine unzerlegte „Menge" von n Plättchen.

Spielregeln: Die beiden Spieler zerlegen abwechselnd die „Menge" bzw. eine der schon gebildeten „Teilmengen" in zwei „Teilmengen" ungleicher Mächtigkeit weiter.

Gewinnregel: Wer als letzter zieht, hat gewonnen.

Der Spielbaum für $n = 7$ findet sich in Bild 2. Die stark gezeichneten Pfeile sichern dem zweiten Spieler den Sieg.

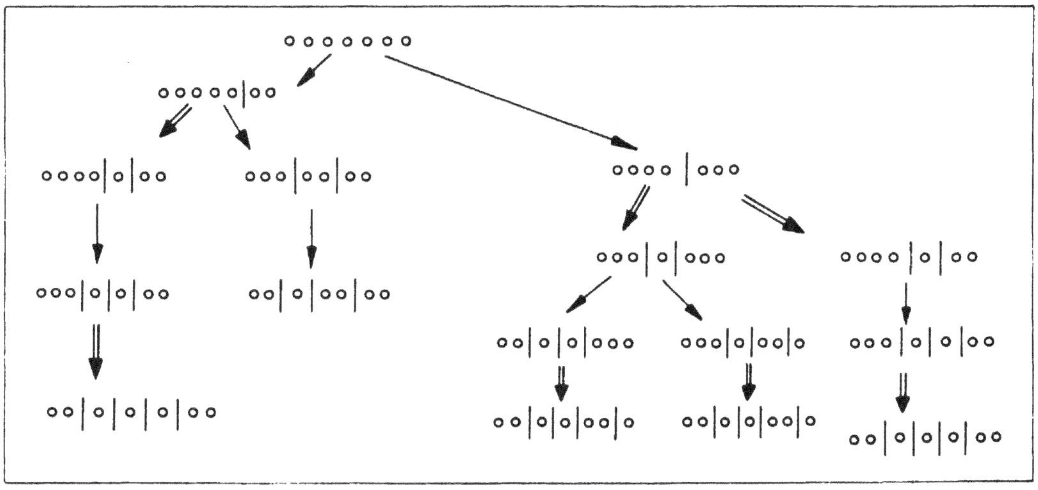

Bild 2

[1] Vgl. hierzu auch *Walter, G.*, Protologische Spiele – eine Möglichkeit zur Vorbereitung syntaktischer Beweise. Beiträge zum Mathematikunterricht 1974, Hannover 1975, 110–115.

Für kleine n kann man die Spielverläufe anhand von Spielbäumen vollständig übersehen. Eine allgemeine Strategie in Abhängigkeit von n ist nicht bekannt. Das Spiel hat den Vorteil, daß es im Erstrechenunterricht vom Zehnerraum in den Zwanzigerraum „mitwachsen" kann und daß die wichtige Fertigkeit „Zerlegen" in zwei Summanden" geübt wird.

(3) *Spiel von Northcott.* Gespielt wird auf dem Spielfeld von Bild 3, das gleichzeitig die Anfangsposition zeigt.

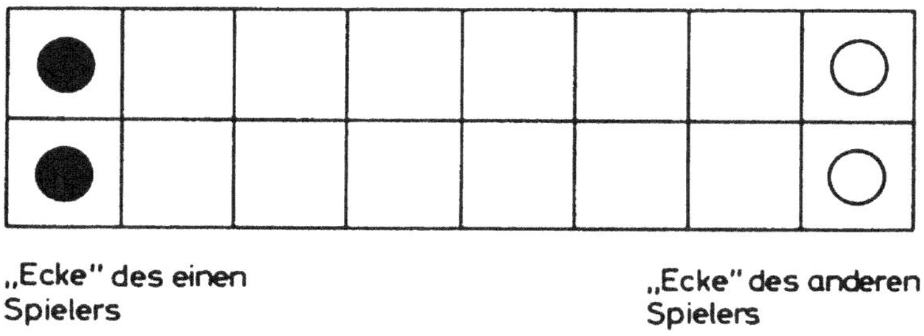

Bild 3

Spielregel: Die Spieler rücken abwechselnd je eine ihrer beiden Marken nach Wahl vorwärts oder rückwärts (nicht schräg). Wie weit sie rücken, dürfen sie selbst bestimmen. Überspringen eines gegnerischen Steins ist verboten.

Gewinnregel: Wem es gelungen ist, beide gegnerische Steine einzusperren, der hat gewonnen.

Bei dem Spiel gibt es eine einfache Strategie. Eine Position heißt ausgeglichen, wenn der Abstand der Marken auf den beiden Bahnen des Spielfelds gleich ist. Sowohl die Anfangs- als auch beide Endpositionen (Einsperren eines der beiden Spieler) sind ausgeglichen. Jeder Zug aus einer ausgeglichenen Position führt notwendig in eine nicht ausgeglichene. Von einer nicht ausgeglichenen Position kann man durch Verkürzen des längeren Abstandes zu einer ausgeglichenen Position kommen. Aus den allgemeinen Überlegungen in 3.3.1 folgt, daß der zweite Spieler eine Gewinnstrategie hat.

Varianten:

(α) Verlängerung des Spielfeldes: Die Strategie kann beibehalten werden.

(β) Hinzufügung einer weiteren Bahn: Der erste Spieler hat eine Gewinnstrategie, da er sich, wenn er beim ersten Zug einen Stein des Gegners einsperrt, bezüglich der beiden verbleibenden Bahnen in die Position des zweiten Spielers bringt.

(4) *Tic–Tac–Toe* (Nullen und Kreuze) (vgl. ATM 1970, 218).

Das Spielfeld besteht aus einem 3 X 3-Quadrat, in dessen freie Felder die beiden Spieler abwechselnd ihr Zeichen, der eine Spiele ein Kreuz (X), der andere eine Null setzen (Bild 4).

0	X	0
X	X	0
	0	X

Bild 4

Gewonnen hat, wer eine Zeile, Spalte oder Diagonale ganz mit seinen Zeichen füllt. Bei diesem Spiel haben beide Spieler eine Patt-Strategie.

Varianten:

(α) „Wild tic–tac–toe": Bei jedem Zug dürfen die Spieler zwischen den Zeichen X und 0 wählen. In diesem Fall hat der erste Spieler eine Gewinnstrategie, die darin besteht, zuerst den Mittelplatz mit X zu besetzen und dann solange symmetrisch zum Gegner X zu setzen, bis sich Gelegenheit für eine Bank ergibt.

(β) „Reverse tic–tac–toe": Die Gewinnregel wird gegenüber „tic–tac–toe" so verändert, daß derjenige Spieler verliert, der zuerst eine Bank zeichnen muß. Der erste Spieler hat eine Pattstrategie.

(5) *Ein Spiel von Conway*

Ausgangsposition: Zwei Punkte auf einem Blatt Papier (aufgefaßt als trivialer Graph ohne Kanten).

Spielregeln: Die Spieler erweitern abwechselnd den jeweils vorliegenden Graphen, indem sie an vorhandene Ecken eine neue Kante anfügen und auf dieser Kante eine neue Ecke eintragen. Überschneiden der Kanten ist verboten. Keine Ecke des Graphen darf eine höhere Kantenzahl als 3 erhalten.

Gewinnregel: Wer als letzter eine Kante zeichnen kann, gewinnt.

Kanten dürfen auch als Schleifen (mit Beginn und Ende in ein und derselben Ecke) gezeichnet werden. Jede Schleife trägt die Kantenzahl 2 bei.

Ein möglicher Spielverlauf ist in Bild 5 wiedergegeben, wobei die Ausgangspunkte als kleine Kreise gezeichnet sind.

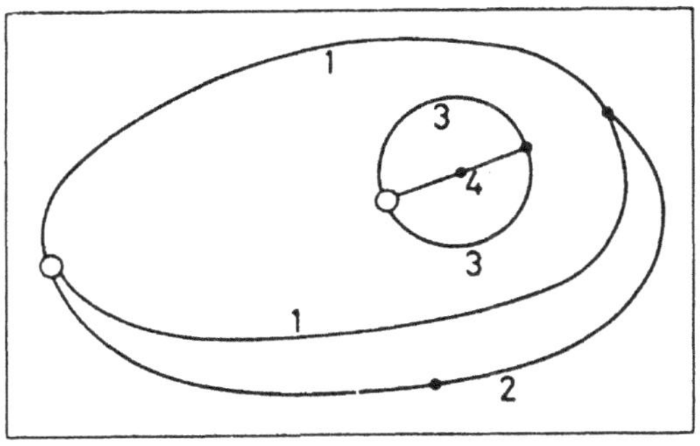

Bild 5

Der zweite Spieler gewinnt, indem er das Spiel in zwei Teile zerlegt, die sich um die beiden Ausgangspunkte ranken. Für den ersten Spieler gibt es außer dem Zug 1 in Bild 5 noch zwei Möglichkeiten der Eröffnung (Bild 6).

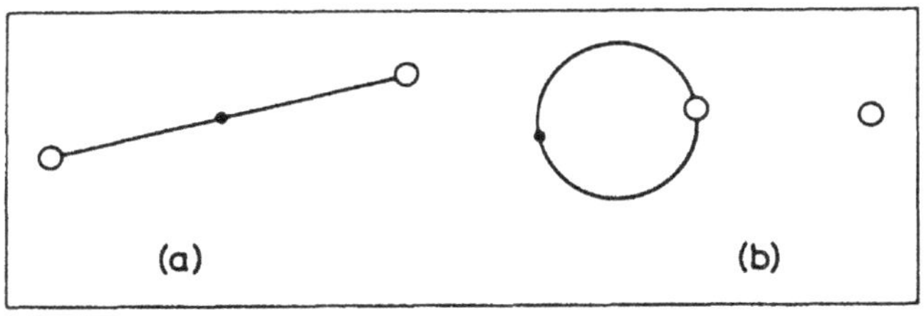

Bild 6

Im Falle (a) kann der zweite Spieler gewinnen, indem er seine folgende Kante ebenfalls an die Ausgangspunkte anhängt. Es entsteht dann ein „Ring", auf dem vier

Ecken mit je der Kantenzahl 2 sitzen. Dem ersten Spieler bleibt nur übrig, zwei dieser Ecken *entweder* innerhalb *oder* außerhalb zu verbinden. Der zweite Spieler kann dann die beiden restlichen Ecken entsprechend außerhalb oder innerhalb verbinden. Es sind dann zwar noch zwei Ecken mit der Kantenzahl 2 verfügbar. Die eine befindet sich aber innerhalb des ursprünglichen Ringes, die andere außerhalb, so daß der erste Spieler nicht mehr – wie verlangt ohne Überschneidung – ziehen kann.

Im Falle (b) kann der zweite Spieler ebenfalls gewinnen.

(6) *Das Spiel NAB* [1)]

Gespielt wird auf einem Spielfeld, das aus einer Pyramide von 15 Kreisen besteht (Bild 7).

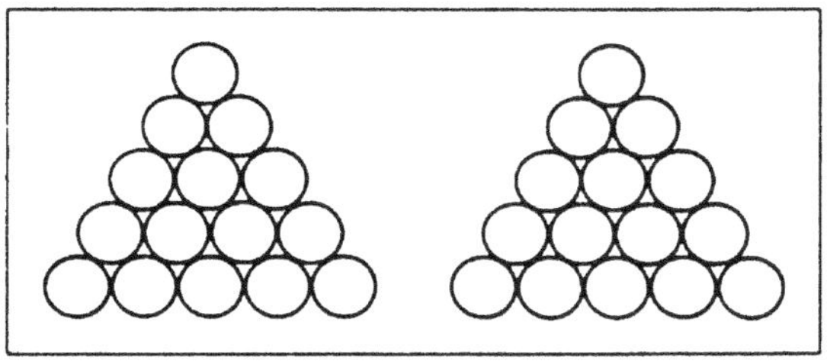

Bild 7

Spielregeln: Die Spieler streichen abwechselnd 1 bis 5 Kreise weg. Mehrere Kreise dürfen nur dann gestrichen werden, wenn sie eine zusammenhängende geradlinige Kette bilden (d.h. die Mittelpunkte liegen auf einer Geraden, die Kreise berühren sich).

Gewinnregel: Gewonnen hat, wer als letzter Kreise wegstreicht.

Eine Strategie ist uns nicht bekannt.

Varianten: Anstelle mit einer fünfstöckigen Pyramide mit einer vierstöckigen Pyramide (Bild 8).

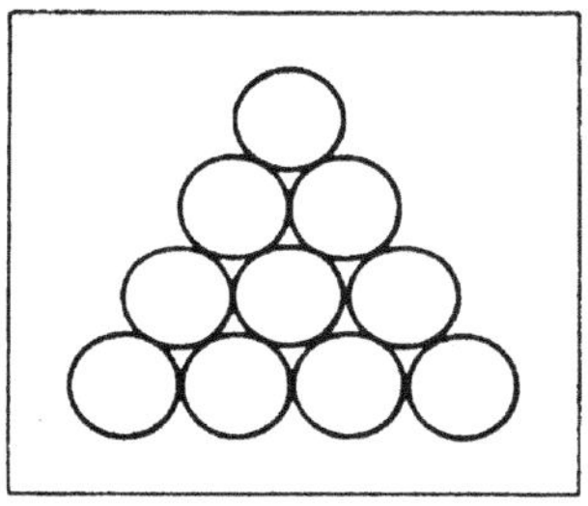

Bild 8

Man kann mit einer mühsamen Fallunterscheidung zeigen, daß der erste Spieler eine Gewinnstrategie hat, die mit dem Streichen des 3. Stockwerks (2 Kreise) beginnt.

Aufgaben für die Leserin

1. Zeigen Sie im Anschluß an 3.3.1, daß der zweite Spieler dann eine Gewinn- oder Pattstrategie hat, wenn die Anfangsposition zu S gehört und der erste Spieler dann, wenn die Anfangsposition nicht zu S gehört.

---

1) Ein Heft mit Spielfeldern wird von der Firma 3M vertrieben. Die Anwendung von Folien und Filzstiften hilft dabei sparen.

2. Welcher der beiden Spieler hat beim Spiel von *Grundy* im Fall n = 8 eine Gewinnstrategie?
3. Anstelle der zwei Bahnen im Spiel von Northcott werden vier verwendet. Welcher Spieler hat eine Gewinnstrategie? Drei Bahnen? Acht Bahnen? (Schachbrett als Spielplan).
4. Zeigen Sie, daß das Spiel von *Conway* nach höchstens 5 Zügen beendet ist.
5*. Das Spiel von *Conway* kann man auch mit 3 statt 2 Ausgangspunkten spielen. Zeigen Sie, daß in diesem Fall der erste Spieler eine Gewinnstrategie hat. Zeigen Sie, daß das Spiel nach höchstens 8 Zügen beendet ist.
6. Wie kann die Lehrerin die Spiel- und Gewinnregeln eines Spieles am wirksamsten einführen?
7. Für das Spiel NAB ist uns keine Strategie bekannt. Schüler werden aller Voraussicht nach auch keine Strategie finden. Dies ist mathematisch ein Nachteil. Diskutieren Sie darüber, inwieweit es pädagogisch gesenen ein Vorteil sein könnte.

Literatur

Mathematischer Hintergrund:

Berge, C., Graphes et hypergraphes, Paris 1970.

Conway, On Numbers and Games, London 1976.

Didaktische Analysen und Unterrichtsbeispiele:

ATM 1970, Kapitel 10.

Gnirk/Homann/Lubeseder 1970.

Schrage, G., Strategische Spiele und ihre Bedeutung für den Mathematikunterricht, Archimedes 24 (1972), 75–79 und 114–119.

3.4. Elementare Stochastik [1]

Im Gegensatz zu den anderen in diesem Abschnitt behandelten Themen wurde das Thema „Stochastik" erst Ende der sechziger Jahre auf seine Einbeziehung in den Grundschulunterricht hin diskutiert. Der Grund dafür liegt darin, daß das Thema weder Wurzeln im traditionellen Rechenunterricht besitzt noch von der „Neuen Mathematik" miterfaßt wurde, sondern sich erst in konsequenter Anwendung mathematikdidaktischer Grundauffassungen ergab, die sich um diese Zeit herausbildeten.

Folgende gedankliche Linie führt zu der Forderung, Elemente der Stochastik in den Grundschulunterricht aufzunehmen:

(1) Aufgabe des Mathematikunterrichts an den allgemeinbildenden Schulen ist es u.a., von der Mathematik aus zu einem Verständnis der natürlichen und gesellschaftlichen Wirklichkeit beizutragen. Diese Wirklichkeit wird aber in hohem Maße von Zufallsphänomenen beherrscht, so daß die mathematischen Methoden und Theorien über Zufallsphänomene, nämlich Wahrscheinlichkeitsrechnung und Statistik, besondere Bedeutung erhalten.

(2) Nach dem Spiralprinzip ist es nicht sinnvoll, das Thema „Stochastik" bis in die Sekundarstufe aufzuschieben. Die Kinder sollen vielmehr bereits in der Grundschule Gelegenheit erhalten, sich mit stochastischen Phänomenen ihres Erfahrungsbereiches

---

[1] „Stochastik" ist ein kurzes Wort für „Wahrscheinlichkeitsrechnung und Statistik".

auseinanderzusetzen und dabei intuitive Ideen zum Ordnen, Beschreiben und Erklären stochastischer Phänomene zu erwerben.

(3) Ein früher Stochastikunterricht ist lernpsychologisch deshalb notwendig, weil sich ohne systematische Anleitung leicht Fehlauffassungen über Zufallsphänomene fixieren, die einen späteren Unterricht entscheidend erschweren können.

Wesentliche didaktische Beiträge zur Stochastik in der Grundschule sind *Varga* 1972 und *Winter* 1976a zu verdanken, die sich an entsprechende Vorschläge von *Engel* für die Sekundarstufe I anschließen. Bei der folgenden didaktischen Analyse stützen wir uns hauptsächlich auf die gründliche Studie *Heitele* 1976 und auf *Winter* 1976a.

3.4.1. Mathematischer Hintergrund

Heitele (1976, 94–103) arbeitet folgende elf fundamentalen Ideen der Stochastik heraus:

(0) Ein Zufallsexperiment wird durch ein *Modell* erfaßt, in dem die als wesentlich angesehenen stochastischen Daten mit ihren Beziehungen untereinander dargestellt sind. Die *Wahrscheinlichkeitstheorie* untersucht mögliche stochastische Modelle und die mathematischen Folgerungen, die man in ihnen ziehen kann. Die *Statistik* beschäftigt sich mit der Frage, wie man für eine Zufallserscheinung aus einer Klasse von Modellen „passend" bzw. „nicht passend" erscheinende Modelle herausfinden kann.

(1) *Normierung des Erwartungsgefühls*
Die „Chance", die man dem Eintreffen eines bestimmten Ereignisses A bei dem Experiment einräumt, wird quantitativ durch eine Zahl p(A) des Intervalls [0; 1] ausgedrückt (Wahrscheinlichkeit des Ereignisses A).

(2) *Das Wahrscheinlichkeitsfeld*
Die Ergebnisse (Ausfälle, Auskommen, Stichproben), die man einem Zufallsexperiment zuordnet, werden nicht isoliert betrachtet, sondern zu einer Ereignisalgebra zusammengefaßt, innerhalb der mit ihnen logisch operiert werden kann („und", „oder", „nicht"). Auf der Ereignisalgebra ist die *Wahrscheinlichkeitsfunktion* p definiert, die jedem Ereignis die Wahrscheinlichkeit gemäß (1) zuordnet.

(3) *Additionsregel*
Die Wahrscheinlichkeitsfunktion muß folgender Kohärenzbedingung genügen:

$$p(\text{A oder B}) = p(A) + p(B) - p(\text{A und B})$$

für alle Ereignisse A, B des Experiments.

(4) *Verknüpfung von Zufallsexperimenten/Unabhängigkeit*
Aus einem gegebenen Experiment kann man, wenn man ein bestimmtes Ereignis H („Hypothese") mit $p(H) \neq 0$ festhält, in folgender Weise ein neues erzeugen: Ereignisse sind die Ereignisse „A und H", (A durchläuft dabei das ursprüngliche Experiment), die man als „A unter der Bedingung H" liest und in der Form „A/H" schreibt. Die neue Wahrscheinlichkeitsfunktion für das „bedingte" Experiment wird durch

$$p(A/H) = \frac{p(\text{A und H})}{p(H)}$$

definiert und „Wahrscheinlichkeit von A unter der Bedingung (Hypothese) H" genannt.

Diese Begriffe sind auf solche Situationen zugeschnitten, wo sich unsere Erwartungen infolge neuer Informationen ändern. Man kann Beispiele finden wo

(a) $p(A/H) < p(A)$, (b) $p(A/H) = p(A)$, (c) $p(A/H) > p(A)$

ist. Im zweiten Fall nennt man A und H unabhängig.

(5) *Gleichverteilung und Symmetrie*
Die Tatsache, daß Wahrscheinlichkeiten Zahlen sind, die den Ausfällen des Experiments nicht von Natur aus zukommen, sondern vom Menschen den Ereignissen nach subjektiven Eindrücken aufgeprägt werden, tritt deutlich heraus bei bestimmten Methoden zur Festlegung der Wahrscheinlichkeiten gewisser Ereignisse, aus denen sich die Wahrscheinlichkeiten anderer Ereignisse dann gemäß (3) berechnen lassen. Wenn z.B. dem Experiment Symmetrien aufgeprägt wurden, gibt es keinen Grund, Ereignisse, die durch eine Symmetrieabbildung ineinander überführt werden, mit verschiedenen Wahrscheinlichkeiten zu versehen. Man wählt daher Gleichverteilung. Dieser Fall ist bei vielen elementaren stochastischen Experimenten (wie sie sich für die Grundschule anbieten) gegeben.

(6) *Kombinatorische Ideen* (Stochastische Prozesse)
Bei der Zusammensetzung (Hintereinanderschaltung) von Zufallsexperimenten zu komplexeren Zufallsexperimenten wird man aus ähnlichen Gründen die Ereignisse des komplexeren Experiments als geordnete Paare, Tripel, ... von Ereignissen der Teilexperimente und die Wahrscheinlichkeiten als Produkt der Wahrscheinlichkeiten der Teilereignisse definieren.

(7) *Urnenmodell und Simulation*
Zu den einfachsten Zufallsexperimenten gehört das Ziehen aus Urnen. Urnenexperimente sind geradezu der Prototyp von Zufallsexperimenten und vorzüglich geeignet, um Begriffe wie „Zufall", „zufällige Auswahl", „Unabhängigkeit", „gleichwahrscheinlich" „wahrscheinlicher" usw. inhaltlich zu illustrieren.

Im übrigen kann jedem Modell eines Zufallsexperiments ein isomorphes Urnenmodell zugeordnet werden. Allgemein wird vielfach davon Gebrauch gemacht, ein Zufallsexperiment durch ein leichter manipulierbares Experiment mit isomorphem Modell zu *simulieren.*

(8) *Die Idee der Zufallsvariablen*
Bei Zufallsexperimenten gilt das primäre Interesse in der Regel nicht den Ereignissen und den Wahrscheinlichkeiten, mit denen sie erscheinen, sondern dem „Verhalten" gewisser „stochastischer" Funktionen (stochastischer Variablen, Zufallsvariablen). Mathematisch versteht man unter einer Zufallsvariablen eine Funktion, die jedem Ausfall des Experiments eine Zahl zuordnet. Die Werte einer Zufallsvariablen sind über den möglichen Ausfällen des Experiments in einer bestimmten Weise *verteilt.* Manche Verteilungen haben besondere Namen. Für die Statistik sind der *Erwartungswert* (Mittelwert) und die *Varianz* bzw. *Standardabweichung* einer Zufallsvariablen von besonderer Bedeutung.

(9) *Aussagen zur „großen" Zahl*
Die relative Häufigkeit, mit der ein Ereignis bei der fortgesetzten Wiederholung eines Experiments auftritt, scheint sich einer bestimmten Zahl „immer mehr" zu nähern, die als Wahrscheinlichkeit des Ereignisses anzusehen ist. Im zugehörigen stochastischen Modell kann man Gesetze der großen Zahl beweisen, nach denen die relative Häufigkeit stochastisch gegen die Wahrscheinlichkeit konvergiert.

(10) *Die Idee der Stichprobenentnahme*
Bei der Bestimmung statistischer Daten ist man in der Regel gezwungen, Stichproben auszuwählen und die dabei gefundenen Informationen auf den gesamten Stichprobenraum zu extrapolieren. Führt dies zu zutreffenden Resultaten, so nennt man die Stichprobe repräsentativ.

3.4.2. Die Entwicklung des stochastischen Denkens bei Kindern

Über die Entwicklung des stochastischen Denkens bei Kindern gibt es eine Reihe von psychologischen Untersuchungen, die jedoch kein einhelliges Bild ergeben.

Um einen gewissen Eindruck zu vermitteln, wollen wir zwei Experimente beschreiben, die zeigen, daß das stochastische Denken – wie das Denken der Kinder überhaupt – entwicklungsabhängig ist.

Experiment über „irreversibles Mischen" (*Piaget/Inhelder* 1951, 14, vgl. *Heitele* 1976, 113).

Material: Vorgelegt wird eine rechteckige Schachtel, die um die kürzere Mittelachse wie eine Schaukel gewippt werden kann. An der einen Schmalseite befinden sich acht weiße und acht rote Kugeln, die durch ein Holzbrettchen getrennt sind (Bild 1).

Bild 1

Technik: Nach einem kurzen Anwippen, bei dem die Kugeln sofort wieder in ihre Ausgangslage zurückkehren, werden die Kinder gefragt, wohin die Kugeln wohl gehen, wenn die Schaukel ganz auf die andere Seite gewippt wird und wohin sie gehen, wenn sie zurückgewippt wird.

Verhalten der Kinder:

Stadium I (bis ca. 7 Jahre): Die Kinder erwarten keine fortschreitende Vermischung, sondern eine totale Rückkehr der Kugeln in ihre Ausgangslage. Die Kinder bleiben auf einen Anordnungszustand fixiert.

Stadium II (7–11 Jahre): Die Kinder erkennen ansatzweise, daß es sich um eine Zufallserscheinung handelt, bei der verschiedene Anordnungen einander ablösen können. Sie suchen jedoch hinter der Erscheinung deterministische Erklärungen (z.B. daß die weißen Kugeln zur Seite der roten wollen und umgekehrt).

Stadium III (ab 11 Jahre): Das Experiment wird voll als unvorhersehbares Zufallsexperiment erkannt.

Experiment zur Gleichverteilung (*Piaget/Inhelder* 1951, 64, vgl. auch *Heitele* 1976, 119).

Material: Weißes in 20 Karos von 2–3 cm^2 eingeteiltes Blatt, Glaswürfelchen, großes Sieb.

Technik: Durch das Sieb können die Würfelchen („Regentröpfchen") auf das Papier („Pflastersteine") fallen. Die Kinder werden aufgefordert, Prognosen über den Fall einzelner Tropfen, als auch über die Gesamtverteilung abzugeben.

Verhalten der Kinder:

Stadium I: Das Denken der Kinder ist von deterministischen Vorstellungen beherrscht. Manche glauben, daß bei 20 Tropfen jeder Pflasterstein einen Tropfen abbekommen muß.

Stadium II: Die Kinder erkennen die Einzelerscheinung als zufällig und begründen die Gleichverteilung als „Resultat zunehmender Kompensation". Die Kinder sind jedoch noch nicht in der Lage, die Gleichverteilung quantitativ ausdrücken zu können, weil ihnen ein Maß fehlt um Verhältnisse natürlicher Zahlen (Anzahl der Würfelchen in zwei verschiedenen Karos) vergleichen zu können.

Stadium III: Erfassung der Gleichverteilung auch in quantitativer Hinsicht.

Die vorliegenden Befunde zur Entwicklung des stochastischen Denkens zeigen, daß die Fähigkeit zur kombinatorischen Bestimmung der möglichen Ausfälle von Zufallsexperimenten eine entscheidende Vorbedingung für die Konstruktion passender stochastischer Modelle ist. Einige Didaktiker glauben, daß es durch geeigneten Unterricht (insbesondere mit Hilfe von Baumdiagrammen) möglich ist, die kombinatorischen Voraussetzungen so früh zu schaffen, daß mit dem Stochastikunterricht bereits in der Grundschule begonnen werden kann.

3.4.3. Niveau der Behandlung in der Grundschule

Für die Grundschule kann es nur darum gehen, die stochastischen Ideen auf intuitivem Niveau unter Verzicht auf jeden formalen Apparat einzuführen und zwar innerhalb des Kontextes einzelner (möglichst beziehungsreicher Beispiele). Von einer solchen Basis aus kann in der SI und ggf. in der SII eine systematischere Herausarbeitung der Begriffe und Sätze erfolgen. Besonderes Gewicht ist in der Grundschule auf die Ideen (0), (1), (5), (8) und (10) sowie die nicht quantitativen Aspekte der übrigen Ideen zu legen, da Brüche (geschweige denn reelle Zahlen) im wesentlichen noch nicht zur Verfügung stehen. Jedoch kann man einige quantitative Aspekte in geometrischer Darstellung vorwegnehmen. Es empfiehlt sich nicht, die Stochastik in der Grundschule als eigenes Stoffgebiet einzuführen, sondern sie eng an logische, kombinatorische und numerische Aktivitäten anzuschließen (*Winter* 1976a, 33):

„Zum anderen hielte ich es geradezu für gefährlich, die Stochastik als eigenes Stoffgebiet in der Grundschule zu etablieren, denn das könnte leicht dazu führen, daß längs einer (vermeintlichen) Fachsystematik „eingeführt", „eingeübt" und „angewandt" wird, abfragbares Wissen eingetrichtert und kontrollierbare Fähigkeiten eingeübt werden und damit dem Unternehmen die Seele ausgetrieben wird ... "

Was die Anwendungen der Stochastik betrifft, gibt es zahlreiche Zufallsphänomene und -experimente der realen Welt, die in der Grundschule untersucht werden können: Schuhgröße, Körpergröße, Augenfarbe, Pulsfrequenz u.ä. von Kindern, Abfüllgewicht von Produkten, Verkehrsaufkommen auf einer Straße oder bei einer Tankstelle, Qualitätskontrolle, Gewinnchancen bei einem Spielautomaten, Warteschlangen usw.

3.4.4. Geeignete Problemkontexte

(1) „Bernd möchte seine Freundin Elke anrufen (Ortsgespräch Preis 0,25 DM), hat aber die Telefonnummer vergessen. Er erinnert sich nur noch daran, daß die Nummer vierstellig war und die Ziffern 2, 3, 7 und 9 vorkamen. Soll er einmal probieren?"

Winter (1976a, 24–27) entwickelte daraus eine reichhaltige Palette von Aufgaben, die u.a. auf folgende Probleme führen:

(a) Wie könnten wir einen Hellseher überprüfen, der behauptet, er könne durch unsichtbare Spielkarten hindurchschauen?

(b) „Wie könnten wir jemanden überprüfen, ob er farbenblind ist?"

(2) „Sind die kleinen Kinder auch die leichten?" (*Winter* 1976a, 29).

(3) Eine statistische Untersuchung über die Ankunftszeit der Kinder beim morgendlichen Schulbeginn (vgl. Sonderheft Euclides 47 (1971/72), 259–263).

Anleitung: Eine Gruppe von Schülern (4. Klasse) postiert sich morgens um 7^{30} h am Eingang der Schule und zählt ab, wie viele Schüler zwischen 7^{30} h und 7^{35} h, zwischen 7^{35} h und 7^{40} h usw. ankommen. Die erfaßten Zahlen werden in einem Histogramm (Bild 2) festgehalten.

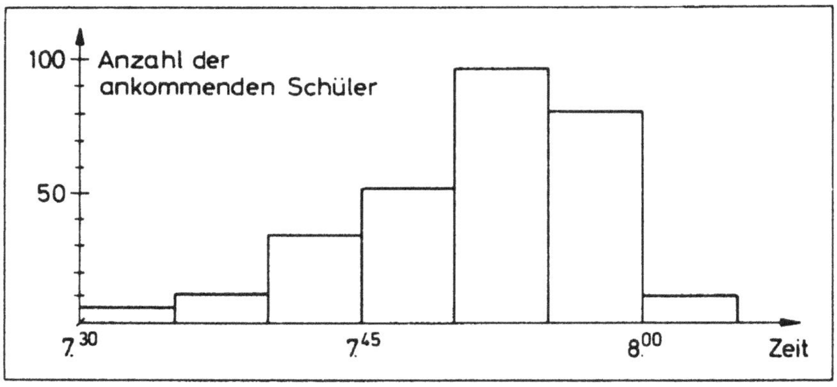

Bild 2

Die Untersuchung kann an verschiedenen Tagen wiederholt werden.

Fragen:

(α) In welcher Zeitspanne treffen gewöhnlich die meisten Kinder ein?

(β) Wann ist ungefähr die Hälfte der Schüler eingetroffen, wann $\frac{3}{4}$ der Schüler?

Falls die Mittelwertbildung bekannt ist:

(γ) Wie viele Minuten vor Schulbeginn treffen die Schüler im Mittel (durchschnittlich) ein?

(δ) Kommen Mädchen durchschnittlich früher oder Jungen?
Kommen Erstklässler durchschnittlich früher als Viertklässler?

Für (δ) benötigt man getrennte Statistiken Mädchen/Jungen (bzw. Erstklässler/Viertklässler), aus denen jeweils der Mittelwert der Zeiten zwischen Ankunft und Schulbeginn berechnet werden kann.

Heitele (1975, 230–285) hat Unterrichtsbeispiele zusammengestellt, mit denen man das volle Spektrum der fundamentalen Ideen bereits in der Grundschule in intuitiver Weise voll abdecken kann. Wir geben für die Ideen (1), (5), (8) und (10) je ein Beispiel an.

1. Idee: Normierung des Erwartungsgefühls

Varga (1972, 352) gibt folgendes Beispiel an: Den Kindern werden zwei blaue und zwei rote Kugeln gezeigt, die dann in einen Hut gelegt werden. Nachdem geschüttelt worden ist, werden drei Kugeln auf einmal gezogen.

Fragen: Wird eine rote Kugel dabei sein?
Werden es drei rote sein?
Werden zwei blaue dabei sein?

Die entsprechenden Erwartungen werden auf vertikalen Strichen (die als Modelle für das Zahlintervall [0, 1] fungieren, markiert. „Marke ganz oben" bedeutet „sicher", „Marke ganz unten" „unmöglich". Als Antwort auf die drei Fragen erhält man:

Weitere Experimente: Es werden systematisch weitere Ziehungen von 1, 2, 3, 4 Kugeln durchgeführt. Gefragt wird jeweils nach der Wahrscheinlichkeit, daß eine blaue Kugel dabei ist (Lösung Bild 3).

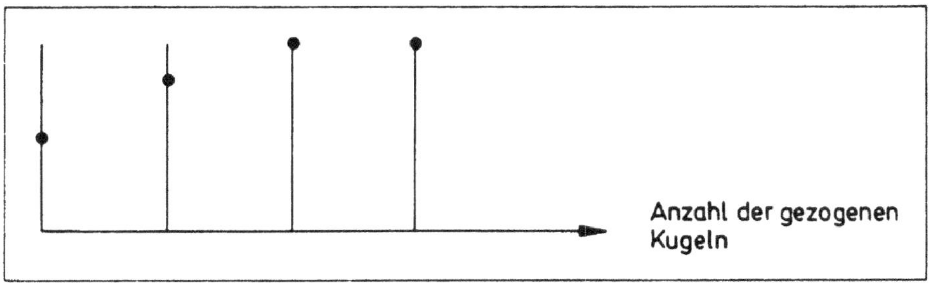

Bild 3

5. Idee: Gleichverteilung und Symmetrie

n Kinder können ein Wettrennen mit Spieltieren veranstalten. Die Tiere laufen auf n Bahnen vom Start bis zum Ziel. Durch einen Zufallsmechanismus wird jeweils ausgelost, welches Tier um 1 Feld vorrücken darf.

Die entscheidende Frage ist, ob die Chancen der Kinder „fair" (gerecht) verteilt sind. Als Zufallsmechanismen sollen Mechanismen mit Gleichverteilung und Mechanismen *ohne* Gleichverteilung benutzt werden (Kontrastprinzip).

Beispiel: Gerechte und gefälschte Würfel, gleichmäßig und ungleichmäßig eingeteilte Glücksräder, Münzenwurf mit zwei Münzen (Erster Spieler darf ziehen, wenn beidemale Zahl, zweiter, wenn beidemale Wappen, dritter Spieler, wenn Zahl und Wappen auftreten) usw.

8. Idee: Zufallsvariable

Ein Musterbeispiel einer Zufallsvariablen ist die Augensumme beim Wurf mit zwei Würfeln. Die interessante Frage ist: Wie stehen die Chancen, die möglichen Augensummen 2, 3, ... , 12 tatsächlich zu erzielen?

Eine statistische Untersuchung (z.B. 100 Würfe) zeigt, daß die Chancen ungleich verteilt sind. Eine Analyse läßt sich anhand einer Gitterdarstellung (Bild 4) durchführen, an der deutlich wird, in welcher Weise sich eine gegebene Augenzahl realisieren läßt.

1. Würfel						
6	7	8	9	10	11	12
5	6	7	8	9	10	11
4	5	6	7	8	9	10
3	4	5	6	7	8	9
2	3	4	5	6	7	8
1	2	3	4	5	6	7
	1	2	3	4	5	6

2. Würfel

Bild 4

10. Idee: Stichproben

Vgl. hierzu Abschnitt 1.5.5.

3.4.5. Hilfsmittel für das Lernen

Die Verfügbarkeit einer reichhaltigen Sammlung von Mechanismen, mit denen Zufallsexperimente durchgeführt werden können (Zufallsgeneratoren), sowie von Plänen (Spielplänen) für Zufallsexperimente ist für den frühen Stochastikunterricht unabdingbar. Eine repräsentative Auswahl enthält der Materialkasten „Mathematisches Labor für Kombinatorik und Wahrscheinlichkeitstheorie" (Klett, Stuttgart). Eine umfassende Liste möglicher Materialien gibt *Kanij* [1] an. Unter anderem kommen als Zufallsgeneratoren in Frage:

[1] *Kanij, G. K.*, The role of the statistical laboratory in the teaching of statistics, Int. J. Math. Educ. Sci. Techn. 5 (1974), 53–57.

Münzen, Urnen, Spielwürfel, Glücksräder, Spielkarten, Galtonbretter, falsche Würfel, Tetraeder und andere reguläre Körper.

An ikonischen Hilfsmitteln zur Darstellung von Daten sind zu nennen: Wahrscheinlichkeitsskalen, Darstellung von Stichprobenräumen (lineare, Matrix-, Baum-, Mengendiagramme), Histogramme (für Verteilung von Zufallsvariablen), zeichnerische Protokolle von wiederholten Zufallsexperimenten.

Ebensowenig wie sich der Aufbau der Stochastik an einer Fachsystematik orientieren darf, kommt auch die Einführung einer (womöglich noch mengentheoretisch geprägten) Fachsprache in Frage. Anzustreben ist vielmehr eine *problemorientierte* Sprache, die durch Klärung folgender umgangssprachlicher Ausdrücke entsteht:

Sicher, möglich, unmöglich, sehr wahrscheinlich, unwahrscheinlich, wahrscheinlicher als, zufällig, vorherbestimmt, Zufallsexperiment, Ausgänge (Ausfälle, Ergebnisse), Chance (Wahrscheinlichkeit), Ereignis, Häufigkeit, Stichprobe usw.

Eine solche Sprache wird im übrigen auch in der Forschung gepflegt [1]).

Literatur

Mathematischer Hintergrund: Engel 1973; *Heitele* 1976; Kapitel I.

Psychologische Untersuchungen:

Piaget/Inhelder 1951; *Fischbein, E.* et al., Intuitions primaires et intuitions secondaires dans l'initiation aux probabilités. Educ. Studies in Math. 4 (1971), 264–280; *Heitele* 1976, Kapitel II.

Didaktische Analysen und Unterrichtsvorschläge:

Heitele 1976, Kapitel IV; *Martin, E. C.*, Une approche expérimentale de notions probabilistes à l'école primaire, NICO 19 (1975), 133–150; *Råde, L.* and *Engel, A.*, Guidelines for the CSMP k-6 Curriculum in Probability, Statistics and Combinatorics. Cemrel, Inc. St. Louis 1973; *Varga* 1972; *Winter* 1976a; *Engel/Varga/Walser* 1974.

Das Sonderheft Nr. 7/8 (März/April) Jg. 47 (1971/72) der Zeitschrift „Euclides" ist ganz dem Stochastikunterricht auf verschiedenen Stufen gewidmet.

Aufgaben für die Leserin

1. Welche fundamentale stochastische Idee steckt hinter den Hochrechnungen bei Wahlergebnissen? Welche hinter der statistisch nachgewiesenen Korrelation von Rauchen und Lungenkrebs?

2*. Auf einem Gitter (Bild 5) sind Pfeile nach links rot, Pfeile nach rechts schwarz markiert. Diejenigen Punkte, die man erreichen kann, wenn man vom Ausgangspunkt aus 6 Pfeile (nach rechts oder links in beliebigem Wechsel) durchläuft, sind mit A, ... , G markiert. Man erhält ein Zufallsexperiment, wenn man vereinbart, daß Würfeln einer der Zahlen 1, 2, 3 Vorrücken um einen Pfeil nach links, Würfeln einer der Zahlen 4, 5, 6 Vorrücken um einen Pfeil nach rechts bedeutet und sechs Würfe zugelassen werden.

   (α) Führen Sie das Experiment 200 mal durch und legen Sie eine Strichliste an, an der die Häufigkeit des Erreichens der Punkte A, ... , G abzulesen ist.

   (β) Mit welcher Wahrscheinlichkeit werden die Punkte A, ... , G erreicht? Vorausgesetzt wird Gleichverteilung beim Würfeln.

   (γ) Welche der fundamentalen Ideen stecken in der vorliegenden Aufgabe?

   (δ) In welcher Weise läßt sich das Experiment „enaktiv" modellieren?

---

1) Vgl. z.B. *Dinges, H.*, Zum Unterricht in Wahrscheinlichkeitsrechnung. Unveröffentlichtes Manuskript, Universität Frankfurt 1973.

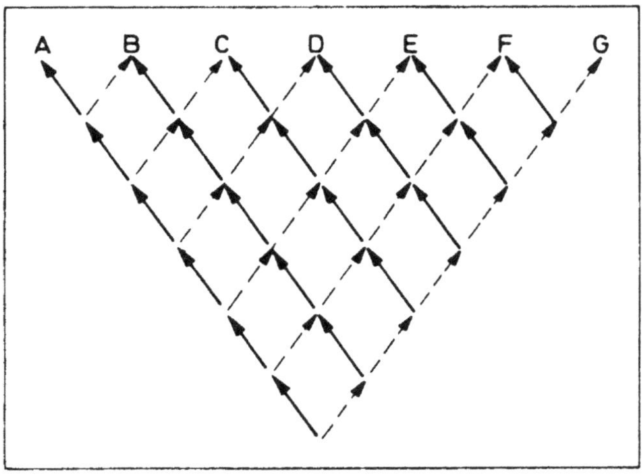

Bild 5

3. Kinder behaupten oft, beim Würfeln komme die „6" seltener vor, als z.B. die „5". Wie könnte man diese Auffassung psychologisch erklären?
4. Gegeben ist eine Zahlenstrecke, die von einem Nullpunkt aus 10 Einheiten nach links und 10 Einheiten nach rechts trägt. Die Teilpunkte sind entsprechend markiert.

   Mit einem Würfel können zwei Kinder ein stochastisches Zweipersonenspiel durchführen. Zu Beginn des Spieles steht eine Spielfigur auf 0. Der erste Spieler darf die Figur um so viele Einheiten nach rechts rücken, wie er Augen würfelt. Der zweite so viele Einheiten nach links, wie er Augen würfelt. Der erste rückt die Figur anschließend wieder nach rechts usw. Gewonnen hat der Spieler, dem es gelingt, die 10 auf seiner Seite zu erreichen.

   An welcher Stelle des Grundschulunterrichts würden Sie dieses Spiel einbauen? Begründung? Ist das Spiel fair?

3.5. Strukturierte Mengen und Mengensprache

Wir wollen uns nun ausführlicher mit demjenigen Thema befassen, das in den sechziger und Anfang der siebziger Jahre unter der irreführenden Bezeichnung „Mengenlehre" die Diskussion um den Mathematikunterricht der Primarstufe beherrscht hat. Wir werden dabei darauf verzichten, die verschiedenen (kompetent und inkompetent vorgetragenen) Auffassungen zu referieren, die zu diesem Thema beigesteuert wurden, und wir werden auch nicht die Entwicklung verfolgen, die allmählich zu einem gewandelten Verständnis geführt hat. Wir beschränken uns vielmehr auf eine didaktische Analyse der von uns als wesentlich angesehenen „logisch-strukturell-sprachlichen" Funktion der „Mengenlehre" (im Gegensatz zur Verwendung der Mengenlehre bei der mengentheoretischen Begründung der Kardinal- und Ordinalzahlen; vgl. *Wittmann* 1972).

3.5.1. Mathematische Grundideen

3.5.1.1. Die Mengendenkweise und -sprache als Fortsetzung des natürlichen Denkgerüsts

In der modernen Sprachphilosophie geht man von einer Wechselwirkung der kognitiven und sprachlichen Entwicklung sowohl eines Individuums als auch eines wissenschaftlichen Organismus aus[1]). In dieser Auffassung sind philosophische Standpunkte überwunden, bei

---

[1]) Vgl. *von Kutschera, F.,* Sprachphilosophie, München 1971, Kapitel 4.4.

denen entweder das Erkennen der jeweiligen Sprache unterworfen wird oder die Sprache umgekehrt der jeweiligen Ontologie. Eine besondere Rolle kommt vom modernen Standpunkt aus der Umgangssprache zu, von der Hochstilisierungen des Denkens und Sprechens ihren Ausgangspunkt nehmen müssen.

Kamlah/Lorenzen 1967 haben im Rahmen einer „logischen Propädeutik" Grundmuster der Umgangssprache und des Erlernens der Umgangssprache zusammengestellt, die wegen der oben festgestellten Wechselwirkung Sprache – Erkennen Grundmustern unseres Denkens entsprechen. Es handelt sich im wesentlichen um folgende Kategorien.

(1) *Individuelle Objekte*
Sprachlich: *Eigennamen* oder *Kennzeichnungen*

(2) *Elementare Handlungsschemata* bzw. *Handlungsanweisungen* (Programme)
Sprachlich: *transitive Verben,* für Anweisungen in Imperativform

(3) *Eigenschafts- und Relationsbegriffe*
Sprachlich: *Prädikatoren*
Bemerkung: Mit Hilfe der Prädikatoren ist es möglich, individuelle Objekte zu benennen, die keine Eigennamen haben (Kennzeichnungen). Kennzeichnungen können wie Eigennamen kontextabhängig sein, insbesondere, wenn sie mit Hilfe von *Indikatoren* (dieser, hier, jetzt, ... , er, ...) gebildet sind.

(4) *„Elementare" Sachverhalte und Prozesse*
Sprachlich: *Elementaraussagen, Elementarbefehle*

(5) *Komplexe Sachverhalte und Verfahren* (Programme)
Sprachlich: Sprachliche Mittel zur Zusammensetzung von Elementaraussagen und Elementarbefehlen stellen die *logischen* Partikel (und; oder; wenn – dann; während; andernfalls; ...) dar.

Von diesem natürlichen Denken und Sprechen wird man in gewissen Situationen zwingend auf die *Mengendenkweise* geführt. Die Möglichkeit dafür liegt darin begründet, daß neben dem *intensionalen* Aspekt eines Begriffs der *extensionale* Aspekt wesentlich ist.

Jeder Eigenschaftsbegriff definiert nämlich bei vorgegebener Grundmenge eine *Klasse* (Teilmenge) von Objekten, auf welche sich die Eigenschaft erstreckt. Jeder Relationsbegriff definiert je nach Stelligkeit eine *Klasse* von Paaren, Tripeln usw. Man nennt diese Klasse den *Umfang* (extensio) des Begriffs relativ zur Grundmenge. Der extensionale Aspekt spielt bereits bei einer bestimmten Art des Erlernens eines Begriffs eine wesentliche Rolle. Es müssen solange positive und negative Beispiele angegeben werden, bis der Begriff inhaltlich (intensional) erfaßt ist (vgl. „Grundfragen", Abschnitt 8.3.3.3).

Ist der Begriff intensional erfaßt, so spielt der extensionale Aspekt im täglichen Leben solange keine Rolle, als man nur mit Einzelobjekten in einer mehr oder weniger rasch wechselnden Szenerie zu tun hat.

Beispiel: Ein Referendar bemerkt in einem Gespräch, daß er unter allen Umständen einer Schule in Düsseldorf zugewiesen werden möchte. Dabei treten die Menge *aller* sich bewerbenden Referendare, die Menge der möglichen Schulorte und das gesamte zugehörige Zuweisungsproblem nicht zutage.

Der Fall liegt jedoch ganz anders, wenn man Situationen ins Auge faßt, bei denen ganz von selbst *Mengen* von Objekten, deren Eigenschaften, Relationen usw. involviert sind.

Beispiel: Ein Referent einer Schulbehörde hat eine Liste von Referendaren mit gewissen Zuweisungswünschen vor sich liegen und soll eine möglichst befriedigende Zuweisung konstruieren. Diese Situation kann begrifflich und in der Mengensprache folgendermaßen geklärt werden:

Natürliche Sprache	*Mengensprache*
Referendare	*Menge* R von Elementen
offene Stellen	*Menge* S von Elementen
Zuweisungswünsche	*Relation* σ zwischen R und S

Zuweisungsproblem: Es soll eine Abbildung φ: R → S gefunden werden (oder eine Abbildung ψ: S → R), die *injektiv* ist.

Befriedigende Zuweisung: φ (bzw. ψ) soll mit der Relation σ *verträglich* sein. (Wenn man σ und φ (bzw. ψ) als Teilmengen von R × S interpretiert, heißt dies, daß φ (bzw. ψ) *Teilmenge* von σ ist.)

Die Beschreibung der rechten Spalte ist eine *schematisierende Beschreibung* mit Hilfe der Sprache der Strukturmathematik (Mengensprache). Der Sinn der Schematisierung liegt in der Herausarbeitung der abstrakten Struktur unter Vernachlässigung unwesentlicher Züge. Durch eine Untersuchung des abstrakten Zuweisungsproblems, wie es in der rechten Spalte formuliert ist, gewinnt man Informationen nicht nur für eine isolierte Situation (z.B. Zuweisung von Referendaren), sondern für eine Klasse von Situationen (Zuweisung von Personal an verschiedene Aufgaben eines Betriebs unter Berücksichtigung der Fähigkeiten der Mitarbeiter, Zuweisung von Räumen an Organisationseinheiten, z.B. einer Hochschule bei Umzug in neue Gebäude usw.). Dies bringt eine Erhöhung der Denkökonomie und des Transfer mit sich.

Das Beispiel zeigt in typischer Weise, wie die Mengendenkweise zur begrifflichen Klärung beiträgt. *H. G. Steiner* (1972, 729) spricht in diesem Zusammenhang sehr treffend von der *„schematisierenden Funktion" der Mengendenkweise.*

3.5.1.2. Strukturierte Mengen

Die Mengensprache ist (im Gegensatz etwa zur Kardinalzahltheorie der Mengenlehre) kein Inhalt, was schon allein daraus ersichtlich ist, daß es keine substantiellen Sätze gibt. Dagegen können die substantiellen Gebiete der Mathematik teilweise als Theorien spezieller strukturierter Mengen (Strukturen) aufgefaßt werden[1]), wobei die tragenden Ideen meist jedoch inhaltlicher Natur sind und der formale mengentheoretische Rahmen erst bei der Darstellung eine Rolle spielt.

Französische Mathematiker bemühen sich unter dem Pseudonym *N. Bourbaki* seit etwa 1930, eine „Architektur der Mathematik" zu entwickeln, in der die mathematischen Strukturen hierarchisch aufgebaut werden. Die Basis wird von einfachen „Mutterstrukturen" gebildet: Ordnungsstrukturen, algebraische Strukturen, topologische Strukturen. Höhere Strukturen werden durch Verschmelzung und Spezialisierung aufgebaut (vgl. den Aufsatz von *Bourbaki* in *Otte* 1974). Der Einfluß von *Bourbaki* auf die mathematische Forschung

---

[1]) Man spricht von einer strukturierten Menge, wenn auf einer Menge Relationen oder Verknüpfungen definiert oder gewisse Systeme von Teilmengen ausgezeichnet sind.

und vor allem auch auf die Lehre nahm nach dem zweiten Weltkrieg ständig zu und schlug in Form der „Neuen Mathematik" – wie falsch oder halb verstanden auch immer – bis auf die allgemeinbildenden Schulen durch. Seit 1970 hat *Bourbaki* viel von seinem Glanz verloren und mit ihm auch die „Neue Mathematik". Wie immer man die Bedeutung der Architektur der Mathematik nach *N. Bourbaki* aber auch bewerten mag, sie hat die Entwicklung der Mathematik im 20. Jahrhundert so wesentlich mitgestaltet, daß sie aus dem Mathematikunterricht nicht mehr ausgeklammert werden kann.

3.5.1.3. Elemente der Mengensprache

Es handelt sich um folgende Begriffe:

Menge, Element von ... , Teilmenge, Durchschnitt (Schnittmenge) von Mengen, Vereinigung, Differenz von Mengen, Restmenge, kartesisches Produkt, Potenzmenge, ...

Relation (speziell Ordnungsrelation und Äquivalenzrelation).

Verknüpfung (wobei man stets auf gewisse Eigenschaften wie Assoziativität, Kommutativität, Invertierbarkeit usw. aus ist).

Abbildung (Funktion) (speziell injektive, surjektive und bijektive Abbildungen, strukturerhaltende Abbildungen).

3.5.1.4. Elementarisierungsniveau in der Primarstufe

In die Mengendenkweise ist über die Untersuchung von konkreten oder konkret darstellbaren Objekten einzuführen, wobei zu prüfen bleibt, inwieweit enaktive und vor allem ikonische Darstellungen und die natürliche Sprache ausreichen bzw. inwieweit auf die Mengensprache und die mengentheoretisch-logische Symbolik in der Grundschule wieder verzichtet werden kann. Wir neigen dabei stärker in die Richtung der natürlichen Sprache.

Einfache strukturierte Mengen können schon vom ersten Schuljahr an untersucht werden (vgl. NRW-Lehrplan, S. 12–15).

Die Mengendenkweise kann mit wachsendem Eindringen des Schülers in die Mathematik (SI und SII) immer stärker herangezogen werden und eine immer wichtigere Rolle beim begrifflichen Ordnen spielen – falls eine Substanz vorhanden ist, die lohnt geordnet zu werden. In einem Bild gesprochen sollten u.E. die strukturellen Leitbegriffe Menge-Relation-Verknüpfung-Abbildung-Struktur den Unterricht wie ein roter, aber unauffälliger Faden durchziehen.

3.5.1.5. Strukturierte und „homogene" Mengen

Wir wollen noch auf eine Frage eingehen, die in der Vergangenheit unter Didaktikern zu vielen Diskussionen (manchmal Haarspaltereien) Anlaß gegeben hat, nämlich um die Frage, wie weit man den Mengenbegriff fassen sollte, insbesondere, ob man z.B. einen Satz Tennisbälle, die nacheinander von derselben Maschine produziert worden sind, noch als „Menge" bezeichnen solle.

G. Cantor, der Begründer der mathematischen Disziplin „Mengenlehre" „definierte" eine Menge als „Zusammenfassung von bestimmten *wohlunterschiedenen* Objekten unserer Anschauung oder unseres Denkens zu einem Ganzen". Diese Beschreibung muß man in ihrem ursprünglichen Kontext, nämlich dem der Mathematik sehen. Bei mathematischen

Objekten drückt sich die Wohlunterschiedenheit dadurch aus, daß sie verschieden *gekennzeichnet* sind. Daher kann man für sie *Namen* einführen und den ganzen Apparat der Mengensprache anwenden. Im Gegensatz zu diesen Mengen im Sinne der Mathematik stehen Gesamtheiten, die man im täglichen Leben auch als „Mengen" bezeichnet: Strichlisten, Kringelmengen, eine Menge von gleichartigen Dosen usw. (Bild 1).

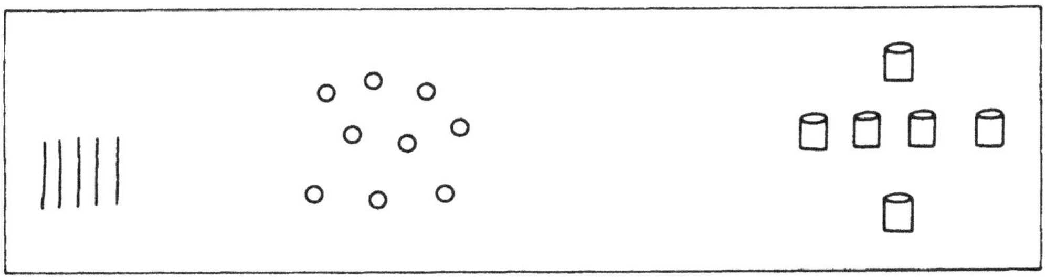

Bild 1

Man nennt solche Mengen in der Didaktik nach *Johannes Wittmann* [1]) „homogene" Mengen Es ist klar, daß es bei solchen Ganzheiten nicht sinnvoll ist, Eigenschaften, Relationen usw. zu betrachten. Daher sollte man die mengentheoretischen Begriffe u.E. nur auf „strukturierte Mengen", d.h. Mengen mit verschieden gekennzeichneten Objekten anwenden.

Die Disqualifizierung homogener Mengen für die Mengenlehre berührt in keiner Weise die wesentliche Rolle homogener Mengen bei der Begründung und Anwendung der Arithmethik (vgl. 3.1). Man muß sich dazu nur klar machen, daß homogene Mengen und das Operieren (Hinzufügen, Wegnehmen, Zusammensetzen, Zerlegen, Vervielfachen usw.) mit ihnen in derselben Weise als Basis des *Größenbereichs der natürlichen Zahlen als Mächtigkeiten* [2]) fungieren kann, wie Stäbe und das Operieren (Zusammensetzen usw.) mit ihnen eine Basis für den Größenbereich der Längen (oder der Längenmaßzahlen) bilden. Um dies für die Addition von Zahlen zu konkretisieren: Ebenso wie die Addition von Längen (und Längenmaßzahlen) auf das Zusammensetzen von Stäben zurückgeführt wird, kann die Addition von natürlichen Zahlen auf das Zusammensetzen homogener Mengen zurückgeführt werden [3]).

Man sieht, daß homogene Mengen mit den natürlichen Zahlen in einem mathematisch klaren Zusammenhang stehen. Wir halten es daher für nicht angebracht, wenn – wie es im Zuge der Neuen Mathematik geschehen ist – homogene Mengen aus dem Arithmetikunterricht verbannt und die natürlichen Zahlen nur als Kardinalzahlen strukturierter Mengen eingeführt werden (was z.B. bedeutet, daß die Addition von Zahlen über die disjunkte Vereinigung von Mengen definiert wird). Wir können uns auch nicht *Griesel* anschließen, der die Meinung vertritt (*Griesel* 1971, 146, *Griesel* 1976), daß erst die Mengenbegrifflichkeit eine befriedigende Beschreibung der „Herauslösung der Zahlen und Zahloperationen aus Sachzusammenhängen" liefere. In Anbetracht der beschränkten Möglichkeiten in der Lehreraus- und Lehrerfortbildung scheint es uns im Gegenteil ein entscheidender Fehler

---

1) Bei seiner ganzheitlichen Methode spielten Kringelmengen eine hervorragende Rolle.

2) Zur Deutung der natürlichen Zahlen als Größenbereich, vgl. *Kirsch, A.*, Elementare Zahlen- und Größenbereiche. Göttingen 1970.

3) So ist im ganzheitlichen Rechenunterricht verfahren worden.

gewesen zu sein, daß das Thema „Mengen und Zahlen" für so bedeutend angesehen und hingestellt wurde, daß man sich dadurch den Blick auf substantielle Beiträge zur Grundschulmathematik verstellt hat, wie sie etwa in dem in englischer Sprache schon 1965 erschienenen Buch ATM 1970 mustergültig entwickelt waren.

3.5.2. Die Mengendenkweise bei den Anwendungen der Mathematik

Es ist wohlbekannt, daß vertraute Situationen der kindlichen Spielwelt zu einer Modellierung der Mengenbegriffe benützt werden können. Noch viel wichtiger aber ist die schematisierende Funktion der Mengendenkweise bei der Mathematisierung der Umwelt:

„Die Bedeutung dieser strukturellen Begriffe für die Grundschule liegt natürlich überhaupt nicht in irgendeinem grundlagentheoretischem Anspruch. Es geht z.B. in gar keiner Weise darum, die Arithmetik in einer Mengenlehre zu begründen. Ferner ist das Erlernen einer universellen Sprache nahezu uninteressant für die Grundschule, das könnte sogar gefährlich sein. Schließlich ist ebenfalls der algebraische Aspekt (Mengenalgebra) ohne Belang im Elementarunterricht.

Die spezifische Bedeutung dieser Begriffe in der Grundschule liegt primär, ja nahezu ausschließlich in ihrer instrumentalen Funktion. Sie sind Mittel des begrifflichen Ordnens (vor allem, aber keineswegs nur) von umweltlichen Situationen und damit auch Mittel der Sprachförderung. Man kann ohne große Übertreibung sogar sagen, daß man diesen Begriffsbildungen gar nicht entrinnen kann, wenn man Umwelterschließung ernsthaft anstrebt. Dabei steht die zweifellos heikle und bis heute noch nicht befriedigend gelöste Frage nach der angemessenen Terminologie und Symbolisierung nicht im Vordergrund. Hier sollte man sich an der Forderung orientieren: Unbedingt deutlich sprechen, aber nicht unbedingt präzis sprechen. Das Wort „Menge" muß z.B. nicht immer bemüht werden; es genügt von den „kranken Kindern" zu reden, anstatt von der „Menge der erkrankten Kinder".

In den strukturellen Begriffen sind diejenigen fundamentalen geistigen Praktiken thematisiert, die das Kind ohnehin und spontan bei der Welterschließung ausübt: Ausgliedern, Vergleichen, Sortieren, Anordnen, Zuordnen.

Das ist allgemein bekannt, nur wird das heute in der Schule vielfach noch zu steril und in hygienisch abgeschlossenen künstlichen Welten gehandhabt (Welt der „logischen Materialien"). Man sollte die einschlägigen Aktivitäten viel stärker als bisher auf die lebendige Umwelt beziehen" (*Winter* 1976b, 345).

Beispiele, die für die Grundschule geeignet sind

(1) Die neuerdings im Handel erhältlichen *ADAC-Freizeitkarten* weisen Orte (Städte, Dörfer) aus und ordnen ihnen Freizeitmöglichkeiten (als Merkmale) zu. Wenn man bestimmte Orte zu einer Grundmenge zusammenfaßt, kann man zu jeder Freizeitmöglichkeit eine Teilmenge bestimmen (z.B. wo es ein Freibad, ein Hallenbad, ein Hallenbad und Freibad, wenigstens Freibad oder Hallenbad, kein Freibad gibt usw.).

(2) *Begriffshierarchien (Oberbegriffe)*
Zum Beispiel Personen, die zu einer Familie, Hausgemeinschaft, Straße, Vorort, Stadt, Bezirk, Land gehören (Ikonische Darstellung: Hierarchie von Mengenkreisen).

(3) *Relationsgraph bei einem Verkehrsknotenpunkt* (vgl. Abschnitt 1.5.2).

3.5.3. Problemkontexte

Die Mengenbegriffe und die Mengensprache müssen so eingeführt werden, wie sie in der Mathematik wirklich verwendet werden, nämlich in ihrer *dienenden* Funktion. Es ist daher grundlegend falsch und muß unweigerlich zu einer Begriffs- und Sprachscholastik führen, wenn die Begriffe und Sprechweisen der Mengendenkweise im Rahmen eines „Mengenlehre"-Kurses der Reihe nach durchgenommen und an disparatem Beispielmaterial eingeübt werden, ganz abgesehen davon, daß dabei ein falsches Bild von der Mathematik entsteht [1]).

Der natürliche Zugang zur Mengensprache besteht darin, die Untersuchung solcher strukturierter Mengen in den Vordergrund zu stellen, die eine so reichhaltige und interessante Struktur aufweisen, daß sich verschiedenartige Aufgaben des *Klassifizierens* (z.B. Torspiele), des *Ordnens* (z.B. Diagramme), des *Abbildens* und *Verknüpfens* anbieten. In solchen sinnvollen Verwendungszusammenhängen können die Darstellungen und Sprechweisen der Mengenlehre ebenso gelernt werden, wie von Kindern die natürliche Sprache erlernt wird.

Im weiteren Verlauf des Unterrichts können die einzelnen Begriffe dann auch von einem genügend großen Beispielmaterial abgehoben und bewußt gemacht werden.

(1) *Strukturierte Materialien*
- (α) Strummi-Tierchen (Abschnitt 1.4.1)
- (β) Permutationsmaschinen (Abschnitt 1.4.2)
- (γ) „Kleine Welten" im Sinne von *Freudenthal* (1973, 334–337)
- (δ) Logische Blöcke (vgl. z.B. *Kothe* 1968)
- (ϵ) Legotürme (*Freund/Sorger* 1972)
- (ζ) Quadrominos (*Spiegel* 1974)

und viele weitere Beispiele.

(2) *Mengen „mathematischer" Objekte* (vgl. hierzu NRW-Lehrplan, S. 12–15)
- (α) *Menge der Zahlen von* 0 *bis* 100
  Eigenschaften: gerade, prim, kleiner als 25, Dreieckszahl, Quadratzahl, „... hat Quersumme 5", „... hat Querprodukt 31" usw.
  Relationen: = , „... teilt ... ", „... ist Vielfaches von ... "
  Verknüpfungen: +, ·, Mittelwertbildung
  Abbildungen: Querprodukt, Quersumme, Teilerzahl, Rest bei Division.
- (β) *Menge von geometrischen Körpern*
  Eigenschaften: Kann rollen, kann zum Bauen verwandt werden, symmetrisch, ...

Bei diesen Beispielen steht das Integrationsprinzip im Hintergrund, das eine Integration vorher getrennt behandelter Strukturdaten empfiehlt.

(3) *Situationen der Wirklichkeit*
- (α) Aufgaben zur ADAC-Freizeitkarte
- (β) Klassifikation von gängigen Autotypen nach Steuerklassen und Haftpflichtversicherungsklassen.
  Bemerkung: Informationen sind vom Finanzamt, von Versicherungen und vom Kfz-Handel erhältlich.

---

[1]) Das hier Gesagte gilt mindestens ebenso sehr für die Lehrerausbildung vieler Pädagogischer Hochschulen, in der solche Kurse z.Z. einen u.E. viel zu großen Raum einnehmen.

(γ) Erstellung eines Venn-Diagramms über den Tierbestand in verschiedenen Zoos. Informationen über den Tierbestand in bestimmten Zoos können durch eigenen Zoobesuch oder durch Korrespondenz mit Zoos erhalten werden (Versendung eines Fragebogens).

Relevante Beispiele dieser Art, in denen nur mit Mengen operiert wird, sind sehr selten. Reale Situationen enthalten meist noch numerische oder geometrische Daten.

3.5.4. Hilfsmittel für das Lernen

Strukturierte Materialien erlauben es, die Mengen- (und Teilmengen-)bildung durch *räumliche Zusammenfassung* der zugehörigen Elemente darzustellen. Die gleichzeitige Zugehörigkeit von Elementen zu mehreren Mengen läßt sich durch räumliche Bereiche modellieren, die sich überlappen. Eine Übertragung ins Bildliche führt zu den *Venn-* und *Karnaughdiagrammen.*

Standardmittel für die Darstellung (endlicher) *Relationsgebilde* sind *Graphen.* Wenn die Relation symmetrisch ist, zeichnet man nichtorientierte Kanten, andernfalls *Pfeile* (orientierte Kanten). Für *Abbildungen* benützt man ebenfalls Pfeile, die von Urbildelement zu Bildelement führen und mit einem Symbol für die Abbildung versehen sind (z.B. $35 \xrightarrow[\text{Quersumme}]{} 8$).

Verknüpfungen können einfach durch einen Baum dargestellt werden (Bild 2).

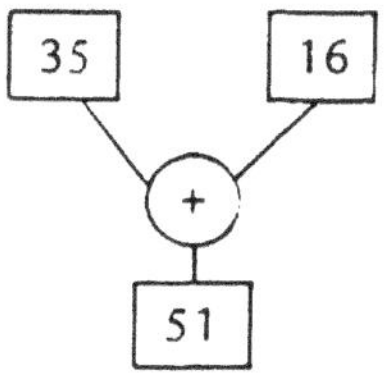

Bild 2

Natürliche symbolisch/zeichnerische Darstellungsmittel für Relationen und Abbildungen sind *Tabellen* (Matrixschema, Wertetabellen).

Inwieweit die Termini und Symbole der Mengensprache in der Grundschule eine Hilfe für die Untersuchung substantieller Probleme in Mathematik und Wirklichkeit sind, ist gegenwärtig noch nicht geklärt, auch wenn in Deutschland[1)] durch die Richtlinien, die Schulbücher, die Lehrerausbildung an den Pädagogischen Hochschulen und entsprechende Lehrbücher Fakten gesetzt scheinen.

Literatur

Zum mathematischen Hintergrund:

Bourbaki, N., Die Architektur der Mathematik, in: *Otte, M.* (Hrsg.). Mathematiker über Mathematik, Berlin-Heidelberg-New York 1974, 140–159; *Freudenthal* 1973, Kapitel 15; *Halmos, P.*, Naive Mengenlehre, Göttingen.

1) Im Gegensatz zu England und den Niederlanden.

Zur Frage „strukturierte vs. homogene Mengen“: Griesel 1971, 27, 132; *Schwirtz* 1971; *Wittmann* 1971.

Didaktische Analysen und Unterrichtsbeispiele:

ATM 1970, Kapitel 11; *Freund/Sorger* 1972; *Kothe* 1968; *Neunzig/Sorger* 1969; NRW-Lehrplan „Mathematik in der Grundschule“, 12–15; *Spiegel* 1974; *Steiner, H. G.*, 1972.

Aufgaben für die Leserin

1*. Wählen Sie als Grundmenge die Pilzarten eines (kleinen) Pilzbuches und überlegen Sie, für welche Eigenschaften von Pilzen man ein Karnaughdiagramm aufstellen könnte.

Beschreiben Sie die Situation einmal in der natürlichen Sprache und zum anderen in der Mengensprache und vergleichen Sie.

2. Gegeben sei eine strukturierte Menge von konkreten Objekten und ein Satz passender Felder für Torspiele. Felder kann man zu komplexeren Feldern „hintereinanderschalten“ (d.h. beide Felder müssen der Reihe nach durchlaufen werden) oder „parallelschalten“ (d.h. eines der beiden Felder wird wahlweise durchlaufen). Die elementaren Operationen „Hintereinanderschalten“ und „Parallelschalten“ erzeugen eine Gruppierung von Spielfeldern.

Zeigen Sie, daß sich vor diesem Hintergrund die Begriffe „Schnittmenge“ und „Vereinigungsmenge“ im Sinne des operativen Prinzips einführen lassen.

3*. Schulbuchkritik. Untersuchen Sie Schulbücher der Grundschule daraufhin, ob sie einen „Mengenlehre“-Kurs enthalten, bei dem in gewissem Abstand „Menge“, „Teilmenge“, „Schnittmenge“, „Vereinigungsmenge“, „Restmenge“ usw. eingeführt werden.

4*. Vergleichen Sie den Standpunkt von *Griesel* 1971, Bd. 1. S. 45–47 mit der Stellungnahme der Deutschen Vereinigung für mathematische Logik und Grundlagenforschung (vgl. Anhang zu Kapitel 2).

5*. Vergleichen Sie bez. des Themas „Mengenlehre/Mengensprache“ die KMK-Richtlinien von 1968 mit der Novellierung vom Dezember 1976 (vgl. Anhang zu Kapitel 2). Welche Tendenzen sind zu erkennen?

3.6. Anwendungen der Mathematik

Das Thema „Anwendungen der Mathematik“ taucht im vorliegenden Buch hier nicht zum ersten Mal auf, sondern ist bereits vorher an markanten Stellen angesprochen worden. In Kapitel 1 war ein eigener Abschnitt fünf Unterrichts*beispielen* für Anwendungen der Mathematik gewidmet. In Kapitel 2 wurden Anwendungen sowohl unter den *Zielen* (vgl. allgemeines Lernziel „mathematisieren können“) als auch in ihrer Beziehung zu den *Inhalten* der Grundschulmathematik (deterministische und stochastische Modellbildung mittels arithmetischer, geometrischer, stochastischer und struktureller Ideen) als auch im Zusammenhang mit *Prinzipien* (genetisches Prinzip, insbesondere Prinzip der Beziehungshaltigkeit) aufgeführt. Schließlich sind bei den bisherigen didaktischen Analysen in Kapitel 3 jeweils bestimmte Anwendungssituationen aufgezählt worden, die in die unterrichtliche Behandlung des jeweiligen Themas einbezogen werden können.

Angesichts dieser sichtlich starken Verankerung der Anwendungen in unserem Konzept ist es sicherlich angebracht, daß wir zum Abschluß von Kapitel 3 eine didaktische Analyse der Beziehung zwischen Mathematik und Wirklichkeit sowie der Möglichkeiten einer unterrichtspraktischen Realisierung des Themas „Anwendungen“ durchführen.

3.6.1. Grundideen

Unter einer Anwendung der Mathematik auf eine bestimmte Situation der Wirklichkeit (m.a.W. unter dem *Mathematisieren der Situation*) versteht man die Beschreibung der Situation in einem mathematischen *Modell.* Hinter dem Mathematisieren steht das Motiv, eine direkt überhaupt nicht oder praktisch nicht erfaßbare Situation auf dem Weg über ein Modell (als einer Art Ersatzkonstruktion) wenigstens in gewissen Zügen in den Griff zu bekommen und studieren zu können. Folgendes einfache Schema erläutert das Mathematisieren.

Situation	Modellbilden →	Modell
		↓ Datenverarbeitung im Modell
Folgerungen für die Situation	← Interpretieren	Folgerungen *im Modell*
Sachebene		*Entwurfebene*

Man erkennt eine Trennung in eine *Sachebene* (der die Situation angehört) und eine *Entwurfebene* (der das Modell angehört). Ein erster Übergang führt von der Situation zu einem Modell. Anschließend wird im Modell (als Ersatz für die Situation) gearbeitet. Die Folgerungen werden schließlich in die Sachebene zurückübersetzt.

Bei mathematisch präzisen Modellen kann die Datenverarbeitung im Modell nach mathematisch exakten Verfahren erfolgen, so daß die Folgerungen im Modell hieb- und stichfest sind. Daraus darf aber nicht geschlossen werden, daß die entsprechenden Folgerungen auch für die Situation zutreffen. Denn die Bildung des Modells ist ein nicht exaktes Verfahren, und es kann *prinzipiell* nicht sichergestellt werden, daß das Modell die interessierenden Züge der Situation richtig wiedergibt. Ob ein Modell „gut" ist, kann man nur durch *Tests* feststellen, indem man nämlich Folgerungen aus dem Modell an der Situation selbst überprüft. Je mehr solcher Tests sich bewähren, desto vertrauenswürdiger wird das Modell. In der Praxis führen solche Tests dazu, daß die Schleife Situation – Modell – Situation mehrfach durchlaufen wird, und bei jedem Schritt das Modell mit dem Ziel einer Verbesserung verändert wird. Auf derartige Feinheiten wollen wir hier aber nicht eingehen.

Beispiele für Modellierungen

(α)

Verhalten von Flugzeugprofilen bei verschiedenen Windverhältnissen	→	Modellierung im Windkanal
		↓
Folgerungen für wirkliches Flugzeug	←	Folgerungen aus Windkanalmessungen

*Test*flüge dienen zur Überprüfung der theoretischen Prognosen

(β) Familie X möchte Urlaub machen. Die Urlaubskasse enthält 1600,– DM. Reicht das Geld? → Modell-urlaub

↓ Kosten-berechnung

Fahren/ nicht fahren? ← interpretieren — Antwort ja/nein

Ob das Geld reicht oder nicht, muß der wirkliche Urlaub zeigen. Dann zeigt sich auch, ob das Modell gut war oder ob z.B. wesentliche Kostenpunkte übersehen wurden.

(γ) Sind die kleinen Kinder die leichten? → Modell

↓

Folgerung ← Antwort

Hier ist die ursprüngliche Situation gar nicht klar formuliert, weil „klein" und „leicht" nicht definiert sind. Weiter erhebt sich die Frage, ob die in einer bestimmten Klasse durchgeführte Modellrechnung repräsentativ ist. Zum Beispiel wäre ja eine Klasse denkbar, in der die „kleinen" Kinder im Durchschnitt schwerer wären als die „großen".

(δ) Fräulein Möller überlegt, ob sie für das Freibad eine Dauerkarte kaufen soll → Modell 1 Dauerkarte / Modell 2 Sechserkarte

Schätzung der Besuchsfrequenz

↓ ↓

Entscheidung Dauerkarte/Sechserkarte ← Kosten / Kosten

Die Güte der Modellrechnung hängt davon ab, ob die Besuchsfrequenz richtig geschätzt wird.

(ζ) Wie hoch sollen die Kfz-Versicherungsprämien bemessen werden? → Modell (Anzahl der Versicherungsnehmer, Schadenshäufigkeit, Reparaturkosten usw.)

↓ Modellrechnung

Festsetzung der Prämien ← Berechnung der Prämien

(η) Die von der Modeindustrie gewünschte Situation, daß Frauen Kleider einer neuen Mode kaufen → Mannequins, Modenschau

↓

Anprobieren Kaufentschluß? ← Kleid gefällt/ gefällt nicht

Was bei diesem Beispiel „Güte des Modells" sowie die Problematik der Übertragung von Folgerungen im Modell auf die tatsächliche Situation bedeutet, wird die Leserin wohl besser beurteilen können als wir.

Wie das letzte und z.T. auch das erste Beispiel zeigen, gibt es auch nichtmathematische Modellierungen. Von „Mathematisieren" spricht man aber natürlich nur bei mathematischen Modellen. Mathematische Modelle werden mit dem Begriffsinstrumentarium der Mathematik gebildet, das allerdings nicht nur symbolisch, sondern – und das ist gerade für die Grundschule wichtig –teilweise auch enaktiv (konkret, physisch) oder ikonisch repräsentiert sein kann.

Insgesamt sieht man, daß der Vorgang der Mathematisierung einen Komplex verschiedenartiger Aktivitäten beinhaltet:

(1) *Betrachtung einer Situation*
Sammlung von Daten, Formulierung von Fragen

(2) *Bildung eines Modells* einschließlich Darstellung der Daten und ihrer Beziehungen untereinander, Formulierung der Fragen im Modell

(3) *Datenverarbeitung* mit dem Ziel der Beantwortung der Fragen im Modell

(4) *Interpretation und Diskussion* der Folgerungen für die Situation, eventuell Formulierung neuer Fragen, Transfer auf neue Situationen

(vgl. Lernziel „mathematisieren können" in Abschnitt 2.2).

3.6.2. Anwendungen im Unterricht der Primarstufe

Da „Anwendungen" als wichtiges Lernziel feststehen und die Inhalte, die das Material für Modellierungen hergeben, bereits diskutiert wurden, brauchen wir uns hier nur noch mit der Frage zu befassen, in welcher Weise die „Philosophie des Modellbildens" im Unterricht der Grundschule wirksam werden kann.

3.6.2.1. Anwendungen vs. Sachrechnen

Die Anwendungen der Mathematik haben im traditionellen Rechenunterricht unter dem Terminus „Sachrechnen" einen festen Platz gehabt. Trotz der Kritik, die man an der traditionellen Praxis des Sachrechnens üben kann (vgl. dazu *Winter* 1976b, 338–339) müssen die modernen Bestrebungen in Richtung Anwendungen der Mathematik als eine Weiterentwicklung des Sachrechnens angesehen werden. Daß wir den Terminus „Sachrechnen" nicht beibehalten haben, hat seine Gründe darin, daß bereits in der Grundschule andere Inhalte als nur die Arithmetik („Rechnen") angewandt werden und daß wir „Anwendungen" dem Spiralprinzip entsprechend als *ein* Thema auffassen, das auf verschiedenen Stufen in der jeweils angemessenen Weise behandelt wird.

3.6.2.2. „Echte" vs. „unechte" Anwendungen

Die Anwendungsaufgaben in Schulbüchern sind in der überwiegenden Mehrzahl „unecht", d.h. sie kürzen den Mathematisierungsvorgang wesentlich ab. Gewöhnlich wird eine Situation bereits in *mathematisierter* Form vorgegeben: Die Daten, die Beziehungen unter den Daten und die Fragen sind in einer mit mathematischen Bezeichnungen und

Symbolen angereicherten Umgangssprache beschrieben. Die Schüler müssen lediglich einige umgangssprachliche Wendungen in mathematische Beziehungen übersetzen, Folgerungen ziehen und diese abschließend in der Sprache der Situation formulieren.

Beispiele

(α) Frau Steffin zahlt jeden Monat 52,– DM auf ihr Prämiensparkonto ein. Wieviel DM sind es in einem Jahr?

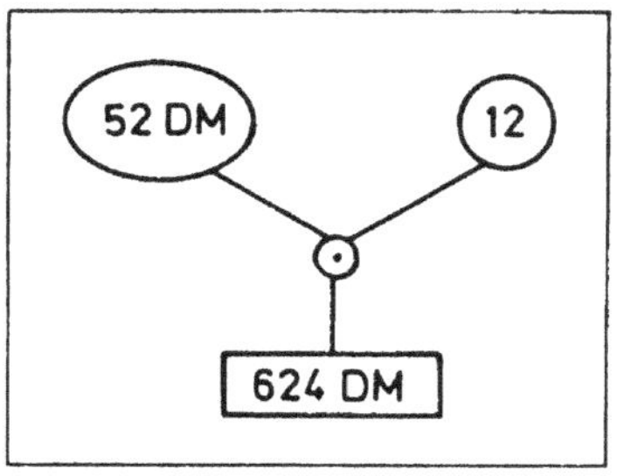

Frau Steffin zahlt in einem Jahr 624,– DM ein.

(β) Ein Freibad hat folgende Preise:

Jahreskarte	36, – DM
Sechserkarte	10,– DM
Einzelkarte	2,– DM

Fräulein Möller schätzt, daß sie in einem Sommer ca. 20 mal ins Bad gehen wird. Soll sie eine Jahreskarte kaufen?

Lösung mit Hilfe eines Rechenbaums (Simplexdiagramm).

Drei Sechserkarten plus zwei Einzelkarten kosten 34,– DM.

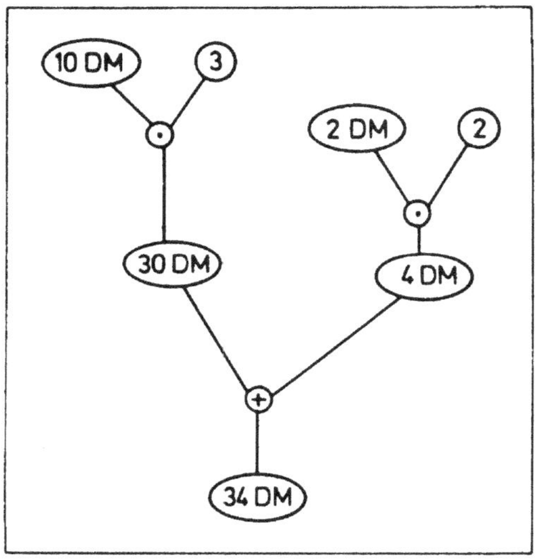

Antwort: Für Fräulein Möller ist es günstiger, keine Jahreskarte zu nehmen.

Pollak hat in neuerer Zeit deutlich gemacht (z.B. *Pollak*, 1970), daß „unechte" Anwendungen kein realistisches Bild vom wirklichen Einsatz der Mathematik in Naturwissenschaften, Technik, Wirtschaft, Sozialwissenschaften usw. geben und die Einbeziehung

„echter" Anwendungsbeispiele gefordert, die ausgehend von „offenen" Problemen oder „Situationen" (vgl. Abschnitt 1.5.3) den vollen Mathematisierungsprozeß durchlaufen. Es ist interessant und denkwürdig, daß *J. Kühnel* schon vor mehr als sechzig Jahren das Programm „Offene Probleme" in voller Bewußtheit formuliert hat, wie durch ein ausführliches Zitat aus *Kühnel* (1916, 21 ff.) belegt werden soll:

„Wenn wir in der mathematischen Bildung das Hauptziel des Rechenunterrichts gesehen haben und in der selbständigen Lösung von Anwendungsaufgaben sein wichtigstes Teilziel, so tritt uns in der eigentätigen Problemstellung dasjenige Verfahren entgegen, das – nachdem die Grundlagen vorhanden sind – in gerader Linie den Teilzielen und damit auch dem Hauptziel zustrebt ... .

Wo uns das Leben zu rechnerischem Tun nötigt, da gibt es uns meistens den *Sachverhalt* und zwar ganz allgemein. Es ist allerdings auch überall ein Problem vorhanden, wennschon nicht ausdrücklich ausgesprochen; aber es ist überall das allgemeine: *Kann* ich das ausführen? Wie geschieht es am vorteilhaftesten? Es ist das allgemeine Problem der wirtschaftlichen Lebensführung, das sich aber in den tausend Fällen des Lebens in tausend Sonderprobleme auflöst. *Diese zu erkennen, ist im einzelnen Falle unsere erste Aufgabe.* Sie würde vielleicht heißen können bei jenen Beispielen der ersten Gruppe: Kann ich nächsten Monat soviel bereitstellen? Ist zu erwarten, daß der Händler sein Angebot erhöht? Wie lange werde ich voraussichtlich brauchen, und mit wieviel Kosten ist da vermutlich zu rechnen? Zu diesem Erkennen des Einzelproblems tritt nun sofort als eine zweite Aufgabe *die Frage nach den in Betracht kommenden Zahlen.*

Die Hauptsache nun bei alledem ist, *daß* hier wie überall *das Leben das Problem nicht formuliert,* daß es uns wohl in Lagen versetzt, die uns rechnerische Anregungen bieten, daß aber die *Formulierung des Problems,* d.h. die bewußte Herausarbeitung des Gesamtziels wie der Einzelziele, das Aussprechen der Rechenfragen *unsere eigenste Aufgabe* bleibt, deren Lösung wir wohl am Beispiel lernen, die uns aber niemand abnehmen kann und darf.

Und nun vergleichen wir damit unsere Rechenbücher! ... Dreierlei ist ihnen eigentümlich: 1. Sie zeigen den *gesamten Sachverhalt* mit allen jeweils in Betracht kommenden Einzelheiten (von sachlichen Fehlern abgesehen – sie wollen aber wenigstens auf jede Einzelheit aufmerksam machen); 2. sie geben *sämtliche Zahlen,* sie vermeiden ängstlich, eine wegzulassen oder eine überflüssige Bestimmung zu geben; 3. sie formulieren mit größter Genauigkeit das *Rechenproblem,* meist sogar mit einzelnen Problemstufen, und das alles in gedrängtester wie übersichtlichster Darstellung.

Damit wollen wir nun vergleichen, was ein geistvoller Schulmann sagt, der die Gegenwart versteht und die Zukunft rauschen hört: „Die Fragen werden von den Dingen und Verhältnissen gestellt; der erste psychische Akt, mit dem die Arbeit beginnt, ist das Hören und Deuten dieser Fragen. Diesen Akt nimmt man den Kindern ab, wenn man die Fragen selber stellt."

Angesichts solcher Ausführungen kann man sich des Eindrucks nicht erwehren, daß unsere heutige Schule *vom Ideal* des speziellen Zielbewußtseins und des Lehrverfahrens, wenigstens was den Rechenunterricht betrifft, noch außerordentlich *weit entfernt* ist. Sie handelt noch völlig der irrtümlichen Auffassung gemäß, als sei das Problemstellen, das Aufgaben- und Fragenstellen das unantastbare Vorrecht des Lehrers oder womöglich einer noch über dem Lehrer stehenden Instanz, als dürften die Kinder höchstens Problem*behandlung* lernen, und als dürfe der Lehrer nur *dazu* anleiten. Die Möglichkeit des Suchens, des Formulierens und auch des eigentätigen Anpackens von Problemen kommt gar nicht in Betracht, ist so gut wie abgeschnitten. Fragen zu stellen haben die Kinder nicht nötig; zu fragen ist ja nach dieser Auffassung auch nur der Lehrer berechtigt und allenfalls sein Stellvertreter, das Rechenbuch. Man muß sich diese Sachlage erst völlig klar machen, um zu erkennen, auf welchem Irrwege sich unsere herkömmliche Didaktik befindet, und man muß sich im Gegensatz dazu klar machen, daß nichts so wichtig ist für alle intellektuelle und ethische Bildung, als daß das Kind sich *selbst Aufgaben stellen, selbst Probleme suchen, finden, formulieren und zerlegen lerne.* Wer Fragen zu stellen weiß, wird um den Weg zur Antwort nicht verlegen sein. Er wird nötigenfalls sich selbst und anderen gegenüber die Frage wiederholen, sie in Einzelfragen zu zerlegen versuchen, Sachlage und Ziel vergleichen, und dies so oft zu tun, bis der Weg zur Antwort ihm aufgeht. Wer Probleme zu sehen, zu suchen, zu finden gelernt hat, der wird auch den Weg zu ihrer Lösung entdecken, oder er wird wenigstens nicht eher ruhen, bis er ihn hat. Wer aber nie Gelegenheit bekommt, Probleme selbst zu suchen und zu finden, der steht ratlos da, wenn er die Tatsachen des Lebens in Frageform bringen, wenn er Aufgaben sehen, wenn er selbständig im Leben sich entscheiden soll. ...

Wie jedes Unterrichtsfach, so muß darum auch der Rechenunterricht – und er vor allen Dingen – dem Schüler Gelegenheit geben, sich *selbst* Aufgaben zu stellen, *selbst* Probleme zu suchen, und dies nicht etwa nur anhangsweise oder von Zeit zu Zeit einmal, sondern auf der Anwendungsstufe durchgängig und auf den früheren Stufen in reichem Maße.

Darum dürfen wir erwarten, daß in Zukunft ein großer Teil unserer angewandten Aufgaben *keine Problemfragen* enthalten wird, und dazu *unvollständige Angaben*, wie sie das Leben gibt. Jene zu formulieren und diese herbeizuführen, wäre eben Aufgabe der Schüler. Wir sprechen absichtlich von einem großen Teil der angewandten Aufgaben und verlangen das nicht von allen. Und zwar aus mehreren Gründen: Einmal verlangt die organische Entwicklung von der Vergangenheit zur Zukunft den Übergang durch Aufgaben alter Formulierung, wie wir sie im vorigen Abschnitt betrachtet haben; dann werden auch in Zukunft solche Aufgaben als Bindeglied zwischen eingekleideten und angewandten höchster Entwicklungsform noch notwendig sein; und endlich wird das Suchen des Problems und der Unterlagen, das Zergliedern des Problems usw. auch in Zukunft mit Hilfe des Beispiels gelernt werden. Als Beispiele solchen Tuns bleiben die alten Formen wirklicher angewandter Aufgaben also bestehen, aber sie werden überbaut, gekrönt, in ihren Leistungen überholt, weiter entwickelt durch die neue Form der angewandten Aufgaben mit eigentätiger Problemstellung."

Die Behandlung „offener" Probleme verlangt selbstverständlich eine andere Form der unterrichtlichen Behandlung als sie für „unechte" Anwendungen geeignet ist. Während letztere in mehr oder weniger kurzen, abgeschlossenen Episoden innerhalb einer Unterrichtsstunde oder als Hausaufgaben behandelt werden können, ist für erstere die Form des *Projekts* angemessen. Die einzelnen Phasen eines Projekts können sich mit den notwendigen Unterbrechungen – die durch andere Themen ausgefüllt werden – über mehrere Tage oder sogar Wochen hinziehen. Wesentliche Punkte eines Projekts sind die Beschaffung von Daten aus allen verfügbaren Informationsquellen (Zeitungen, Zeitschriften, Prospekte, Bücher, Eltern, Bekannte und vor allem „Experten" aller Art, die man mündlich, telefonisch oder schriftlich befragen kann) und das Finden sinnvoller Fragen. Ein entscheidender und für Kinder vielleicht der lehrreichste Teil der Aktivitäten eines Projekts wird sich daher außerhalb des Klassenzimmers abspielen (vgl. z.B. die Befragung des Zoohändlers in Abschnitt 1.5.1 und die Beschaffung von Autokarten in Abschnitt 1.5.3).

Anstatt „echte" und „unechte" Anwendungen gegeneinander auszuspielen, sollte man die relativen Vor- und Nachteile nüchtern sehen und einen sinnvollen Kompromiß anstreben. Abgesehen davon, daß die Untersuchung offener Probleme sehr zeitaufwendig ist, fällt es ins Gewicht, daß der Mathematikunterricht nicht von Anwendungen aus oder zumindest von Inhalten her wesentlich besser strukturiert werden kann. Wenn man aber bestimmte Inhalte anwendungsbezogen einführen und üben will, muß man Ausschnitte der Wirklichkeit so auswählen und vormodellieren, daß diese Inhalte auch tatsächlich zum Tragen kommen. Damit landet man unwillkürlich bei „unechten" Anwendungen.

Da das Lernziel „mathematisieren können" mit „unechten" Anwendungen allein nicht erreicht werden kann, muß im Mathematikunterricht von interessanten Situationen her ein zweites Gewicht gesetzt werden. Dabei geht es dann nicht um die Einführung oder Übung gewisser Inhalte, sondern um die Aufklärung eines Stücks Wirklichkeit unter Einsatz aller bereits verfügbaren mathematischen Mittel. In gewissem Sinn kann man sagen, daß bei „unechten" Anwendungen die Situationen bestimmten mathematischen Inhalten untergeordnet sind und bei „echten" Anwendungen die Situation über die Inhalte dominiert.

Bekanntlich favorisieren Schulbücher eindeutig die „unechten" Anwendungen. Dies liegt nicht nur daran, daß Schulbücher zu leicht durchnehmbaren, einübbaren und abfragbaren Einheiten tendieren, sondern auch daran, daß es schwierig ist, Projekte „von Ferne" einzuführen, deren Reiz ja gerade auf der Ausnützung der lokalen Gegebenheiten beruht. Die Initiative liegt schon bei der einzelnen Lehrerin und der Erfolg hängt von ihrer Fähigkeit ab, interessante Situationen aufzuspüren, deren Daten von den Kindern ermittelt und in ein einfaches Modell eingebracht werden können.

3.6.2.3. Hilfsmittel beim Mathematisieren

In verschiedenen Phasen des Mathematisierungsvorganges können konkrete, zeichnerische und sprachlich/symbolische Hilfsmittel eingesetzt werden (*Winter* 1976b, 348 ff.), die wir z.T. schon von früheren Abschnitten her kennen.

Für die Präsentierung von Situationen: Texte, Prospekte, Graphiken, Situationsbilder, unmittelbarer Augenschein.

Für die Ermittlung von Daten: Meßgeräte (Waagen, Längenmeßinstrumente, Uhren, Tachometer, Schrittzähler, ...), Prospekte, Bücher, Zeitungen, ... , Befragung von „Experten".

Für die Modellbildung: konkrete Modelle (z.B. Nachbildung einer Straßenkreuzung), Situationsskizzen, Diagramme (Graph, Venn-Diagramm, Karnaughdiagramm, Rechenbaum).

Nach unseren Erfahrungen ist es nicht günstig, die Kinder auf standardisierte Darstellungen festzulegen. Vielmehr sollte man ihnen während der Grundschule Zeit lassen, ihre „natürlichen" Darstellungsideen, die zunächst mit vielen unwichtigen Details ausgeschmückt sind, zu schematisierenden Darstellungen weiterzuentwickeln.

Literatur

Zum Modellbilden:

Hilton, P., Die Ausbildung von Mathematikern heute, in: *Otte, M.* (Hrsg.), Mathematiker über Mathematik, Berlin-Heidelberg-New York 1974, 427–449.

Pollak, H. O., „How Can We Teach Applications of Mathematics"? Educ. Studies in Math. 2 (1970), 261–272.

Didaktische Analysen und Unterrichtsbeispiele:

ATM 1970, Kapitel 5 und 6

Papy, F., Nebuchadnezzar, seller of news papers: an introduction to some applied mathematics. The Arithmetic Teacher **21** (1974), 278–285.

Tammadge, A., „How Much Does it Cost to Keep a Dog?" Math. Teaching **57** (1971), 9–11.

Winter 1976b (eine fundamentale Analyse mit schönen Beispielen), *Winter* 1977.

Aufgaben für die Leserin

1. Arbeiten Sie das Projekt „Wandertag" aus. (Es soll eine Wanderroute geplant werden.)
2. Vor dem Neubau z.B. einer Sparkasse soll ein Parkstreifen angelegt werden. Wählen Sie selbst einen Lageplan, formulieren Sie eine sinnvolle Frage und überlegen Sie, wie man Daten beschaffen könnte.
3*. Durchmustern Sie Schulbücher und suchen Sie, a) Beispiele für eine bildliche Präsentation von Anwendungsaufgaben, b) offene Probleme, c) Anwendungsaufgaben, aus denen sich offene Probleme bilden lassen, d) Situationsskizzen für die Lösung von Anwendungsaufgaben.
4*. Einen Bauplan kann man als Modell (genauer als Vor-Modell) für einen Neubau auffassen. Diskutieren Sie die allgemeinen Überlegungen zum Modellbilden anhand dieses Beispiels.
5. In seiner Didaktik des Sachrechnens unterscheidet *Oehl* „Rechenfähigkeit" und „Rechenfertigkeit" (vgl. *Oehl* 1962, 18 ff.). Zeigen Sie, an welchen Stellen des Mathematisierungsvorgangs diese beiden Kompetenzen verlangt werden.
6. Welche didaktischen Informationen kann man aus der Lösung einer Textaufgabe in Form eines Rechenbaums ziehen?

4. Didaktische Fragmente

Nach der globalen Betrachtung des Mathematikunterrichts auf der Primarstufe in Kap. 2 und den didaktischen Analysen in Kap. 3 kehren wir nun zum Abschluß wieder zu Beispielen zurück. Im Gegensatz zu Kap. 1, wo wir relativ ausgearbeitete Unterrichtsbeispiele vorgestellt haben, geht es uns jetzt ausschließlich um „offene" Beispiele, die wir als „didaktische Fragmente" anbieten möchten. Unsere Absicht dabei haben wir am Anfang des Buches bereits deutlich gemacht: *die Anregung eines aktiven Verhältnisses der Lehrerin zu ihrem Beruf.* Dieses aktive Verhältnis dokumentiert sich in besonderer Weise in der selbständigen didaktischen Bearbeitung von Ideen aus dem eigenen Erfahrungskreis.

Bei den folgenden Fragmenten wird jeweils angegeben, wie wir auf sie gestoßen sind. Die Leserin mag daraus exemplarisch ersehen, wie man didaktische Ideen finden kann. Auf direkte Unterrichtshinweise haben wir verzichtet. Wir stellen lediglich Themen vor und versuchen ihre Beziehungshaltigkeit über „Aufgaben für die Leserin" darzulegen [1]. Wie wir immer wieder betont haben, trauen wir einer Leserin, die sich in der vorgeschlagenen Weise intensiv mit einem Thema beschäftigt hat und das nötige Einfühlungsvermögen in das kindliche „Weltbild" besitzt, eine Umsetzung didaktischer Fragmente in einen lebendigen und anregenden Unterricht zu.

Wir wiederholen hier unseren Wunsch, daß aus den folgenden Fragmenten schöne Unterrichtsbeispiele, Hausarbeiten und Publikationen für Lehrerzeitschriften hervorgehen mögen und wir mit unserer Leserschaft darüber in Kontakt kommen.

4.1. Fragmente zum operativen Vorspiel

4.1.1. Falten

Falten ist bei Kindern sehr beliebt. Dabei lernen sie – auch wenn es in der Regel durch Nachahmen geschieht – eine Reihe von einfachen geometrischen Formen und Symmetrien, aber auch Konstruktionen kennen [2].

Wie kann man einen *Vogel* falten?

1. Ausgangsform ist ein *Quadrat.*
2. Aus dem Quadrat falten wir ein *Buch,* so daß zwei gegenüberliegende Seiten des Quadrats aufeinanderliegen.
3. Aus dem Buch falten wir ein *Taschentuch;* dabei kommen die beiden kurzen Seiten des Buches (Rechtecks) zur Deckung.
4. Wir öffnen das Taschentuch, falten längs der Diagonale des Quadrats und erhalten ein *Umschlagtuch* (rechtwinklig – gleichschenkliges Dreieck).

---

[1] Da es sich um Fragmente handelt, haben wir auch auf die Lösungen der Aufgaben verzichtet.

[2] Vgl. *Walter Lietzmann,* Lustiges und Merkwürdiges von Zahlen und Formen, Göttingen 1923.

5. Wir falten noch einmal und erhalten einen *Helm* (Das ursprüngliche Dreieck wurde zu einem neuen rechtwinklig-gleichschenkligen Dreieck halbiert).
6. Wir öffnen das Blatt und legen nacheinander jede der vier Ecken auf den Mittelpunkt. Sind drei Ecken eingeschlagen, so hat man einen geöffneten *Briefumschlag.*
7. Wenn nun der Vorgang von 6. mit dem geschlossenen Briefumschlag wiederholt wird, indem man die Ecken des kleinen Quadrats auf der zusammenhängenden Seite zur Mitte hin faltet, ergibt sich ein *kleiner Brief* (Bild 1).

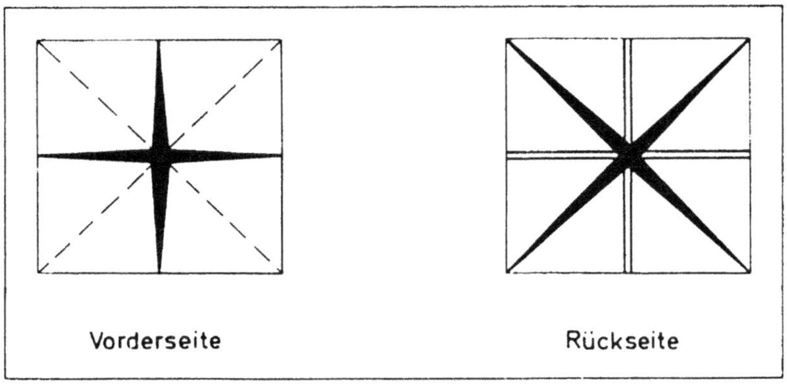

Bild 1

8. Wir nehmen nun den kleinen Brief in die rechte Hand. Die Spitzen der kleinen Quadrate der Vorderseite werden nach unten geschlagen. Dabei werden die kleinen losen Quadrate der Unterseite gelockert und zu dreieckigen Tischbeinen eines *kleinen vierbeinigen quadratischen Tisches* herausgefaltet.
9. Wenn der kleine Tisch auf seine Tischplatte gelegt und die (dreieckigen) Tischbeine an die Fläche angedrückt werden, entsteht eine *Windmühle* (Bild 2).

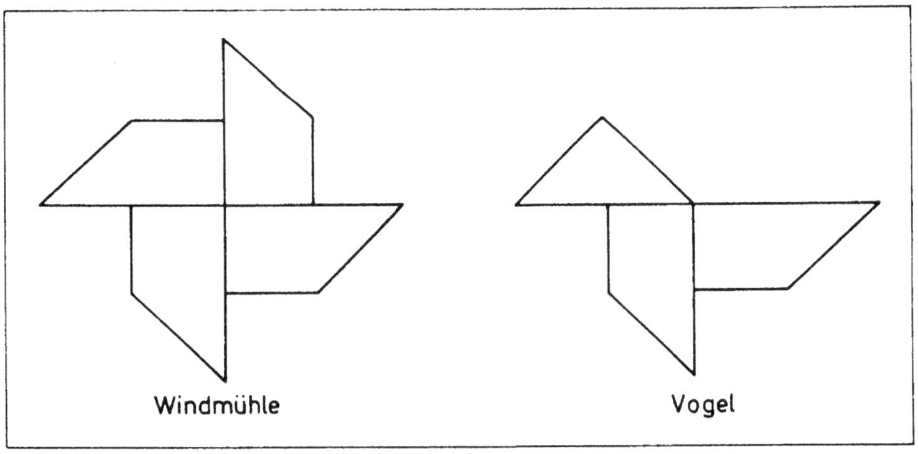

Bild 2

10. Aus der Windmühle falten wir einen *Vogel* (Bild 2), indem wir einen Windmühlenflügel nach außen umschlagen und geeignet falzen.

Es gibt eine Reihe von Literatur zur Faltgeometrie. In dem Büchlein von *William D. Murray* und *Francis J. Rigney* "Paper Folding for Beginners" (Dover Publications, New York) werden Flugzeuge, Frösche, Fische, Enten, Pinguine (Bild 3) gefaltet. Für Fortgeschrittene ist auch die japanische Kunst des „Origami" zu empfehlen. Dies ist eine Papierfalttechnik, die sich zu äußerst komplizierten Formen entwickelt hat [1]).

Bild 3

Aufgaben für die Leserin

Überlegen Sie folgende Faltkonstruktionen:

1*. Konstruieren Sie einen rechten Winkel.

2*. Gewinnen Sie ein Parallelenpaar.

3*. Falten Sie ein Rechteck.

4*. Falten Sie ein Quadrat.

5*. Es sei ein - aus Papier geschnittener – Kreis gegeben. Können Sie durch Falten den Mittelpunkt bestimmen?

5*. Geben Sie einen „Faltbeweis" für den Satz über die Winkelsumme des Dreiecks.

) Vgl. *Irmgard Kneißler*, Schmücken und Schenken mit Origami, Ravensburger Hobbybuch.

4.1.2. Kneten

Schon im Altertum gab man Kindern Buchstaben und Ziffern aus Kuchen, um die ersten Rechen- und Leseübungen zu versüßen. Sicherlich gehen unsere Suppennudeln (Buchstaben, Ziffern, geometrische Formen) und das Russische Brot auf diese alte Sitte zurück. Kinder helfen gerne mit, diese originellen Backwaren herzustellen. In den freien Waldorfschulen werden die ersten Buchstaben aus hartem Bienenwachs geknetet. Man sollte den Kindern einmal die Aufgabe stellen, geometrische Grundformen, wie z.B. Würfel, Quader, Zylinder, Kugel, Kegel herzustellen.

Aufgaben für die Leserin

1*. Was läßt sich leichter herstellen, eine Kugel oder ein Quadrat? Warum?

2*. Kneten Sie einen Tetraeder und zerlegen Sie diesen auf verschiedene Arten in 2 (3) kongruente Teilkörper.

3*. Stellen Sie einen Würfel her und zerlegen Sie diesen in zwei nicht notwendig kongruente Teilkörper. Welche n-Ecke sind als Schnittflächen möglich?

4.2. Fragmente zur Arithmetik

4.2.1. Alles endet bei 1 oder 4

Eine mathematische Olympiadeaufgabe aus der UdSSR[1]) lautet: Eine Folge natürlicher Zahlen wird folgendermaßen gebildet: a_1 ist eine beliebige dreistellige Zahl, a_2 ist die Summe der Quadrate ihrer Ziffern, a_3 ist die Summe der Quadrate der Ziffern von a_2 usw. Zeige, daß in der Folge $a_1, a_2, a_3, \ldots$ unbedingt entweder 1 oder 4 vorkommt.

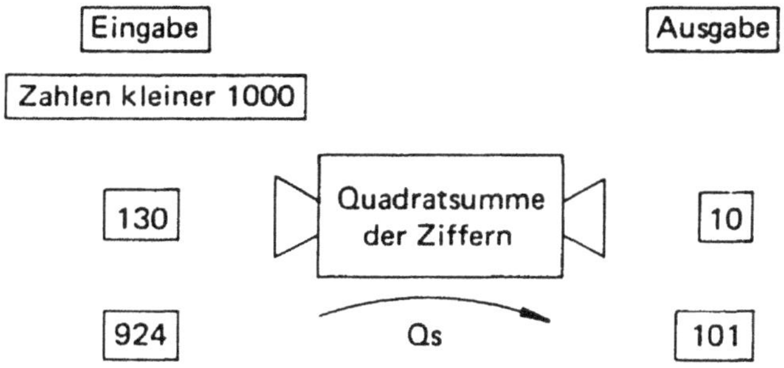

Aufgaben für die Leserin

1*. Wenden Sie immer wieder den Quadratsummenoperator an!

88 —Qs→ 128 —Qs→ 69 —Qs→ 117 —Qs→ 51 ...

Was geschieht?

Lassen Sie den Quadratsummenoperator wiederholt wirken beginnend mit

16, 512, 60, 99, 33, 94, 44

Wo entsteht ein Zyklus?

---

1) Vgl. *Engel, A.*: Mathematische Olympiadeaufgaben aus der UdSSR, Stuttgart 1976, Seite 23.

2*. Die Quadratsummenmaschine arbeitet. Welche Zahlen könnten eingegeben worden sein?

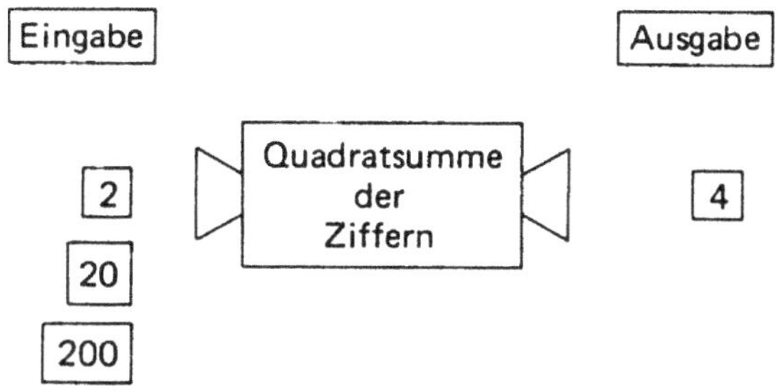

Gibt es weitere mögliche Eingaben?
Nennen Sie jeweils alle Eingaben für 10, 54, 30, 25!

3*. Zeigen Sie, daß bei echt dreistelligen Zahlen der Quadratsummenoperator die Eingabe verkleinert. (*Hinweis:* $a_1 = 100x + 10y + z$, $a_2 = x^2 + y^2 + z^2$, $a_1 - a_2 = ?$)

4*. Welche Zahlen kleiner oder gleich 100 enden bei 1? (*Hinweis:* Gehen Sie von 1 aus und vervollständigen Sie rückwärts.)

5*. Versuchen Sie die Olympiadeaufgabe zu lösen! Beachten Sie, daß es nach Aufgabe 3 genügt, die Zahlen kleiner gleich 100 zu betrachten!

4.2.2. Ein afrikanisches Spiel: Oware

In seinen verschiedensten Varianten ist dieses Spiel in Afrika und dem Orient beheimatet. Es gehört zu den ältesten und nach *R. C. Bell* auch zu den besten Spielen der Welt. Zum Spiel gehören 1 Spielbrett mit 12 kleinen Mulden und 2 großen Beutegruben sowie 48 oder mehr Bohnen (Maiskörner, Steinchen, usw.) als Spielsteine (Bild 1).

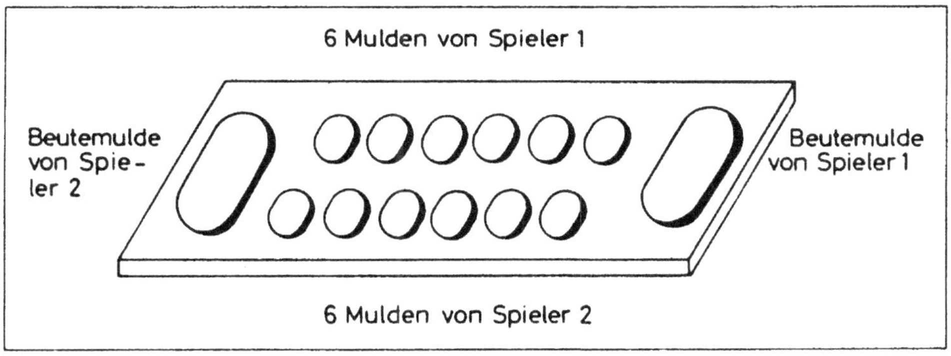

Bild 1

Spielregeln

(1) Oware wird von 2 Personen gespielt.

(2) Jeder Spieler übernimmt eine Reihe von 6 Mulden mit je 4 Bohnen und eine leere Beutegrube.

(3) Beim ersten Spiel beginnt der Jüngere, später jeweils der Verlierer des vorangegangenen Spiels.

(4) Der erste Spieler nimmt aus einer seiner Mulden *alle* Bohnen heraus und verteilt diese entgegen dem Uhrzeigersinn mit je einer Bohne in jede folgende Mulde, auch in die des anderen Spielers. Dieser nimmt danach ebenfalls alle Bohnen aus einer seiner Mulden und verteilt diese ebenso.

Dieser Vorgang wiederholt sich immer.

(5) Legt ein Spieler die letzte Bohne in eine Mulde mit (einschließlich der letzten Bohne) *zwei oder drei* Bohnen, so darf er sie anschließend in seine Beutegrube leeren. Dabei spielt es keine Rolle, ob es sich um eine eigene Mulde oder um eine Mulde des Gegners handelt. Enthalten nach einem Verteilgang außer der letzten Mulde auch die unmittelbar davor liegenden Mulden zwei oder drei Bohnen, so dürfen diese als Beute genommen werden.

(6) Sind alle 6 Mulden eines Spielers leer, so darf der andere solange weiterspielen, bis entweder der „ausgehungerte" Spieler wieder mitspielen kann oder das Spiel zu Ende ist. Die letzten unter Umständen endlos zirkulierenden Steine werden an die sie bewegenden Spieler verteilt.

(7) Sieger ist, wer die größere Beute hat.

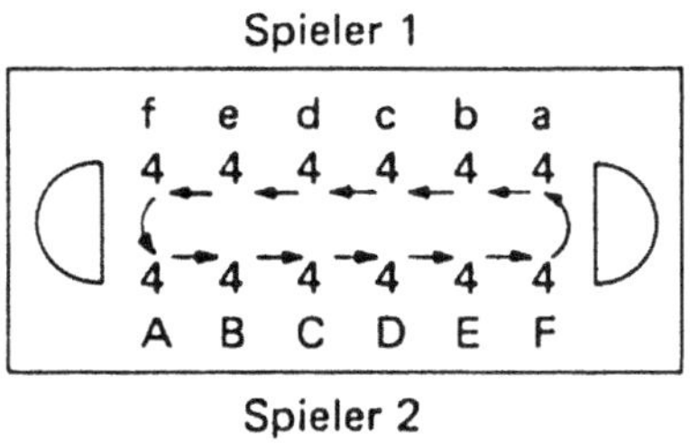

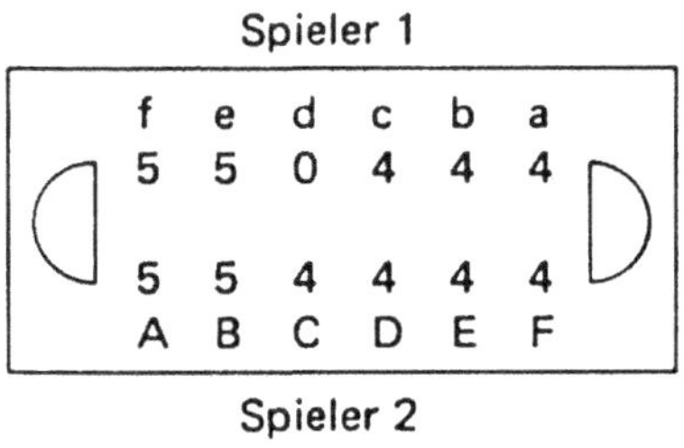

① Ausgangssituation

② Spieler 1 verteilt die Bohnen der Mulde d

③ Spieler 2 verteilt Mulde F

⑥ Spieler 1 verteilt Mulde c

④ Spieler 1 verteilt Mulde f

⑦ Spieler 2 verteilt Mulde B

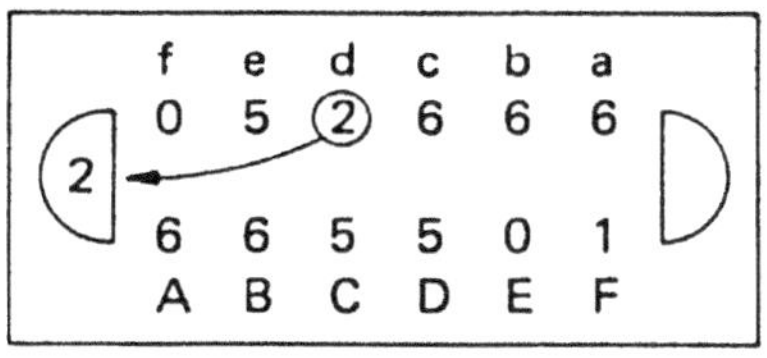

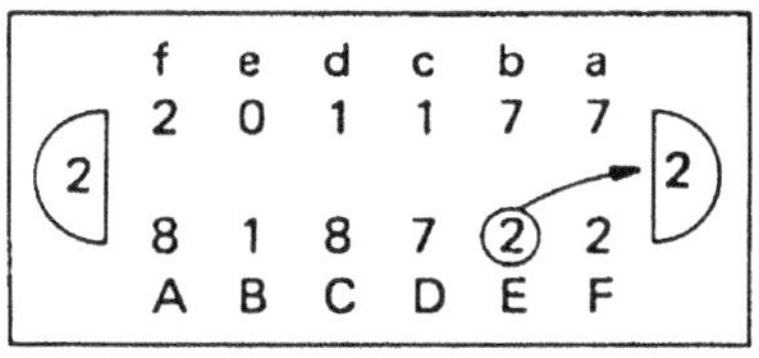

⑤ Spieler 2 verteilt Mulde E und erhält 2 Bohnen von d

⑧ Spieler 1 verteilt Mulde e und erhält 2 Bohnen von E

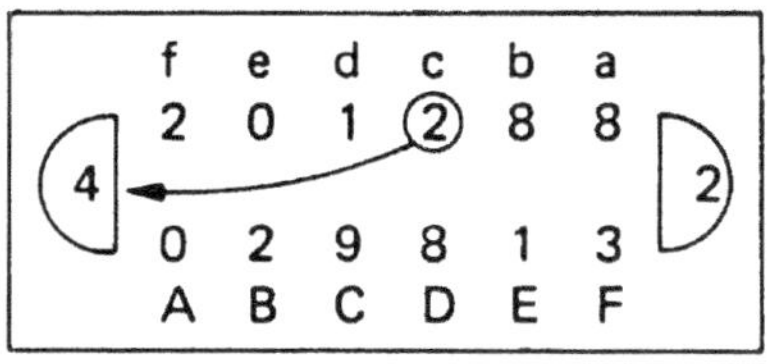

⑨ Spieler 2 verteilt Mulde A und erhält 2 Bohnen von c

Aufgaben für die Leserin

1*. Fertigen Sie sich ein Spielbrett und spielen Sie das angefangene Spiel weiter. Welche arithmetischen Lerninhalte werden dabei geschult?

2*. Spielen Sie das Spiel auch mit 6 Bohnen! Warum benötigt man hier auch Kongruenzenrechnung modulo 12?

3*. Wie könnten Sie das Spiel im Unterricht einsetzen?

Literatur

Zaslavsky, C., Africa Counts, Boston 1973, S. 116–136, chap. 11. The game played by Kings and cowherds and Presidents too.

Spielmaterial: Oh-Wah-Ree von der 3M-Company.

4.2.3. Vergilbte Manuskripte

In einer Reihe von Büchern und Zeitschriften der Elementarmathematik[1]) taucht das Problem des vergilbten Manuskriptes auf, das Mäuse angenagt haben, so daß nicht mehr alle Ziffern zu erkennen sind. Die fehlenden Ziffern sind zu ergänzen, sie werden im folgenden durch * gekennzeichnet. Diese Aufgaben eignen sich dazu, die Umkehroperationen und Algorithmen zu üben.

Aufgaben für die Leserin

1*. Ergänzen Sie die fehlenden Ziffern!

```
   *72*        3*86        8**2        6*37
 + 3**1      + *2*7      - *35*      - *82*
 ------      ------      ------      ------
   5989        804*        4121        14*8
```

Erfinden Sie selbst Aufgaben!

2*. Hier wird es schon etwas schwieriger. Lösen Sie die folgenden Multiplikationsaufgaben!

```
***·538           *** · 612          ***7·***
-------           ---------          --------
 ****               2568             *37**
  2202                ***             **203
    ****                ***             ****6
-------           ---------          --------
 ******             ******           *******

        6** · 5*8          71* · *5
        ---------          --------
          ****               ****
           ***6               **70
             **96          --------
        ---------            178**
          ******
```

Finden Sie auch hier weitere Aufgaben!

---

1) Vgl. *Walter Lietzmann*, Lustiges und Merkwürdiges von Zahlen und Formen, Göttingen 1950, S. 128.

Heinrich Dörrie, Triumpf der Mathematik, Wiesbaden 1940, S. 9.

Problems, Notes aus: American Mathematical Monthly 38 (1921), S. 37 und 49 (1932), S. 489.

3. Die folgende Divisionsaufgabe ist *eindeutig* lösbar (Berwicks Problem der sieben Sieben)

```
**7******* : ****7* = **7**
******
------
*****7*
*******
-------
 *7****
 *7****
 ------
 *******
 ****7**
 -------
  ******
  ******
  ------
  ------
```

(Lösung vgl. *Dörrie, H.*, S. 9)

4.2.4. Geheimschrift und magische Quadrate

(Rechnen in verschiedenen Stellenwertsystemen)

A	B	C	D	E	F	G	H	I	J	K	L	M
1	2	3	4	5	6	7	8	9	10	11	12	13
N	O	P	Q	R	S	T	U	V	W	X	Y	Z
14	15	16	17	18	19	20	21	22	23	24	25	26

Aufgaben für die Leserin

1*. Entziffern Sie die folgenden Geheimschriften

a) 11, 1, 5, 6, 5, 18 - 9, 14 - 14, 15, 20

b) 10011, 1111, 10011 - 1, 1110 - 10, 1001, 101, 1110, 101 - 1101, 1, 1010, 1
(*Hinweis:* Zweiersystem)

c) 111, 1, 101, 1 - 22, 120, 110, 202 - 22, 100, 110, 20, 12
(*Hinweis:* Anderes Stellenwertsystem)

d) 10000, 11010, 10110, 10101, 10110, 1001 - 10100, 10110, 1001, 10110, 111, 111, 10110, 111
(*Hinweis:* Andere naheliegende Codierung des Alphabets)

2*. Für magische Quadrate ungerader Reihenzahl läßt sich nach der sogenannten Yu-Methode ein magisches Quadrat konstruieren.
Dabei werden die n^2 Zahlen $0, 1, \dots, n^2 - 1$ in ein $n \times n$ Quadrat nach Regeln eingetragen, so daß jeweils alle Zeilensummen und alle Spaltensummen gleich sind. Der Beginn (Plazierung der 0) ist dabei beliebig, danach geht man in der Reihenfolge der Zahlen 2, 3, ... nach rechts oben weiter. An den Rändern denke man sich Abbilder des Quadrats angesetzt (Parkettierung der Ebene) und identifiziere entsprechende Quadratzahlen. Ist die nächste Zeile in der Diagonalen besetzt, so gehe man eine Zelle nach unten. Beispiel für $n = 5$ zeigt Bild 1.

4	6	13	15	22	4	6	13	15
5	12	19	21	3	5	12	19	21
11	18	20	2	9	11	18	20	2
17	24	1	8	10	17	24	1	8
23	0	7	14	16	23	0	7	14
4	6	13	15	22	4	6	13	15
5	12	19	21	3	5	12	19	21
11	18	20	2	9	11	18	20	2
17	24	1	8	10	17	24	1	8

Bild 1

Faßt man die dekadische Darstellung der eingetragenen Zahlen als „unnatürlich" auf und schreibt die Zahlen jeweils zur Basis n (Reihenzahl des Quadrats) auf, so ergibt sich zum Beispiel für das Quadrat in Bild 1 die Darstellung im Fünfersystem und die Aufspaltung in Ziffernquadrate nach Bild 2.

23 = ④ · 5 + 3 = ④ 3
0 = ⓪ · 5 + 0 = ⓪ 0
7 = ① · 5 + 2 = ① 2
14 = ② · 5 + 4 = ② 4
16 = ③ · 5 + 1 = ③ 1

④ 3	⓪ 0	① 2	② 4	③ 1
⓪ 4	① 1	② 3	③ 0	④ 2
① 0	② 2	③ 4	④ 1	⓪ 3
② 1	③ 3	④ 0	⓪ 2	① 4
③ 2	④ 4	⓪ 1	① 3	② 0

④	⓪	①	②	③
⓪	①	②	③	④
①	②	③	④	⓪
②	③	④	⓪	①
③	④	⓪	①	②

5-er Ziffernquadrat

3	0	2	5	1
4	1	3	0	2
0	2	4	1	3
1	3	0	2	4
2	4	1	3	0

1-er Ziffernquadrat

Bild 2

a) Was fällt Ihnen auf? Vertauschen Sie im obigen Quadrat jeweils die 5-er und 1-er Ziffern und übersetzen Sie das Quadrat wieder zurück ins Zehnersystem. Erhalten Sie wieder ein magisches Quadrat? Welche Spalte bleibt bei dem Verfahren fest? Begründen Sie dies.
b) Konstruieren Sie auf entsprechende Weise ein magisches Quadrat der Reihenzahl 7. Schreiben Sie auch dieses Quadrat ins 7-er-System um. Was stellen Sie fest?
c) Versuchen Sie nach der Yu-Methode ein magisches Quadrat der Reihenzahl 6 zu konstruieren! Addieren Sie Spalten und Zeilen.
   Wo liegt der Unterschied zu ungerader Reihenzahl?
d) Welche arithmetischen Lerninhalte können Sie mit magischen Quadraten üben? Welche Kontrollmöglichkeiten bieten sie für die Lehrerin?

4.2.5. Taschenrechner

Im folgenden möchten wir die Leserin dazu anregen, bei einer Reihe der in Kap. 1 dargestellten Unterrichtsbeispiele den Taschenrechner einzusetzen.

Wie sich zeigen wird, übernimmt der Taschenrechner dabei nicht nur die Funktion des schlichten Hilfsmittels, sondern er trägt einerseits (als neuer Kontext) zur Vertiefung und Stabilisierung arithmetischer Grundtechniken bei und er erschließt andererseits auch neue Möglichkeiten für einen problemorientierten Unterricht.

Aufgaben für die Leserin

1*. a) Besorgen Sie sich einen Taschenrechner und spielen Sie mit einem Partner das „Nim-Spiel in der arithmetischen Form" (vgl. Unterrichtsbeispiel 1.2.9, Bild 5).

b) Spielen Sie auch die Spiele „Zahlenfußball", „brummender Kreisel", „Häuserbau", „Mathematisches Golf" und „Der Dieb und die Polizei" (vgl. Unterrichtsbeispiele in 1.2.5) auf einem Taschenrechner. Lassen sich die Operationen (4 weg) und (4 an) auf dem Taschenrechner simulieren?

2*. a) Rechnen Sie in Flußdiagrammen und lösen Sie Gleichungen mit einem Taschenrechner (vgl. Unterrichtsbeispiele in 1.2.5).

b) Inwieweit handelt es sich dabei um typische Beispiele, die die Leistungsfähigkeit und das Prinzip eines Taschenrechners sichtbar machen?

3*. a) Wenden Sie die Operatoren (+2), (·2) bzw. „quadriere" wiederholt an. Beginnen Sie jeweils mit 2:

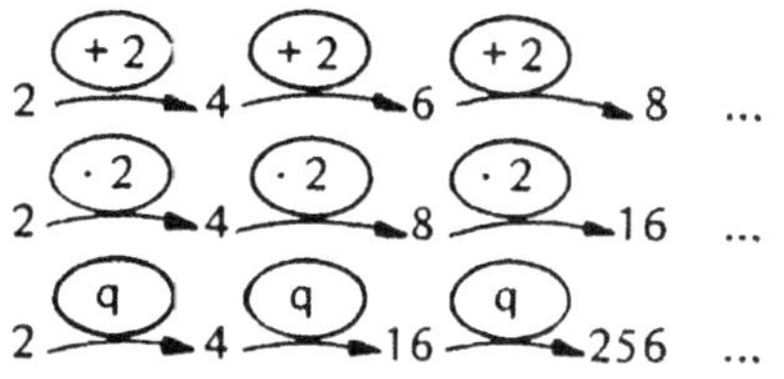

Untersuchen Sie die Folge auf Wachstum. Bestimmen Sie jeweils das kleinste Folgenglied, das größer oder gleich 10 000 ist!

Welche Glieder haben die Folgen jeweils gemeinsam? Sie kennen sicher die Geschichte vom Erfinder des Schachbretts, der sich zur Belohnung von seinem König auf dem 1. Feld 1 Weizenkorn, auf dem 2. Feld 2 Weizenkörner, auf dem 3. Feld 4 Weizenkörner, auf dem 4. Feld 8 Weizenkörner, usw. erbat. Wie können Sie nach dem ersten Teil der Aufgabe mit einem Taschenrechner leicht die Anzahl auf dem 64. Feld und die Summe bestimmen, wenn Sie nur die *Quadratfunktion,* aber nicht die Potenzfunktion auf dem Rechner zur Verfügung haben.

b) Wie geht es weiter? Benutzen Sie einen Taschenrechner!

$1 = 1!$
$1 \cdot 2 = 2!$
$1 \cdot 2 \cdot 3 = 3!$
$1 \cdot 2 \cdot 3 \cdot 4 = 4!$
$1 \cdot 2 \cdot 3 \cdot 4 \cdot 5 = 5!$
...

$1 = 1$
$1 + 2 = 3$
$1 + 2 + 3 = 6$
$1 + 2 + 3 + 4 = 10$
$1 + 2 + 3 + 4 + 5 = 15$

c) Geben Sie jeweils eine mehrstellige Zahl z. B. 48 976 235 in das Anzeigeregister eines Taschenrechners. Löschen Sie die Ziffer 9, ersetzen Sie diese durch die Ziffer 1, ohne eine weitere Ziffer zu verändern. Ersetzen Sie ebenso die Ziffernfolge 76 durch 67. Löschen Sie die Ziffer 3.

4*. a) Die handelsüblichen Taschenrechner verfügen im Anzeigefeld über etwa 8 bis 10 Stellen. Sie möchten nun mit einem solchen Gerät $1 \cdot 2 \cdot 3 \cdot 4 \ldots \cdot 16$ ausrechnen und wollen *alle* Stellen wissen. Wie können Sie vorgehen?

b) Entwickeln Sie ein Verfahren, wie Sie auf dem Taschenrechner zwei 6-stellige Zahlen multiplizieren und dabei alle 12 Ziffern bestimmen können. (Erinnern Sie sich an den Multiplikationsalgorithmus!)

c) Berechnen Sie 1:7, 1:11, 1:13, 1:21, 1:17, 1:19, 1:23 auf 22 Stellen genau. Wie gehen Sie dabei vor? (Überlegen Sie anhand des Divisionsalgorithmus!)

d) Wie stellen Sie fest, ob Ihr Rechner die Ergebnisse rundet oder die restlichen Ziffern einfach abschneidet? (*Hinweis:* Berechnen Sie 1:6 und 1:3.)

5*. Führen Sie mit den Schülern eines vierten Schuljahrs eine Verkehrszählung an einer belebten Kreuzung durch. Zählen Sie dabei die Personen-, die Lastkraftwagen, Zweiräder und Fußgänger. Wie können Sie dabei Taschenrechner einsetzen?

4.3. Fragmente zur Geometrie

4.3.1. Tangram

Das Tangram ist ein altchinesisches Legespiel aus sieben Teilen: einem Quadrat, einem Parallelogramm und fünf gleichschenkligen rechtwinkligen Dreiecken in drei verschiedenen Größen. Die Formen sind durch Unterteilung eines Quadrats entstanden (Bild 1).

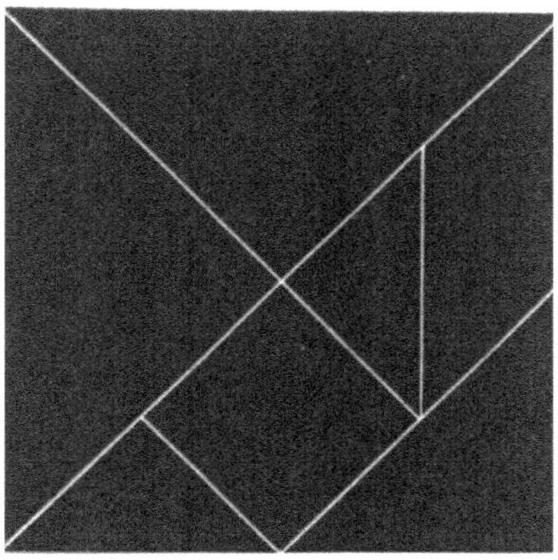

Bild 1

Der chinesische Name „Ch'i Ch'ae pan" weist auf eine Entstehung während der Chu-Zeit (740–330 v. Chr.) hin. Die frühеste europäische Veröffentlichung eines Tangrambuches mit dem Titel „Neues Chinesisches Rätselspiel für Kinder in 24 bildlichen und alphabetischen Darstellungen" datiert von 1805. Im Unterschied zu den europäischen Kopien sind den chinesischen Ausgaben der Rätselbücher erklärende Schriftzeichen beigefügt. Zum Verständnis von Bild 2 ist es z. B. wichtig zu wissen, daß die mystische Bedeutung des Quadrats in den ältesten chinesischen Schriften „Behausung" bedeutet. So lag in Europa die Betonung mehr auf dem Nachlegen der oft gar nicht verstandenen und falsch

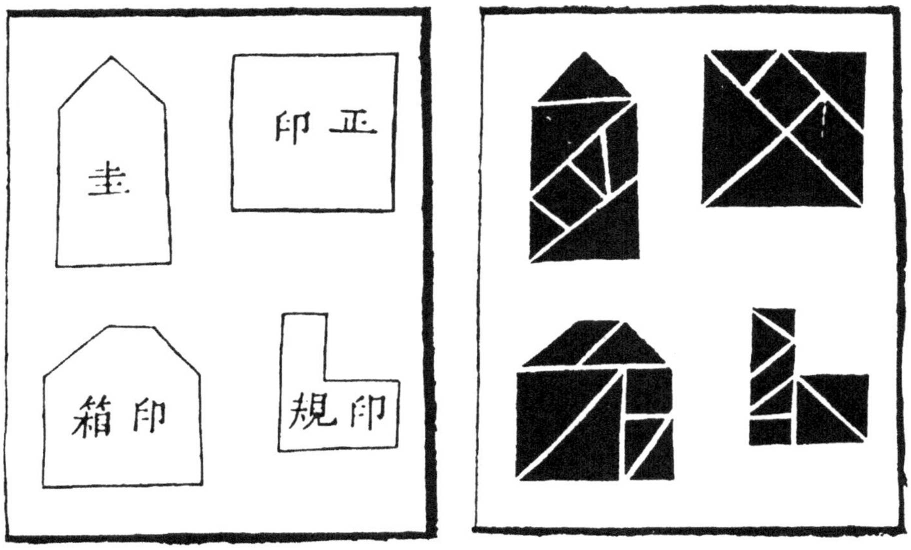

Bild 2

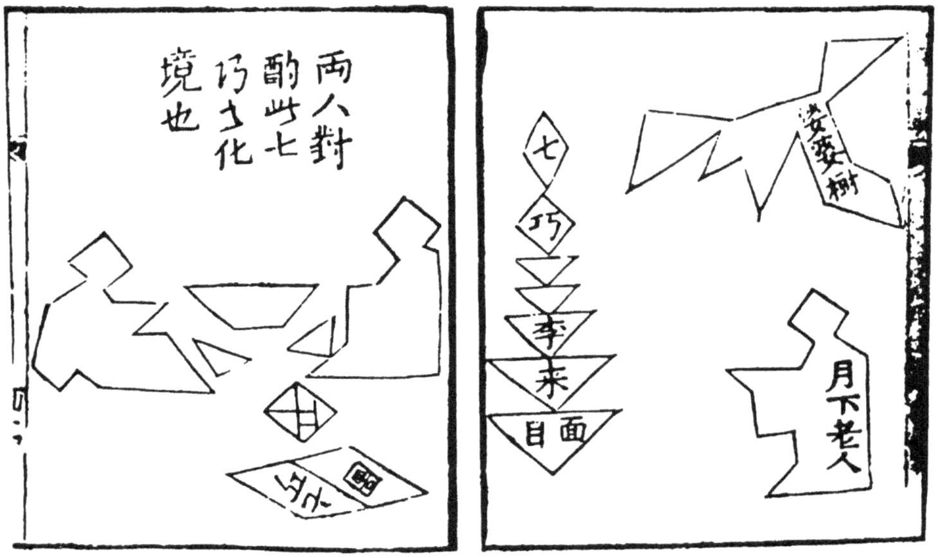

Bild 3

Bild 4

Bild 5

übernommenen chinesischen Beispiele als auf dem freien Legen von Formen, die eine mehr oder minder konkrete Bedeutung haben sollten (vgl. Darstellung von teetrinkenden Figuren in Bild 3). Hierin liegt aber gerade die Stärke des „Sieben-Schlau-Brettes" aus dem alten China. Dies ist aus den Bildern 4 bis 7 durch die Darstellung eines Segelschiffes, eines

Bild 6

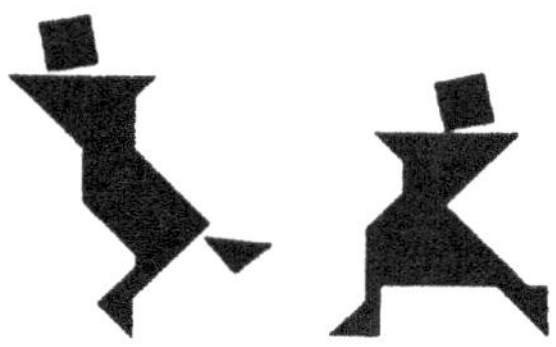

Bild 7

Vogels, eines liegenden Mannes und zwei tanzenden Figuren ersichtlich. Durch das Aneinanderreihen von mehreren Lösungen kann optisch der Eindruck von Bewegung entstehen (Bild 8). Reizvoll ist es auch, selbst Darstellungen für die Buchstaben des Alphabets und für die Ziffern zu entwerfen (Bild 9).

Bild 8

Bild 9

Interessant sind ferner eine Reihe von mathematischen Fragestellungen an das Tangram-Spiel. So konnten *Chuan-Chih Hsiung* und *Fu Traing Wang*[1]) nachweisen, daß genau 13 konvexe Tangramfiguren (Bild 10) gelegt werden können. Läßt man symmetrische Tangramfiguren auslegen, von denen eine Hälfte der Figur bereits mit einigen Tangramformen ausgelegt ist, so ist das Ergebnis von *Michael Dekking* und *Jaap Goodsmit* interessant, nach dem es 65 Zwillingstangrams gibt.

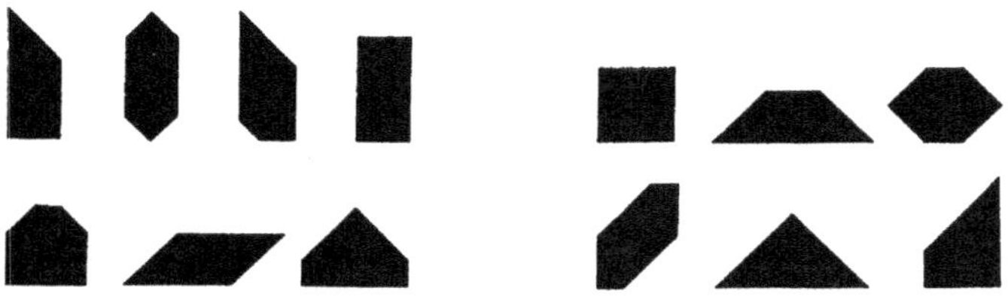

Bild 10

Literatur

Tangram, DuMont-Schauberg, Köln 1976.
Ravensburger Spiele (Tangram)

Aufgaben für die Leserin

1*. Stellen Sie sich selbst ein Tangram-Spiel her. Versuchen Sie zwei gleichgroße Quadrate zu legen.

2*. Welche der folgenden Figuren können Sie mit einem Tangram-Spiel legen? Quadrat, Rechteck, Parallelogramm, Trapez, Dreieck.

3*. Untersuchen Sie die 13 konvexen Tangramformen auf Symmetrie.

4*. Legen Sie achsensymmetrische Tangramformen.

4.3.2. Ameisenband (Die Welten des M. C. Escher)

Die Grafiken des 1972 verstorbenen niederländischen Künstlers *M. C. Escher* finden sich heutzutage u.a. in Schulbüchern der S I und S II, in Lehrbüchern über Geometrie (*H. S. M. Coxeter*), Chemie und Physik (*E. Lüscher*), sowie in polulärwissenschaftlichen Zeitschriften (wie Scientific American, Bild der Wissenschaft). Begonnen hatte diese Begeisterung hauptsächlich unter Naturwissenschaftlern lange, bevor seine Werke in Kunstkreisen begehrt waren. *Eschers* Zeichnungen stellen nämlich nicht nur ein hervorragendes Lehrmaterial dar, um abstrakte Theorien in anschaulicher Weise zu erläutern, sondern auch umgekehrt behandelte *Escher* in seinen Zeichnungen bereits Symmetrien, die erst danach in der Wissenschaft selbst thematisiert und behandelt wurden. Es erstaunt deshalb nicht, daß selbst für so berühmte Mathematiker wie *H. S. M. Coxeter Eschers* Bilder immer wieder voller Überraschungen sind. Zusammen mit *Coxeter* sind wir der Überzeugung, daß z.B. Möbiusband II (Bild 1) eine faszinierende Einführung in die elementare Topologie bietet. Die Tatsache, daß es nur eine einzige Oberfläche hat, wird durch 9 Ameisen, die darauf klettern, bewiesen; sie sind so lebensnah, daß man ihre kleinen Pfoten fühlen kann[2]). Möbius-

---

1) Vgl. A. Theorem on the Tangram, American Mathematical Monthly **49**, S. 596–599 (1932)

2) Zitiert nach: *H. S. M. Coxeter*, Eschers Werk und die Mathematik, entnommen aus: Die Welten des M. C. Escher (Heinz Moos Verlag, München 1971).

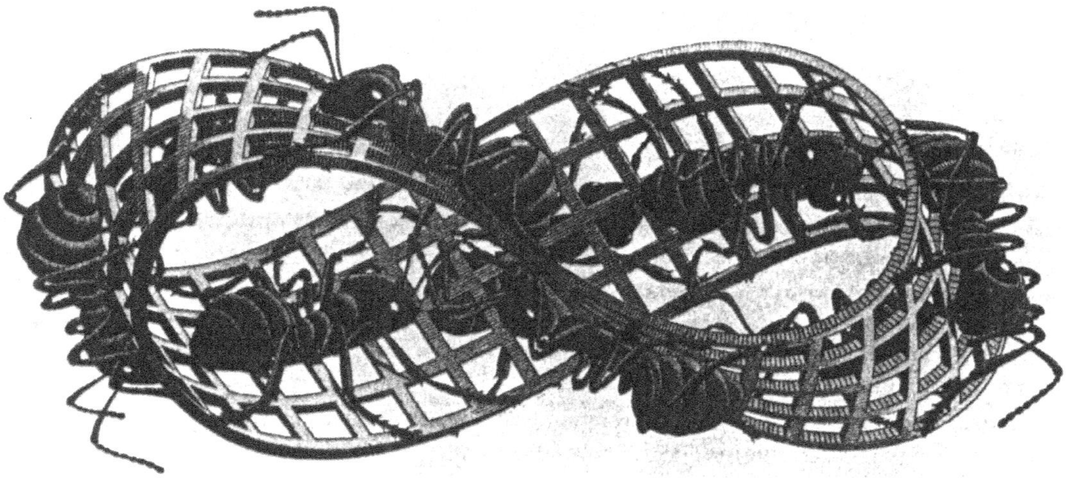

Bild 1

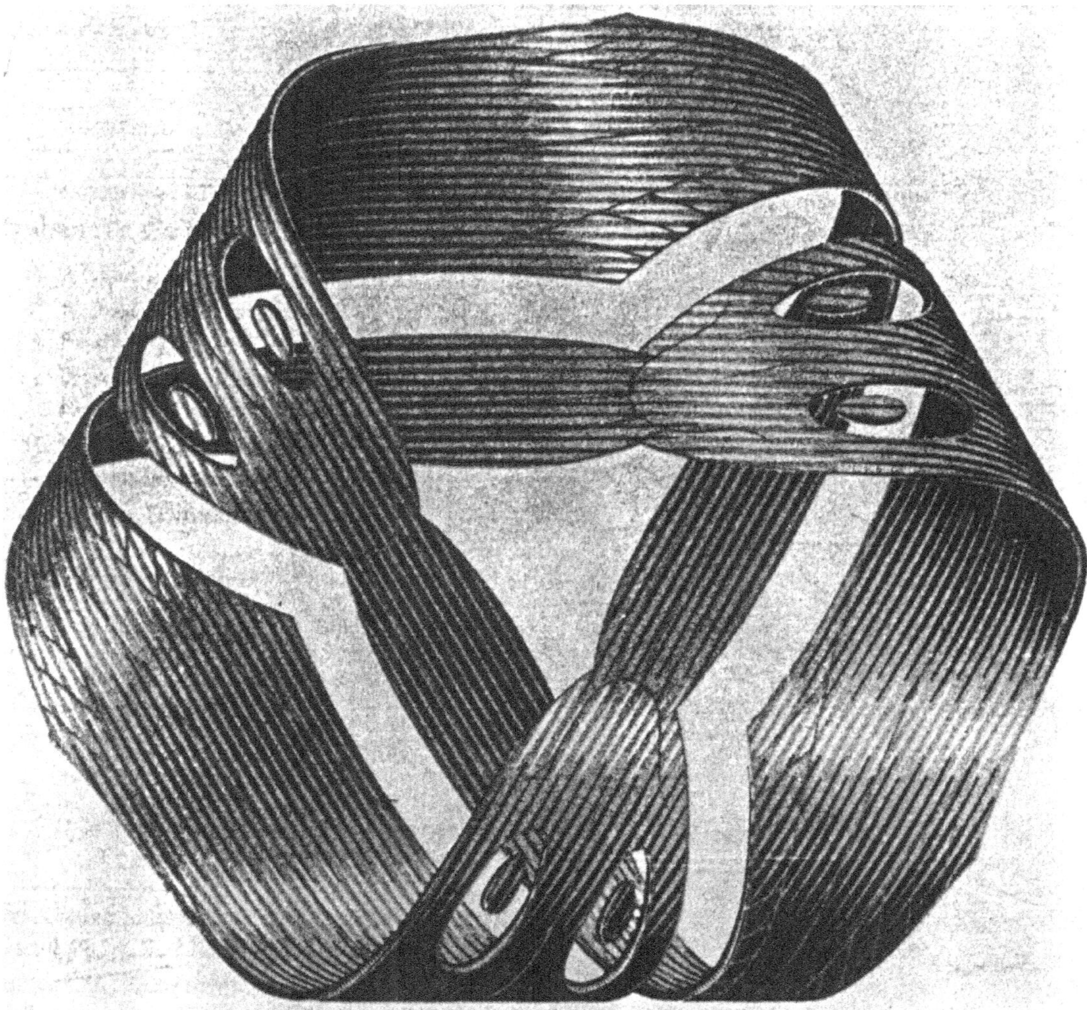

Bild 2

band I (Bild 2) ist der Länge nach durchgeschnitten, um zu zeigen, daß es zusammenhängend bleibt.

Aufgaben für die Leserin

1*. Stellen Sie aus einem Papierband (60 cm × 4 cm) ein Möbiusband her!

2*. Schneiden Sie das Möbiusband längs in der Mitte auseinander (vgl. Möbiusband I (Bild 2) von *M. C. Escher*). Was geschieht?

3*. Stellen Sie ein „verkehrtes" Möbiusband her, indem Sie den Papierstreifen zweimal verdreht aneinander kleben. Hat dieses Band nur eine Oberfläche? Schneiden Sie auch dieses Band in der Mitte auseinander. Was geschieht nun? (Verdrehen Sie nun ein Band dreimal) Stellen Sie eine Vermutung für ein k-fach verdrehtes Band auf!

4*. Behandeln Sie Eschers Lithographie „Treppauf und Treppab" oder den „Wasserfall" im Unterricht. In „Treppauf und Treppab" steigt eine Gruppe von Menschen unaufhörlich und endlos hinauf, die andere Gruppe endlos herab.

5*. Was finden Sie zum Thema „Flächenaufteilung und Parkettierung" bei Escher (Bild 3)?

Bild 3

4.4. Fragmente zum Themenkreis „Strukturierte Mengen"

4.4.1. Quadrominos, Triminos und Legespiele

Allen Kindern sind die *Dominosteine* bekannt, bei denen die beiden Felder eines Rechtecks mit sieben Punktbildern (0, 1, 2, 3, 4, 5, 6) belegt werden (Bild 1). In Analogie hierzu sind die *Triminosteine* konstruiert, dabei werden die Felder eines gleichseitigen Dreiecks mit 4 Punktbildern (0, 1, 2, 3) bemalt. Weiterhin gibt es *Quadrominosteine* [1]), bei denen die Felder eines Quadrats mit 3 Punktbildern (0, 1, 2) oder auch 3 Farben bemalt werden. Wie bei den Dominosteinen dürfen benachbarte Felder auch gleich belegt werden.

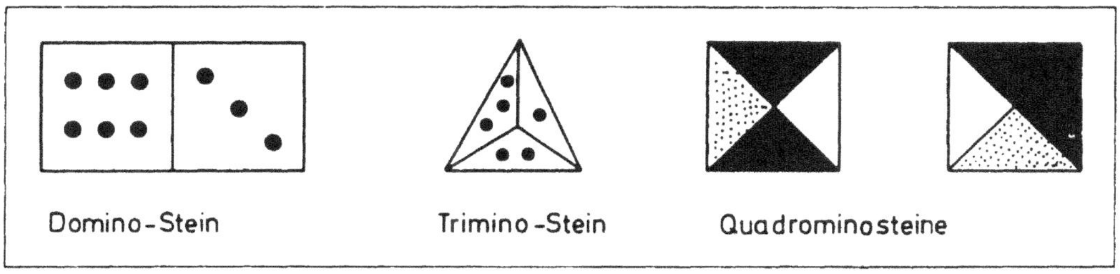

Bild 1

Aufgaben für die Leserin

1*. a) Wieviel unterscheidbare Dominosteine gibt es?

b) Wieviel Dominosteine gibt es jeweils, bei denen die Summe der Augenzahlen von beiden Feldern 0 (1, 2, 3, 4, 5, 6, 7, 8, 9, 10, 11, 12) beträgt?

c) Wieviel Dominosteine gibt es jeweils, bei denen die Differenz der Augenzahlen von beiden Feldern 0 (1, 2, 3, 4, 5, 6) beträgt?

d) Suchen Sie weitere Gesichtspunkte, nach denen Sie die Dominosteine klassifizieren bzw. ordnen können.

2*. a) Welche Triminosteine in Bild 2 sind unterscheidbar?

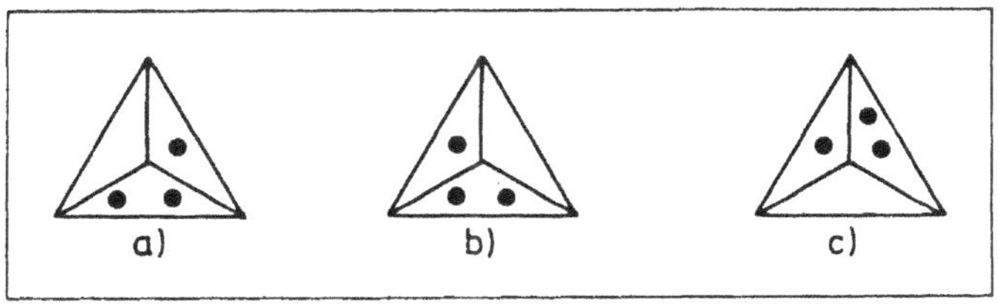

Bild 2

(Die Triminosteine sind wie die Dominosteine nur einseitig gefärbt.)

1) Vgl. *Ziegenbalg, J.*, Das Quadromino-Spiel als Beispiel für lokales Ordnen. In: Didaktik der Mathematik, 1974, S. 222–242

Spiegel, H., Quadromino im Mathematikunterricht I. In Didaktik der Mathematik 1974, S. 138–148

Ziegenbalg, J., Quadromino im Mathematikunterricht II. In: Beiträge zum Mathematikunterricht 1974, S. 105–109

b) Zeigen Sie, daß es genau 24 unterscheidbare Triminosteine gibt! Stellen Sie diese her!

c) Wieviel Triminosteine gibt es, bei denen die Summe der Augenzahlen von allen drei Feldern 0 (1, 2, 3, 4, 5, 6, 7, 8, 9) beträgt? Ordnen Sie ihre Triminosteine danach.

d) Wieviel Triminosteine haben drei aufeinanderfolgende (nur gerade) Augenzahlen?

e) Wieviel Triminosteine haben mindestens zwei gleiche Augenzahlen?

f) Stellen Sie selbst weitere Fragen!

3*. a) Zeigen Sie, daß es genau 24 unterscheidbare Quadrominosteine gibt. Stellen Sie diese her!

b) Um wieviel Steine würde sich diese Anzahl verringern, wenn die Quadrominos zweiseitig durchgefärbt würden?

c) Wieviel Quadrominos gibt es mit 1 (2 oder 3) Farben?

d) Wieviel Quadrominos gibt es mit Dreiecken der gleichen Farbe gegenüber (Bilder 3a, c, d) und Dreiecken gleicher Farbe nebeneinander (Bild 3b, d)?

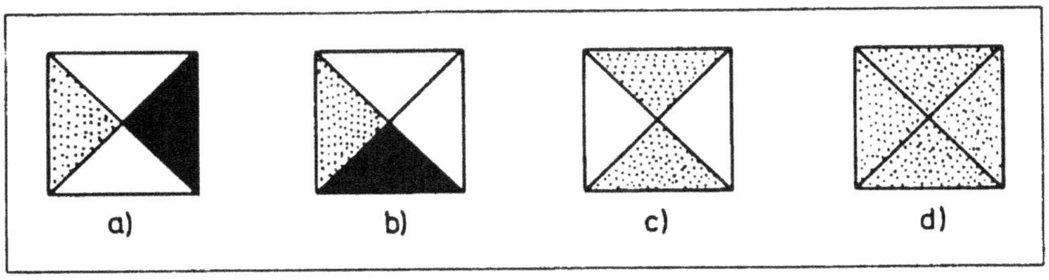

Bild 3

e) Wenden Sie auf die Quadrominosteine in Bild 3a bzw. Bild 3b den Umfärbeoperator von Bild 4 an. Wieviel weitere Quadrominosteine erhält man dadurch?

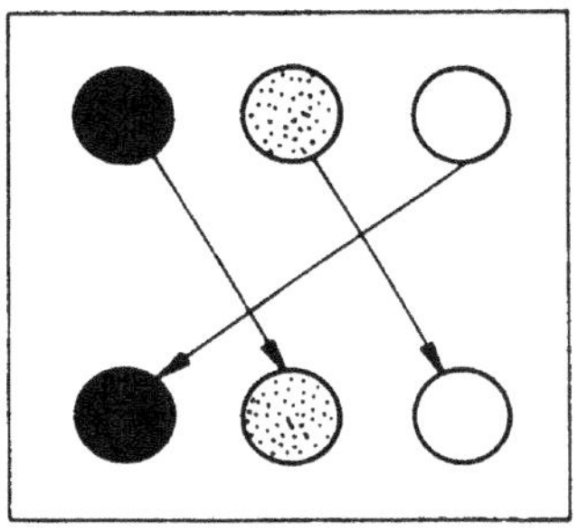

Bild 4

f) Versuchen Sie die Quadrominosteine nach einem Baumdiagramm zu ordnen!

4*. Wenn Sie die 24-Trimino- bzw. Quadrominosteine hergestellt haben, können Sie sich an folgenden Legespielen versuchen:

Legespiel 1 (Quadromino)

Die Aufgabe besteht darin, die vorgegebenen 24 Spielsteine so zu einem 4×6 Rechteck zusammenzulegen, daß

(Q1) die Randdreiecke alle von derselben Farbe sind, und

(Q2) benachbarte Teildreiecke von verschiedenen Spielsteinen stets dieselbe Farbe haben.

(Lösung findet sich bei *J. Ziegenbalg*)

Legespiel 2 (Trimino)

Die entsprechende Aufgabe besteht darin, die 24 vorgegebenen Triminosteine in einem regulären Sechseck (Spielplan in Bild 5) oder in den Spielplan von Bild 6 so einzuordnen, daß (Q1) und (Q2) erfüllt sind.

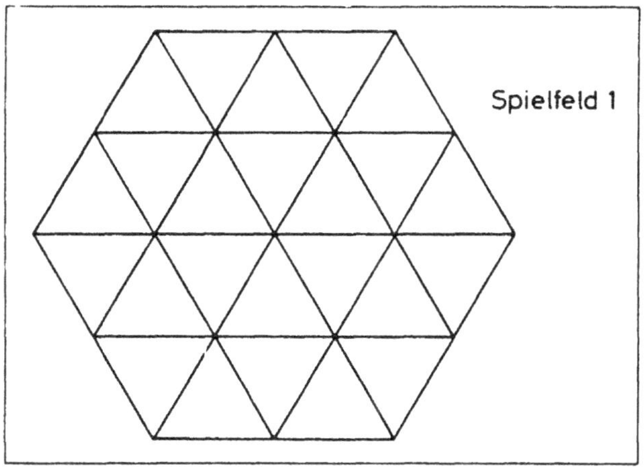

Bild 5

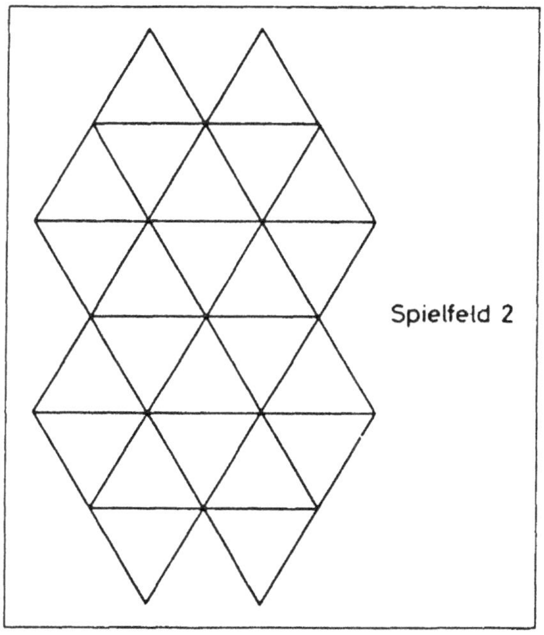

Bild 6

Eine Lösung von Spielfeld 1 findet sich in Bild 7.

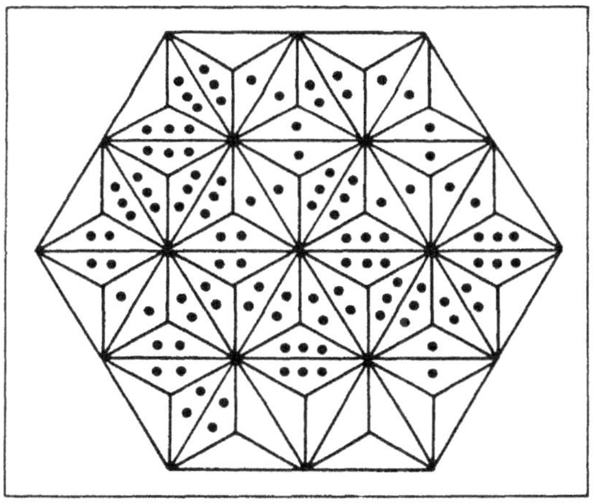

Bild 7

4.4.2. Eisenbahnlabyrinthe

Kinder und Erwachsene spielen gerne mit der Eisenbahn. Auch Mathematiker und Mathematikdidaktiker haben sich mit diesem Thema beschäftigt[1]. Im folgenden soll der Baukasten „Dynamische Labyrinthe"[2] vorgestellt werden, der ein Eisenbahnnetz als einfachen Automaten auffaßt. Dabei werden insbesondere logische und algorithmische Gesichtspunkte betont.

Der Automatenbaukasten enthält von der Eisenbahn abstrahierte Bausteine (Bild 1). Die Richtung, in der die Bahn befahren werden darf, ist durch Markierungen festgelegt. Die Eisenbahn wird durch ein Schiffchen, das mit einem Bleistift geschoben werden kann, simuliert.

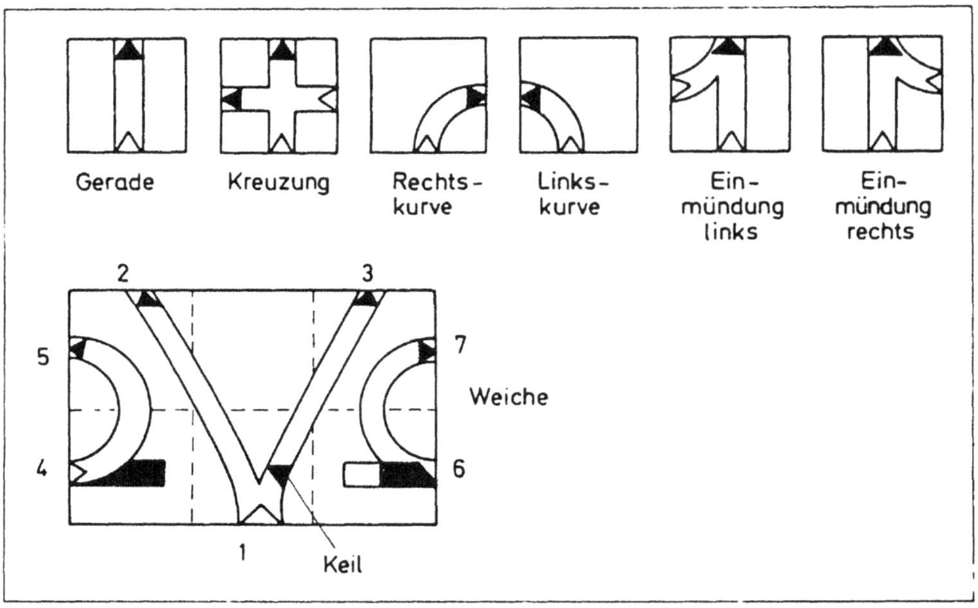

Bild 1

Die Weiche ist so konstruiert, daß mit Hilfe eines Keils der rechte bzw. linke Ausgang gesperrt werden kann. Der Keil wird durch Benutzung des Eingangs 4 auf rechts gelegt (Linksweiche), durch Benutzung des Eingangs 6 auf links gelegt (Rechtsweiche).

Aufgaben für die Leserin

1*. Konstruieren Sie mit den Bausteinen die grob skizzierten Netze in Bild 2 (E = Eingang, A = Ausgang). Wie viele Geraden, Kreuzungen, Rechtskurven, Linkskurven, Einmündungen rechts bzw. links benötigt man jeweils mindestens?

---

[1] Vgl. *Lietzmann, W.*, Lustiges und Merkwürdiges von Zahlen und Formen, Göttingen 1950 (Zugwechsel), S. 209 ff. oder Modelle für den Mathematikunterricht in der Grundschule, Stuttgart 1970, Verbind. S. 253 ff.

[2] *E. Cohors-Fresenborg*, Dynamische Labyrinthe, in: Didaktik der Mathematik, 4. Jahrgang 1976, Heft 1 – Der Baukasten selbst wird in der beschützenden Werkstatt, Verein für Heilpäd. Hilfe e.V. Industriestr. 7, 4500 Osnabrück-Sutthausen hergestellt.

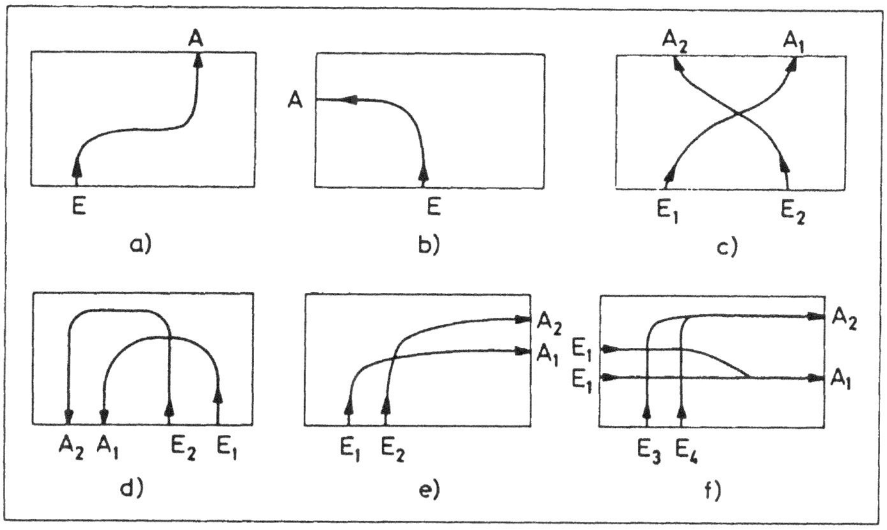

Bild 2

2*. Konstruieren Sie aus den Bausteinen eine sich selbst steuernde Weiche, die die „Züge" abwechselnd nach links und rechts lenkt (Flip-Flop).

3*. a) Konstruieren Sie eine sich selbst steuernde Weiche, die die Züge abwechselnd zweimal nach links und einmal nach rechts lenkt.

b) Konstruieren Sie eine sich selbst steuernde Weiche, die die Züge zweimal nach links und zweimal nach rechts lenkt.

4*. Wie funktioniert das folgende Labyrinth?

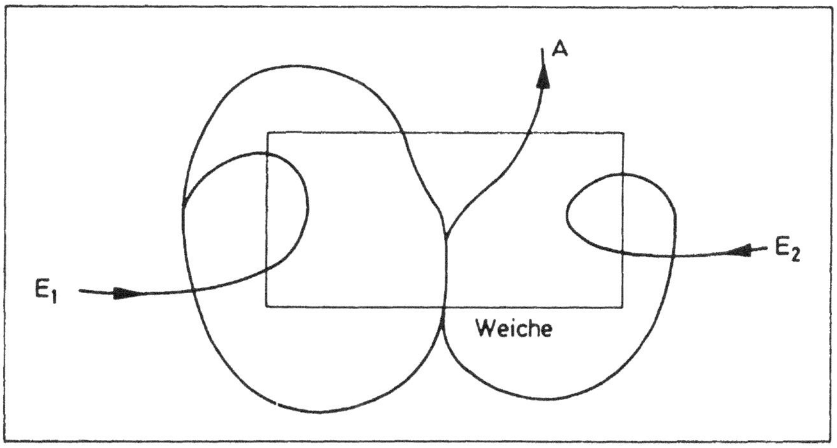

Bild 3

Weitere Anregungen und Überlegungen finden sich in dem zitierten Artikel von Cohors-Fresenborg.

4.4.3. Umsetzen von Jungen und Mädchen

Für eine Mathematikzeitschrift für Grundschüler, die an der Pädagogischen Hochschule Ruhr in Dortmund von Studenten, Referendaren und Lehrerinnen zusammengestellt wurde, schrieb Frau *L. Süpke* folgendes hübsche Spiel:

Da sitzen 8 Kinder auf einer langen Bank, auf der einen Seite 4 Mädchen, auf der anderen 4 Jungen. An jedem Bankende sind noch 2 Plätze frei (Bild 1). Wenn Du Lust hast, kannst Du den Kindern Namen geben und sie ein bißchen hübscher ausmalen.

Bild 1

Nun sollen die Kinder aber durcheinander sitzen, immer abwechselnd ein Mädchen und ein Junge. Die beiden Plätze an jedem Ende der Bank sollen frei sein. So soll das also nachher aussehen (Bild 2).

Bild 2

Klar, die Kinder können aufspringen, einmal durcheinander wirbeln und sich dann abwechselnd hinsetzen. Aber das wäre kein Spiel. Zu einem Spiel gehören Regeln.

1. ***Spielregel:*** *Es dürfen immer nur 2 Kinder aufstehen und sich einen neuen Platz suchen. Erst wenn diese beiden Kinder wieder sitzen, dürfen die nächsten beiden aufstehen.*

2. ***Spielregel:*** *Es dürfen immer nur zwei Kinder aufstehen, die nebeneinander sitzen. Diese Kinder geben sich zuerst die Hand, dann stehen sie auf. Sie dürfen sich aber erst wieder loslassen, wenn sie auf neuen Plätzen sitzen.*

Es ist klar, daß man nicht auf dem Bauch sitzen kann, wenn also zum Beispiel diese beiden Kinder  *aufstehen, können sie sich nicht so setzen:* 

Die große Frage ist nun:
Wie müssen sich die Kinder umsetzen, wenn sie beide Spielregeln einhalten, damit am Ende die Reihenfolge – immer abwechselnd ein Mädchen und ein Junge – stimmt?

Bild 3

Es kam eine Fülle von Lösungen aus verschiedenen Dortmunder Grundschulen. Die Schüler hatten dabei die Lösungen liebevoll und farbig in eine vorbereitete Tabelle eingetragen. Viele Lösungen waren sogar optimal, d.h. sie kamen mit der minimalen Anzahl von Platzwechseln aus.

Aufgaben für die Leserin

1*. Lösen Sie das Problem am besten mit 4 roten und 4 blauen Spielsteinen!

   a) Beachten Sie zunächst nur die 1. Spielregel! Wieviel Platzwechsel benötigen Sie mindestens?

   b) Beachten Sie nun auch die 2. Spielregel und beantworten Sie die gleiche Frage!

2*. Versuchen Sie das gleiche Problem mit 5 Jungen und 5 Mädchen bei einer Bank mit 14 Plätzen zu lösen! Am besten fertigen Sie eine Tabelle an!

4.5. Fragmente zum Themenkreis „Anwendungen"

4.5.1. Die Mini-Gruppen-Karte (Nachdenken und Bahnfahren)

Zugrunde liegt ein Prospekt der Deutschen Bundesbahn (Bild 1).

Mini-Gruppen und Familien fahren billiger Bahn. Bis zu 30%.

Kleine Familien, große Familien mit einem oder mehreren Kindern, mit Oma und Opa, Tante Trude, Kusine Elfi oder Onkel Gustav, alle können viel Geld sparen, wenn sie zusammen Bahn fahren. Mit der Mini-Gruppen-Karte der Bahn. Aber nicht nur Familien, sondern auch Skat-Runden, Kegel-Klübchen oder Hobby-Grüppchen können sich freuen, denn für sie gilt das Mini-Gruppen-Angebot ebenfalls.

Wichtig: Die Mini-Gruppen-Karte gibt es für Entfernungen ab 31 km.

Was ist eine Mini-Gruppe?

Die kleinste Mini-Gruppe zählt 2 Erwachsene und ein Kind vom vollendeten 4. bis zum vollendeten 12. Lebensjahr, die größte 5 Erwachsene und ein Kind in diesem Alter. Dabei entsprechen 2 Kinder immer einem Erwachsenen. Viele Kombinationen sind möglich: Es können also zum Beispiel 2 Erwachsene mit 7 Kindern ebenso die Kleingruppen-Ermäßigung erhalten wie 4 Erwachsene mit 3 Kindern oder 5 Erwachsene unter sich.

Eine Karte und ein Preis für die ganze Mini-Gruppe.

Was spart man als Mini-Gruppe beim Bahnfahren? Immer wird der Preis für 2 Erwachsene voll berechnet. Jede weitere Person fährt etwa um die Hälfte billiger. Ein Kind (vom vollendeten 4. bis zum vollendeten 12. Lebensjahr) sogar zum halben Kinder-Fahrpreis.

Freilich, stets beginnen und beenden alle Teilnehmer die Fahrt gemeinsam. Es gibt daher, sowohl für die einfache Fahrt wie auch für Hin- und Rückfahrt, nur eine Fahrkarte – die Mini-Gruppen-Karte. Und die kaufen Sie bitte unbedingt vor der Reise.

Einige Beispiele, wieviel man mit der Mini-Gruppen-Karte je nach Mini-Gruppen-Größe spart:

Tarifstand 1. 3. 1976

Von Köln nach Freiburg/Brsg. (458 km)
2. Klasse/einfache Fahrt

	2 Erwachsene 1 Kind*)	2 Erwachsene 1 Jugendlicher ab 12 Jahre 1 Kind*)	3 Erwachsene 2 Kinder*)	5 Erwachsene
Normaler Fahrpreis	140 DM	196 DM	224 DM	280 DM
Mini-Gruppen-Karte	126 DM	154 DM	168 DM	196 DM
Gespart	14 DM	42 DM	56 DM	84 DM

*) vom vollendeten 4. bis zum vollendeten 12. Lebensjahr

Nicht ganz Unwichtiges:

Die Mini-Gruppen-Karte gibt es für die 1. und 2. Klasse. Mit Karten für die 1. Klasse können Sie auch Intercity und TEE benutzen. Die Zuschläge für Intercity und TEE sowie für Schnellzüge bis 50 km lösen Sie bitte extra.

Sie können Ihre Fahrt als geschlossene Mini-Gruppe unterwegs beliebig oft unterbrechen. Ihre Mini-Gruppen-Karte für Entfernungen über 50 km gilt bei einfacher Fahrt 4 Tage, und 2 Monate bei Hin- und Rückfahrt, gerechnet vom ersten Geltungstag; der ist auf der Karte eingetragen.

Von 31 bis 50 km gilt Ihre Mini-Gruppen-Karte nur am eingetragenen Geltungstag, für einfache Fahrt ebenso wie für Hin- und Rückfahrt.

Wer mit der Mini-Gruppen-Karte reist, kann übrigens keine weiteren Fahrpreis-Ermäßigungen erhalten.

Fragen kostet nichts...

Alles, was Sie sonst noch über die Ermäßigung für kleine Gruppen wissen möchten, sagt man Ihnen gern an allen Fahrkartenschaltern, in DER-Reisebüros und anderen DB-Verkaufsagenturen.

Gute Fahrt und schönes Reisen wünscht Ihnen die DB.

Schon mal probiert: Unseren Gepäckservice von Haus zu Haus?

DB **Nachdenken und Bahnfahren.**

Bild 1

Aufgaben für die Leserin

1*. Wie viele verschiedene Kombinationen von Mini-Gruppen sind möglich? (Beachten Sie dabei, daß 2 Kinder jeweils 1 Erwachsenen entsprechen. Die kleinste Mini-Gruppe zählt 2 Erwachsene und 1 Kind, die größte 5 Erwachsene und 1 Kind, bzw. 2 Erwachsene und 7 Kinder).
Wieviel Minigruppen gibt es mit 4 Erwachsenen? Wieviel Minigruppen gibt es mit 5 Personen (Erwachsene oder Kind)?

2*. Berechnen Sie aus der Tabelle den Fahrpreis von Köln nach Freiburg für einen Erwachsenen (2. Klasse/einfache Fahrt). Erklären Sie die gesparten Beträge an der Tabelle!

3*. In welchen Mini-Gruppen ist der Prozentsatz der Ersparnis am höchsten (am niedrigsten)? Stimmt die Behauptung der DB, daß bis zu 30 % gespart wird.? Wieviel verschiedene Rabattklassen gibt es?

4*. Welche Größe einer Mini-Gruppe müßte die DB zulassen, um bei gleichen Tarifbedingungen (immer wird der Preis für zwei Erwachsene voll berechnet, jede weitere Person fährt um die Hälfte billiger) bis zu 40 % Rabatt zu gewähren?

5*. 3 Erwachsene und 2 Kinder fahren von ihrem Heimatort nach Hamburg. Erkundigen Sie sich nach dem normalen Fahrpreis. Wieviel spart die Familie, wenn sie als Mini-Gruppe fährt?

4.5.2. Wabentarif

Bei den Wuppertaler Stadtwerken wurde im Mai 1975 der sogenannte Wabentarif eingeführt. Der Fahrpreis berechnet sich dabei nach der Anzahl der durchfahrenen Waben. Da auch angrenzende Verkehrsunternehmen diesen Wabentarif übernommen haben bzw. in Zukunft übernehmen werden, soll nach dem Wunsch der Planer ein Verkehrsbund aufgebaut werden (Bild 2).

Aufgaben für die Leserin

1*. Suchen Sie auf dem Plan eine Haltestelle heraus, von der Sie mit dem 1-Wabentarif die Haltestellen von insgesamt 3 Waben erreichen können. Wohin gelangen Sie von dieser Haltestelle mit dem 2- bzw. 3-Wabentarif? Geben Sie eine Skizze!

2*. Suchen Sie desgleichen auf dem Plan jeweils Haltestellen heraus, von denen Sie mit dem 1-Wabentarif nur die Haltestellen von 2 Waben oder gar 1 Wabe erreichen können. Wohin gelangen Sie von diesen Haltestellen mit dem 2- bzw. 3-Wabentarif? Geben Sie auch hier Skizzen!

3*. Können Sie durch geschickte Unterbrechung der Fahrt Geld sparen? Oder gilt hier die Dreiecksungleichung? Das heißt, bezeichnet man für Haltestellen A, B mit W (A, B) die minimale Anzahl der Waben, die man durchfahren muß, um von A nach B zu gelangen, so lautet die Frage: Gilt bei jeder Wahl der Haltestellen A, B, C

$$W(A, B) + W(B, C) \geqslant W(A, C)?$$

4*. Geben Sie Gründe für die Überlappung der Waben an!
(*Hinweis:* Die Bewohner von Oberdüssel können mit einem Wabentarif die Einkaufsbereiche von Wülfrath, Neviges oder Elberfeld (Briller Kreuz) erreichen.) Geben Sie Gründe dafür an, daß der Plan der Wuppertaler Stadtwerke nicht maßstabsgetreu ist!

Wabenplan der Wuppertaler Stadtwerke AG

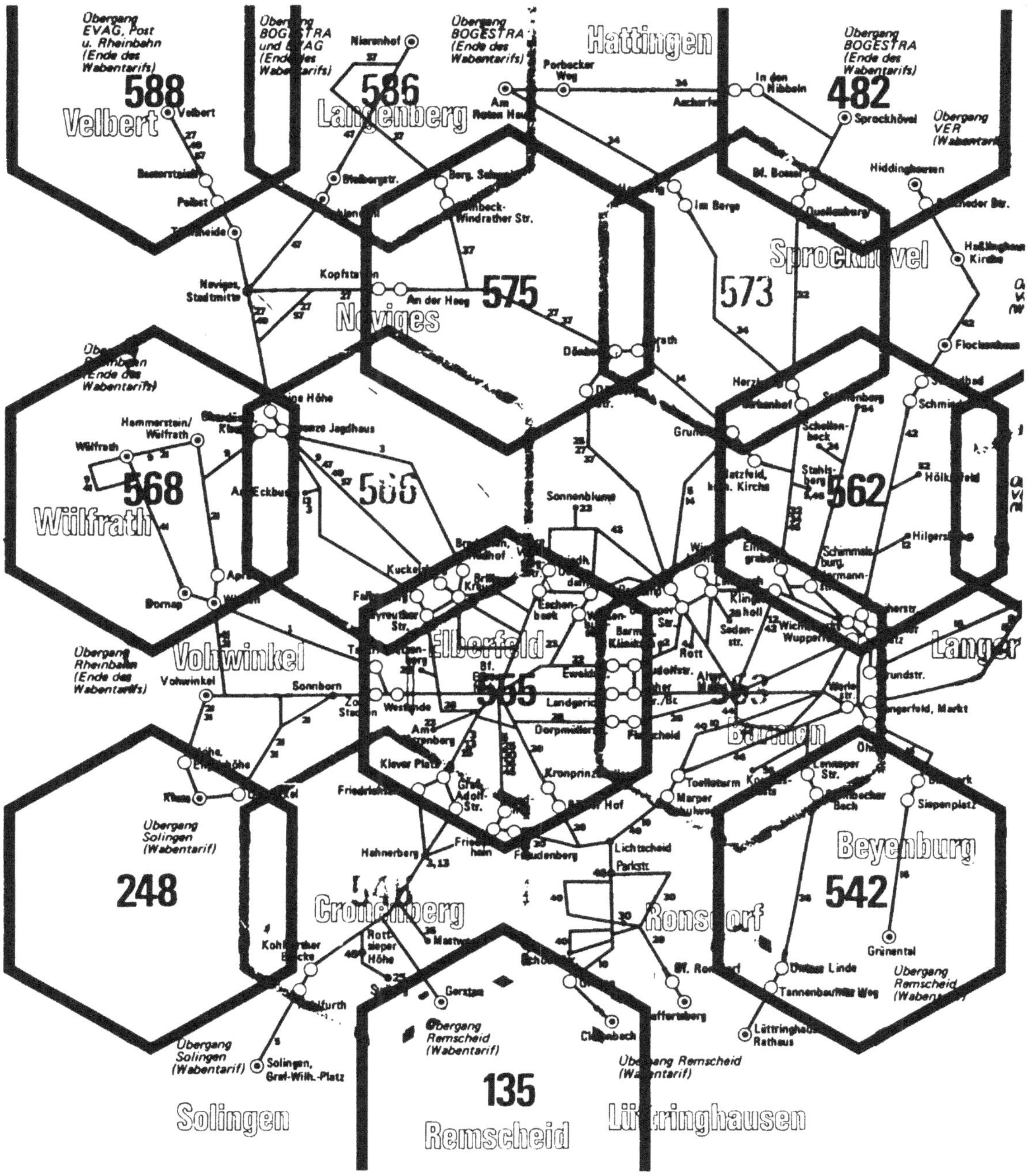

Bild 2

4.5.3. Orientierung auf See

Auf der Seekarte in Bild 3 sieht man die Küstenlinie, einen alten Kirchtum K, einen Leuchtturm L und eine Windmühle W eingetragen. Von einem Schiff aus wurden die Aufnahmen a) bis f) aufgenommen. Wo befindet sich das Schiff jeweils?

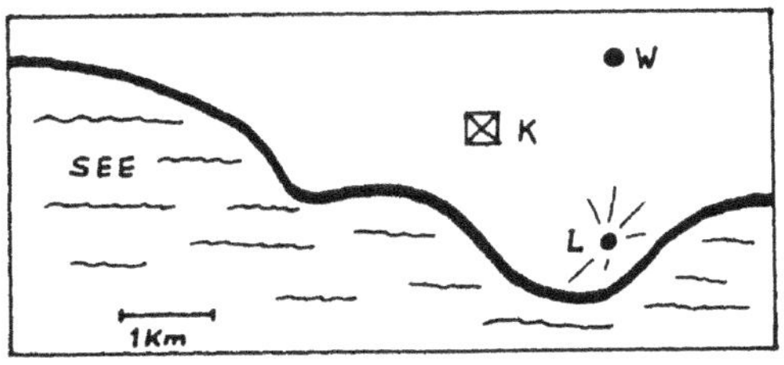

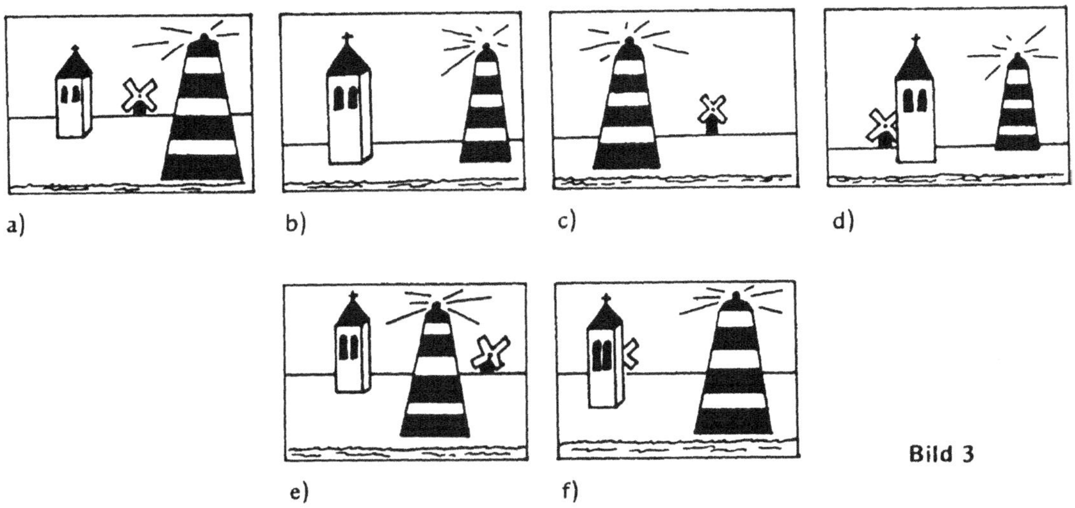

Bild 3

Die Idee stammt aus dem Sammelband „Five Years IOWO" Dordrecht 1976 (Herausgeber: *Freudenthal-Janssen-Sweers;* Abdruck von Educational Studies in Mathematics, Vol. 7, No. 3, August 1976). Dort kann die Lösung des Problems das Schiff BERMUDA retten, das sich in Seenot befindet.

Aufgaben für die Leserin

1*. a) Überlegen Sie zu den einzelnen Aufnahmen, in welcher Lage sich das Schiff befunden haben könnte.
(*Hinweis:* Die Verbindungsgeraden $\overline{KW}$ und $\overline{LW}$ sind dabei sehr nützlich.)

b) Wie kann man schließen, ob sich die Windmühle bei Bild b) hinter dem Kirchturm oder hinter dem Leuchtturm versteckt?

c) Geben Sie die Reihenfolge an, in der die Bilder aufgenommen wurden, wenn das Schiff von Westen nach Osten an der Küste vorbeifuhr.

d) Tragen Sie jeweils zu jeder Aufnahme den genauen Schiffsort ein, wenn Sie wissen, in welcher Entfernung von der Küste das Bild aufgenommen wurde.
Bild a): 2 km, Bild b): 1 km, Bild c): 2 km
Bild d): 2 km, Bild e): 1,5 km, Bild f): 2 km
Skizzieren Sie die Schiffsroute!

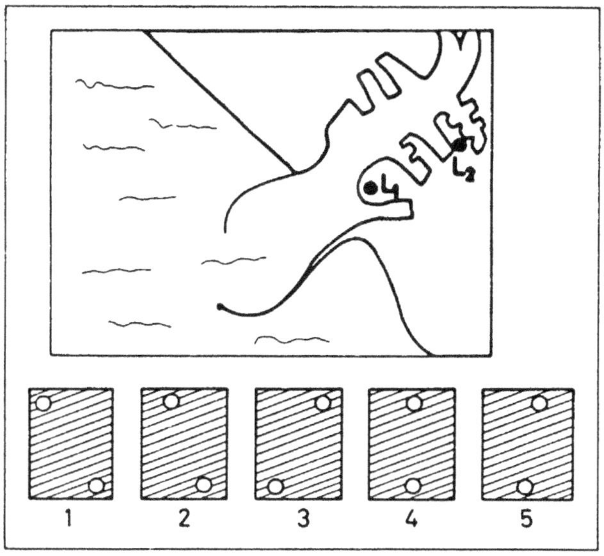

Bild 4

2*. Ein Schiff fährt in der Dunkelheit in eine Hafeneinfahrt ein. Auf dem Papier sind zwei Lichter L_1 und L_2 in unterschiedlicher Höhe angebracht, die den Schiffen die Hafeneinfahrt zeigen (Bild 4).

a) Erklären Sie das Vorgehen.

b) Skizzieren Sie die ungefähre Schiffsroute, wenn der Kapitän die Aufnahmen 1 bis 5 in der angegebenen Reihenfolge sieht.

Weitere Anregungen erhält die Leserin in der angeführten Literatur.

4.5.4. Kalenderrechnen

Im folgenden besteht das Problem darin, zu einem vorgegebenem Datum den Wochentag zu bestimmen.

Aufgaben für die Leserin

1*. Torsten wird am Sonntag, den 28. August 1977, 9 Jahre alt. An welchem Wochentag ist er geboren?

a) Begründen Sie folgende Rechnung:

$365 : 7 = 52$ Siebenerrest 1
$366 : 7 = 52$ Siebenerrest 2

Ein Normaljahr verschiebt den Wochentag um 1, ein Schaltjahr um 2 weiter (Schalttag: 29. Februar).
Ist die Jahreszahl durch 4 teilbar, so ist das Jahr ein Schaltjahr[1].
Also hat sich der Wochentag von der Geburt am 28.8.1968 bis zum 28.8.1977 um 9 Tage und 2 Schalttage (29.2.1972 und 29.2.1976) verschoben, also insgesamt um 11 oder auch 4 Wochentage.

MITTWOCH ⇄ DONNERSTAG ⇄ FREITAG ⇄ SAMSTAG ⇄ SONNTAG

Torsten wurde an einem Mittwoch geboren.

[1] Im gültigen Gregorianischen Kalender gilt allerdings die Zusatzbedingung: Ist eine Jahreszahl durch 100 teilbar, so ist das Jahr nur dann Schaltjahr, wenn die Jahreszahl auch durch 400 teilbar ist.

b) Berechnen Sie den Wochentag zu folgenden Geburtstagen: 10. Februar 1968, 29. Februar 1968, 31. Mai 1968.

c) Die Lehrerin feiert am Montag den 6.6.1976 ihren 28. Geburtstag. An welchem Wochentag ist sie geboren?

Begründen Sie, daß jeder, der zwischen 1901 und 2071 geboren ist, seinen 28. Geburtstag an dem gleichen Wochentag feiert, an dem er geboren ist.

2*. Zeigen Sie durch Rechnung mit Siebenerresten:

a) Der Beginn unseres Jahrhunderts (1. Januar 1900) war ein Montag.

b) Zeigen Sie, daß, obgleich jede Woche mit einem Sonntag beginnt, ein Jahrhundert nie mit einem Sonntag beginnen kann! (Beachten Sie: 1800, 1900, 2100 sind keine Schaltjahre, dagegen 2000)

3*. Der Jahresbeginn liegt auf einem Montag, berechnen Sie jeweils den Wochentag zu dem gegebenen Datum, wenn das Jahr a) ein Normaljahr, b) ein Schaltjahr ist.

a) 24. Dezember (Heiligabend)
b) 1. November (Allerheiligen)
c) 20. März (Frühlingsanfang)
d) 10. Februar

4*. a) Der berühmte Mathematiker *Richard Dedekind*, ein Schüler von *Gauß* (1777–1855) wurde am 6.10.1831 geboren und starb nach einem großen Gelehrtenleben am 12.2.1916.

Berechnen Sie den Wochentag des Geburts- und Sterbetages.

b) Ein 1904 herausgegebener Gelehrtenkalender, der unter dem Motto „nulla dies nisi festiva" zu jedem Tag des Jahres Erinnerungsdaten vom Leben und Sterben von Mathematikern verzeichnet hatte, gab irrtümlich den 4.9.1899 als *Todes*tag von *Dedekind* an. *Dedekind* schrieb selbst an den Herausgeber: 4. September könnte vielleicht stimmen, aber die Jahreszahl sicher nicht.

Stimmt denn der Wochentag?

4.5.5. DIN-Formate

Sehr oft bekommen Schüler von der Lehrerin den Auftrag, sich ein Heft im Format DIN A 4 bzw. DIN A 5 oder auch einen Zeichenblock im Format DIN A 3 zu besorgen (DIN = Deutsche Industrie Norm). Es gibt DIN-Formate A 0, ... , A 10. Dabei gehen zwei Nachbarfomrate durch Halbieren bzw. Verdoppeln auseinander hervor (Bild 5),

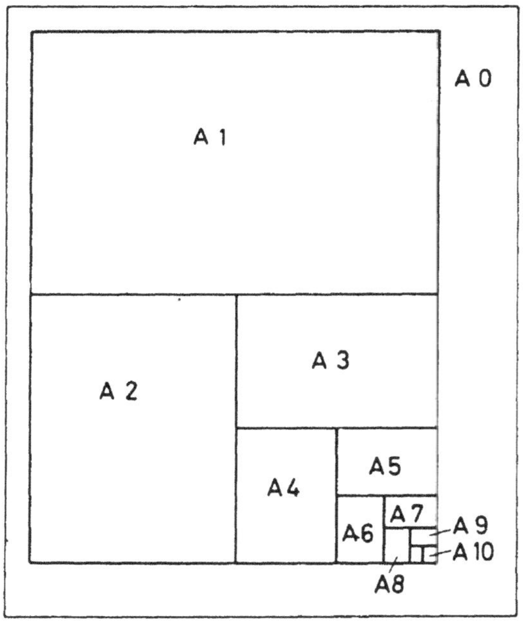

Bild 5

Aufgaben für die Leserin

1*. Ein Blatt Schreibmaschinenpapier hat das Format DIN A 4.

a) Messen Sie die Länge und Breite!
Berechnen Sie hieraus die Länge und Breite von DIN A 3, DIN A 2, DIN A 1, DIN A 0 sowie DIN A 5 und DIN A 6!

b) Berechnen Sie die Fläche von DIN A 4 und hieraus auch die Fläche von DIN A 0!

c) Berechnen Sie die Fläche von DIN A 4, indem Sie benutzen, daß DIN A 0 die Fläche 1 m^2 hat! Wie groß war Ihr Fehler bei b)?

d) Berechnen Sie für verschiedene DIN-Formate jeweils den Quotienten Länge : Breite! Was fällt auf?

2*. Geben Sie Gründe für eine derartige Staffelung der DIN-Formate an.

a) Aus Blättern welchen Formats ist ein DIN A 3-Heft oder ein Aufgaben (Vokabel)-Heft zusammengeheftet?

b) Wie steht es mit dem Verschnitt?

c) Welche Breite kann eine Papierrolle haben, damit man DIN A 0 Formate ohne Verschnitt herstellen kann?

3*. a) Ein DIN A 0-Blatt wird ausschließlich in DIN A 4 (DIN A 5, DIN A 6, ...)-Blätter zerschnitten. Wieviel neue Blätter entstehen? Entdecken Sie eine Regel?

b) Wieviel DIN A 10-Blätter kann man aus einem DIN A 2-Blatt herstellen? Entsprechend wieviel DIN A 8-Blätter aus einem DIN A 4-Blatt? Entdecken Sie auch hier eine Regel?

c) Ein DIN A 2-Blatt läßt sich nach Bild 6 zerlegen.

DIN							
A 3	A 4	A 5	A 6	A 7	A 8	A 9	A 10
2							
	4						
		8					
1	2						
1	1	2					
1	1	1	1	2			

Bild 6

Geben Sie weitere Möglichkeiten an! An welche arithmetischen Lerninhalte erinnert Sie das?

d) Ein Papier ist 1/10 mm dick. Wie hoch ist der Stapel Papier, wenn Sie 7 DIN A 0-Blätter in DIN A 10-Blätter zerschneiden?

Hinweise zur Lösung der nicht mit * versehenen Aufgaben

Zu 1.1.1

Aufgabe 1: Die Darstellung $n = 6k + m$ führt auf die Darstellung $n^2 = 6k' + m^2$, d.h. $n^2 \equiv m^2$ (mod 6).

Es gilt $0^2 \equiv 0 \pmod 6$, $1^2 \equiv 1 \pmod 6$, $2^2 \equiv 4 \pmod 6$, $3^2 \equiv 3 \pmod 6$, $4^2 \equiv 4 \pmod 6$ und $5^2 \equiv 1 \pmod 6$.

Wenn n sukzessive die natürlichen Zahlen durchläuft, dann durchläuft m zyklisch die Reste 1, 2, 3, 4, 5, 0 (mod 6) und m^2 (sowie auch n^2) zyklisch die Reste 1, 4, 3, 4, 1, 0.

Aufgabe 2: Die Folgen haben den gleichen Anfang.

Aufgabe 3: Das n-te Plättchen der zweiten Folge wurde zwischen das n-te und (n + 1)-te der ersten Folge eingefügt.

Aufgabe 4: Die restliche Klasse kann Materialien erhalten, mit denen sie sich selbständig beschäftigen kann (Bilderbücher, Malutensilien etc.).

Aufgabe 5: Das Bildungsgesetz ist ziemlich schwer zu erkennen. Man beginnt mit 01 und setzt 10 dahinter. Man hat dann 0110. Dahinter setzt man 1001. Das Ergebnis: 01101001. Nun setzt man ein weiteres Stück an, das aus dem bereits vorhandenen durch Vertauschung von 0 und 1 hervorgeht. Man erhält also 0110100110010110. Das neu anzufügende Stück ist entsprechend 1001011001101001.

Zu 1.1.2

Aufgabe 1: Wegen $\sigma^2 = \tau^2 = \text{Id}$ genügt es Zusammensetzungen von τ und σ zu betrachten, in denen τ und σ abwechselnd vorkommen. $\tau\sigma$ ist eine Drehung um 0 mit dem Winkel 360°/n. Daher gilt $(\tau\sigma)^n = \text{Id}$. Die Abbildungen $\tau, \sigma\tau, \tau\sigma\tau, \tau\sigma\tau\sigma, \tau\sigma\tau\sigma\tau, \ldots, \tau\sigma \ldots \tau\sigma = (\tau\sigma)^n = \text{Id}$ erfassen sämtliche Zusammensetzungen. Von den 2n Abbildungen sind n Drehungen, nämlich $\tau\sigma, (\tau\sigma)^2, \ldots, (\tau\sigma)^n = \text{Id}$ und n Spiegelungen, nämlich $\tau, \tau\sigma\tau, (\tau\sigma)^2\tau, \ldots, (\tau\sigma)^{n-1}\tau$. Es gilt $(\tau\sigma)^{n-1}\tau = \sigma$.

Zu 1.1.4

Aufgabe 1:

a) Bei jedem Kind K_i ($i = 1, \ldots, 4$) kann man sich entscheiden, ob es in H_1, H_2 oder H_3 wohnt. Hieraus ergibt sich ein Baum mit $3^4 = 81$ Spitzen, die jeweils die verschiedenen Wohnmöglichkeiten repräsentieren.

b) Wird ein bestimmtes Haus nicht bewohnt, so kann man sich bei jedem Kind nur noch für zwei Häuser entscheiden. Das heißt, man erhält jeweils $2^4 = 16$ Wohnmöglichkeiten.

c) Alle Kinder müssen im dritten Haus wohnen.

d) Am geschicktesten zählt man die restlichen Wohnmöglichkeiten ab, bei denen in mindestens einem Haus kein Kind wohnt (ihre Anzahl werde mit K bezeichnet). Bezeichnet man mit $N(a_i)$ (bzw. $N(a_i a_k)$) die Anzahl der Wohnmöglichkeiten, bei denen im Haus H_i (bzw. H_i und H_k) kein Kind wohnt, so läßt sich am Venndiagramm mit drei Mengen leicht ablesen:

$$K = N(a_1) + N(a_2) + N(a_3) - N(a_1 a_2) - N(a_1 a_3) - N(a_2 a_3) + N(a_1 a_2 a_3) = 3 \cdot 16 - 3 + 0 = 45.$$

Also gibt es $81 - K = 81 - 45 = 36$ Möglichkeiten, bei denen in jedem Haus mindestens ein Kind wohnt.

Aufgabe 2: Die Zahl 5 läßt sich auf $\binom{4}{2} = 6$ Möglichkeiten in 3 Summanden größer gleich 1, auf $\binom{4}{1} = 4$ Möglichkeiten in 2 Summanden größer gleich 1 und auf $\binom{4}{0} = 1$ Möglichkeit in 1 Summanden zerlegen. Es gibt damit $6 + 3 \cdot 4 + 3 \cdot 1 = 21$ Zahlen kleiner als 1000 mit der Quersumme 5.

221	113
212	131
122	311

410	401	41
320	302	32
230	203	23
140	104	14

500
50
5

Aufgabe 3: Es gibt $3! = 6$ dreistellige Zahlen mit drei verschiedenen Ziffern 3, 4, 9. Diese haben die Quersumme 16 und sind weder durch 3 noch durch 9 teilbar:

349, 493, 439, 934, 943, 394.

Es gibt jeweils $3 + 3 = 6$ dreistellige Zahlen mit genau zwei der Ziffern 3, 4, 9:

449, 494, 944, 994, 949, 499 (Ziffern 4 und 9)
339, 393, 933, 993, 939, 399 (Ziffern 3 und 9)
334, 343, 433, 443, 434, 344 (Ziffern 3 und 4)

Von diesen 18 Zahlen sind genau 6 durch 3, aber nicht durch 9 teilbar (Quersumme 15 und 21).
Es gibt weiterhin genau 3 dreistellige Zahlen bestehend aus genau einer der Ziffern 3, 4, 9:

444, 333, 999

Alle sind durch 3 (Quersumme $3 \cdot 4$, $3 \cdot 3$ und $3 \cdot 9$), aber nur 2 Zahlen sind durch 9 teilbar.
Gesamtergebnis: $6 \cdot 4 + 3 = 27$ dreistellige Zahlen können aus den Ziffern 3, 4, 9 gebildet werden, davon sind 9 (33,3 %) durch 3 und nur 2 (7,4 %) durch 9 teilbar.

Zu 1.2.1

Aufgabe 1: 7^{00} Uhr und 13^{00} Uhr. Die Zeitdifferenz ist dann 7 Min. + 6 Std. + 19 Min. = 6 Std. 26 Min.

Aufgabe 2: Das operative Prinzip.

Aufgabe 3: Spiralprinzip (Prinzip des vorwegnehmenden Lernens). Prinzip der Stabilisierung.

Aufgabe 4: Bei der ersten Aufgabe ist 3 durch die „große" Zahl 7 zu 10 zu ergänzen und die „große" Zahl 9 zu zerlegen. Bei der zweiten Aufgabe ist 9 durch die „kleine" Zahl 1 zu ergänzen und die „kleine" Zahl 3 ist zu zerlegen. Die zweite Aufgabe ist in diesem Sinn einfacher und wird auch von den Kindern als einfacher empfunden.

Aufgabe 5: Das Assoziativgesetz der Addition. Beispiel:

$$7 + 6 = 7 + (3 + 3) = (7 + 3) + 3 = 10 + 3 = 13.$$

Diese Darstellung, die in manchen neuen Schulbüchern steht, ist u. E. im Anfangsunterricht eine unnötige Erschwerung, die nichts einbringt.

Zu 1.2.2

Aufgabe 2: Die Zahl 13 kann ebenso wie 12 auf 22 verschiedene Weisen dargestellt werden. 4 und 5 können auf je 4, die Zahlen 6 und 7 auf je 6 Weisen dargestellt werden. Allgemein ist die Anzahl der Darstellungen für die gerade Zahl 2n und ihren Nachfolger 2n + 1 gleich, da jede Darstellung von 2n durch Hinzufügung eines Einer-Plättchens in eine Darstellung für 2n + 1 überführt werden kann und auf diese Weise eine bijektive Abbildung der Menge der Darstellungen von 2n auf die der Zahl 2n + 1 gestiftet wird. 16 = 10 + 4 + 2 benötigt drei, 16 = 8 + 8 nur zwei Steine.

Aufgabe 4: Durch Anfügen von Platten an der rechten Seite.

Zu 1.2.3

Aufgabe 2:

a) Die nächstfolgende Primzahl ist 11, deshalb klappt das Siebverfahren bis $11^2 - 1 = 120$.

b) Seien a_1, a_2, a_3, a_4 die Eigenschaften „x ist durch 2 teilbar", „x ist durch 3 teilbar", „x ist durch 5 teilbar" und „x ist durch 7 teilbar". Dann gilt

$$N(a_1) = \frac{110}{2} = 55, \quad N(a_2) = \left[\frac{110}{3}\right]^{1)} = 36, \quad N(a_3) = 22,$$

$$N(a_4) = \left[\frac{110}{7}\right] = 15, \quad N(a_1 a_2) = \left[\frac{110}{6}\right] = 18, \quad N(a_1 a_3) = \frac{110}{10} = 11,$$

$$N(a_1 a_4) = \left[\frac{110}{14}\right] = 7, \quad N(a_2 a_3) = \left[\frac{110}{15}\right] = 7, \quad N(a_2 a_4) = \left[\frac{110}{21}\right] = 5,$$

$$N(a_3 a_4) = \left[\frac{110}{35}\right] = 3, \quad N(a_1 a_2 a_3) = \left[\frac{110}{30}\right] = 3,$$

$$N(a_1 a_2 a_4) = \left[\frac{110}{42}\right] = 2, \quad N(a_2 a_3 a_4) = \left[\frac{110}{105}\right] = 1,$$

$$N(a_1 a_3 a_4) = \left[\frac{110}{70}\right] = 1 \quad \text{und} \quad N(a_1 a_2 a_3 a_4) = \left[\frac{110}{210}\right] = 0.$$

Damit ergibt sich nach der Ein- und Ausschaltformel, daß

$$55 + 36 + 22 + 15 - 18 - 11 - 7 - 7 - 5 - 3 + 3 + 2 + 1 + 1 - 0 = 84$$

Zahlen kleiner 110 durch 2, 3, 5 oder 7 teilbar sind. Davon sind genau 4, nämlich 2, 3, 5 und 7, selbst Primzahlen. Also erhält man insgesamt $110 - 80 - 1 = 29$ Primzahlen kleiner gleich 110, wenn man berücksichtigt, daß 1 keine Primzahl ist. (Geht man von der Definition aus, daß eine Primzahl genau zwei Teiler besitzt, so ist 1 *keine* Primzahl. Würde man 1 als Primzahl hinzunehmen, so wäre die Eindeutigkeit der Primfaktorzerlegung verletzt, z.B.: $10 = 1^3 \cdot 2^1 \cdot 5^1 = 1^2 \cdot 2^1 \cdot 5^1$.)

Aufgabe 3: Seien a_1, a_2 und a_3 die Eigenschaften „x ist durch 7 teilbar", „x ist durch 11 teilbar" und „x ist durch 18 teilbar".

Dann gilt:

$$N(a_1) = \left[\frac{1600}{7}\right] = 228, \quad N(a_2) = \left[\frac{1600}{11}\right] = 145,$$

$$N(a_3) = \left[\frac{1600}{17}\right] = 94, \quad N(a_1 a_2) = \left[\frac{1600}{77}\right] = 20,$$

$$N(a_2 a_3) = \left[\frac{1600}{187}\right] = 8, \quad N(a_1 a_3) = \left[\frac{1600}{119}\right] = 13 \quad \text{und}$$

$$N(a_1 a_2 a_3) = \left[\frac{1600}{1309}\right] = 1.$$

Es gibt also insgesamt $228 + 145 + 94 - 20 - 8 - 13 + 1 = 427$ Zahlen kleiner gleich 1600, die durch mindestens einen der Faktoren 7, 11 oder 17 teilbar sind. Im zugehörigen Venndiagramm liest man leicht ab:

a) $K = N(a_1 a_2) + N(a_2 a_3) + N(a_1 a_3) - 2N(a_1 a_2 a_3) = 20 + 8 + 13 - 2 = 39$ Zahlen sind durch mindestens zwei,

---

1) Gaußklammer von $\frac{110}{3}$, d.h. die größte ganze Zahl kleiner oder gleich $\frac{110}{3}$.

b) 1600 − K = 1600 − 39 = 1561 Zahlen sind durch höchstens einen,

c) $K - N(a_1 a_2 a_3) = 39 - 1 = 38$ Zahlen sind durch genau zwei,

d) 1600 − 427 = 1173 Zahlen sind durch keinen der drei Primfaktoren teilbar.

Aufgabe 5: Schreibt man die Verpackung von Bild 11 in der Permutationsschreibweise $\begin{pmatrix} B_1 & B_2 & B_3 & B_4 \\ U_2 & U_1 & U_4 & U_3 \end{pmatrix}$, so ergeben sich

$$\begin{pmatrix} B_1 & B_2 & B_3 & B_4 \\ U_2 & U_3 & U_4 & U_1 \end{pmatrix}, \begin{pmatrix} B_1 & B_2 & B_3 & B_4 \\ U_2 & U_4 & U_1 & U_3 \end{pmatrix}, \begin{pmatrix} B_1 & B_2 & B_3 & B_4 \\ U_3 & U_1 & U_4 & U_2 \end{pmatrix}, \begin{pmatrix} B_1 & B_2 & B_3 & B_4 \\ U_3 & U_4 & U_1 & U_2 \end{pmatrix},$$

$$\begin{pmatrix} B_1 & B_2 & B_3 & B_4 \\ U_3 & U_4 & U_2 & U_1 \end{pmatrix}, \begin{pmatrix} B_1 & B_2 & B_3 & B_4 \\ U_4 & U_1 & U_2 & U_3 \end{pmatrix}, \begin{pmatrix} B_1 & B_2 & B_3 & B_4 \\ U_4 & U_3 & U_1 & U_2 \end{pmatrix}, \begin{pmatrix} B_1 & B_2 & B_3 & B_4 \\ U_4 & U_3 & U_2 & U_1 \end{pmatrix}$$

als acht weitere Verpackungen der gewünschten Art.

Aufgabe 6: Es gibt insgesamt 3^5 verschiedene Verteilungen, davon geht jeweils bei 2^5 Verteilungen der Schüler S_i ($i = 1, 2, 3$) leer aus und bei einer Verteilung gehen jeweils zwei Schüler (S_i, S_k mit $i \neq k$) leer aus. Also erhält man unter Ausnutzung der Ein- und Ausschaltformel, daß bei $3^5 - 3 \cdot 2^5 + 3 \cdot 1 = 150$ Verteilungen kein Schüler leer ausgeht. Dies läßt sich verallgemeinern auf

$$\sum_{i=0}^{s} (-1)^r \binom{s}{i} (s-i)^r = \binom{s}{0} (s-0)^r - \binom{s}{1} (s-1)^r + \binom{s}{2} (s-2)^r - + \ldots \binom{s}{s} (s-s)^r$$

als Anzahl der surjektiven Abbildungen von einer r-elementigen auf eine s-elementige Menge ($r \geqslant s$).

Zu 1.2.4

Aufgabe 1: Der erste Faktor wird im Zweiersystem dargestellt, die Produkte des zweiten Faktors mit Zweierpotenzen kann man der rechten, durch sukzessive Verdoppelung entstehenden Spalte entnehmen.

Beispiele:

a) $13 = 1 \cdot 2^0 + 1 \cdot 2^2 + 1 \cdot 2^3 = 1 + 4 + 8 = 13 \cdot 15 = (1 + 4 + 8) \cdot 15 = 1 \cdot 15 + 4 \cdot 15 + 8 \cdot 15$.
Die Potenz 2^1 und das Produkt $2 \cdot 15$ treten nicht auf und werden gestrichen.

b) $9 = 1 \cdot 2^0 + 1 \cdot 2^3$. Die nicht auftretenden Potenzen 2^1 und 2^2 werden gestrichen.

c) Analog führt $12 = 2^2 + 2^3$ auf $12 \cdot 26 = 4 \cdot 26 + 8 \cdot 26 = 104 + 208 = 312$.

Aufgabe 3: Bei der Behandlung des schriftlichen Multiplikationsverfahrens besteht die Gefahr des bedeutungslosen mechanischen Vollzugs. Andere Algorithmen, die nicht mechanisiert sind, fordern zu einem Zurückgehen auf die bedeutungsvollen Grundideen (Zerlegen der Aufgabe, Distributiv-, Assoziativgesetz) auf.

Aufgabe 4:

a) Die Einerziffer muß 1 oder 9 sein. Aus $q = 10a + 1$ folgt $q^2 = 100a^2 + 20a + 1 = 10(10a^2 + 2) + 1$; und aus $q = 10a + 9$ folgt $q^2 = 100a^2 + 180a + 81 = 10(10a^2 + 18a + 8) + 1$. In beiden Fällen muß also die Zehnerziffer *gerade* sein. Das heißt nur $q = 1 = 1^2$ ist unter den Zahlen Quadratzahl.

b) b_1) 68, 78, 80, 92.
b_2) Es gibt keine Zahl mit dieser Eigenschaft, denn die beiden letzten Ziffern einer Quadratzahl können nicht zugleich *ungerade* sein (vgl. Teil a).

c) Aus $(10a + b)(10c + d) = (10b + a)(10d + c)$ folgt $a \cdot c = b \cdot d$ und umgekehrt.
Wegen $4 \cdot 9 = 6 \cdot 6$ gilt dann $46 \cdot 96 = 64 \cdot 69$.

d) Die Zahl 100 kann nicht erreicht werden. Der Beweis erfolgt indirekt. Wenn man annimmt, daß 100 in der vorgeschriebenen Art erhalten werden kann:

$$\underbrace{((10a + b) + (10c + d) + (10e + f) \ldots)}_{\text{2-ziffrige Summanden}} + \underbrace{(k + l + \ldots)}_{\text{1-ziffrige S.}} = 100$$

also $9(a + c + e + \ldots) + (a + b + c + d + e + f + \ldots + k + l) = 100$, ergibt die zweite Klammer insgesamt die Summe $(0 + 1 + 2 + \ldots + 9) = 45$; durch Umformung erhält man damit $9(a + c + e + \ldots) + 9 \cdot 5 = 100$. Damit müßte 100 durch 9 teilbar sein. Dies ist ein Widerspruch.

e) Die Produkte des kleinen „Einmaleins" sind gemäß ihrem Stellenwert richtig eingetragen.

Zu 1.2.5

1. *Aufgabe 2:* Aus dem konstruierten Aufbau der Mauer ergibt sich unmittelbar: Die Summe der Zeilen wächst von unten nach oben (die Summe der letzten beiden Zeilen ist dabei gleich), die Summe der Diagonalen wächst ebenso von links unten nach rechts außen und von rechts unten nach links außen. Die Zahlen in den Diagonalen wachsen ebenfalls von unten nach oben an. Dies erleichtert ein Ausfüllen der Mauer, denn es schränkt die in Frage kommenden Zahlen zur Beschriftung eines Steines erheblich ein.

2. *Aufgabe 1:* Sie bilden innerhalb der Klasse zwei Mannschaften, wobei Sie entsprechende Schüler abwechselnd zum Weiterspielen benennen.

   Aufgabe 2: Mit +, − und · trifft mit man geraden Bällen niemals ein ungerades Tor (Begründung: Die Summe, die Differenz und das Produkt von geraden Zahlen ist wieder gerade). Dies gilt nicht für die Division, denn $24 : 8 = 3$.

3. *Aufgabe 1:* Sei (acb) eine dreistellige Zahl der gewünschten Form mit $a \geqslant b \geqslant c$ und notwendigerweise $a > c$. Dann ist (abc) die größte und (cba) die kleinste dreistellige Zahl aus diesen Ziffern. Durch Analyse des Subtraktionsalgorithmus erhält man:

HUNDERTER	ZEHNER	EINER
a	b	c
− c	b	a
a − (c + 1)	10 + b − (b + 1)	10 + c − a

   a) Die Zehnerziffer ist damit $10 + b - b - 1 = 9$.

   b) Die Summe der Hunderter- und Einerziffer $a - (c + 1) + 10 + c - a = 9$.

   Aufgabe 2: Damit steht im zweiten Stockwerk von oben unter den drei Ziffern mindestens eine 9 und $b + c = 9$.

HUNDERTER	ZEHNER	EINER
9	b	c
− c	b	9
9 − (c + 1)	9	10 + c − 9

   D.h. die Einerziffer $10 + c - 9 = c + 1$ wächst jeweils um 1 an, die Hunderterziffer $9 - (c + 1) = 9 - (9 - b + 1) = b - 1$ verringert sich um 1. Dieses Verfahren stagniert bei den Ziffern 4, 5 und 9.

5. *Aufgabe 2:* U.a. wird die Zifferndarstellung im Zehnersystem, das Zerlegen einer Zahl in Faktoren und das kleine Einmaleins geübt. Der Querproduktoperator ist im Gegensatz zu anderen Operatoren nicht injektiv, d.h. es gibt Zahlen x, y mit $Q(x) = Q(y)$, aber $x \neq y$. Man kann deshalb keinen inversen Operator angeben, wie z.B. zu (+5) den Operator (−5) bzw. (·3) den Operator (:3).

   Aufgabe 3: Die Quersummenmaschine verkleinert alle Zahlen größer gleich 10, denn

   $$a_n \cdot 10^n + a_{n-1} 10^{n-1} + \ldots + a_1 10^1 + a_0 > a_n + a_{n-1} + a_1 + a_0 \text{ für } n \geqslant 1.$$

   Die Züge enden deshalb bei einstelligen Zahlen 1, ..., 9.

6. *Aufgabe 1:*

   a) Sind f, g relativ prim, d.h. der g.g.T. (f, g) = 1, so gibt es ganze Zahlen r, s mit $r \cdot f + s \cdot g = 1$. D.h. man kann vom Startloch s zum Loch s + 1 bzw. s − 1 gelangen. Die Wiederholung dieses Verfahrens zeigt, daß man damit ein beliebiges Ziel z erreichen kann. Das Verfahren steht in Analogie zum Euklidischen Algorithmus.

   b) Hat man einen Weg gefunden, so läßt sich durch Vervollständigung des Quadratgitters auch ein Weg mit möglichst wenig Schritten finden, indem man alle Golflöcher einzeichnet, die von s in weniger als n Schlägen zu erreichen sind (ein Quadrat, das auf der Spitze steht). Bei diesen endlich vielen Golflöchern läßt sich nachprüfen, ob man u.U. mit noch weniger Schlägen auskommt.

   Mit s = 33, z = 48, g = 7 und f = 5 kann man das Ziel in 3 Schlägen erreichen. Aus $k \cdot 7 + l \cdot 5 = 15$ folgt notwendig: k oder l gerade, aber nicht beide. D.h. die Anzahl der Schläge $k + l$ muß immer *ungerade* sein. D.h. in 4, 6, 8 oder 10 Schlägen ist das Ziel nicht zu erreichen. Mit einer ungeraden Anzahl von Schlägen ist das Ziel immer zu erreichen (vgl. Zahlengitter).

   Aufgabe 3: Ja, denn $(33 + 9 \cdot 7) : 2 = 48$.

7. *Aufgabe 1:* Das Verfahren ist nochmals in dem Flußdiagramm von Bild 1 zusammengefaßt. Man kann von der 4 zur 1 gelangen (mit Umkehroperatoren):

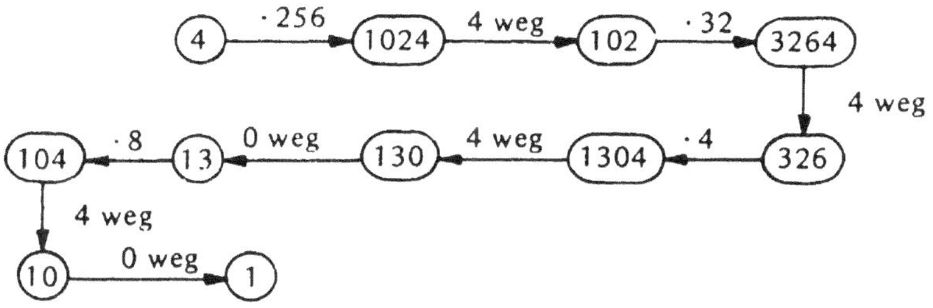

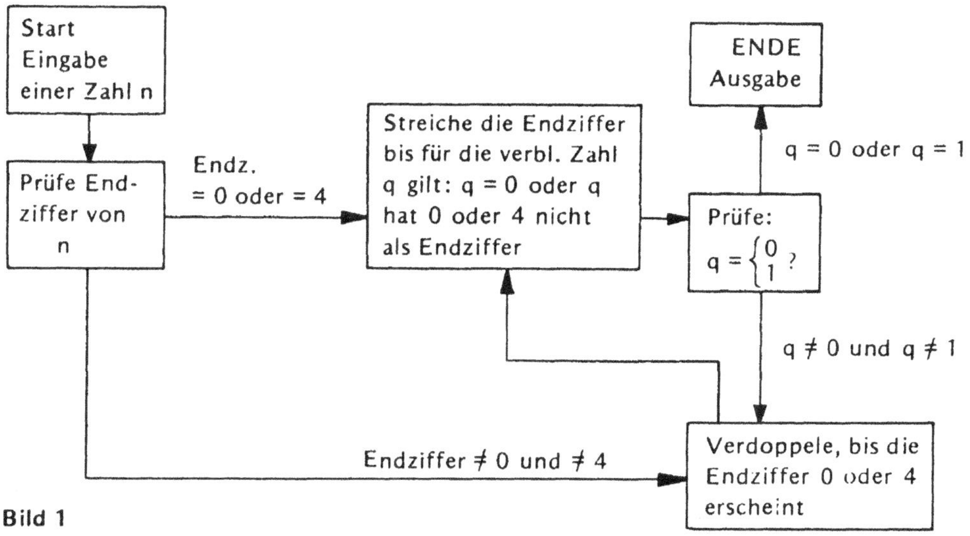

Bild 1

Weitere Beispiele (Wie gelangt die Polizei in Haus Nr. x?)

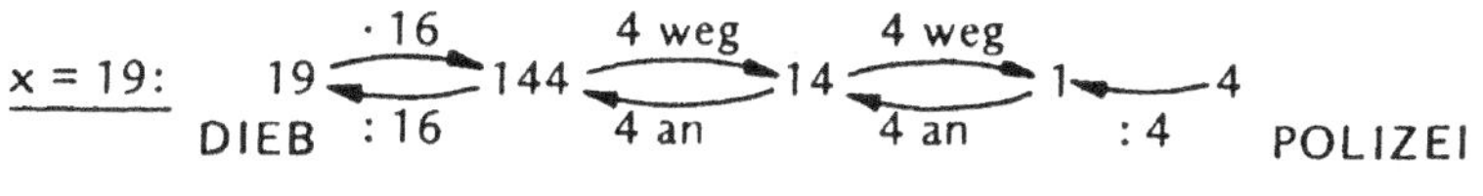

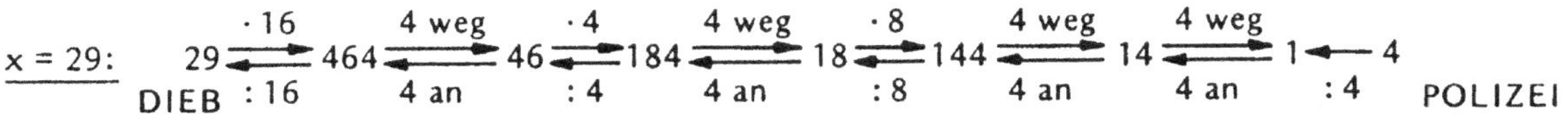

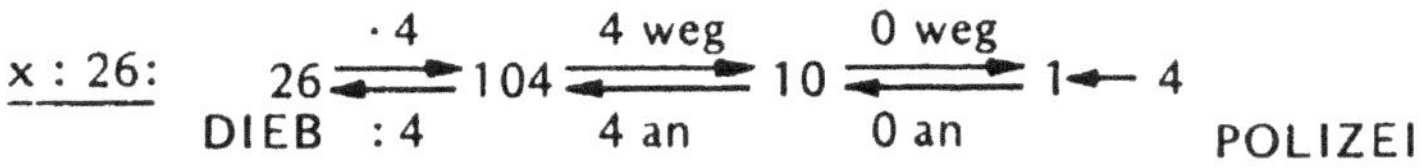

Die Tabelle (Bild 17) läßt sich ohne Mühe vervollständigen. Hat 16 a + 14 die Endziffer 8, so ergibt die Multiplikation mit 8 eine Zahl 128 a + 112 mit Endziffer 4. Der Operator 4 weg verwandelt diese Zahl in 12,8 a + 10,8, woraus folgt, daß in diesem Fall $a \equiv 4 \bmod 5$ sein muß. Diese Spezialfälle lassen sich leicht gesondert behandeln.

12,8 a + 10,8 läßt sich zum Weiterrechnen vereinfachen in $64\,l + 62$, hat also gerade Endziffer.

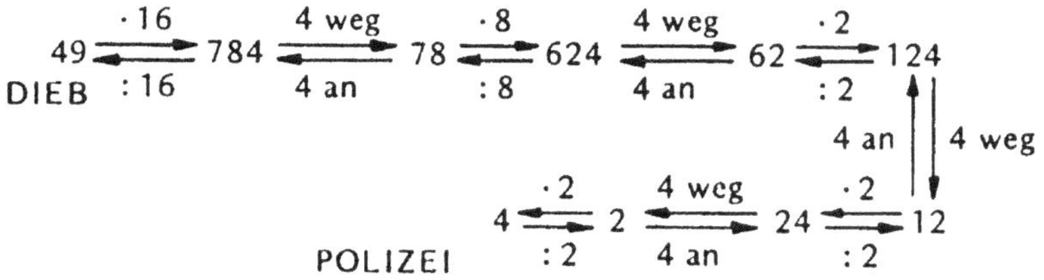

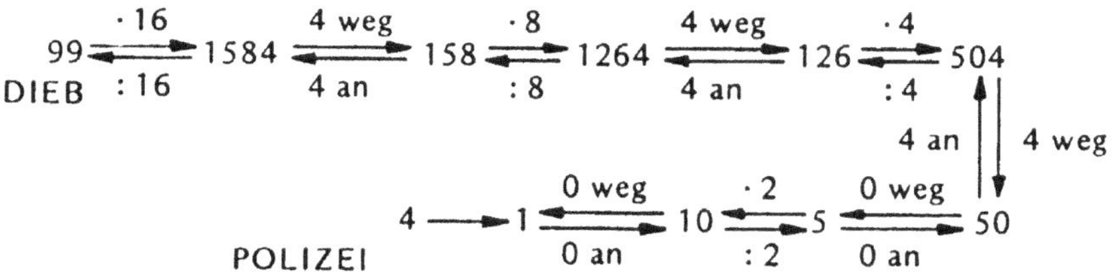

8. *Aufgabe 2:* An einer Stelle im Flußdiagramm geben Sie die Anweisung, zu überprüfen, ob die Zahl unter einer angegebenen Menge von Zahlen vorkommt (Prüfzahlen von der Lehrerin).

Abschließende Aufgaben

Aufgabe 1: Schriftliches Addieren – 3,8
Einmaleins – 2,5
Zehnerübergang – 1, 2, 3, 4, 6
Zerlegen in Faktoren – 2, 5
Zerlegen in Summanden – 1, 2, 4, 6
usw.

Zu 1.2.6

Aufgabe 1:

a) Ist mit der Methode zu lösen, denn

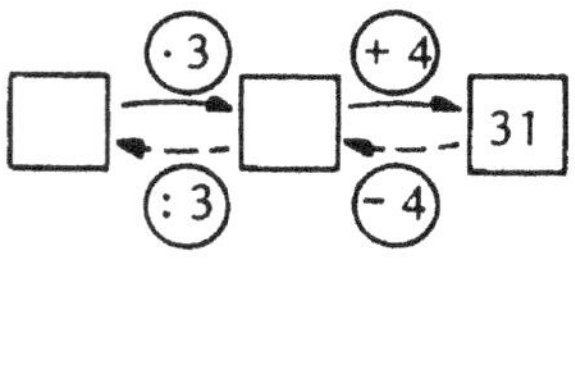

ergibt als Lösung 9.

b) Ist mit der Methode nicht zu lösen. Wenn Fritz x Jahre alt ist, so ergibt sich: $3x = x + 6$.

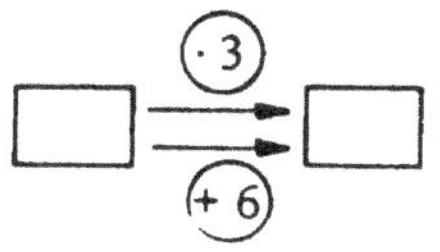

Aufgabe 3:

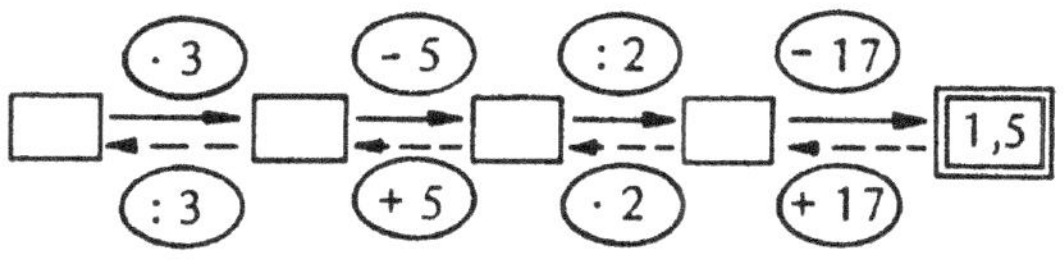

$(3 \cdot x - 5) : 2 - 17 = 1{,}5$
$(3x - 5) : 2 = 1{,}5 + 17$
$3x - 5 = 18{,}5 \cdot 2$
$3x = 37 + 5$
$x = 42 : 3$
$x = 14$

$3(x - 5) : 2 - 17 = 1{,}5$
$3(x - 5) : 2 = 1{,}5 + 17$
$3(x - 5) = 18{,}5 \cdot 2$
$(x - 5) = 37 : 3$
$x = 12\frac{1}{3} + 5$
$x = 17\frac{1}{3}$

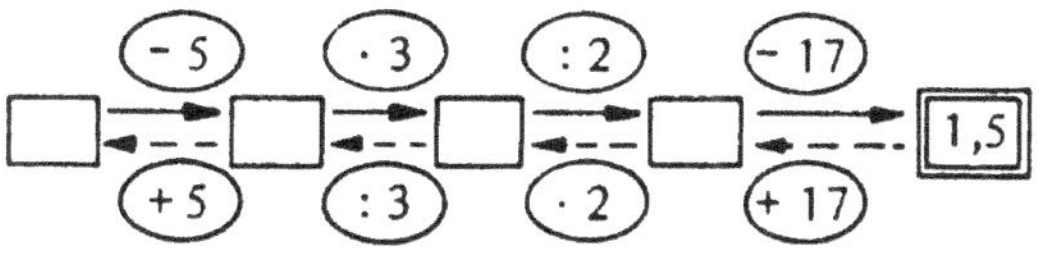

Die Äquivalenzumformungen werden in Analogie zu den Umkehroperatoren vorgenommen, dies ist auch bei den folgenden Beispielen ersichtlich.

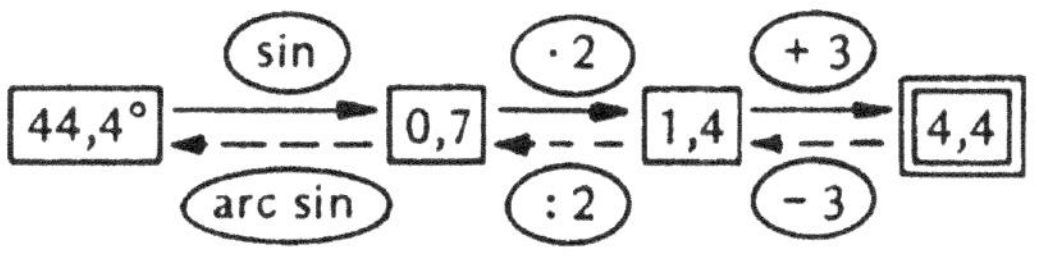

und

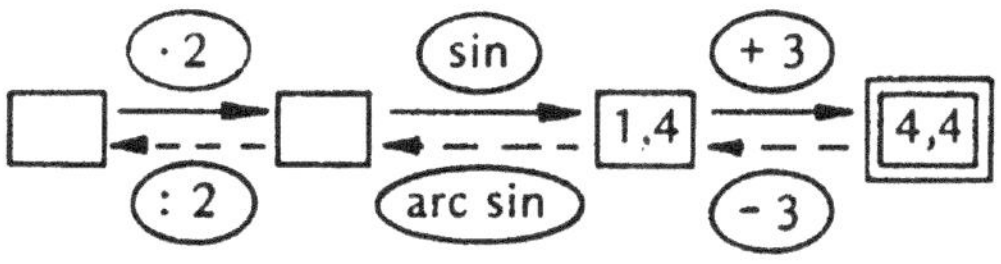

Die 2. Gleichung besitzt keine Lösung, denn es gibt kein x mit $\sin x = 1{,}4$.

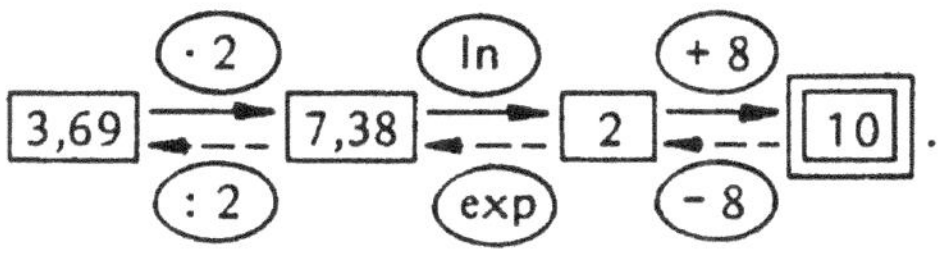

Als Lösung von $\ln(2x) + 8 = 10$ ergibt sich also $3{,}69 \approx e^2/2$. Dagegen ergibt sich für die Gleichung $2 \ln x + 8 = 10$

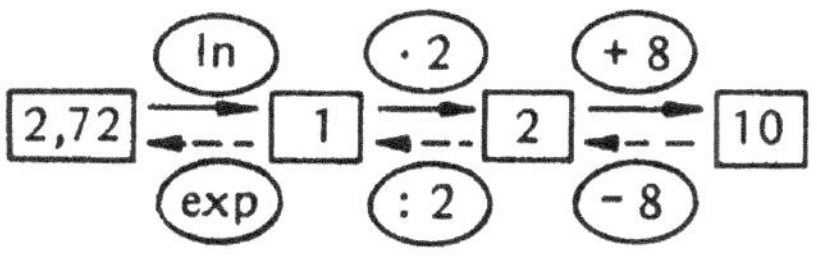

die Lösung $e \approx 2{,}718$.

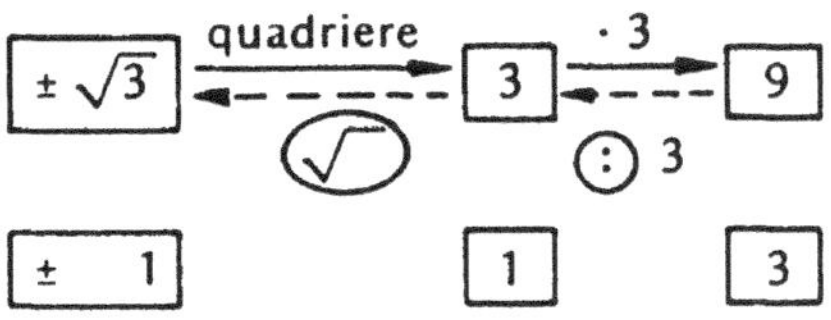

Als Lösung von $3 < 3x^2 < 9$ ergibt sich $1 < |x| < \sqrt{3}$. Dagegen erhält man für $3 < (3x)^2 < 9$ die Lösung $\frac{\sqrt{3}}{3} < |x| < 1$.

Bei der Probe setzt man in Analogie zu den Operatoren ein.

Aufgabe 4:

$F = \left(\frac{1}{2} \cdot g\right) \cdot h$ wird dargestellt durch 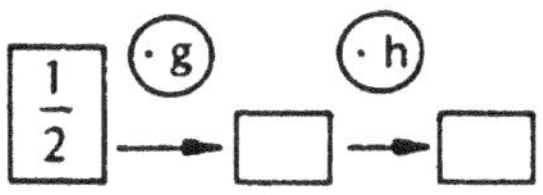

$F = (g \cdot h) \cdot \frac{1}{2}$ wird dargestellt durch 

usw.

Aufgabe 5:

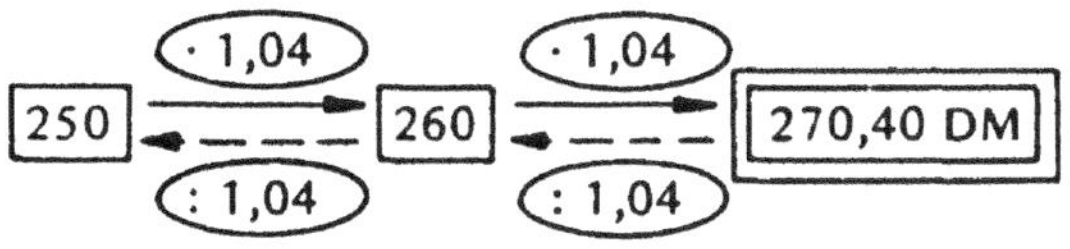

Zu 1.2.7

Aufgabe 2: Alle um einen Einer erweiterten n-Stockwerke sind paarweise verschiedene (n + 1)-Stockwerke, ebenso alle durch Verlängerung des linken Endstabes der n-Stockwerke gewonnenen (n + 1)-Stockwerke. Die (n + 1)-Stockwerke des zweiten Typs sind verschieden von denen des ersten Typs, da sie sich im linken Ende unterscheiden. Jedes (n + 1)-Stockwerk kann auf einem der beiden Wege gewonnen werden.

Aufgabe 4: Die Gliederung (A), (B), (C) markiert bereits eine sinnvolle Trennung. Zum Einstieg in (B) müssen die in (A) gewonnenen Türme zeichnerisch präsentiert werden (groß an der Tafel oder auf Umdrucken). Zur Herausstellung der Analogie in (C) muß der Baum in (B) verfügbar gemacht werden.

Aufgabe 5: Für die Maus stehen 6 (= 2 · 3) Wege zur Verfügung. Diese Aufgabe und das Turmbeispiel sind beides Spezialfälle eines allgemeinen durch Entscheidungsbäume darstellbaren Entscheidungsverfahrens. Der neue Kontext mit der Maus hilft, den gemeinsamen Kern herauszuarbeiten (Prinzip der Variation, Mehrmodellmethode).

Aufgabe 6: Mit Hilfe eines Baumes kann man sich eine systematische Übersicht über alle Brechungsfolgen verschaffen. Man sieht daran, daß man bei einer 8 × 4 Tafel stets 31, bei einer 4 × 4 Tafel stets 15 Brechungen braucht. Warum? Bei jeder Brechung entstehen aus einem Stück zwei. Die Anzahl der Bruchstücke vermehrt sich also jedesmal um 1. Man braucht daher 31 Brechungen um von 1 Stück auf 32 Bruchstücke zu kommen.

Zu 1.2.8

Aufgabe 1: Zwischen der Anzahl der Gebiete m, der Anzahl der Grenzen g und der Anzahl „Kanäle und Dämme" k besteht die Beziehung $m = g + 1 = k + 2$.

Jede der drei Anzahlen m, g, k bestimmt also die beiden übrigen.

Zu 1.2.9

Aufgabe 1: Den Regeln eines Kalküls entsprechen die Spielregeln, es müssen auf enaktiver Stufe immer wieder Konstellationen verglichen und den Regeln gemäß umgeformt werden: „Ein Kalkül ohne Schreibarbeit."

Aufgabe 2: Die Vermutung eines Schülers „Wer die 7 legt, gewinnt!" kann leicht durch ungeschicktes Spielen widerlegt werden. Der Schüler präzisiert seine Vermutung: „Wer die 7 legt, gewinnt, wenn er geschickt weiterspielt!" oder „Wer die 7 legt, kann gewinnen!" Fallunterscheidungen treten auf, wenn man die verschiedenen Spielmöglichkeiten analysiert. Durch die Variation der Spielregeln wird die Struktur eines Spieles in Abhängigkeit von den Spielregeln erst richtig erkennbar (operatives Prinzip).

Aufgabe 4:

a) Der erste Spieler bringt die beiden Reihen auf gleiche Länge, und nimmt dann spiegelbildlich genauso viel Spielsteine weg wie seine Partner. Dann entfernt er notwendig die letzte Spielmarke und ist damit Gewinner.

b) Wenn es gelingt, die drei Reihen von Spielmarken auf zwei Reihen von Spielmarken gleicher Länge zu reduzieren, dann hat man nach a) eine Gewinnsituation. Ansonsten ist das Spiel sehr variantenreich.

c) Spielregeln wären z.B.

(1) Es spielen 2 Spieler gegeneinander.

(2) Bei jedem Zug dürfen jeweils aus einem Haufen eine beliebige Anzahl k von Münzen ($k \geqslant 1$) entfernt werden.

(3) Es darf umgewechselt werden.

Gilt (3), so erhält man eine Gewinnsituation, wenn beide Haufen den gleichen Geldwert haben. Bei jedem Zug muß man dann spiegelbildlich den gleichen Geldwert (wie der Partner im Zug vorher) entfernen. Gilt (3) nicht, so erhält man eine Gewinnsituation, wenn beide Haufen die gleiche Anzahl von Münzen haben. Bei jedem Zug muß man dann spiegelbildlich die gleiche Anzahl von Münzen entfernen.

Zu 1.2.10

Aufgabe 1: Man beginnt z.B. mit der leicht erkennbaren Zerlegung $73 = 35 \cdot 2 + 3 \cdot 1$ in 38 Münzen. Durch Wechseln von $5 \cdot 2$ in $1 \cdot 10$ erhält man eine Zerlegung in 34, durch zwei nochmalige Wechsel dieser Art eine Zerlegung in 26 Münzen. Durch Wechsel von $1 \cdot 2$ in $2 \cdot 1$ erhält man schließlich die Zerlegung $73 = 3 \cdot 10 + 19 \cdot 2 + 5 \cdot 1$ in 27 Münzen.

Aufgabe 3: Zu multiplizieren sind

$$1 + x^2 + x^2 + x^3 + \ldots + x^{15}, \quad 1 + x^2 + x^4 + x^6 + x^8 + x^{10} + x^{12} + x^{14},$$
$$1 + x^5 + x^{10} + x^{15} \quad \text{und} \quad 1 + x^{10}.$$

Potenzen mit höheren Exponenten als 15 dürfen weggelassen werden. Man erhält den Ausdruck

$$1 + x + 2x^2 + 2x^3 + 3x^4 + 4x^5 + 5x^6 + 6x^7 + 7x^8 + 8x^9 + 11x^{10} + 12x^{11} +$$
$$+ 15x^{12} + 16x^{13} + 17x^{14} + 21x^{15} + \ldots .$$

Der Koeffizient von x^n liefert die Anzahl der verschiedenen Darstellungen des Betrages n Pf. in Münzen.

Zu 1.3.1

Aufgabe 1: Es gibt 35 Hexominos.

Die mit + versehenen Formen sind Würfelnetze. Mit *jedem* dieser Netze läßt sich die Ebene parkettieren.

Aufgabe 2: Drillinge:  Vierlinge: 

Fünflinge: 

Sechslinge: 

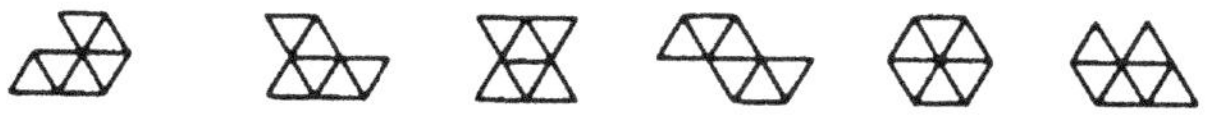

Die Vierlinge  und  lassen sich in Tetraeder falten.

Aufgabe 3: Bei Quadratvierling: Einling, Zwilling, 2 Drillinge, 1 Vierling, 1 Fünfling, 2 Sechslinge, 1 Siebenling, 1 Achtling.

Bei Dreiecks-Fünfling: Zwilling, Drilling, 1 Fünfling, 1 Sechsling, 2 Achtlinge, 1 Zehnling.

Aufgabe 7: Man könnte Eltern um Unterstützung bitten (die kaum von *allen* Eltern versagt würde).

Zu 1.3.2

Aufgabe 1:

a) Hintereinanderausführung der Operationen von Bild 16 bzw. Bild 17 ergibt eine Verschiebung um 1 nach rechts (bzw. 1 nach oben). Durch die Umkehroperation erhält man Verschiebungen um 1 nach links (bzw. 1 nach unten). Damit kann man auch um k Gitterquadrate (nach rechts oder links) und um *l* Gitterquadrate (nach oben oder unten) verschieben.

b) Der Operator in Bild 19 ist eine Vierteldrehung im Uhrzeigersinn um den linken, unteren Eckpunkt. Das Problem von Bild 18 läßt sich nun lösen, indem man zunächst dreht und dann um 4 nach rechts und 5 nach oben verschiebt: *l*-v-r-r-r-h-h.

Aufgabe 2: Die Operatoren in Bild 16, Bild 17 und Bild 19 sind seitentreu. Damit kann man seitentreu drehen und beliebig um ganzzahlige Gitterquadrate verschieben, also seitentreu beliebige Zustände ineinander überführen. In Bild 20 kann man den Endzustand E durch *l*-*l* in einen Endzustand E' überführen, der vom Anfangszustand A seitentreu zu erreichen ist.

Aufgabe 3: Der Operator r-v-v-*l* von Bild 17 erhält die Normallage nicht, dagegen wird sie von h-h-h-h erhalten. Auch der Drehoperator *l*-v-r erhält die Normallage. Das Verhalten von zusammengesetzten Operationen ergibt sich aus der Tabelle:

1. Operation	2. Operation	Zusammengesetzte Operation
+	+	+
+	−	−
−	+	−
−	−	+

Ist k + *l* gerade, so kann man damit um k nach rechts (oder links) und *l* nach oben (oder unten) lageerhaltend verschieben. Ist k + *l* ungerade, so kann man um k nach rechts und *l* nach oben nur gedreht (−) verschieben. Damit ist die rechte Situation von Bild 27 lösbar. Ferner ist die linke Situation von Bild 28 lösbar, wenn man bedenkt, daß nach Aufgabe 2 beliebig seitentreu verschoben werden kann. Aus Bild 29 läßt sich ablesen, daß die Operation *l*-v^7-r^2-h-r-h^{12} den Anfangszustand A in E seitenverkehrt überführt. Die Operation *l*-h-r^2-h-r-v^2 führt A in E seitentreu über. Nach Aufgabe 2 muß dies möglich sein, da man *beliebige* Zustände seitentreu ineinander überführen kann.

Zu 1.3.3

Aufgabe 1:

a) Als Punkte (Kreuzungen) nimmt man die Gebiete I = Insel, N = Nordstadt, O = Oststadt, S = Südstadt. Die Kanten entsprechen den 7 (bzw. 8) Brücken (Bild 1).

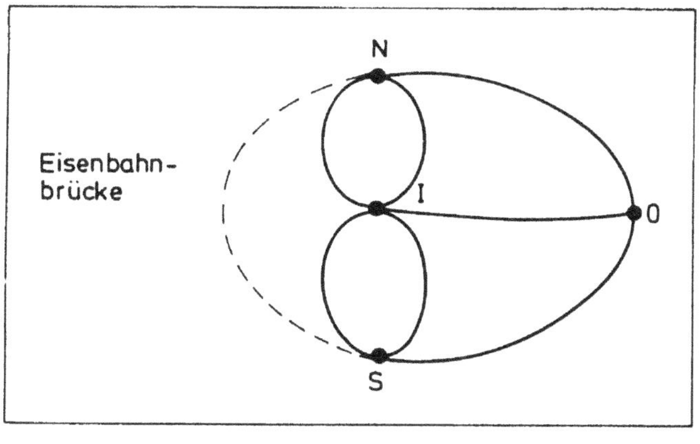

Bild 1

b) Für Euler war kein Spaziergang der gewünschten Art möglich (Klassifikation III – 4 Ecken ungerader Ordnung. Nach Erbauung der Eisenbahnbrücke (Klassifikation II – 2 Ecken ungerader Ordnung) änderte sich dies.

c) Vergleichen Sie mit Bild 3 und Bild 5 des Planes von Königsdorf.

Aufgabe 2:

	Operation	Änderungen der Anzahl der Ecken ungerader Ordnung
(1)	Einfügen einer Kante mit verschiedenen Endpunkten	a) + 2, falls beide Endpunkte gerade b) − 2, falls beide Endpunkte ungerade c) 0, falls Endpunkte gerade und ungerade
(2)	Einfügen einer Schlinge an einer Ecke	0
(3)	Einfügen einer Ecke auf einer Kante	0
(4)	Anfügen einer Kante mit neuem Endpunkt an einer Ecke	a) 0 falls Ecke ungerade b) + 2 falls Ecke gerade
(5)	Beginn eines Netzes oder Teilnetzes mit einer Kante und 2 Ecken	+ 2

a) Damit ist die Anzahl der Ecken mit ungerader Kantenzahl in einem Netz als gerade nachgewiesen.

b) Die Durchlaufbarkeit ändert sich bei den Operationen (1)c, (2), (3) und (4)a nicht. Ansonsten kann sie sich ändern.

c) Hat ein Netz 2 k Ecken mit ungerader Kantenzahl, so läßt es sich durch Einfügen von k Kanten in ein Netz mit ausschließlich Ecken gerader Kantenzahl verwandeln. Dieses Netz ist von jeder Ecke (also auch von einer ursprünglich ungeraden Ecke) aus in einem Rundweg zu durchlaufen. Nimmt man die Hilfskanten wieder weg, so entstehen aus dem Rundweg k Wegstücke.

Aufgabe 3:

a)

Kantenmodell	Anzahl der ungeraden Ecken	minimale Anzahl der Drahtstücke
Würfel	$8 = 2 \cdot 4$	4
Tetraeder	$4 = 2 \cdot 2$	2
Oktaeder	0	1

b) Alle Pakete sind mit einem Stück Schnur zu packen, denn sie enthalten nur Knoten gerader Ordnung.

c) Die Durchlaufbarkeit ist aus Bild 2 ersichtlich. Die dritte Figur kann nicht durchlaufen werden.

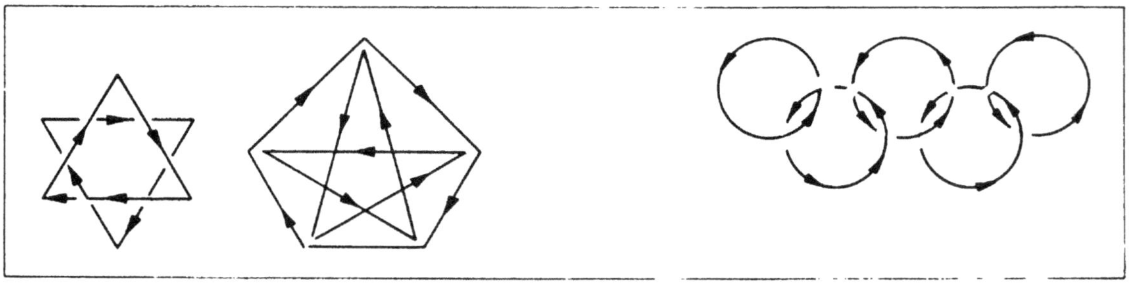

Bild 2

Aufgabe 4:

a) Es geht hier nicht darum, alle Wege zu durchlaufen, ohne einen Weg doppelt zu gehen, sondern darum, einen Weg zu finden der bestimmte Punkte genau einmal berührt, ohne einen Weg doppelt zu gehen (Hamiltonsche Wege). Für Frau K. ist dies möglich, für Frau M. nicht.

b) Zunächst wird ein Plan des zu besuchenden Zoos ausgehängt und entschieden, welche Tiere die Klasse anschauen möchte. Danach wird nach einem Weg gesucht, der die Wünsche der Kinder berücksichtigt, wobei man möglichst nicht an einem Gehege zweimal vorbeigeht. Es geht nicht darum, möglichst alle Wege des Zoos zu durchlaufen.

Aufgabe 5:

a) In Bild 3 finden sich die zusammenhängenden Graphen mit 3 Kanten.

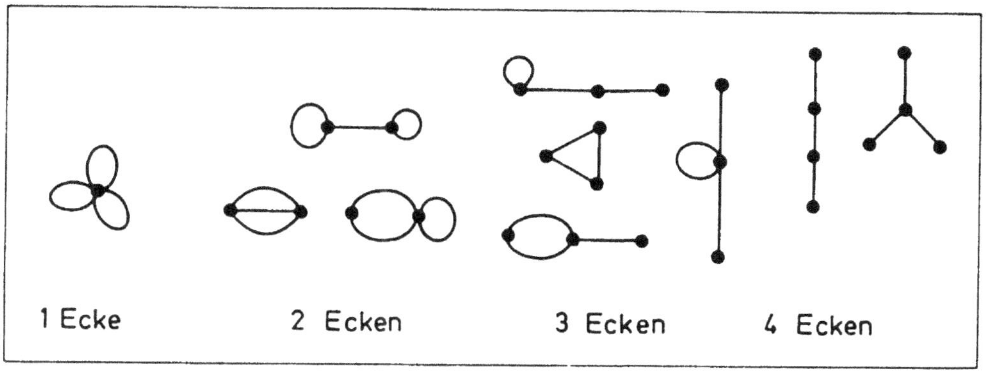

Bild 3

b) Bei drei Ecken ist die Lösung nicht vollständig auflistbar, da sich 2 (3, 4 oder mehr) Kanten einfügen lassen (Bild 4).

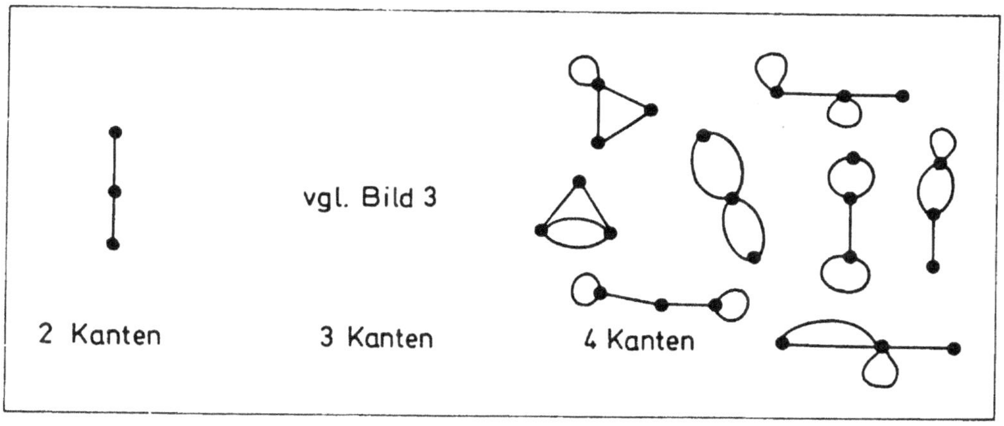

Bild 4

Zu 1.3.4

Aufgabe 1:

a) In Bild 1 sind zwei Beispiele angeführt.

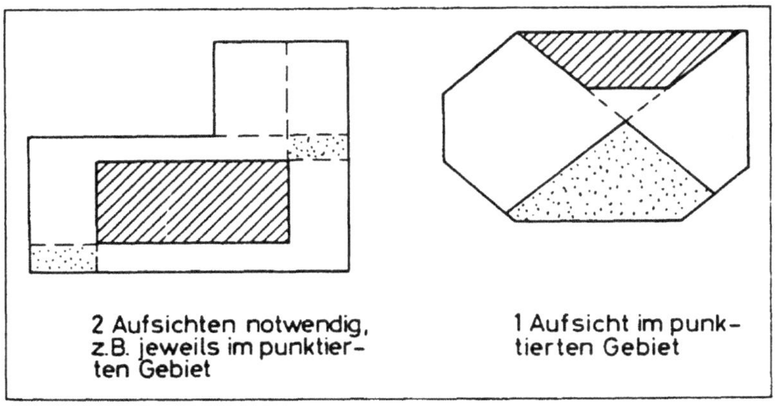

Bild 1

In den beiden anderen Fällen sind jeweils zwei Lehrer als Aufsicht notwendig.

b) Die Ausleuchtung durch eine punktförmige Lichtquelle mit geraden Strahlen ist bis auf einen Fall immer möglich. In diesen Fällen genügt auch jeweils eine Aufsicht.

c) Durch Zeichnen der Tangenten an die Uferlinien kann man untersuchen, ob es Punkte der gesuchten Art gibt. Solche sind bis auf zwei Fälle vorhanden.

Aufgabe 2: Man kommt für beschränkte Mengen zu der Vermutung, daß die Begriffe „konvex", „randverbindbar" und „rollbar" äquivalent sind. Dagegen gibt es sternförmige Figuren, die nicht konvex sind.

Zu 1.4.1

Aufgabe 1: Alle Tiere mit Ausnahme von H, M, P, Q.

Aufgabe 2: Folgende Spielfelder (unter vielen anderen) leisten das Verlangte:

Tor 1: Erlaubt für Tiere mit mindestens zwei weißen Körperteilen.
Tor 2: Verboten für Tiere mit schwarzem Hinterteil.
Tor 3: Erlaubt für Tiere mit gleichfarbigem Bauch und Hinterteil.

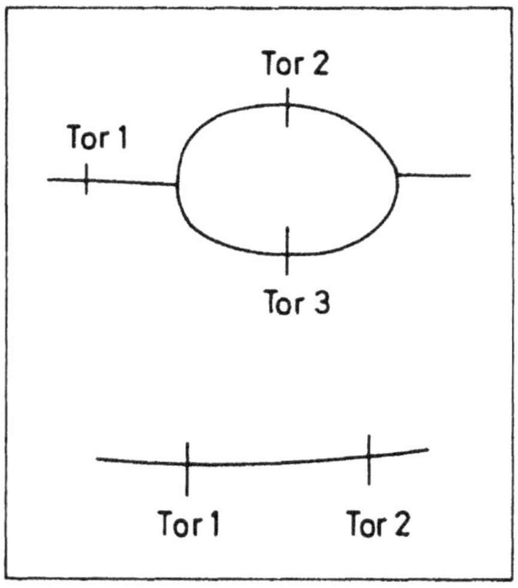

Tor 1: Erlaubt für Tiere mit mindestens zwei weißen Körperteilen.
Tor 2: Verboten für Tiere mit weißem Bauch und schwarzem Hinterteil.

Aufgabe 3: In jedem „Teildreieck" des Drachens muß die Dreiecksungleichung gelten. Daher gibt es z.B. für folgenden Drachen keine Lösung:

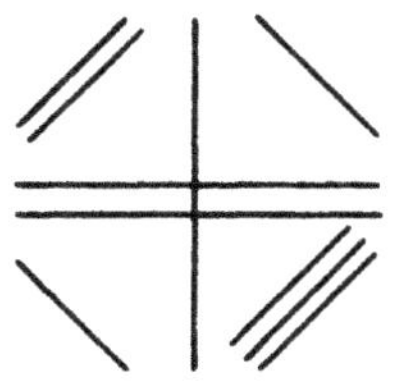

Aufgabe 4: In beiden Fällen 32 Tiere.

Zu 1.4.2

Aufgabe 1: Die Übersicht finden Sie in Bild 1

		DANN					
		Nichtsnutz	Max	Moritz	Fipps	Bolte	Helene
	Nichtsnutz	Nichtsnutz	Max	Moritz	Fipps	Bolte	Helene
	Max	Max	Moritz	Nichtsnutz	Helene	Fipps	Bolte
ERST	Moritz	Moritz	Nichtsnutz	Max	Bolte	Helene	Fipps
	Fipps	Fipps	Bolte	Helene	Nichtsnutz	Max	Moritz
	Bolte	Bolte	Helene	Fipps	Moritz	Nichtsnutz	Max
	Helene	Helene	Fipps	Bolte	Max	Moritz	Nichtsnutz

Bild 1

Die Aufgaben lassen sich nun aus der Tabelle ablesen, z.B.

[Max]—[Fipps] = [ ] Lösung: [Helene]

Schnittpunkt von Zeile [Max] und Spalte [Fipps] bestimmen.

[Max]—[ ] = [Bolte] Lösung: [Helene]

In Zeile [Max] den Operator [Bolte] suchen und zugehörige Spalte bestimmen.

[ ]—[Max] = [Bolte] Lösung: [Fipps]

In Spalte [Max] den Operator [Bolte] suchen und zugehörige Zeile bestimmen.

Die Nichtkommutativität erkennt man daran, daß die Gruppentafel an der Diagonalen nicht spiegelsymmetrisch ist.

Aufgabe 2:

[ZICK] entspricht dem Operator [MORITZ],

[ZACK] entspricht dem Operator [HELENE].

Damit kann der Zauberer durch Hintereinanderschaltung sämtliche Vertauschungen vornehmen, denn es gilt:

[Moritz]—[Moritz] = [Max], [Moritz]—[Helene] = [Fipps]

[Helene]—[Helene] = [Nichtsnutz], [Helene]—[Moritz] = [Bolte]

Der Zauberer kommt mit zwei Tricks aus, er braucht keinen dritten hinzuzulernen. Er darf diese allerdings nicht vertauschen. Die notwendigen Tricks für die größte und kleinste Zahl ergeben sich aus Bild 2

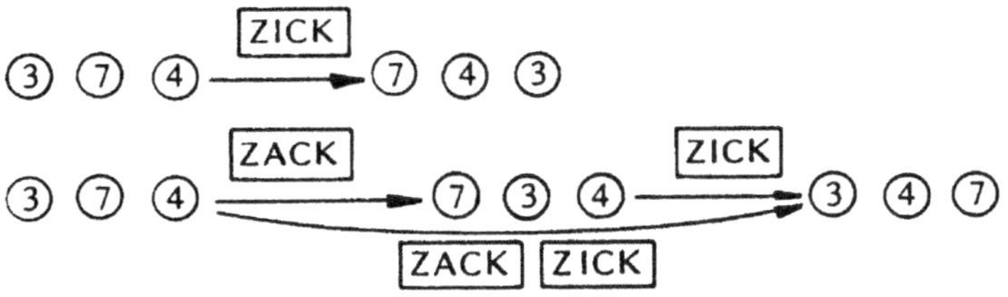

Bild 2

Aufgabe 3: Es gibt 40 unterscheidbare Schals.

Aufgabe 4: Es gibt bei drei Farben 10 unterscheidbare Dreiecke, diese sind in Bild 3 dargestellt.

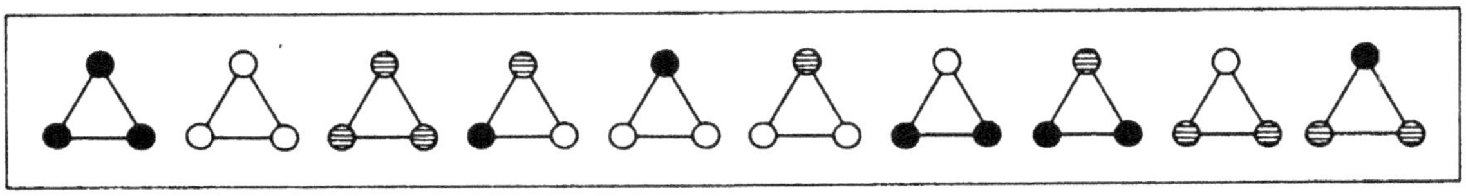

Nimmt man eine vierte Farbe hinzu, so erhöht sich die Anzahl auf 20.

Aufgabe 7: Durch die Regeln (1′) bis (5′) ist die Assoziativität verletzt, denn unter Ausnutzung der Tabelle in Bild 15 ergibt sich:

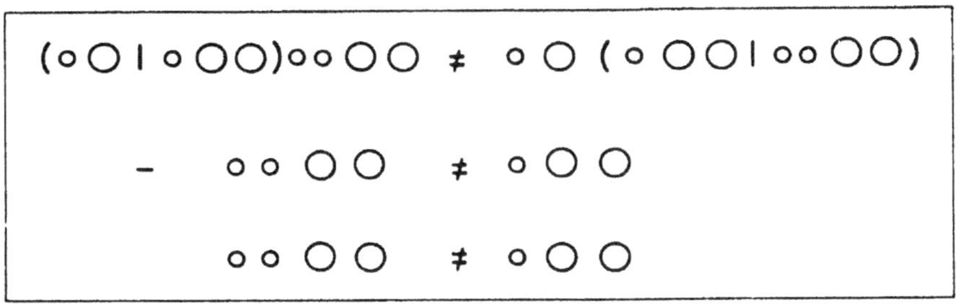

D.h. es ist den Regeln nicht ohne weiteres anzusehen, ob sie eine Gruppe definieren.

Zu 1.5.1

Aufgabe 2: Der Größenbereich der Längen der Rauminhalte, der Geldwerte und der Zeit kamen vor. Dabei konnten Zusammenhänge zwischen Wasserstand – Rauminhalt des Wassers, Größe der Fische – benötigtes Volumen an Wasser, Zeit – Rauminhalt des gereinigten Wassers, Einzelpreis der Fische Gesamtpreis, usw. von den Kindern entdeckt werden.

Aufgabe 4: Es wären z.B. zu nennen:

1. Die Umgebung der Schule
2. Zeitung
3. Das Jahr die Zeit (Sonnenuhr)
4. Zählwerke
5. Der menschliche Körper
6. Der Wald

Zu 1.5.2

Aufgabe 1: Man könnte z.B. Linksabbiegen gemäß ⑥ und den Überweg ⑨ verbieten und würde dadurch in der zweiten Lösung (Bild 5) eine Phase einsparen.

Aufgabe 4: In einer sozialen Gruppe sollen Arbeitsgruppen gebildet werden, wobei eine möglichst reibungslose Zusammenarbeit gewährleistet sein soll. Man kann die gegenseitigen Valenzen in einem Graphen auftragen (Soziogramm).

Aufgabe 5: Nachdem das Problem verständlich gemacht und der Verträglichkeitsgraph ein Stück entwickelt wurde, kann der Graph in Partnerarbeit weitergezeichnet werden. Die Ausarbeitung einer Ampelschaltung kann Gruppen überlassen werden, was individuelle Lösungen erlaubt.

Zu 1.5.3

Aufgabe 1: Es ist in der letzten Zeit zunehmend Mode geworden, Kindern Materialien und Arbeitsblätter in die Hand zu geben, die ein bloßes Manipulieren bzw. Ausfüllen verlangen. Hierin liegt eine große Gefahr. Damit die handwerklichen und zeichnerischen Fähigkeiten der Kinder nicht verkümmern, muß man ihnen ausreichend Gelegenheit geben, sie zu üben und weiterzuentwickeln. Aufgaben dieser Art sind vielfach auch geeignet, Kinder geistig anzuregen.

Aufgabe 2: Die Lehrerin teilt der Klasse mit, daß an einem bestimmten Tag Wandertag ist. Frage: Was sollen wir unternehmen?

Beispiel: Aussuchen eines geeigneten Wandergebiets. Anfahrt? Heraussuchen eines Weges auf der Wanderkarte. Abschätzen der Wanderzeit. Rückkehr. Was mitnehmen? usw.

Zu 1.5.4

Aufgabe 1: Bild 2 zeigt, daß die kürzere Seite die Höhe einer Seitenfläche ist und die längere Seite die doppelte Kantenlänge des Tetraeders. Aus $h = \frac{a}{2}\sqrt{3}$ berechnet man $2a = \frac{4h}{3}\sqrt{3}$. Das Verhältnis lange zu kurze Seite ist also im mathematisch idealisierten Fall $\frac{4}{3}\sqrt{3} \approx 2{,}31$. Bei einer realen Tüte ist das Verhältnis $\approx 1{,}76$. Gründe: Falze, Abweichung der Tüte vom regulären Ideal.

Aufgabe 2: Aus der Volumenformel ergibt sich, daß man die Kante des Tetraeders um den Faktor $\sqrt[3]{4} \approx 1{,}6$ strecken muß.

Aufgabe 3: Man verklebt die Längsseiten des Rechtecks und erhält ein Rohr. Dieses biegt man zu einem Ring und verklebt die Rohrenden.

Aufgabe 4: Aufgabentyp: „Wieviel *l* Milch ist in 4, 5, 6, 10 usw. Tüten enthalten?" Es handelt sich um eine Anwendung der Viererreihe (Division durch 4 mit Rest). Das Prinzip der Stabilisierung regt dazu an, das wichtige Einmaleins in möglichst vielfältigen Situationen zu üben. Weitere Anschlußaufgabe: Wieviel kosten 4, 5, 6, ... Tüten? Preis für Schulklasse pro Woche?

Aufgabe 5: Vorausgesetzt werden insbesondere: Kenntnis von Formen, Längenmessung, Kommaschreibweise. Die letztgenannte Voraussetzung ist erst im 3. Schuljahr mit genügender Sicherheit verfügbar.

Zu 1.5.5

Aufgabe 1:

a) Die Stichprobe ist nicht repräsentativ, denn die Kinder befragen nur Familien, die bereits Kinder haben. Hier liegt der Fehler.

b) Man fragt die Besucher eines Reisebüros (die Fahrgäste der DB bzw. die Fluggäste im Flughafenrestaurant), wohin sie in Urlaub fahren. Man zählt zwischen 4 und 5 Uhr (bzw. zwischen 7 und 8 Uhr) die Autos, die durch die Straße fahren und multipliziert mit dem Faktor 24, um die Tagesfrequenz zu erhalten.

Aufgabe 2: Die dicken logischen Blöcke werden z. B. häufiger gezogen als die dünnen Blöcke, Farben werden dagegen gleich häufig gezogen. Will man hier von den Stichproben auf die Gesamtheit schließen, so muß man bereits vorher Statistik betrieben haben.

Aufgabe 3: Es werden Singvögel eingefangen, beringt und gezählt. Ihre Anzahl sei R. Bei einer weiteren Stichprobe sind von n Vögeln nur r bereits beringt. Die Gesamtzahl der Singvögel N berechnet sich nun nach dem Ansatz $\frac{N}{R} \approx \frac{n}{r}$ oder $N \approx \frac{n}{r} \cdot R$. (Für gute Schätzungen muß man allerdings differenzierter vorgehen.)

Aufgabe 4: Die Ergebnisse sind in der Regel recht gut und mit der allgemeinen Statistik vergleichbar. Man darf allerdings keine Stichproben in Wolfsburg (VW-Werk) oder Rüsselsheim (Opel-Werk) bzw. in der Nähe einer großen Reparaturwerkstatt einer dieser Automarken erheben.

Aufgabe 7: Die Fläche eines kleinen Quadrats ist $\frac{1}{400}$ mm^2, die eines Gruppenquadrats $\frac{16}{400}$ mm^2 = $\frac{1}{25}$ mm^2. Beachtet man die Höhe $\frac{1}{10}$ mm, so ergibt sich ein Volumen des Gruppenquadrats von $\frac{1}{250}$ mm^3.

Auszählung der roten Blutkörperchen: Bei 5 Gruppenquadraten entspricht dies $\frac{5}{250}$ mm^3 = $\frac{1}{50}$ mm^3. Beachtet man, daß das Blut 1 : 100 verdünnt ist, so entspricht dies einem Blutvolumen von $\frac{1}{5000}$ mm^3. Man muß also die ausgezählte Anzahl der Erythozyten mit 5000 multiplizieren, um ihre Anzahl in einem Kubikmillimeter Blut zu schätzen. Die Anweisung an die Arzthelferin (1 000 000 : 2) : 100 ergibt gerade 5000. Bei einer Verdünnung 1 : 200 müßte mit 10 000 multipliziert werden, d.h. mit Mill. benennen und vor die zweitletzte Stelle ein Komma setzen.

Auszählung der weißen Blutkörperchen: Bei 400 kleinen Quadraten erhält man ein Volumen von $\frac{1}{400}$ mm^3 = $\frac{400}{10}$ mm^3 = $\frac{1}{10}$ mm^3. Beachtet man die Verdünnung des Blutes 1 : 10, so entspricht dies einem Blutvolumen von $\frac{1}{100}$ mm^3. Man muß also die ausgezählte Anzahl der Leukozyten mit 100 multiplizieren. Bei einer Verdünnung 1 : 20 müßte man mit 200 multiplizieren, d.h. verdoppeln und 2 Nullen anhängen.

Zu 3.1.1

Aufgabe 1:

II · I	= II	(M I)
II · II	= II · I + II	(M II)
	= II + II	(Addition)
	= IIII	(M II)
II · (II)I =	II · II + II	
	= IIII + II	(Addition)
	= IIIIII	

Aufgabe 2: 2 wird repräsentiert durch eine 2-elementige Menge von Lastwagen, 3 durch eine 3-elementige Menge von Anhängern. Die Menge der Kombinationen Lastwagen-Anhänger wird durch das kartesische Produkt der beiden Mengen dargestellt. Die Kardinalzahl des kartesischen Produkts ist 6. Daher 2 · 3 = 6 (vgl. *Griesel* 1971, Bd. 1, S. 207).

Aufgabe 5: Bei einer Additionsaufgabe treten die Summanden und die Summe unter dem gleichen Zahlaspekt auf.

Aufgabe 7: Das Spiel verlangt fortwährende Additionen der Zahlen 1, 2, 3, 4, 5, 6 mit Übergängen über 10, 20 und 30. Bei einem Schritt müssen vor allem gegen Ende des Spiels mehrere Aufgaben gerechnet und bewertet werden. Das Spiel dient also zur Schulung der Rechenfertigkeit und zwar innerhalb eines interessanten Zusammenhangs, in dem vielfältig zu addieren ist. Eine Gewinnstrategie ist uns nicht bekannt.

Zu 3.1.2

Aufgabe 2: Es handelt sich um schrittweises Addieren der Ziffern gleicher Stellenwerte, beginnend beim höchsten Stellenwert, wobei im Falle eines Übertrags eine neue Zeile aufgesucht wird. Das Verfahren zerlegt die nötigen Additionen in übersichtliche Schritte, die kein Memorieren von Überträgen erfordern. Ein weiterer Vorteil besteht darin, daß etwa während der Rechnung wegen Ermüdung eintretende Fehler sich erst bei kleineren Stellenwerten auswirken und daher nicht so stark ins Gewicht fallen. Der Nachteil der Methode besteht in der vielen Schreibarbeit.

Aufgabe 4: Im Minuenden werden 10 Plättchen im kritischen Feld hinzugefügt, im Subtrahenden 1 Plättchen im nächstfolgenden Feld (das eine um 10 höhere Wertigkeit hat).

Aufgabe 5: Zu der Frage kann man kontroverse Standpunkte beziehen. Die richtige Einstellung zum Taschenrechner besteht darin, daß dieses Gerät einen beim Rechnen unterstützen soll und daß man es selbst dabei kontrolliert. Bei dem in der Aufgabe beschriebenen Gerät ist es genau umgekehrt. Aus didaktischen Gründen ist es beim Erlernen des Kopfrechnens erstrebenswert, daß die Kinder die entsprechenden Operationen unter Bezug auf konkrete Bedeutungen der Zahlen und ihrer Operationen ausführen, wobei letztere zur Kontrolle der ersteren dienen. Geeignete Materialien, bildliche und symbolische Darstellungen sind dabei die richtigen Hilfsmittel und nicht der als „black box" erscheinende Eulen-Rechner.

Es wäre jedoch zu überlegen, ob Kinder ihre Aufgaben nicht *nachträglich* mit einem normalen Computer nachrechnen sollen, damit sie eine *zusätzliche* Kontrolle haben.

Aufgabe 6:

(1) Es werden die Einerstellen addiert und *mit* Übertrag angeschrieben. Der Schüler hält damit die zweite Stelle schon für erledigt und wendet sich sofort den Hunderten zu. Therapie: Zurückgehen auf das Rechenbrett.

(2) Der Schüler subtrahiert. Therapie: Rechenzeichen bewußt machen.

(3) Der Schüler schreibt den Übertrag an und memoriert die eigentlich anzuschreibende Ziffer. Therapie: Zurückgehen auf Rechenbrett bzw. auf die Bedeutung der Stellenwerte.

(4) Der Schüler addiert sämtliche Ziffern als einstellige Zahlen. Therapie: Zurückgehen auf Stellenwertschreibweise.

(5) Der Schüler ergänzt wohl den Minuenden, aber nicht den Subtrahenden. Therapie: Rechenbrett. Invarianz der Differenz herausarbeiten.

(6) Der Schüler bildet den Unterschied der einzelnen Ziffern ohne darauf zu achten, ob die größere Ziffer im Minuenden bzw. Subtrahenden steht. Therapie: Zurückgehen auf Stellenwerte und auf Rechenbrett.

Zu 3.1.4

Aufgabe 1: Unterteilen Sie beginnend von rechts die Ziffern der Zweier-Darstellung in Dreiergruppen. Ordnen Sie jeder Dreiergruppe eine der Ziffern 0, 1, 2, ... , 7 nach folgender Vorschrift zu:

$$000 \to 0,\ 001 \to 1,\ 010 \to 2,\ 011 \to 3,\ 100 \to 4,\ 101 \to 5,\ 110 \to 6,\ 111 \to 7.$$

Beispiel: $(1|11|001|1|001)_2 = (311)_8 = 201$

Aufgabe 2: Bei der Division durch 9 ergeben sämtliche Stufenzahlen (Zehnerpotenzen) den Rest 1 (ebenso bei Division durch 3). Der Rest einer Zahl $a \cdot 10^n$ bei der Division durch 9 ist daher $a \cdot 1 = a$. Da der Rest einer Summe gleich der Summe der Reste (von letzterer nötigenfalls nochmals den Rest gebildet) ist, kann die Teilbarkeit einer Zahl durch 9 an der Teilbarkeit der dekadischen Quersumme durch 9 abgelesen werden. Entsprechend gilt: Die Viererpotenzen ergeben bei Division durch 3 stets den Rest 1. Die b-Potenzen ergeben bei Division durch $(b - 1)$ stets den Rest 1. Zum Beweis kann man induktiv vorgehen:

$$4 = 3 \cdot 1 + 1,\quad 4 \cdot 4 = 3 \cdot 4 + 4 = 3 \cdot 5 + 1,\quad 4^3 = 3 \cdot 20 + 4 = 3 \cdot 21 + 1 \text{ usw.}$$

Aufgabe 5: Der Irrtum entsteht dadurch, daß bei dem Übergang von 2 zu 3 zwei Striche in der Einerspalte gelöscht und ein Strich in der Dreierspalte gesetzt wird. Die dritte Zahl ist somit nicht in der Einerspalte registriert, sondern erscheint mit den beiden registrierten sofort in einem Strich der Wertigkeit 3. Man könnte zur Abhilfe jede dritte Zahl in der Einerspalte dünn andeuten und dann mit den beiden gezeichneten löschen.

Zu 3.1.5

Aufgabe 1: Man kann 6 Wörter setzen: AMO, AOM, OMA, OAM, MAO, MOA. Im zweiten Fall gibt es $4^3 = 64$ Wörter.

Aufgabe 2: Die gegebenen Daten gestalten keine unmittelbare Anwendung der Ein- und Ausschaltformel. Am besten benützt man zur Gewinnung der nötigen Daten ein Venndiagramm für A = Menge der jungen, B = Menge der deutschen, C = Menge der männlichen Fluggäste. Dann hat man zunächst

$$|A \cap C| = 9, \quad |A \cap B| = 5, \quad |\bar{A} \cap C| = 9, \quad |A \cap C \cap \bar{B}| = 7, \quad |B| = 14, \quad |B \cap C| = 6,$$
$$|\bar{B} \cap \bar{C}| = 7 = |A \cap \bar{B} \cap \bar{C}|.$$

Man gewinnt daraus:

$$|A \cap B \cap C| = |A \cap C| - |A \cap C \cap \bar{B}| = 9 - 7 = 2$$
$$|C| = |A \cap C| + |\bar{A} \cap C| = 9 + 9 = 18$$
$$|A \cap \bar{C} \cap B| = |A \cap B| - |A \cap B \cap C| = 5 - 2 = 3$$
$$|A| = |A \cap \bar{B} \cap \bar{C}| + |A \cap \bar{C} \cap B| + |A \cap C \cap \bar{B}| + |A \cap B \cap C| = 7 + 3 + 7 + 2 = 19.$$

Schließlich:

$$|A \cup B \cup C| = |A| + |B| + |C| - |A \cap B| - |A \cap C| - |B \cap C| + |A \cap B \cap C|$$
$$= 19 + 14 + 18 - 5 - 9 - 6 + 2 = 33.$$

Zu 3.1.6

Aufgabe 2: Die Aufgabe ist komplizierter als die für Quadratgitter. Es empfiehlt sich, die Dreiecke mit der Spitze nach oben getrennt von den Dreiecken mit der Spitze nach unten zu betrachten. Die Betrachtung genügend vieler Spezialfälle führt für die Anzahl V_n der Dreiecke im n-ten Gitter auf die rekursiven Beziehungen

$$\left.\begin{aligned} V_1 = 1, \quad V_{n+1} &= V_n + G^{(3)}_{n+1} + G^{(4)}_{\frac{n+1}{2}} \\ V_{n+2} &= V_n + 2\,G^{(3)}_{n+1} + G^{(3)}_{n+2} \end{aligned}\right\} \quad \text{für ungerades } n \geqslant 1$$

Vgl. den zitierten Artikel von *Gerrish.*

Aufgabe 3: Einsetzen der Formel für die Dreieckszahlen. Zeichnerisch kann man das Produkt $n \cdot m$ als Punktgitter darstellen, das sich durch geeignete Zerlegung und Ergänzung gemäß der Behauptung transformieren läßt.

Zu 3.2.1

Aufgabe 2: Man ermittelt $p_1 = 1$, $p_2 = 2$, $p_3 = 3$, $p_4 = 5$, ... und die Rekursionsformel $p_{n+1} = p_n + p_{n-1}$ für $n \geqslant 2$.

Beweisidee: Jedes Parkett des $2 \times (n-1)$-Streifens läßt sich durch zwei längsliegende Dominos, jedes Parkett des $2 \times n$-Streifens durch ein querliegendes Domino zu einem Parkett des $2 \times (n+1)$-Streifens ergänzen. Welche Überlegung ist hier noch hinzuzufügen? Vgl. mit 1.2.7, Aufgabe 2.

Aufgabe 3: Man benötigt ca. 25 Dreiecke, 15 Quadrate und je 12 Fünfecke, Sechsecke, Siebenecke, Achtecke (evtl. noch 5 Zwölfecke). Zur Herstellung eignen sich Metallschablonen mit Griff, die man bei einem Schlosser fertigen lassen kann.

Aufgabe 5: In Frage kommen am ehesten Prospekte, auf denen vielfältige Fliesenformen und ihre Zusammensetzung zu Parkettierungen abgebildet sind. Anhand solcher Prospekte können Kinder einen Formenvergleich durchführen und die „Koexistenz" gewisser Formen in Parkettierungen feststellen

Zu 3.2.2

Aufgabe 5: Die Eltern haben bez. des Themenkreises keine eigenen Schulerfahrungen, vermissen den praktischen Nutzen und befürchten eine Beeinträchtigung der als wichtig erachteten Lernziele. Verteidigung: Hinweise auf Lehrplan, Verweis auf allgemeine Lernziele (insbesondere „sich kreativ verhalten") und auf Wichtigkeit des räumlichen Vorstellungsvermögens. Weiter Verweise auf praktische Verwendungen von Graphen (Telefonnetze, Wegenetze, Schaltpläne etc.).

Zu 3.3

Aufgabe 1: Falls die Anfangsposition zu S gehört, ist der erste Spieler gezwungen, S zu verlassen und der zweite Spieler kann mit einem geeigneten Zug wieder nach S zurück usw. Falls die Anfangsposition nicht zu S gehört, kann es der erste Spieler so einrichten, daß er mit seinem ersten Zug nach S gelangt. Nach jedem Zug des zweiten Spielers kann der erste immer wieder nach S zurück, hat also eine Gewinn- oder Pattstrategie.

Aufgabe 2: Der erste Spieler. Durch Abtrennen eines Plättchens kann er sich bez. der restlichen 7 Plättchen in die Position des zweiten Spielers für den Fall $n = 7$ bringen, der – wie schon bekannt – eine Gewinnstrategie hat.

Aufgabe 3: Im Falle einer geraden Zahl 2n von Bahnen hat der zweite Spieler eine Gewinnstrategie, die darin besteht, das Spiel durch Zusammenfassung je zweier Bahnen als Simultanspiel an n Brettern mit je zwei Bahnen zu gestalten.

Im Falle einer ungeraden Zahl von Bahnen hat der erste Spieler eine Gewinnstrategie, die er sich durch Einsparen eines gegnerischen Steins auf einer beliebig herausgegriffenen Bahn in die Situation des zweiten Spielers bei einer geraden Anzahl von Bahnen bringen kann.

Aufgabe 4: Jeder Punkt ist frei für die Kantenzahl 3. Zu Beginn gibt es daher $2 \cdot 3 = 6$ freie Valenzen. Bei jedem Zug werden zwei freie Valenzen gebunden, eine neue geschaffen. Daher nimmt die Zahl der freien Valenzen bei jedem Zug um 1 ab. Da am Schluß mindestens ein Punkt mit einer freien Valenz vorhanden ist, nämlich der neue Punkt auf der zuletzt eingezeichneten Kante, kann die Zahl der freien Valenzen bestenfalls bis 1 sinken. Dazu werden nicht mehr als 5 Züge benötigt.

Aufgabe 6: Durch Demonstration des Spieles mit Schülern vor der Klasse und Kommentierung der Spielzüge (Was ist erlaubt, was verboten? Wer gewinnt?).

Aufgabe 7: Pädagogisch gesehen ist es insofern ein Vorteil, als schwächere Schüler eine bessere Gewinnchance besitzen als in dem Fall, wo hellere Köpfe die Strategie relativ schnell durchschauen.

Zu 3.4

Aufgabe 1: Idee (10) der repräsentativen Stichprobe. Idee (4) der Abhängigkeit von Zufallsgrößen.

Aufgabe 3: In vielen Würfelspielen richtet sich der „Fortschritt" nach der Augenzahl. Bei einer Sechs darf sogar doppelt gewürfelt werden. Daher ist die Sechs sehr begehrt und da sie seltener als gewünscht erscheint, empfinden die Kinder es so, als ob sie seltener als andere Zahlen vorkäme.

Aufgabe 4: Das Spiel kann in den Unterricht des ersten Schuljahrs eingebaut werden. Es schult in erster Linie die Addition von kleinen Zahlen. Weiter bereitet es die Idee negativer Zahlen und die Einsicht in stochastische Prozesse vor. (Es handelt sich um einen Markoff-Prozess mit zwei absorbierenden Zuständen.) Das Spiel ist nicht ganz fair, da der erste Spieler mit seinem ersten Zug eine Tendenz zu seinem Zielpunkt erzeugt.

Man kann das Spiel fair gestalten, wenn man jedesmal auslost, wer beginnen soll. Eine weitere Möglichkeit besteht darin, je zwei Züge des einen und anderen Spielers abzuwarten, den Unterschied zu bestimmen und dann erst zu ziehen.

Das Spiel könnte später auch mit einem Dodekaeder gespielt werden und auf den Hunderterraum ausgedehnt werden.

Zu 3.5

Aufgabe 2: Jedem Torspielfeld kann man die Teilmenge der Objekte zuordnen, die es passieren läßt. Lösungsmenge: Die operative Frage lautet nun: Was geschieht mit der Lösungsmenge, wenn man Spielfelder hintereinander – bzw. parallel schaltet? Antwort: Lösungsmenge des neuen Spielfelds ist im ersten Fall die Schnittmenge, im zweiten Fall die Vereinigungsmenge der Lösungsmengen der zusammengesetzten Felder.

Zu 3.6

Aufgabe 1: Hinweis: Sie geben eine Wandergegend vor und stellen Wanderkarten zur Verfügung (evtl. Ausschnitte fotokopieren). Die Schüler können das Gebiet anhand der Karte erforschen (Orte, Sehenswürdigkeiten, Wald, Straßen, Feldwege, Höhen, Himmelsrichtungen, etc.) und passende Wanderrouten vorschlagen (abseits von befahrenen Straßen etc.). Aufgaben: Länge der Route, benötigte Zeit, Höhenunterschiede, Anfahrt, Rückfahrt.

Wenn sich die Klasse auf eine Route geeinigt hat: Beschreibung der Route, Erstellung eines Zeitsplans, Erstellung eines Kostenplans. Vorbereitung der Ausrüstung und des Gepäcks.

Bei der Realisierung der Wanderung sollten die Kinder die zeitliche und räumliche Realität mit dem Zeitplan und der Wanderkarte vergleichen (evtl. Mitführung eines Kompaß und eines Schrittzählers).

Für den Deutschunterricht würde sich ein abschließender Aufsatz über ein besonderes Erlebnis während der Wanderung, im Kunstunterricht eine künstlerische Verarbeitung der Eindrücke anbieten.

Aufgabe 2: Hinweise: Es sollen möglichst viele Parkplätze geschaffen werden. Wieviel Platz man für ein Auto vorsehen muß, kann man durch Abmessen der Parkflächen bei bereits bestehenden Parkplätzen ermitteln.

Aufgabe 5: „Rechenfähigkeit" wird beim Modellbilden und beim Interpretieren, „Rechenfertigkeit" bei der Datenverarbeitung im Modell benötigt.

Aufgabe 6: Aus dem Rechenbaum läßt sich auf die Komplexität der Aufgabe schließen.

Literaturverzeichnis

Aebli, H.: Psychologische Didaktik, Stuttgart 1963.

Association of Teachers of Mathematics (ATM): Modelle für den Mathematikunterricht in der Grundschule, Klett 1970.

Bauersfeld, H.: Der Simplexbegriff im Sachrechnen der Volksschule, Die Schulwarte 1965, S. 124 ff.

Bauersfeld, H.: Die Grundlegung und Vorbereitung geometrischen Denkens in der Grundschule. In: Erziehung zum produktiven Denken, Freiburg 1967, S. 40–54.

Bauersfeld, H.: Mathematik in der Grundschule, Die Deutsche Schule 61, (1969), Heft 9, S. 543–552.

Bell, S. E. u.a.: Das Zweiersystem und andere Zahlsysteme, Mathematische Lesehefte 1, Stuttgart 1971.

Besuden, H.: Der Umgang mit Sachaufgaben im operativen Rechnen, In: *Fricke/Besuden* 1970.

Besuden, H.: Topologische Fragestellungen. In: *Fricke/Besuden* 1970, 147–160.

Besuden, H.: Die Förderung des räumlichen Vorstellungsvermögens in der Grundschule. Beiträge zum Mathematikunterricht 1973, Hannover 1974, 45–49.

Breidenbach, W.: Methodik des Mathematikunterrichts in Grund- und Hauptschule, Hannover 1969.

Damerow, P.: Disziplin und spontane Aktivität, Die Grundschule 6 (1974), Heft 9, 452–458.

Dienes, Z. P. / Golding, W.: Menge, Zahl, Potenz, Freiburg 1966.

Dienes, Z. P. / Golding, W.: Mathematisches Denken und logische Spiele, Freiburg 1966.

Dienes, Z. P.: Schulmathematik als Bildungsfach, Freiburg 1967.

Dienes, Z. P.: Moderne Mathematik in der Grundschule, Herder 1968.

Ellrott, D. / Schindler, M.: Die Reform des Mathematikunterrichts: Grundlagen mit Beispielen aus dem Unterricht der Primarstufe, Bad Heilbrunn 1975.

Engel, A.: Wahrscheinlichkeitsrechnung und Statistik, Bd. 1, Stuttgart 1973.

Engel, A. / Varga, T. / Walser: Zufall und Strategie, Stuttgart 1974.

Freudenthal, H.: Die neuen Tendenzen im Mathematikunterricht, Neue Sammlung, Heft 2, 1971.

Freudenthal, H.: Mathematik als pädagogische Aufgabe, Bd. 1 und 2, Stuttgart 1973.

Freund, H. / Sorger, P.: LEGO-Türme als strukturiertes Arbeitsmaterial I, II. In: Beiträge zum Mathematikunterricht 1971, Hannover 1972, 46–71.

Fricke, A.: Die natürliche Zahl im mathematischen Anfangsunterricht. Ein Aufbau nach operativen Grundsätzen, Der Mathematikunterricht 1971, Heft 5, 67–87.

Fricke, A. / Besuden, H.: Mathematik: Elemente einer Didaktik und Methodik, Stuttgart 1970.

Galtier, D.: Around a Game, Educ. Stud. in Math. 5 (1973), 65–70.

Gerster, H. D. / Walter, R.: Mehr System mit Mehrsystemblöcken, Freiburg 1973.

Golomb, S.: Polyominoes, London 1965.

Gnirk, H. / Homann, G. / Lubeseder, U.: Strategiespiele für die Grundschule, Hannover 1970.

Griesel, H.: Die neue Mathematik für Lehrer und Studenten. Bd. 1, Hannover 1971, Bd. 2, Hannover 1973, Bd. 3, Hannover 1974.

Griesel, H.: Die arithmetischen Grundverknüpfungen aus Operatorsicht. In: Mathematik in der Grundschule. Herausgegeben vom Arbeitskreis Grundschule e.V. 1972, 121–147.

Griesel, H.: Das Prinzip von der Herauslösung eines Begriffs aus Umweltbezügen in der Rechendidaktik Wilhelm Oehls und in der gegenwärtigen Didaktik der Mathematik. In: Beiträge zur Mathematikdidaktik. Festschrift für Wilhelm Oehl – Hannover 1976, 61–71.

Griesel, H. / Hollmann, E.: Eine mathematisch-didaktische Analyse dreier Erstrechenkurse, ZDM 1/69, 32–39.

Heitele, D.: Didaktische Ansätze zum Stochastikunterricht in Grundschule und Förderstufe, Diss. Pädag. Hochschule Ruhr 1976.

Hering, H.: Färben von Landkarten – Ein Thema für die Grundschule. Sachunterricht und Mathematik in der Grundschule 2 (1974), 457–463.

Hole, V.: Graphen im Mathematikunterricht der Grundschule mit besonderer Berücksichtigung des Materials „Dominosteine", Did. d. Math. 3 (1975), 280–312.

Homann, G.: Lernorientierte Spiele im Mathematikunterricht, Die Grundschule 6 (1974), 459–462.

Kamlah, W. / Lorenzen, P.: Logische Propädeutik, Mannheim 1967.

Karaschewski, H.: Wesen und Weg des ganzheitlichen Rechenunterrichts, 2 Bände, Stuttgart 1966.

Karaschewski, H.: Irrwege moderner Rechendidaktik; Bonn/Bad Godesberg 1969.

Kirsch, A.: Elementare Zahlen- und Größenbereiche, Göttingen 1970a.

Kirsch, A.: Die Einführung der natürlichen Zahlen als Operatoren. Math.-Physik. Sem. ber. XVII (1970b), 57–67.

Kline, M.: Warum kann Hänschen nicht rechnen? Das Versagen der Neuen Mathematik, Weinheim und Basel 1974.

Kothe, S.: Denken macht Spaß – Denkspiele mit den „Logischen Blöcken", Freiburg 1968.

Kruckenberg, A.: Die Welt der Zahl im Unterricht, Hannover 1967[6] (1. Auflage 1935).

Kühnel, J.: Neubau des Rechenunterrichts, Düsseldorf 1966 (1. Auflage 1916).

Kuhn, G.: Einführung in die Raumgeometrie: Grunderfahrungen mit dem Würfel. In: Mathematik, Naturwissenschaften, Technik in der Primarstufe, Bad Heilbrunn/Obb. 1976, 177–221.

Löttgen, U.: Zur Topologie in der Grundschule, Die Grundschule 4 (1972), Heft 2, 94–105.

Lorenzen, P.: Differential und Integral, Frankfurt 1965.

Menninger, K.: Zahlwort und Ziffer, Göttingen 1958.

Mors, K.: Begründung, Zielvorstellungen und Konzeptionen eines Geometrieunterrichts der Primarstufe. In: Mathematik, Naturwissenschaften, Technik in der Primarstufe, Bad Heilbrunn/Obb. 1976, 13–69.

Müller, K. P. / Wölpert, H.: Anschauliche Topologie, Stuttgart 1976.

Müller, W. / Müller, G.: Methodische und didaktische Bemerkungen zur Behandlung von Permutationsmaschinen in der Grundschule. Didaktik der Mathematik 3 (1973), 226–232.

Neunzig, W. / Sorger, P.: Einstieg in die Mathematik, Freiburg 1969.

Oehl, W.: Der Rechenunterricht in der Grundschule, Hannover 1962.

Oehl, W.: Psychologische Untersuchungen über Zahlendenken und Rechnen bei Schulanfängern, Zeitschrift für angewandte Psychologie und Charakterkunde 49 (1935), 305–351.

Otte, M. (Hrsg.): Mathematiker über Mathematik, Berlin-Heidelberg-New York 1974.

Papy, F.: Kinder und Mathematik, Stuttgart 1973.

Papy, G.: Die ersten Elemente der modernen Mathematik, Bd. 1 und 2, Hamburg 1960.

Piaget, J. / Inhelder, B.: La genèse de l'idée du hasard chez l'enfant, PUF Paris 1951.

Piaget, J. / Inhelder, B.: Die Entwicklung des räumlichen Denkens beim Kind, Stuttgart 1971.

Piaget, J. / Szeminska, A.: Die Entwicklung des Zahlbegriffs beim Kinde, Stuttgart 1972[3].

Schwirtz, W.: Der Mengenbegriff im mathematischen Anfangsunterricht, Neue Wege im Unterricht 22 (1971), Heft 1, 18–29.

Schwirtz, W.: Zur Bedeutung des Phänomens der Mengeninvarianz für den mathematischen Anfangsunterricht. In: Beiträge zur Mathematikdidaktik – Festschrift für Wilhelm Oehl, Hannover 1976, 101–110.

Seidel, G. S.: Zahlbegriffsentwicklung und Erstrechenunterricht, Weinheim und Basel 1973.

Siemon, H.: Operative Einführung in das Rechnen mit natürlichen Zahlen. In: Meschkowski, H.: Didaktik der Mathematik I, Stuttgart 1972, 216–232.

Steiner, G.: Mathematik als Denkerziehung, Stuttgart 1973.

Steiner, H. G.: Mathematik im 1. Schuljahr, Beiträge zum Mathematikunterricht 1972, Hannover 1973, 98–119.

Steiner, H. G.: Mengen im mathematischen Unterricht – einige kritische Abgrenzungen, Pädag. Welt **26** (1972), 729–736.

Stückrath, F.: Kind und Raum, München 1963.

Thom, R.: „Moderne" Mathematik: Ein erzieherischer und philosophischer Irrtum? In: Otte, M. (Hrsg.): Mathematiker und Mathematik Berlin-Heidelberg-New York 1974, 371–401.

Varga, T.: Logic and Probability in the Lower Grades, Educ. Studies in Math. **4** (1972), pp. 346–357.

Winter, H.: Gründe für eine Reform des Mathematikunterrichts (Rechenunterricht) an Grund- und Hauptschulen, Neue Wege im Unterricht – Grundschule und Hauptschule 22. Jg., Heft 1, 1. Quar. (1971) 2–12.

Winter, H.: Geometrisches Vorspiel im Mathematikunterricht der Grundschule, Der Mathematikunterricht Heft 5, 1971, 40–65.

Winter, H.: Über den Nutzen der Mengenlehre für den Arithmetikunterricht in der Grundschule. Beiträge zum Mathematikunterricht 1972, Hannover 1973, 161–192.

Winter, H.: Die Steigerung arithmetischer Fähigkeiten im neuen Mathematikunterricht, Die Grundschule **6** (1974), Heft 8/9, 416–427, 470–477.

Winter, H.: Zahlspiele, Anleitungen zum Rechnenlernen, Hannover 1975.

Winter, H.: Erfahrungen zur Stochastik in der Grundschule (Klasse 1–6), Did. d. Math. 4/1976a, 22–37.

Winter, H.: Die Erschließung der Umwelt im Mathematikunterricht der Grundschule, Sachunterricht und Mathematik in der Grundschule, Heft 7, 1976b, 337–353.

Winter, H.: Kreatives Denken im Sachrechnen, Die Grundschule 9 (1977), H. 3, 106–110.

Wittmann, E.: Die Mengenlehre und der Mathematikunterricht in der Grundschule, MU 1/71, 26–52.

Wittmann, E.: Der Spielraum für einen modernen Mathematikunterricht in der Grundschule, Die Grundschule 3/71, 61–76.

Wittmann, E.: Die Komplexität des Zahlbegriffs, Die Grundschule 2/72, 106–111.

Wittmann, E.: Grundfragen des Mathematikunterrichts, Braunschweig 1976[4].

Wittmann, F.: Nur 9 Ziffern, Welt der Schule, Heft 5, 1974, 191–195.

Wittmann, J.: Einführung in die Praxis des ganzheitlichen Gesamtunterrichts, insbesondere des ganzheitlichen Rechenunterrichts im 1. Schuljahr, Dortmund 1958.

Wittmann, J.: Theorie und Praxis eines ganzheitlichen Unterrichts, Dortmund 1967[4] (1. Auflage 1929).

Sachwortverzeichnis

GPSR Compliance

The European Union's (EU) General Product Safety Regulation (GPSR) is a set of rules that requires consumer products to be safe and our obligations to ensure this.

If you have any concerns about our products, you can contact us on ProductSafety@springernature.com

In case Publisher is established outside the EU, the EU authorized representative is:

Springer Nature Customer Service Center GmbH
Europaplatz 3
69115 Heidelberg, Germany

Batch number: 10816683

Printed by Printforce, the Netherlands